住房城乡建设部土建类学科专业"十三五"规划教材

高等学校建筑学专业指导委员会规划推荐教材

建筑设计教程

（第二版）

Lessons on Architectural Design

鲍家声　鲍　莉　编著

中国建筑工业出版社

图书在版编目（CIP）数据

建筑设计教程 = Lessons on Architectural Design /
鲍家声，鲍莉编著 . —2 版 . —北京：中国建筑工业出
版社，2020.6（2024.6重印）
住房城乡建设部土建类学科专业"十三五"规划教材
高等学校建筑学专业指导委员会规划推荐教材
　ISBN 978-7-112-25145-2

　Ⅰ. ①建…　Ⅱ. ①鲍…②鲍…　Ⅲ. ①建筑设计—高
等学校—教材　Ⅳ. ① TU2

中国版本图书馆 CIP 数据核字（2020）第 079375 号

责任编辑：王　惠　陈　桦
责任校对：焦　乐

为了更好地支持相应课程的教学，我们向采用本书作为教材的教师提供课件，
有需要者可与出版社联系。
建工书院：http://edu.cabplink.com
邮箱：jckj@cabp.com.cn　电话：（010）58337285
教师QQ交流群：828381735

住房城乡建设部土建类学科专业"十三五"规划教材
高等学校建筑学专业指导委员会规划推荐教材

建筑设计教程（第二版）
Lessons on Architectural Design
鲍家声　鲍　莉　编著
*
中国建筑工业出版社出版、发行（北京海淀三里河路 9 号）
各地新华书店、建筑书店经销
北京雅盈中佳图文设计公司制版
北京同文印刷有限责任公司印刷
*
开本：787 毫米 ×1092 毫米　1/16　印张：26³/₄　字数：590 千字
2020 年 12 月第二版　2024 年 6 月第十八次印刷
定价：59.00 元（赠教师课件）
ISBN 978-7-112-25145-2
　　（35866）

根据形势发展的需要，《建筑设计教程》列为住房城乡建设部土建类学科专业"十三五"规划教材，高校建筑学专业指导委员会规划推荐教材，故对 2009 年 8 月第一版的《建筑设计教程》进行修订，在原版书的基础上对部分内容进行了少量的增补或修正；对相关引用的建筑规范适时进行了调整、更新；同时，为适应绿色建筑方向发展的需要，增加了"绿色建筑设计"一章；又为了适应现代建筑教学的需求，由东南大学建筑学院鲍莉教授对原版书的一些插图重新绘制，并制作了《建筑设计教程》的教学课件，共同完成了这本教材的二版编写，本书可供建筑院校师生及建筑设计工作者参考应用。书中有不妥之处请批评指正。

本书设有教师交流 QQ 群 828381735，欢迎课程教师加入交流。

编著者　2020.8.15

　　建筑设计课程是建筑学专业教学计划中一门主干课，在大部分建筑院校中约占整个教学计划课时的三分之一。与其相应的有支撑这门主干课的各个系列的专业课，"建筑设计原理"课系列就是其中之一，它包括"建筑概论""居住建筑设计原理""公共建筑设计原理""工业建筑设计原理"及"城市规划设计原理"等，它们共同构成建筑设计理论一条线。在我国建筑学专业的教育中这条线严格地说还是20世纪60年代初才开始设立。那时，为了贯彻教育部的"高教60条"，努力提高教学质量，加强理性教学，改变长期以来建筑设计课"只可意会，不可言传"的传统的教学观念和方法，开始重视培养学生理性思维的能力。经过反复认真讨论，修订了教学计划，确定加强教学计划中建筑设计理论课的教学，于是增设了"建筑概论""居住建筑设计原理"及"公共建筑设计原理"等课程，并且安排了资深教授带着年青教师共同编写教材。当时我在南京工学院（今东南大学）建筑系民用建筑设计教研室工作，这个教研室是品牌教研室，编号是"111"。因为建筑系是全院第一系，建筑学专业是建筑系第一专业，民用建筑设计教研室是建筑系第一教研室，它也是人数最多的教研室，当时就有教师30余人，几乎占了全系教师人数的一半。杨廷宝先生、童寯先生等知名教授也在这个教研室。我有幸也在此教研室工作，参与了创建"建筑设计理论"一条线的历史性的工作。三本教材的编写任务分工是：杨廷宝先生主持《建筑概论》教材的编写，郑光复、许以诚等先生参加；童寯先生负责指导编写《公共建筑设计原理》教材，我具体承担编写任务；《居住建筑设计原理》由刘光华教授主持，徐敦源和孙钟阳先生参加。1962年三本教材编写完成，在校内打印，作为教学讲义使用。20世纪70年代后期，全国建筑院校教材编辑委员会（全国高等学校建筑学专业指导委员会前身）在南京召开教材工作会议，在会上正式确定编写新教材，并各校进行分工。《公共建筑设计原理》教材确定由天津大学张文忠先生编写，钟训正先生和我为该书主审，我将我编写的《公共建筑设计原理》讲义也交给天津大学，供他们参考，该书出版后应是我国第一本正式的公共建筑设计原理教材。20世纪70年代中和80年代初，我又对原《公共建筑设计原理》讲义进行修编，杜顺宝先生参加了这次修编工作，修编完成后，1986年由南京工学院出版社正式出版，书名改为《公共建筑设计基础》，很多学校也将该书作为"公共建筑设计原理"课教材使用。20世纪90年代末全国高等学校建筑学专业指导委员会组织编写新一轮教材，又确定由我来重新修编这本教材。从那时起至今已二十多年，其间停滞了一段时间，这有工作变动等多种原因，但主要的原因还是我国建筑市场的状况大大影响我的编写积极性。正如大家所知，这一阶段我国建筑设计市场极其活跃，但在活跃的同时，也出现了混乱，设计市场价值取向扭曲，凭着效果图就决定方案，设计不讲功能，不顾环境，不计经济，一味追求形式新奇，似乎设计可以不讲原则，设计原理似乎过时了！其实不然，在混乱时更需要有清醒的思维。理论可以与时俱进，传承发展，但不能不要，不能不有，不能不教，不能不学。特别对年青学生的培养更应给予正确的指导。感谢中国建筑工业出版社和全国高等学校建筑学专业指导委员会的理解、宽容和鼓励，才使这本书最终编写出来，并能正式出版问世。

本书内容包括两大部分，即建筑设计导论和建筑设计原理两部分。前者是宏观的论述，后者是微观的阐述，二者是互相联系的，建筑师进行建筑设计时都是必须知晓和被考虑到的。宏观内容主要阐述建筑与人、建筑与社会和建筑与自然的关系，以确立以人为本、服务社会和尊重自然的建筑创作之路；微观的内容则是综合阐述了建筑设计（不仅是公共建筑而且是一切建筑的设计）的基本的设计原则和方法。本书以各类建筑设计的共同性问题为主要内容，但也联系某些公共建筑特殊的要求予以剖析。

在本书重新编写的过程中，东南大学建筑学院韩冬青教授、鲍莉副教授、南京大学建筑学院冯金龙教授以及山东建筑学院仝辉副教授（原东南大学博士生）都先后参加过部分内容章节的编写，也得到东南大学建筑设计研究院龚蓉芬高级建筑师的帮助，我的在读研究生何碧青、吉晶、曹辉以及建学建筑与工程设计有限公司江苏分公司沈国琴也为本书文字和插图做了大量的工作，在此一并感谢！

编著者　2008.12.10

目录

第1章

导论——建筑·设计·学习
Introduction——Architecture·Design·Study

1.1 何谓建筑

1.1.1 建筑词意

何谓建筑，一般人就会说是"房子"，当你高考被建筑学专业录取时，亲戚、朋友、同学在向你祝贺的同时就可能说，你以后是"盖房子的"。这不能说错，但也不能说对，因为我们的工作是参与"盖房子"过程中的一部分——规划和设计——而不是造房子的。也有人对建筑学有一定的接触和了解，就会说，你们是搞画画的，搞外形的。因为他知道学建筑需要有一定的美术基础，学习过程中要上美术课，但这种理解也不是建筑的全部，更不是它的本质。那么什么是建筑呢？正如法国启蒙主义哲学家狄德罗所说"人们谈论得最多的东西，每每注定是人们知道得很少的东西"，建筑这门学问就是其中之一。什么是建筑呢？可以先弄清两个英文单词的词意，一是"Architecture"、二是"Building"。前者是建筑学，后者是建筑物或构筑物。我们通常讲的建筑，特别是专业上讲的建筑，实际上是建筑学（Architecture）。所以我们国家大学里设的建筑学专业，有的称为建筑系，有的就明确地定名为"建筑学系"。

英文"Architecture"（建筑）也是从拉丁文"Architectura"演变来的，从其构成来看，

有两点可以帮助我们来理解建筑的涵义：其一是它是由"Archi"和"Tecture"两部分组成，前部"Archi"意即艺术（Art），后部"Tecture"意即技术（Technology）。故对建筑的理解就是艺术加技术，而且把艺术放在前面，可以认为建筑就是艺术和技术的综合；其二是词尾"ure"，在英文中以"ure"结尾的名词，多半都会有集合的意义，如"Culture"（文化），它就是多种专业的集合词。Architecture 也就是综合的建筑集合词，具有更广泛的内涵。知识或学科的集合意味着它可构成一门学问，故称建筑学。同样，俄文中的 Архитектура 也是由 Архи 和 тектура 前后两部分构成，同样也是艺术＋技术之意。

英文中 Architect（建筑师）也来自拉丁语 Architectus，意为"主要的，负责的工匠"，因而建筑学原本就是工匠主持人所从事的工作。

1.1.2 建筑观

建筑作为一种实践活动有着几乎与人类存在一样长的历史。但是建筑作为一门学科存在的时间自 18 世纪产生以来不超过两个世纪。它是一个既古老而又年轻的新兴学科，这个新兴学科从它诞生起就一直受到社会和自然的挑战。人们对建筑的认识也就不断地与时俱进，

从古至今对其认识可以认为是建立在三个不同历史时期认识的基础上。早期的认识是建立在以美学为基础的建筑观之上，认为建筑是艺术和技术的综合，并把艺术放在首位，甚至认为建筑就是一门艺术，是凝固的音乐，这是古典的建筑观。随着工业革命的兴起和发展，对建筑的认识在内涵和外延方面都有新的发展，提出了很多新的社会需求，即新的功能，又产生很多新的物质技术手段。在现代工业社会，一切工业产品都是经过机械加工，都依照一个合理化的生产过程，不必要的装饰被去除，代之以"产品效能"为主要目标，并因此而产生一种独特的机械美和机能美。它对建筑的影响越来越大，因此提出适用、经济与美观，就产生了以功能和技术为基础的现代建筑观。从20世纪20年代开始，这种现代主义建筑观逐渐地传遍全世界。但是伴随着工业文明发达的同时，自然环境遭到严重破坏，人的生活环境受到越来越严重的污染，人类的生存受到严重威胁，从20世纪60年代以来，人们开始认识到保护环境和保护生态的重要性。人们开始觉醒，建筑不仅具有技术和艺术的双重性，而且它也有"双刃性"，它像一把双刃剑，既可为人类创造文明，又为人类的生存构成威胁——对自然生态环境的破坏。因此又产生了以环境和生态为基础的全新的环境建筑学或称生态建筑、绿色建筑观。当今建筑又正处于新的十字路口。

不论对建筑认识是如何演变和发展，不同历史时期对建筑的认识都有一个共同的观点，那就是建筑不是单一元素构成的，而是多元素构成的，即综合的建筑观，现代建筑大师沃尔特·格罗皮乌斯（Walter Groupius）说"建筑，犹如人类自然那样包罗万象"。吴良镛教授称它为广义建筑学。我们可以认为建筑学是包含自然科学和社会科学，包括人文与理工，逻辑思维与形象思维的非常综合性的一门学科。

建筑虽然是由综合的多元素组合和构成，但它绝不是玄学，而是实实在在的物质形态，它是看得见、摸得着、并能走进去在其间生活、工作和享受的（除少数纪念碑式的建筑外）。它是按一定的目的（使用功能要求），通过物质技术手段，在特定的空间环境中建造起来。它既要能满足人们生产、生活、活动的物质需要，又要满足人们审美的精神要求。正因如此，我们可以说建筑是创造为人们生活、生产所需的舒适而和谐的空间和环境，即人造空间和人造环境是建筑创作的目的。简言之，建筑是创造空间和环境的一门科学和艺术。狭义来讲，可以说建筑是一门"盖房子的艺术"，创造生活空间的艺术；广义来讲，它是塑造人类生活环境的艺术。我国老一辈的建筑学家童寯教授就曾说过，三块砖头如何摆法就有建筑学了，因为它关系到如何塑造空间。当代美国著名的建筑理论家弗兰姆普敦在他的《建构文化研究》一书中，将建筑学说为是一种"诗意的建造"，就形象地说明了建筑的本质内涵。这个定义既肯定了建造的物质要素是建筑建造的基础，而"诗意"一词又强调了建造又要赋予建筑艺术的美感，即强调了建筑师要像诗人那样发挥主观创造性。

伟大的文学家维克多·雨果在他的杰作《巴黎圣母院》中写道："从世界的开始到15世纪，建筑学一直是人类的巨著，是人类各种力量的发展或才能发展的主要表现。"所以，建筑可以对一个时代的生活质量产生深刻影响，也可以说建筑是最高形式的艺术。

1.2　何谓设计

1.2.1　设计词解

设计一词现今都使用英文 Design 一词解释，它源于拉丁文 Designare，该词是由 De+signare 构成，signare 意即 To mark[①]，依照大英百科全书 Encyclopaedia Britannica 的记载，Design 是作记号的意思；是在将要展开的某种行动时拟订计划的过程；又特指记在心中，或者制成草图或模式的具体计划。按照现今我们的理解，设计包括设想和计划，并用文字、图纸和模型等形式表现出来。对建筑设计来讲，还要包括计算的工作，计算面积、投资及各种经济指标。

设计是以人—自然—社会三个基本要素为对象，设计世界包括三个领域：即产品设计（PD）、视觉传达设计（VCD）和环境或空间设计（ED 或 SD）三种。不过在实际设计时，通常设计对象都必须以综合的方式来进行设计，尤其是建筑设计更是如此（图 1-1）。[②]

现代建筑大师格罗皮乌斯曾说：所谓设计，广义地来说，我们周围一切人为的而可以肉眼看到的事事物物，即使最简单的日常用品以至于整个城市的复杂图案，都无不包括在它的范围之中，设计一个大型建筑物的过程和设计一张简单的椅子的过程，在原则上并无任何不同，其所不同的，只是程度上的差异而已[③]。

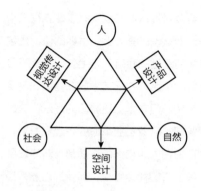

图 1-1　设计的世界

1.2.2　建筑设计的属性

建筑设计是科学技术和艺术的结合，优秀的建筑是通过智慧、经验以及敏感性的融合而产生设计概念。每一座建筑物的设计都应当有它自己的灵魂。因此，建筑设计不是简单地绘图，建筑师不应只是个绘图员，它具有以下几种属性：

1）建筑设计是创作

建筑设计是一个创作的过程，创造性是建筑设计的灵魂。

建筑师创造什么呢？从狭义来讲，他就是为人们创造了生活空间；从广义来讲，他为人们创造生活舒适而和谐的室内外的生活环境。建筑师的创作活动就像作家、音乐家、艺术家一样，从事着一种主观世界的创作活动，只是他们创作的手段和成品不一样。建筑师创作的建筑设计方案就如同戏剧家的剧本、音乐家的乐谱、文学家的小说一样，譬如：

语言学家是通过　字母→音节→字和词
文学家是通过　　字词→句子→文章
音乐家是通过　　音符→音节→乐章
建筑家是通过　　物质要素→空间要素
　　　　　　　　→建筑及环境

---

①② 佐口七朗编著.设计概论.艺风堂出版社.p8.
③ 沃尔特·格罗皮乌斯著.整体建筑总论.台隆书店出版.p12.

以上所述，虽然他们的创作要素和创作手段不同，但它们之间有两点是共同的：即它们都需要一定的构成要素，并遵循一定的规则构成。也即一个是"构成元素"（Elements）、一个是"规则"（Rules）。理性的创作活动或称设计可用以下简式表述：即

$$Design = Elements + Rules$$

简化表述为 D=E+R，即任何理性设计都是将其构成的诸因素（Elements）按一定的规则（Rules）组合成一个有机的整体，以达到适用又好看的目的。

譬如：语言的基本要素是字母，它通过拼音规则构成不同的字节和不同的字或词；英文26 个字母，构成常用字 25 万个，字典中有45 万个；文学基本的元素是字词，通过文法规则构成句子，又通过章法结构构成文章；音乐基本的元素是音符（1.2.3.4.5.6.7 加上 5 个半音计 12 种音符）按一定的乐理构成音节和乐章；建筑基本元素是墙、柱、梁、板、门、窗等物质要素和各类空间要素，通过一定的设计原则及结构规则而建构成空间和建筑物，即场所、环境。

但是建筑师的创作活动也像其他形式艺术一样不是简单的直线形的，即不完全是理性的，它是理性思维与情感思维的结合，即是逻辑思维与形象思维的结合。早在 20 世纪 20 年代格罗皮乌斯就说过"设计既不是唯心的，也不是唯物的"[1]。可以说，好的建筑设计不是脱离实际的想象或突然间的灵感迸发，而是源于对生活的独特而深刻的理解，源于他的好奇心、超时性、自发的追求以及敏锐的观察能力，观察事物、观察人和观察形形色色的人的行为；来源于对所有的解决矛盾的可能形式有深刻的理解；来源于他们文化历史的底蕴和丰富的创作经验；来源于他对建筑所在场所的严密与深刻的认知与理解，从而奠定了建筑的布局和形式的空间特征的立意和构思。

2）建筑设计是一个综合的过程

建筑具有综合性的特点，这是显而易见的。建筑物是人—社会—自然多方面的错综复杂矛盾的综合体。一个设计充满着各种各样的矛盾，它既要满足使用上的要求，又要考虑结构与设备的合理，既要适用、经济，又要造型美观，设计者甚至还会在某些工程项目创作中追求本身在功能与形式当中更深一层的含意。此外建筑具有时空特点：建筑的时间性要求它重视和表现建筑的时代感；建筑的空间特性即建筑都有一个特定的地点，建筑的地点性要求它重视和强调建筑的文化性，要求尊重和表现地区的气候特征及地质学的内涵；建筑还要群体和谐，充分考虑它所处的环境中针对自然给予的优劣条件，能作出合理的决定，使建筑物能与周围自然环境达成和谐的关系，并将这种精神同样深入到其他四周既存的环境中。

此外，因为建筑是一门包罗万象的，与各行各业、很多学科都有联系的综合性学科，建筑设计也就是一项综合性很强的工作。设计不同类型的建筑，你就需要了解不同类型建筑的功能及其运行管理情况。例如：设计医院需要了解医疗各部门的行为，不同类型的医院有不同的人为活动，例如儿童医院、综合医院、专科医院及妇产科等不同类型，会因特殊的使用者、特殊的医疗方式就有特殊的要求。建筑师在设计医院建筑时，还要了解一些建筑以外的

---

① 沃尔特·格罗皮乌斯著.整体建筑总论.台隆书店出版.p12.

医疗相关专业知识，如医院及各科室的运行管理模式，手术部医师与护理人员的行为模式，新医疗技术的运行模式及对建筑的要求等。建筑设计者在设计前就需要进行必要的研究，进行实际的调查、观摩，对不同领域的专业人员进行采访、座谈、交流，以学习专门的知识，帮助设计人员了解医院各部门的运行流程及功能要求。

此外，在设计过程中，建筑设计又是先行的工种、龙头主导的专业。建筑师在整个工作过程中需要不断地解决来自不同专业、不同工种各个方面的要求和矛盾，这就要求建筑师具有很强的组织能力和协调能力。任何一位建筑师在实际工作中，所要面临的工作领域和必须接触沟通的人，都是十分广泛而复杂的。从接受设计任务谈项目开始直到工程竣工验收，都要消耗大量时间和精力处理各类大大小小的工程问题、管理问题、经济问题及人际关系等。因此，建筑师不仅是一个工程设计的主导者，更是各种观念和意见的协调者。就在同一项工程设计中，不同专业的设计师的意见，经常相互冲突，如何在优化中权衡得失，协调各种矛盾，做出可以使各方都能接受的、又能满足各种要求限制的解决方案，这都是对建筑师能力的考验。一个建筑师除了要有较强的本专业知识外，广泛的知识面和生活经验是至关重要的，有人说"建筑师在这方面的最高境界是英文所谓的'文艺复兴之人'（Renaissance Man 意为全才之才）"[1]。就像文艺复兴时期艺术家与建筑师里奥那多·达·芬奇那样，上知天文、下知地理，精通美术、雕刻、建筑、文学、工程乃至医学解剖等。今日学科发达，不可能做到

"全才"，但是尽量扩大自己的知识面，建立这种意识是非常重要的。有意识地在学习和工作中参与其他专业、行业的人的交流、交往，有意进行一些学科交叉的活动或合作研究，是非常有益的。

3）建筑设计是工程实践的过程

建筑设计创作与其他文学艺术创作不同，建筑创作是一项工程设计，它设计的目的是为了付诸工程实践，是为了最终把房子按设计建造起来。因此，它不是纸上谈兵，不是效果图画得漂漂亮亮就是好作品，否则只能收藏作为"画册"。因为建筑的创作最终要实践，因此在实施的过程中，还会不断地进行修改、调整。它是在实施的过程中不断设计、不断创作的过程。为了顺利地实施，设计时必须综合考虑技术、经济、材料、场地、时间等各方面的要素，以便做到更经济、合理、安全，不是凭空想象，任意创作的。

1.3 如何学习建筑

如何学习建筑与如何认识建筑是分不开的，怎样学好建筑又与每人的思维潜力与学习方法分不开，这里可以提供几点建议供同学们思考，这也是笔者在学习建筑及观摩周围比较成熟的建筑师们学习、工作及与他们平时交流的心得和体会。提出一些学习要领供参考：

（1）一个意识——确立强烈的建筑意识；

（2）二种思维——培养和训练理性的逻辑思维与感性的形象思维，注重宏观思维和微观体察的培养和训练；

（3）三个"法"——注重设计的想法、方

---

① 刘育东.建筑的涵义.台湾胡氏图书出版社.1997，p37.

法和技法的学习；

（4）五维学习——注重自然科学、社会科学、环境科学、技术科学和经济科学五维知识的学习；

（5）五个字的要求——建筑教与学要做到：正、实、活、透、硬，全面地培训。

下面将每一点具体介绍一下。

1.3.1 一个意识—— 一个强烈的建筑意识、特别是建筑空间意识

从你考上大学，走进建筑系学习的那一天起，你就可以开始逐渐培养自己的建筑意识：即明确自己是学建筑的，今后是从事这一行的，甚至就要立志成为一名有所作为的建筑师。也就是说，自己可能就是这一行的"职业运动员"或变为"职业教练"。那么较早地确立自己的建筑意识是非常重要的。这样，你就会自然地热爱它、执着于它，自觉、勤奋、刻苦地为自己开辟无穷的学习空间和学习机遇。因为建筑是最关切每个人的一门行当，人从生命开始到生命的结束时都是离不开建筑的。你出现在人间世界，其起跑点是在医院建筑的产房里，你离开这个世界，化为灰烬回归自然又是在殡仪建筑的告别厅里。在你生命的全过程中，伴随你的生活、学习、工作、各种各样的社会活动，你会亲身经历各种各样的建筑，并生活在其中……有了建筑的意识，你就会认识到处处是学问，处处皆有学习的对象和学习的机遇。因为建筑是创造供人生活和活动的一门空间技术和艺术，因此它与人的生活是绝对分不开的。有人说"建筑是生活的容器""良好的建筑应该是生活本身的投影""包含有生物、社会、技术

及艺术等问题的精确的知识"[1]，还是有道理的。空间形态与生活形态、生活方式和社会生活方式密不可分。生活是艺术的创作之源，同样生活也是建筑创作之源和建筑创作之本，因为建筑是为人而建，"以人为本"是建筑的根本目的。

同时，建筑师这一行又是一个需要经验的行业，不仅需要专业实践的经验，也需要生活的经验。也由于建筑是科学技术和艺术的结合，既有理性的逻辑也需要情感的色彩。最普通、最简单的表述它的特点是建筑不是 1+1=2 的，它可能大于 2，也可能小于 2，但其中有一个度是很重要的。"度"的认同往往就要凭借各人之经验了。譬如，建筑空间尺度、建筑构件大小、建筑形象比例的推敲、材料和色彩的应用等，经验在设计中起到重要的作用。对一个建筑师来讲，体察他的设计对象的真实世界是很重要的，体察的结果就会产生感觉，但是这种感觉既不是来自现时的环境，也不是来自于未来，而是来自于过去、来自于过去经验的积累。

正如以上之认识，我们就会自觉地、随时随地地去观察建筑现象，增加感性认识，积累储备信息，思考建筑问题，久而久之，储存在你自身的计算机（大脑）的各种各样的信息也会情不自禁地跳出来，帮你进行创作，甚至某个设计"灵感"也就来自于它。

因此，作为一位学习建筑的学生或未来的建筑师，有了建筑意识以后，在任何环境中你都不要忘记你的身份，是学习建筑并打算今后从事建筑这一行的人。在这里提示我们的同学，当你周末逛街的时候，你不仅作为普通的顾客在逛商店，还应以一名学建筑的人来参观商店，观察它的商品的布置区位、布置形式、人流（顾

---

[1] 沃尔特·格罗皮乌斯著. 整体建筑总论. p10.

客）的进出及在商店中的流动；各种商品的售货行为，不同顾客（男、女、老、少、幼）的行为方式，以及室内采光、照明的形式与效果；顶棚上各种各样的构件（消防的设备等），商店中垂直交通方式，位置及使用情况，以及洗手间的位置……在这些现象中，你就会发现它的设计要素和能使各要素统一协调的规则，就会发现都有一定的规律所遵循的，这就是驱使它这样布置的设计原则。每一幢建筑都可看作是该类型建筑的一个"样品房"或"实验室"，也就是我们的"情景学习室"或"实物阅读室"。通过日积月累地体验了解这些规则，我们设计时就会得心应手。我常说：一个建筑师在任何一幢建筑物内，是最容易找到楼梯和卫生间的，因为他就像医学解剖师一样，了解身体器官及其部位的。如果你旅游的话（建筑的学生在可能的条件下应多多旅游），那你不仅是个一般的旅游者，而且也是建筑的考察者，做一个建筑的有心人，注意观察当地的自然环境、风土人情、生活方式、建筑形式、材料的运用、色彩的感受等，少不了要有意识地进行提问、采访、速写、拍照等，尤其是速写，它是观摩、分析、认识建筑的根本方法，完成这样的历程是非常有意义的。我的老师杨廷宝先生，他随身都有一个小本子、一支笔和一把卷尺，随时都可以进行速写或测量并画下来；乘火车，坐在软卧车厢里，他就会用卷尺量量床的高度，上下床之间的高度，两床之间的距离……我自己也有这样的一个习惯：每一次上楼，潜意识地都数着踏步的数量，等我上了楼后，我就下意识地想着它的层高大概有多少，进而也就想着：这幢建筑的层高合不合适？楼梯踏步的尺度合不

合适？楼梯设计有没有超过规范等。

1.3.2　两种思维的训练

学习建筑必须既要培养理性思维，也要培养形象思维，因为建筑设计需要有两种思维的能力，只有两者都有较高的水平，设计才有可能既是理性的，也才有可能引起人们情感的进发。两者相辅相成、互不矛盾，彼此并不排斥。许多著名的现代建筑大师的许多作品中，都有令人震撼的情感因素，但同时在这些作品中也富有理性的秩序。

理性思维是建筑创作的基础，特别对大量的工业建筑与民用建筑（住宅、学校、医院等建筑）更是如此。因为建筑作为一门技术科学，它对专业工作需要符合自然规律的知识作为基础，建筑师也需要付出努力解决各种各样的矛盾，这就要求具有清晰的理性思维能力，把一个充满矛盾的设计对象认识得更深刻、更透彻、更准确、更符合事物的客观规律。这样，由此而提出的解决方法——即设计方案才有可能被认同，建筑师在主导设计时，也才能成为一名优秀的设计协调者。

当然，只有理性思维对建筑设计来讲是不全面的，理性思维是可以通过语言、文字表述的，但建筑师的语言是图示，它要求是视觉的语言。理性的思维是可以遵循一定的法则，一项可以被公认的准则，它可以为一切人所通用。但是，法则是绝不能成为抽象思维、艺术创作的秘诀。建筑师的艺术创作灵感的火花也绝非逻辑和理性的范围所能约束。因此，如何将理性思维提出的抽象概念用视觉语言表达出来，并能创造出人们喜闻乐见的建筑形象来，这就

是形象思维能力的培养。形象思维——感情方面的才能不能依赖科学的分析方法来培养，它要通过音乐、诗歌及视觉艺术等具有创作性的科目予以陶冶。

为此，学建筑者应该学一学哲学，努力提高我们的认识水平和分析能力；同时也要学学美学以提高我们的审美能力。"眼高手低"不好，"手高眼低"也不好，前者还可以做评判员、管理者，而后者只能做"绘图匠"。此外注意宏观思维能力的培养，只有站得高，才能看得远，想得深，才能把握方向，能与时俱进，适应时代的变迁。

1.3.3 三个"法"——即注重想法—方法—技法的培养和训练

长期以来，我国的建筑教育都非常关注建筑教学中"技法"的培养和训练，即各校所强调学生手头基本功的训练，这无疑是重要的。长期以来它已形成我国传统建筑教育的一大特色，即手头功夫好，线条图和渲染图乃至徒手画画得都很漂亮。这是可以引以为自豪的，但是必须指出，这种教育与学习做法有其很大的片面性，它毕竟只是一种表现手段，而不是表现对象——设计本身的真正的创造，在建筑创作中比其更重要的是创作的灵魂，即原创性的想法以及达到和实现这种想法的方法。我们不能把作图表现能力与设计创作能力混为一谈，二者是有不同概念、不同内涵的。绘图表现是技法，不过是一种表现技巧而已，它不能代替设计，更不是艺术，"艺术的训练必须能为想象力和创作力提供粮食"[1]。因此，学习中如何注意创作"想法"——即构思立意的培养和训练

就更加重要。技法的训练重在手头功夫的训练，而创作想法的训练重在"脑"子的训练，即思维能力的训练。因此，我们不仅要训练手，更要训练"脑"，要"脑"和"手"同时训练。

一个设计方案的优劣关键不在于表现技巧的高低，而在于构思的巧妙、创作想法的独特和新意。一个设计方案画得很好看，一开始可能吸引人的眼球，但想法不对头，画得再好最终也是白搭了。

三"法"的学习是三个层面的学习，"想法"是宏观的，"方法"是中观的，"技法"是微观的。"想法"的学习和培养就是要重视和加强思维能力的培养，因为思维能力是一切事物最关键、最核心的竞争力。

1.3.4 五维学习

五维学习——学习建筑不仅要学习自然科学、社会科学，还要注意学习经济科学、技术科学和环境科学五维学科知识的科学学习，如图1-2所示。这对我们打下结实的设计创作基础是大有好处的。自然科学（环境科学）和人文、社会科学的学习是奠定宏观思维的前提

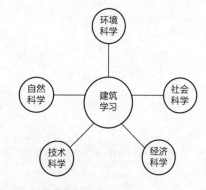

图1-2 五维学习图示

---

① 沃尔特·格罗皮乌斯著.整体建筑总论.p20.

和基础，宏观思维是社会科学知识和自然科学知识综合的运用。建筑师养成宏观思维的习惯并培养宏观思维的能力是非常重要的。建筑师的工作大都是设计某一具体工程，即接触微观层次的问题较多，但是大道理管小道理，全局重于局部，上一层次制约下一层次。建筑设计规划本身是分层级的，缺乏上一级层次的宏观思维，只停留在微观层次的操作，建筑的创作力就将受到很大影响。同样微观体察也是很重要的，只有深入生活才能微观体察，生活是建筑创作之源，微观体察能使我们比较容易的了解真情、发现问题，确立创作的方向和创作内容。

1.3.5 五字经学习——即正、实、活、透、硬，全面的培训

这是 20 世纪 60 年代南京工学院建筑系（今东南大学建筑学院）在建筑设计教学中总结提倡的五字经的教学法，即正、实、活、透、硬。经历 60 年的验证，它仍是有价值的。

正——确立正确的学习思想、正确的设计思想及正确的思维方法和工作方法；

实——教学内容要实在、真实和踏实，尤其是课程设计题要有真实的地形，工地实习、认识实习及综合设计等实践教学环节；

活——学生的头脑要训练"活"，即思路要活，多训练发散性思维，提倡"一题多解"的训练模式；

透——建筑的基本理论要讲透学透，能举一反三进行学习；

硬——基本功要过硬。

今天情况虽有很大变化，电脑绘图代替了手工绘图，但是这五个方面对一个建筑师的培养仍然是重要的，包括手头功夫的培养。

第 2 章

建筑生成及其发展
Architectural Generation and Development

2.1　建筑生成

2.1.1　建筑生成基础

　　建筑与城市，本质上是人类为了调整人与自然、人与社会、人与人相互关系而创造的"人工物"（Artificial）或"合成物"（Synthetic）。也就是各时代人类所创造的人为的形体空间环境。它是人工现象而不是自然现象。自然现象由于服从自然法则而具有一种"必然性"和自组织性；人工现象则易被环境改变而具有一种"权变性"，在不同的环境下会生成很不相同的形态，都与一定历史时期的人与自然（生产力）和人与人（生产关系）相适应。所以从宏观来讲，建筑就是以人、自然和社会三大领域为背景，建筑的生成和发展完全受制于这三种基本生存要素的影响，它们是建筑生成的基础，是建筑"树"生长的土壤（图2-1、图2-2）。

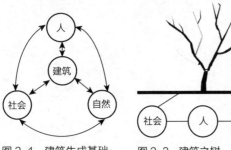

图2-1　建筑生成基础：人—社会—自然

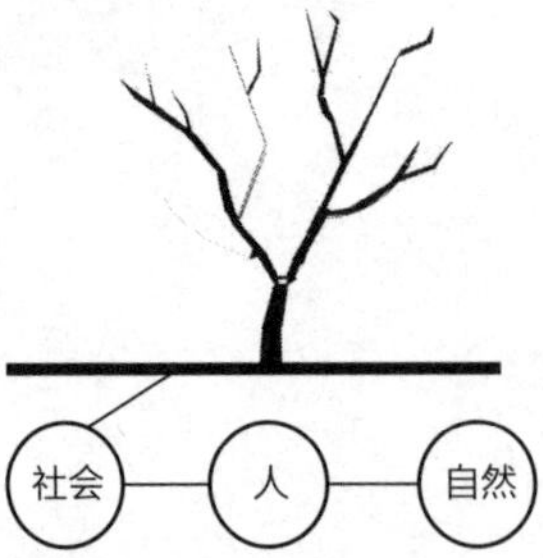

图2-2　建筑之树

　　这三种建筑生成的基本要素影响和决定着建筑的方向；影响和决定着建筑价值的判断；同时它也影响和决定着建筑物质技术手段的保障。我们可以具体分析如下：

　　人——建筑是为人所用，为人而建的，建筑以人为本，人是建筑的主体；

　　社会——它决定了建筑的社会性，推动社会发展的生产力的发展和生产方式（生产关系）的变化，它们都对建筑的发展起着决定性的作用，如图2-3所示。

　　自然——建筑都建造在一个特定的地域和场所。地域的自然条件和自然资源决定着建筑的特性及实现建筑的物质技术手段；场所将决定着建筑物的体型、体量、空间形态及建筑形式。建筑是师法自然，建筑是根据自然特定的法则去进行规划、设计乃至选择和使用材料的。

　　哲学家丹纳曾说："艺术作品产生于种族、环境和时代三个基本的条件。"建筑作品的产生同样也是受这三个基本条件的影响，不同的种族即不同的人，不同的环境即不同的自然条件，不同的社会即不同的发展时代，建筑就是不一样的。因此，在从事建筑规划与设计时，都必须充分地重视这三个基本生成要素的影响。

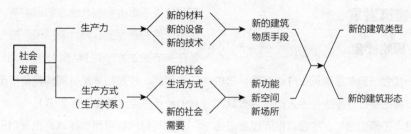

图2-3　社会决定建筑发展方向

2.1.2　建筑构成

从影响建筑的构成来看，建筑的形成和发展是受三种因素所制约，即社会构成因素、技术构成因素和自然构成因素（图2-4）。

其中：社会构成包括政治、文化、经济、艺术、宗教等；技术构成包括材料、技术、设备及加工工艺等；自然构成包括气候、资源、环境、地理、地质等自然条件等。三者相互作用，共同影响着建筑的构成（图2-5）。

从图2-5不难看出，建筑是一个非常综合的多学科结合的体系，它不仅要求建筑师有广泛的知识基础，同时也决定着建筑师的工作特性——团队合作。

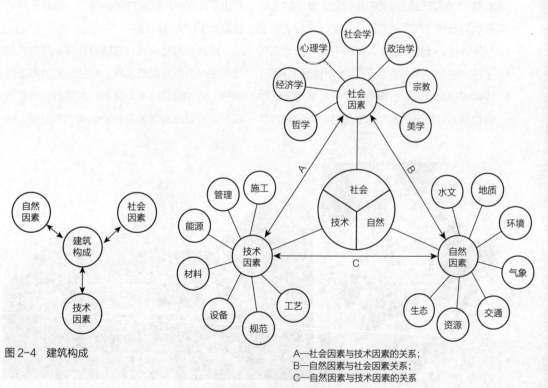

图2-4　建筑构成

A—社会因素与技术因素的关系；
B—自然因素与社会因素关系；
C—自然因素与技术因素的关系

图2-5　影响建筑因素及其关系图

2.2 建筑发展

2.2.1 原始社会

人—社会—自然是建筑生成的基础，它也是建筑发展的基础。原始社会人的生活极其简单，人基本是顺应自然、依赖自然而过着原始的生活，住是一个庇护所，能够让人躲避风霜雨雪、御寒暑、防敌兽即可，使用的是取之自然的最基本的天然材料（木、石、竹、土等）。例如浙江余姚的河姆渡在 20 世纪 70 年代发掘的距今已有七千余年历史的新石器时代神秘远古村落的遗址（图 2-6），使用的就是原始的木材，它呈现了世界最早的干栏式建筑和原始的生态环境和先民们的生产生活场景；在公元前两千年前产生的埃及神庙和金字塔用的也是天然的石料，其严密的奴隶制度以及将法老王视为神祇的化身，并相信灵魂不灭，因而造就了伟大的金字塔（图 2-7），其形体呈三角形，隐喻着朝向"天"的神圣意义。希腊古建筑用的也是当地的天然石材，受到当时人们对哲学

与数学等思想的影响，追求和谐的美，追求人体与自然的永恒美。将代表"天"的三角形放置在神庙正立面的梁柱结构上，现称为"山花"。它与檐部、柱廊和基座共同构成留传至今的经典的希腊古神庙模式（图 2-8）。

罗马时代继承希腊建筑，也采用天然的石材，但柱式和神庙的基本模式有所发展，当时著名的建筑理论家维特鲁威（Vitruvius）详细观察无数的神庙后，归纳出不同的神庙因崇拜神性的不同——男性、女性和少女而有三种不同的柱式（The Orders）（图 2-9）。从而提供了希腊神庙设计的模式，即以三柱式为基础的一套比例和谐的设计模式。在那时，罗马帝国又征服了许多地区，建立了富裕的社会组织，产生了许多新的社会生活的需要，因此不同的建筑类型也就应运而生。

建筑具有社会性，它随着社会生产方式和社会生产力的发展而发展。在它发展的历史过程中，除了建筑技术、建筑形式等方面的发展以外，更突出的是表现在建筑类型的发展。这

图 2-6 浙江余姚河姆渡遗址　　　图 2-7 埃及金字塔

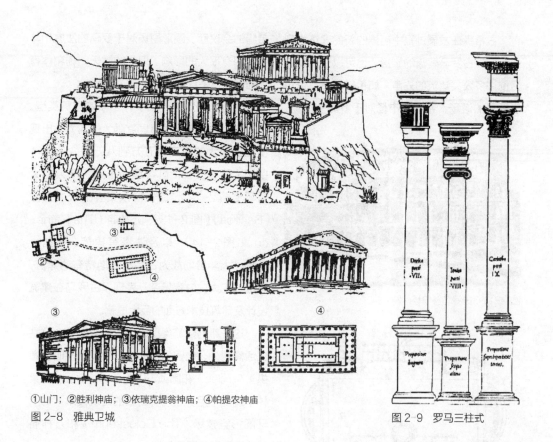

①山门；②胜利神庙；③依瑞克提翁神庙；④帕提农神庙

图2-8 雅典卫城

图2-9 罗马三柱式

是由于社会生产的发展，创造了新的物质和文化生活条件，产生了新的生活方式，提出了新的功能要求。而新的科学技术的进步，又为它提供了新的物质手段。因此形成了今天多种多样的服务于生活和生产的建筑类型。

公共建筑是随着奴隶制度的产生而产生的。当时，由于生产力的发展造成了财富的积累，出现了对立的阶级——奴隶和奴隶主，穷人和富人，这样就形成了国家，产生了城市。在古希腊建筑发展的早期，只有神庙和防御性的建筑，而在奴隶共和制胜利以后，建筑的趋势不再是宗教建筑而是趋向于公共建筑。在当时，公共建筑类型大量涌现，开始有剧场、体育场、集会厅等世俗集会和娱乐建筑（图2-10、图2-11）。图2-10是古希腊埃比道鲁斯剧场，它是公元前350年古典晚期最著名的露天剧场之一，其中心是圆形表演区，叫歌坛，直径约20m，扇形看台依自然山坡布置，有32排座位。

图2-10 古希腊埃比道鲁斯剧场

古希腊在发展过程中创建的新的建筑类型成为后来古罗马建筑的雏形。也可以说是我们目前许多公共建筑的先声，如希腊的体育馆对于罗马的浴场，希腊的市场对于罗马的广场，希腊的会议厅、圆形剧场对于罗马的法庭和斗兽场都有很大的影响。现代的露天剧场和体育场的设计也是从古希腊发展演变而来。

古罗马时期也产生了许多新的建筑类型。在建筑上为了表现军事国家强大的实力，出现了规模巨大的可容纳五万到八万观众的大斗兽场（图2-11）；可容纳一千到两千人的大浴场（图2-12）；提供群众集会的公共会堂（Bacilica）（图2-13）、万神庙（The Patheon）（图2-14），以及法庭等建筑。这些大浴场、大斗兽场成为古罗马时期特有的建筑，其工程庞大，内容复杂，表现了古罗马在建筑设计及建筑技术方面的巨大成就。

图2-11　古罗马斗兽场

这些新的建筑类型除了适应当时社会公共生活需要外，也因为罗马人在技术上发明了圆拱（Arches）和圆顶（Domes），它解决了梁柱系统的不足。这两种创新的建筑技术，对罗马圆形竞技场（The Colosseum）和万神庙的建造起了关键的作用。

2.2.2　封建社会

封建社会早期，西方公共建筑的发展像当时的生产一样缓慢。新的公共建筑类型很少产生，主要利用原有的建筑。这反映了当时社会经济的衰退。在西方，早期基督教时期，由于人的意识形态对基督教的崇高追求，反映在建筑上是将罗马时期公共议事厅进一步地增进它的庄严气氛，推崇"仰天弥高"精神，在早期基督教建筑上开始使用高塔造型（图2-15）。

封建主义盛期（哥特时期）生产力的增长，商业的发展使其出现和形成了新的阶层——市民、手工业者和商人，并产生了行会组织。当

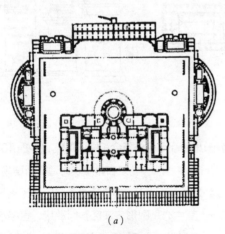

（a）

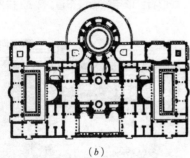

（b）

图2-12　千人大浴场
（a）总平面；（b）主体建筑平面

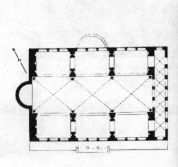

图 2-13 公共会堂

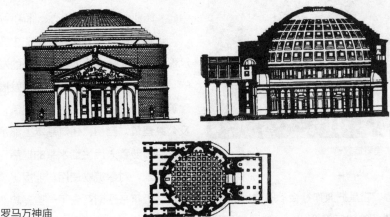

图 2-14 罗马万神庙

时，除宗教建筑外，市政厅及贵族宫殿等建筑得到了很大的发展。当时，由于教皇的权力主宰一切，进一步强化基督教崇高精神，在建筑上就追求垂直向上的空间，在技术上发明了尖拱、肋筋拱顶、扶壁及飞扶壁等新的物质技术手段并借助它构建外骨架结构系统，以达到追求崇高的高度感（图2-16）。

封建社会末期（文艺复兴时期），建筑主要类型不再是行政、府邸、医院等公共建筑而变为贵族服务的郊区花园别墅和宗教建筑，如

图 2-15 S. Apollinare 教堂

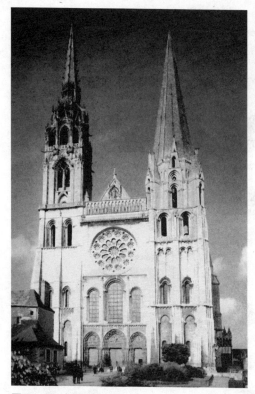

图2-16　法国哥特教堂

图2-17　法国凡尔赛宫

凡尔赛宫等。它是把兼作社会、居住、行政管理的复杂功能的建筑组合成一个庞大的整体，与自然环境密切结合起来。这反映了当时帝王统治和对生活的新需要——生活和自然的密切结合（图2-17）。

2.2.3　资本主义社会

资本主义社会，资产阶级兴起，社会生产大大发展，促进了新型公共建筑的产生和发展。早在17~18世纪，就出现了剧院、博物馆、银行等，它们都采用古典建筑式样。而到资本主义近代，科学技术的更大发展，建筑的类型就更五花八门，并且发展成各种各样的活动中心。如行政中心、体育中心、文化中心、展览中心、商业中心、医疗中心、休闲中心等。

建筑功能是划分建筑类型的主要特征，建筑形态的发展是以人的生活形态的发展为根据的，它随人的生活形态的变化而发展。一般在建筑分类中，它可分类为居住建筑，工业建筑及公共建筑。当初，建筑基本上都是单一功能的，目前随着人民生活水平的提高，社会活动日益频繁，对建筑物使用功能提出了更复杂的要求。近年来逐渐产生了一些多功能和复合功能的建筑物。前者是指一幢建筑物在不同的时间可以满足不同的使用功能要求；后者是指一幢建筑物在同一时间内可以满足多种不同的使用功能要求。这种类型的建筑，可以大大提高建筑物的使用效率和经济性。

随着城市化的发展，城市人口的集聚，建筑与城市一体化的发展已成为一个新的趋势。建筑的发展趋势将是功能更加综合，规模更加庞大，空间更加立体化（地上、地下、空中一起发展），建筑与城市更多的一体化，促使建筑功能与城市功能，建筑空间与城市空间，相互交织、融合在一起。

第3章

建筑与人
Architecture and Human

建筑与人的关系是不言而喻的，建筑为人而建、为人所用。人与建筑都是人类住区（人居环境）的基本构成要素，人的生存和发展离不开建筑及建筑活动，建筑离开人也就失去了存在与发展的动力。因此，建筑与人的关系在建筑实践活动中是极为基本的、极为重要的。从事建筑规划和设计，也必须重视二者之关系，重视人在建筑中的地位和作用，真正做到"以人为本"进行建筑创作与实践。下面从建筑为人所需、为人所造、为人所用和为人所鉴几方面分别论述之。

3.1　建筑为人所需

3.1.1　建筑——人生的基本需要之一

建筑是人类最早的最基本的物质生活需求之一，人类为了遮风避雨、防寒避暑、防御野兽、抵抗敌侵，就自觉地寻求避所。原始社会，社会生产力落后，人类只好在地上挖一个洞穴，或者在树上架一个棚架，借此为生，很明显就是为了解决其最基本生存的需要。

人生的基本需求常言为衣、食、住、行，这里的"住"狭义地讲就是住所，就是居住建筑，因此可以说，居住建筑是最早出现的一种建筑形制，是人类首要的生存需求的结果。实际上，人的一切生产和生活活动都离不开建筑。建筑是为人所需、为人而建、为人所用、为人所鉴的人造的巨大的物质实体，它的生成和存在反映着人和人的集合体——社会的各种物质现实和包括审美在内的诸观念形态。所以，研究建筑，必须研究人，研究人的物质现实和观念形态，研究人的生理、心理、伦理和哲学等特征，以及社会层次上的物质现实世界和意识形态。人为了生活，衣、食、住、行离不开建筑；人要生存、要生产也离不开建筑。伴随着社会生产力的发展，人类进入现代工业社会时，各种类型的生产建筑也就应运而生；随着人群的集聚、城镇的出现，社会活动场所随之不断扩大，公共交往逐步增多，社会生活方式也日益丰富多样，也就出现了多种多样的满足社会公共活动需求的各类公共建筑，如教堂、市场、影坛、剧院及宾馆……这些建筑需求的空间都是按照人的活动需要而构成的。例如，每个剧院都设有门厅、售票厅、观众厅、舞台、化妆室及其他用房，观众厅的大小、高度、每个座位尺度、走道宽度、舞台尺度、台口大小、出入口的数量和宽度，还有灯光、视线等，所有这一切都要考虑人（观众、演员和管理者）的需要，从演员演戏和观众看戏及剧院管理这些活动的要求出发。又如住宅都有起居室、卧室、厨房、卫生间、阳台和贮藏室等。这些空间的大小、形状、门窗的设置、大小等也都要尽量符合人的使用要求。因此，建筑首先必须满足人的这些基本的物质性活动的需要，无论从空间本身，或者构成空间的物质实体，都应该符合这个空间使用者——人的使用目的。

3.1.2 建筑——满足人的物质需求和精神需求

人的需求不仅有物质需要还有精神需求，因为人类依赖的不单单只是物理方面的机能，还需考虑心理方面的机能。如果设计的建筑仅仅达到物质功能的需求，那就仅仅造就了一幢"可住""可用"的房子，而非一幢"好的"建筑作品。建筑师除了要理性地解决建筑物功能需求外，最重要的是使其具备较优美的建筑美感。这就是自古至今把建筑视为艺术领域中重要一员的原因。土木设计与建筑设计虽然都自称为"设计"，但二者最大的不同就在于对美感的追求。土木工程强调设计的功能与结构，它是一门典型的工程学科，建筑利用历史上对美的探寻，而成为结合艺术与工程于一体的一项工作。因此，建筑物必须要功能与美感兼备，才是一个好的作品。

实际上，所有的设计都是完成一种功能的实现，解决一个功能问题。设计的另一面就是解决艺术问题，最终的产品应该是美丽的、有效的、令人赏心悦目的。设计与艺术不是分离的关系，它既是一种解决问题的行为，同时也是一门艺术。所以，建筑不仅要满足人的各种物质生活需要，同时也要满足人的精神生活的需要。按照美国人本主义心理学家伯拉罕·马

图 3-1　人的心理需求图

斯洛研究人的心理需求的理论（图 3-1），人的需求具有层次性，它由低级到高级构成一个梯形，最基础的是生理需要，依次向上，直到最高层的自我实现的高级心理需要。人的需求层次可以分为三类，即：基本的生理需求、心理需要及意识形态的需求。三者与我们从事的建筑规划设计工作都有直接的关联。例如人在建筑中要有安全感，因此楼梯、露天天台、外廊、上人屋顶都要设置栏杆或女儿墙，并且要有一定的高度；人在室内活动都希望开敞、自在一点，而不喜欢阴暗或有闭塞感，因此窗子的开设不宜太高，在保证安全的条件下尽可能开设得低一些（一般 900~1000mm）、开敞一些甚至是大面积的落地窗（注意内设护栏等安全设施）；室内外空间相融，如果又是南向的房间，可以使人更加心旷神怡；人的心理需要直接影响到建筑空间的形状、大小、高低甚至建筑的材料和色彩的使用，它将给人不同的亲切感、可居性、舒适性等不同的心理感受。

纪念性建筑、文化建筑、教育建筑、办公建筑等创作中还有意识形态的要求，如纪念性、庄重、宏伟、气派等，这些都是心理需求的最高层次。尤其是纪念性建筑，它是永久性的，

它带有尊敬和怀念之情。因此庄重与情感是其创作要表达的两个最基本的特征，常常追求高大的形象、巨大的体量，给人一种崇高的感受，如北京天安门广场上人民英雄纪念碑，南京雨花台烈士纪念碑（图3-2、图3-3）。

建筑的精神要求最高也最重要的是满足人的审美要求：建筑要能陶冶人的心灵，给人美的享受。无论什么建筑，不仅要好好地设计功能，而且要讲究建筑内部空间形态及建筑外部造型。人们感受一个建筑形象，毋庸文字说明，就能感到它的美，甚至产生情感的共鸣，这就是一个好的作品。

图3-2　人民英雄纪念碑

图3-3　南京雨花台烈士纪念碑

3.1.3　建筑——要满足单个人与人群体的要求

人，可以认为是单个的，也可以是人群集合的群体，甚至是整个社会。前已指出建筑必须满足人在空间活动的物质和精神的需求。这里还需进一步明确：建筑不仅要满足单个人的需求，而且也要满足人的群体中人与人之间的交往乃至社会整体的需要。例如，设计学校建筑，教室设计不仅要满足单个学生的学习活动的需要，还有教师与学生、学生与学生之间相互交往的需要。教室的空间形状、大小、光线、桌椅布置等，都应该最大限度地满足这些需要。

社会作为一个整体，与单个人的需求有所不同，甚至可能是对立的，我们对待建筑既要重视单个人的活动要求，也不能忽视人际的以及社会的需要。

认识到建筑需要同时满足单个人的需要和群体人的需要后，就可进一步地认识到"公共的"和"私有的"两个概念，反映在建筑空间范畴就是"集体的"和"个体的"的空间领域，更准确地说就是：

公共的——任何一个人在任何时间内均可进入的场所，并由集体负责对它的维护；

私有的——由单个人或一小群人决定可否进入的场所，并由他（或他们）负责对它的维护。

在今日的建筑设计中，上述两种需求、两种空间领域都需要重视并设计好。我们不能夸张个体，也不能夸张群体，造成两极化的现象。我们不能过多地强调这两个极端，而是应该既要满足个性化的设计要求，也要重视创造人际交往的空间环境。

按照上述人的心理需求，在建筑的私密性要求满足的基础上，还要满足人与人之间相互交往的需求。因为，个人是社会的单个细胞，人是社会的人，个人的心理活动与人与人之间的人际交往密切相连。离开了人际交往，个人的心理就会产生病态，人的私密性需求和人际交往的需求是生活中都不可缺少的，二者互补为有机的整体。在现代信息时代，人的工作方式、生活方式都产生了巨大的变化，人机对话往往多于人与人的对话，高科技要求高情感，人们对交往的要求更为迫切、更为重视，促使人们要多在了解、交流中使自己变得完善。这种时代的生活方式必然要求有新型的交往空间。因此，美国当代著名建筑师约翰·波特曼在美国旧金山海特摄政宾馆中首创的中庭——被称为"共享空间"（shared space）——应运而生，成了时代的建筑时尚（图3-4）。

人际交往的要求，是要提供一种开放的空间，让人能自由地、有选择地、又能互相来往地彼此相互接近、相互了解、相互适应、相互学习，这种系统的要求在各种建筑规划和设计中都应得到充分的重视。

3.1.4 建筑——要满足人当前的需要也要考虑人未来的和未来人的需要

建筑应是百年大计，它既要满足人当前的需要，也要适应人未来的和未来人的需要。

这种需求表明时间因素在我们的设计中必须得到充分的考虑。建筑也有时间要素，只是时间对建筑来讲不是直观的，而是概念的。因为建筑长时间仅被看作是一个似与时间无关的"凝固"不变的对象，故有"凝固的音乐"的美称。时间因素在建筑使用中的表现是非常明显的。首先，建筑的存在有时间性，有一定的寿命，尽管有些建筑非常"长寿"，似是"永恒的"，如中外大多数古建筑，它们虽然还留存至今，但功能使命也已改变，大多成了古迹，或利用它改做其他的建筑，如土耳其伊斯坦布尔的圣索菲亚大教堂（图3-5），当时是拜占庭的东正教堂，后来变成了伊斯兰教的清真寺，现在

图3-4 旧金山海特摄政宾馆中庭　　图3-5 圣索菲亚大教堂

变成历史博物馆了。

其次，建筑的使用总是随着时间的流逝而变化的，上述伊斯坦布尔的圣索菲亚大教堂三次使用的变迁就是实例之一。北京故宫也是如此，原是明清两朝的皇宫，现在变为"故宫博物院"（图3-6）。这种使用需要的改变，在建筑历史上是司空见惯的。昔日的仓库变为住宅；昔日的厂房变为展览馆；昔日的车站变为博物馆……特别是信息时代，世间一切都在变，而且变的范围越来越大，变的频率越来越快。北京"798"街区昔日是纺织厂，今天变成展览馆、咖啡馆了（图3-7）。

因此，作为固定物质形态的建筑如何考虑"时间"因素，适应"变"的需要，这是对建筑设计的挑战。考虑"时间"的因素就意味着建筑功能不会一成不变，不是永远确定的。相对来讲，建筑功能往往是不确定性的。因此，建筑不能设计成静态的终极性产品，其使用功能应该能与时俱进，是一个开放和弹性的空间系统。在功能主义的建筑中，使用要求与设备类型都是极端定型的，它不可避免地最终导致功能使用的不适应。过于专门化的功能分区，最终不仅导致非功能化，而且会造成效率极低。例如，建造利用坡道停车的停车库（图3-8），它或许是经济的，且是易于建造的系统，但人们很难在情况发生变化时，把它们用于其他目的。因此，建筑考虑"时间"因素，就应提倡建筑空间使用的灵活性，可以适应多种用途。至少从理论上讲，它们能吸收并适应时代和情况变化的影响。因此，为适应变化中的需求，建筑必须创造相应灵活的空间体系，遵循开放建筑的设计理论和方法，进行设计以解决这一特定问题。

图3-6　北京故宫博物院

图3-7　北京"798"

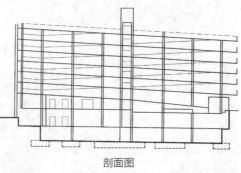

剖面图

图3-8　利用坡道停车实例——浙江省机关事务管理局多层车库

3.2 建筑为人所造

3.2.1 建筑为人所造，这是建筑与人关系的一个根本特征

建筑的存在是实体和空间的统一，这个实体是人造出来的，人构筑建筑物与动物营巢筑窝完全不同。建筑是人自觉地利用物质手段为某种特定的活动需要而建造成的空间，也可称之为人造的建筑空间，它有别于自然空间。例如，天然的岩洞，虽然也是由物质（山岩）构成，但它不是人造，我们不称它为建筑，更不能说宇宙这个"大空间"是建筑。正是由于建筑是有目的建造的，因此必须实现它的建造目的，满足它的使用要求。原始社会的建筑虽然很简陋，但却是"人的建筑"，它是人凭着自己的聪明才智，通过思维而构筑的，而不是本能

构成的。我国西安附近的半坡村原始社会遗址，那些建筑就是原始人利用天然材料，按自己生活与活动需要构筑的（图3-9）。采用斜坡屋顶，既稳定也利于排雨水，屋顶上开角口，可以排气和排烟，也可以采光。室内地面中部略凹，用来生火，可以取暖和烤制食物……

3.2.2 建筑是用物质手段建造起来的

如前述，建筑是"空间存在"，是"实"的部分和"空"的部分的统一，"实"的部分是"基座"（Earthwork）、"构架"（Framework）、"隔墙"（The internal carpet wall）、"外壳"（Enclosing membrane），"空"的部分是由这些实体围合成的空间——是实际需要的使用空间。因此，建筑必须是通过实际的物质材料（如石、木、砖、瓦、水泥、钢材、玻璃等）及

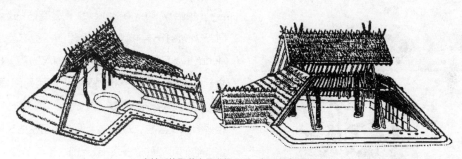

半坡氏族聚落穴屋发掘平面及复原想象图

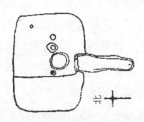

——圆形穴屋直径4~6m，入口处有挡风隔墙，中间为炉灶。

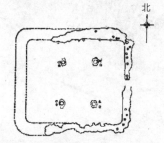

——大方形穴屋约12.5m×14m，可能为氏族公共活动用房。

图3-9 西安半坡村原始社会遗址

相应的技术手段将其构筑起来。这是建筑作品不同于其他文学、绘画及音乐等艺术的最根本区别之一。文学以文字作为符号来表述它的对象（事物），电影利用光和色完成，绘画利用颜料绘制成色块和线条来作画……它们的物质是媒介的"物"。建筑的构成，真正是物质材料通过物质技术手段构成的。图3-10（b）为著名的澳大利亚悉尼歌剧院进行结构装配的塔吊系统轴测图。该歌剧院由约翰·伍重设计，为了创造"白色船帆迎风招展"的建筑造型效果，他设计的每一个演出大厅屋盖都是由四对三角形壳体组成，壳体是钢筋混凝土壳形屋面，它将一百万块瑞典赫加奈斯米白色锦砖与壳体浇在一起，最后固定于桁架结构上。

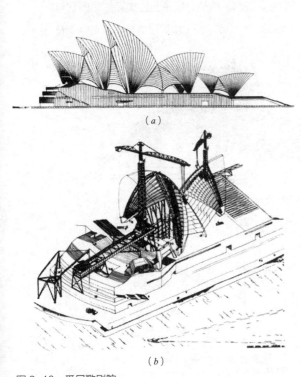

图 3-10　悉尼歌剧院
（a）立面图；（b）在建造中的轴测图

这就是建筑的物质性，它是建筑的基本属性之一。其内涵包括三个意思：即建筑的存在形式必须是物质的；建筑的构成是借助物质技术手段构成的；此外，建筑的使用是借助物质建构的空间实现的。

3.2.3　建筑随物质技术的发展而发展

原始社会时期人类生活需求简单，所需的建筑也只能用天然材料（木、石、竹、土等）进行简易的外形物理性加工而构筑房屋；随着社会的发展、生产力的提高，人们的物质和精神活动渐渐地增多起来，对建筑提出了越来越多、越来越高的要求，从而也促进和推动了建筑技术的发展。远古时期，由于技术原因，室内空间只能小而简陋，后来由于技术进步，人们利用梁和柱来构筑房屋。例如法国学者隆吉（Mare-Autoine Laugier）所描述的远古时野人为自己寻求遮蔽物而建的"基本屋舍"（Primitive—野人用四根森林中掉落的粗树枝，立起来围成一个正方形，又在上面用另四根树枝把它们连起来，在其上又放上两排树枝，互相倾斜交叉放立，最后在上面放上密密的树叶，构成他们可住的房子）。公元前两千年前位于今日英格兰的巨石聚落（图3-11）就用石块排起柱子和屋顶，而建构成原始的建筑形式；古埃及的灵庙，古希腊和古罗马时期的石结构庙宇这类建筑也都是利用梁和柱的这种形式来构筑房屋的（图3-12、图3-13）。

由于采用石梁，梁的跨度不大，因此柱子较多，但房屋的规模越来越大了，著名的雅典帕提农神庙，平面尺寸达 69.5m×30.9m，柱子高度达到 10.43m；罗马人在技术上发明了圆拱（Arches）和圆顶（Domes），解决了梁柱系统在力学上的不足，建造了大空间的万神庙；到了哥特时期，在技术上放弃了传统的以墙为屋顶支撑的建筑构造方式，取而代之以尖拱（Pointed Arches）、肋拱顶（Rib Vaults）、扶壁（Buttress）与飞扶壁（Flying Buttress）等新发明而构成的外骨架结构系统，而建造了高耸入云的尖顶（参见图3-14法国哥特教堂）。

自19世纪起，资本主义在产业革命后，科学技术和工业生产发展较快。1855年贝式炼钢法（锅炉炼钢法）出现，到1870年代钢铁开始用在建筑工程上，完全摆脱了传统材料、技术的束缚，使建筑物获得了造型与空间上的极度自由。1851年第一届世界博览会上，建成了以钢铁和玻璃为材料构筑的"水晶宫"（图3-15）；1889年法国巴黎世界博览会

图3-11　英国巨石聚落

图3-12　古埃及神庙

图3-13　雅典帕提农神庙

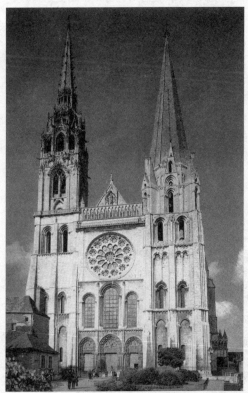

图3-14　法国哥特教堂

上，又建成了代表钢铁时代的埃菲尔铁塔
（Eiffel Tower）（图 3-16）；1880 年代法国
首先广泛应用钢筋混凝土，进一步促进了框架
结构的发展，给建筑结构方式和建筑造型提供
了新的可能。1877 年电话问世，1879 年发明
电灯，1853 年美国纽约世界博览会上展示了
美国人奥提斯（Otis）首先发明的载人的蒸汽
动力升降机（又称电梯），为高层建筑的发展铺
平了道路。1883 年芝加哥家庭保险公司大楼，
这座大楼被称为按现代建筑结构原理建造起来
的第一座摩天楼，也是世界上第一座完全运用
铸铁框架的建筑（图 3-17）。

　　近代钢筋混凝土结构的出现及应用使穹顶
的厚度大大地降低，薄壳穹顶由此受到人们极
大关注，从而开辟了结构工程新领域。这种结
构形式用于建筑物的屋顶始于 1910 年左右，
最早有资料记载的是 1925 年建于德国 Carl
Zeiss 公司的四支柱圆柱的壳体屋顶。图 3-18
是 1959 年建于法国巴黎的国家工业与技术中
心展览馆，它是世界最大的钢筋混凝土装饰

图 3-16　埃菲尔铁塔

图 3-15　伦敦水晶宫

图 3-17　芝加哥家庭保险公司大楼

整体式薄壳结构，其平面为三角形，每边长218m，高48m。

随着钢、铁、铝合金等轻质高强材料出现及应用，一种新的空间结构——网架结构产生了，其特点是空间刚度大，整体性能好，并且具有良好的抗震性能。从20世纪70年代开始，网架结构就成功地应用于大中型屋盖结构中。1970年日本大阪国际博览会，中心节日广场平面尺寸为108m×292m，采用了正方四角锥网架屋盖；1993年建成的日本福冈体育馆采用球面网壳穹顶，直径222m（图3-19），它是可开启的结构；我国建设的国家大剧院（图3-20），采用的结构形式是肋环型空腹双层网壳，它是普通网壳结构的发展与创新。外部围护钢结构壳体呈半椭圆形，平面投影东西方向长轴长度为212.20米，南北方向短轴长度为143.64米，建筑物高度为46.285米。

此外，悬索结构、膜结构在20世纪中叶以后也开始被广泛应用，为创造大空间、大跨度提供了可靠的物质手段。

上述结构技术发展的各个阶段，从石、木

图3-19 日本福冈体育馆

的梁柱系统到今日的空间结构，每个发展阶段虽然不同，但都有共同之处：随着人类文明的提高，社会和经济的变革，生产力和人类需求的提高以及科学技术的进步，建构建筑的物质技术手段也在不断地发展和提高，从而推动整个建筑的发展。总的趋势是建筑支撑的实体部分越来越小，越来越少，越来越轻，而围合的空间却越来越大，造型也变得越来越轻巧。我们从古代埃及的灵庙、雅典帕提农神庙粗壮的石梁柱系统所围合的窄小空间到20世纪空间结构的出现，实现了直径达274m的日本"大眼"体育场（Big Eye Stadium，图3-21）。

图3-18 巴黎国家工业与技术中心展览馆

图3-20 中国国家大剧院

图 3-21　日本"大眼"体育场

3.2.4　建筑——建造的合理性与经济性

　　建筑作为一个物质实体，是人类利用自然资源、运用物质技术手段为满足人类各种活动而建构起来的。建造过程中巨大的物质消耗促使人们在进行建造活动时，从建筑设计开始就应该考虑在满足建筑基本功能目标的同时，应当寻求先进合理的技术体系。这对建筑设计提出了经济合理性的要求，使建筑设计在一定经济条件的制约下进行。

　　自从人类开始进行建筑活动以来，经济条件就表现出强烈的制约作用。无论建筑原则和标准的差异，都离不开人才资源和物质资源的支撑，而这两项资源又离不开经济条件的制约。因此，建筑设计的经济合理性是建筑设计中应遵循的一项基本原则。由于可用资源的有限性，要求资源使用的合理性和高效性，要求在进行建筑设计时要根据社会生产力的发展水平、国家的经济发展状况、人民生活的现状等因素，合理进行设计，力求在建筑设计中做到以最小的资金投入获得最大的使用效益。

3.3　建筑为人所用

3.3.1　建筑是为了用

　　人们建造建筑是为了要"用"它，"用"是建造的基本目的。建住宅是为了在住宅里生活；建学校是为了提供教学的使用空间；建体育馆是提供体育竞技和观看的场所……这就是建筑的功能问题。功能是建筑物质性的基本，而早在公元前 1 世纪古罗马的建筑理论家维特鲁威（Vifruvius），在他所著的《建筑十书》中，就提出了建筑三要素，即适用、坚固、美观，并把建筑的适用性放在第一位，放在坚固和美观之前；20 世纪美国芝加哥学派的代表性人物建筑师路易斯·亨利·沙利文（Louis Henry Sullivan，1865—1924）甚至提出了"形式服从功能"，把功能放在绝对重要的地位。我国在 20 世纪中期提出的新中国建设方针就是"适用、经济、在可能条件下注意美观"，也是把适用放在首位，视其为建筑的前提，在当时社会经济条件下更是能理解的。建房为了"用"，这是一个极普通的常识，也是几千年来人们所共识的，但是看今天的中国建筑市场中出现的少数求新求异的"作品"，不顾"适用"，不讲经济，只是玩弄形式，这是不可取的。

3.3.2　好看也要好用，建得起也要用得起

　　建筑设计要适用，也要好看，这是适用与美观的统一，是理性思维解决功能技术问题的科学性与情感思维及塑造形象的艺术性的统一，二者不能偏废。只求好看不管适用不是一个正确的创作态度，也不会创作出一个好作

品。建筑创作中有两种不好的现象："好看，不好用"，这是其一；其二是"建得起，用不起"。这在我国近期建造的一些公共建筑物中表现较突出，设计时盲目追求高标准、"现代化"，建筑全是封闭的"暗房子"，完全采用人工照明、机械通风和空调设施，最后是建成了，但是使用中维持费太贵，单位负担不起，结果事与愿违。由于要节约维持费，机械通风和空调常常不能应用，造成室内空气环境差，达不到舒适使用的要求。深圳文化中心中的图书馆设计中标方案是日本建筑师矶崎新设计的，该方案空间高大（图3-22），采用封闭式的玻璃幕墙、机械通风和空调设施，结果业主感到这个方案"好看不好用"，而且是"建得

起，用不起"。当时经初步测算，仅仅是空调的耗电费每年就达 200 余万，一个图书馆怎么负担得了！

3.3.3 用的个性化与人性化

究竟如何使设计做到真正适用呢？这就要求设计者关注当今人的个性化和人性化的要求，进行人性化的建筑设计。

早期工业社会，各项社会生活受到物质技术规则的支配，人的个人需求被抽象为群体需求，个性被共性所代替，就如前述技术哲学家埃吕尔在《技术社会》一书中所描述的那样，随着技术本身的日益自主化，人在技术的支配下终于丧失了自由，变得无所作为。工业社会中人是"物化"的人，个性差异被忽视，缺乏个性和人性化的设计比比皆是：许多公共建筑的地面乃至街道的人行道、广场的铺地都采用磨光的花岗石面或大理石面，没有考虑行人易滑倒；部分公共建筑没有设残疾人通道，洗手间没有为残疾人和儿童设置专用便器；现代化的繁华城市也不是都有标准的盲人道。人的精神需求是人性的本质特征，没有它，人性就不成其为充分的人性。因此，建筑设计者要关注人文学科的发展，一方面注重建筑与心理学、行为学、文化人类学和民俗学等社会人文学科的结合，同时要深入生活，体验生活，设身处地地为人着想进行设计。

3.3.4 人体与建筑

建筑要满足人们的物质生活要求，那么在建筑设计时，就必须了解建筑主体—使用者—人的尺度。"尺度"的概念在建筑领域中

图 3-22　深圳文化中心图书馆

是非常重要、经常使用的概念，其内涵非常丰富，它具有本体论和方法论的双重意义。尺度是协调建筑与人的关系的一把尺子，既是人们使用的依据，又是人感受建筑的依据，建筑上很多部件的大小尺寸都是与人的身材及身体各部位的大小尺寸相关联的。如踏步、楼梯的踏面大小与高低；门的宽度与高度；窗台与阳台的高低；乃至房间内各种家具的大小、高低，如桌子、椅子、床、书柜等都是依据人的尺度来确定的。如果它们与人的尺度不协调，使用起来就会感到不舒服。若坐在躺椅式沙发上，其高度300mm比较合适；一般座椅高度在420~440mm较多；桌子的高度在750~780mm较合适。当然，这些家具的高度、使用的舒适度与各人身材高低也是相关联的，不同高矮的人使用同一家具舒适感可能是不一样的。

除此之外，尺度对于建筑来讲也是感受建筑空间特性和舒适的一把尺子。正是人体的尺寸，使建筑及其各种房间都具有尺度上的特征，并形成一定的规律，建筑师常常利用这些尺度特征及其规律进行建筑空间的设计与创造，如图3-23所示的三个图面，其中（a）图是一个房间的立面，没有与人体相关的部件，我们就感受不出它的大小，甚至很难认出是一个建筑的立面。然而，若在这图上画上一扇门，你

马上就会感到这是一个多大的房间：门画得大，你总会感到房间小（图3-23b）；门画得小，你就会感到这是个大房间（图3-23c）。同样一个矩形框，由于门的大小不同，便能显示出不同的空间大小，门一般有一个常态的尺度，它如同一把尺子，显示出空间尺度的涵义。

正因如此，建筑师经常运用尺度的特征用以表达空间创作的不同的效果，设计中有意把空间适当地缩小，就可以产生一种隐秘感和私密性；反之，有意把尺度适当夸大一些，便可以产生一种宏伟的气派，给人一种纪念性的感觉。住宅设计一般尺度较小，就会产生亲切感、舒适感。

了解人的尺度、人使用的家具的尺度和建筑中直接与人尺度相关的建筑一些部件的尺度，其目的就是如何设计好建筑空间，恰当地处理好建筑的尺度及比例。不仅满足舒适的功能要求，而且也通过合适的比例、尺度创作出优美的建筑形象，以满足人们精神生活的审美要求。

3.4　建筑为人所鉴

建筑自古至今都被称为是一种艺术，它牵涉到人的感觉问题，所以建筑师和业主双方都

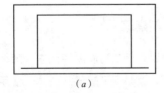 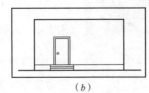 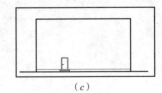

（a）　　　　　　（b）　　　　　　（c）

图3-23　门的尺度与空间大小

会为建筑外表所体现的设计思想所激动。一旦建筑物建成，耸立于地平线以后，不仅是建筑师和业主，而是所有看到它的人——同行的、非同行的、专家们或人民大众，都会因它的位置、体量、形式、色彩乃至材料、装饰等对他们产生一种"感觉"或"视觉的冲击"，这就会自然而然地对它产生这样或那样的议论。同样，房子在建成后的使用中，使用者也自然对它在效能上的优劣作出好与不好的各种评价。所以建筑作品从内容（功能）到形式都会受到各方面、各种人群的点评，这就是常常说的"建筑为人所鉴"的意思。这一点对建筑师来讲是非常重要的，从事这一行业要有充分的思想准备，因为它关系到建筑师的社会责任问题，关系到建筑师的创作态度和创作方法问题，更直接关系到建筑作品评价的标准问题，以下简述之。

3.4.1　社会责任

建筑学是一个有着独立条理性的学科，有其自身的法则，同时，建筑师要面对各式各样的业主和使用者，这就决定了建筑设计自始至终都反映着政治、社会、经济、文化等各方面的情况，这就使得设计如何取得各方面的协调变得非常困难。一个建筑作品是否成功，取决于它创造的形式与结构、设计的美学客观性与社会、经济、政治、文化状况的适应度。理想的是，建筑师的作品要既能满足人们对功能的需求，又能引导人们去认识、理解其创作的建筑，它能提供一个新的视角，更能从文化的角度去发现他为什么要这样做。建筑师的作用就在于塑造建筑环境的品质，这是建筑师的社会

职责。他的作品在使使用者满意的同时，还要使业主、使用者和公众了解建筑在艺术上的价值，建筑师从设计开始就要能自觉地努力去表达其艺术和社会目标。

3.4.2　建筑评鉴是建筑师的创作方法

在建筑创作这一行业中，有效的自我评鉴和彼此之间的相互评论，甚至是公众或媒体的评议，对建筑创作都是很有好处的，它是促使优秀建筑设计产生的催化剂，是建筑师进行创作不可缺少的环节。自始至终自觉地获取对设计的反馈意见应成为建筑师进行创作的一种有效的方法，应成为建筑师设计一体化进程中的一个组成部分。在我们的创作中，有这样的经历和体会，即自己费尽心血创作的方案，当时很满意、自然也很得意，但是过两天再仔细看它时，或请别人议一议时，你会突然发现原来满意的方案又不那么满意了，甚至会感到还有严重的问题。通过清新的眼界，或详细、或概括的评论，可以直指设计的质量并介绍新的设计思潮。人们彼此之间认识的差异被揭示得越多，就越能使问题或矛盾明朗化，对建筑环境批评性的思考会使建筑师将建筑创作视为一种文化活动并更加关注它。建筑师对来自各方面的评论不要采取消极的态度，不要回避批评，不要生气，也不要对它置之不理；对批评要用积极的态度去迎接挑战，要学会"割爱"，勇于"割爱"，这样才会使我们改变自己某些观念，促使我们从一个新的角度去看待熟悉的事物，改变传统的习惯，激励自己思考未来可能忽视的问题。

3.4.3 建筑评鉴的标准

建筑物建成之后，会遭到三大阵营的评论，即媒体、公众和行家，尤其是对那些在城市中有影响的建筑，来自各方面的议论会更多。由于三大阵营的视角不一，三方面的意见往往很难一致的。现在不少城市，重要建筑招标的规划设计方案，在专家评选以后再对公众进行展示，吸引公众参与，采取公众投票选择的方式，结果得票的多少与专家评选结果并不一致。新建设的南京图书馆就是如此，实施的方案是专家评选淘汰的方案，但却是公众投票非常多的方案。这种现象不可避免，但引发我们思考一个问题，如何创作公众喜闻乐见的建筑形式，这是摆在建筑师面前的一项重要任务。我们常言：外行看热闹，内行看门道。如何兼顾"门道"和"热闹"，这给我们提出了一个更深层次的问题，即建筑师如何深入群众生活，接近群众生活，了解群众的喜怒哀乐，对我们从事建筑创作也是很重要的。不了解群众、不了解生活，不了解实际就不能成为一个真正的好建筑师。但是，建筑评鉴选择也不应采用简单公众投票的所谓"民主的方式"产生，建筑师要讲究职业道德，不能投其所好，违背建筑创作的基本规律和原则。

第 4 章

建筑与社会
Architecture and Society

社会是人类生活的共同体，包含有政治、经济、意识形态、人口、行为、心理等要素。建筑作为社会物质文明和精神文明的综合产物，塑造着社会生活的物质环境，同时也反映着社会生活、社会意识形态和时代精神的全部内在，具有深刻而广泛的社会性内涵。

4.1 建筑反映社会生活

4.1.1 建筑源于社会生活

建筑的产生是社会生活需求的结果，建筑形制的发展是同人类生活方式的演进相一致的。居住建筑是最早出现的一种类型，是人类首要的生存需求的结果。安居乐业之后，社会生产力逐步提高，人类生活的载体——城市得以出现。社会活动场所不断扩大，公共交往逐步增多，社会生活方式也日益丰富，这促成了建筑类型的大量涌现。宗教活动的兴盛使神庙、教堂得到发展；商品交换过程中产生了市场、商店和商业区街、区；文化活动的需求产生了歌坛、剧院；交通出行使车、船、码头及现代化的各类交通建筑陆续出现；旅游、商务活动的需求使各类旅馆得以诞生……每一种建筑类型都是相应社会生活的"物化"形式，人类生活构成了建筑发展的社会基础。

4.1.2 空间组织以心理、行为规律为依据

社会生活中人们的心理、行为规律是建筑空间组织的重要依据。各类建筑设计中，无论是居住建筑还是众多类型的公共建筑的设计都是以满足人的行为、心理需求为出发点的。商场空间组织及货品的功能分区，需要同购物者的行为习惯和心理需求相联系，合理的布局形式是塑造舒适购物环境、取得良好商业效益的必要前提；纪念类建筑的设计中，研究空间环境与人的心理情绪的对应关系是十分重要的，许多成功的纪念类建筑作品常常通过空间的起承转换来调动参观者的心理情绪，达到渲染气氛、突出主题的目的。现代办公建筑中，开敞式大空间办公的布局形式得到推崇，这种空间组织形式同样是在研究管理者及办公者的工作行为、心理规律的基础上提出的。开敞式的办公环境可以加强办公人员之间相互协作的精神，便于管理，从而大大地提高了工作效率。

4.1.3 反映民族性特征

社会生活的民族性特征是指一定区域内共同生活的民族群体所表现出的与其他民族群体

在信仰、伦理形态、社会观念、行为特征、生活方式等方面的差异性，这些差异性在建筑上明确地被表现出来。藏族地区的碉楼、傣族的干栏式住房、新疆维吾尔族的"阿以旺"、蒙古轻骨架毡包房同汉民族的院落式住房在布局、空间组织、装饰色彩等方面呈现出明显不同的特征（图4-1）。而从世界范围来看，中华民族传统建筑同印度、埃及、希腊、罗马以及拉美国家的传统建筑都存在着明显的特征差异，这不仅仅是自然环境状况差异的体现，更是民族性特征的外化。

四合院住宅是我国传统民居最广泛采用的空间形态，不少华裔在国外仍然喜爱这样的住宅，如马来西亚华裔就有不少住在四合院住宅里。马来西亚华裔的四合院住宅相对于地域气候而言，并不能像当地传统住宅那样具有良好的通风散热特征，但它反映出四合院主人对本民族传统文化的认同；分布于世界各地的唐人街建筑不同，有很多采用中国传统建筑式样来体现民族的特征，与当地建筑风格大异其趣（图4-2）。由此可以看出民族文化特征对建筑风格的影响是非常强烈的。

(a)   (b)

(c)   (d)

图4-1 各民族的建筑形式
（a）藏族的碉楼；（b）蒙古包；（c）傣族的干栏式住宅；（d）新疆的"阿以旺"

图 4-2　唐人街

图 4-3　陕西窑洞

图 4-4　福建土楼

4.1.4　反映社会生活地域性特征

社会生活的地域性特征是由一定区域内特定的自然环境要素、社会人文要素综合而成的。地域建筑是这些地域性生活特征在建筑上的形式体现，如中原大地上封闭而华丽的合院建筑、江南通透清灵的水乡建筑、黄土高原上淳厚质朴的窑洞建筑（图 4-3），均充分体现出各自地域中不同的自然特征和人情风俗。再如福建龙岩、上杭、永定一带别具一格的客家土楼（图 4-4），在中国各地方建筑风格流派中占有重要的地位。这种堡垒式的建筑是历史上中原地区民众南迁（当地称之为客家），为防卫械斗侵袭而采取的一种住宅形式，长期沿袭，形成了一方独特的乡土建筑风格。平面以圆形、方形为主，外墙坚实，内设完整的生活空间，建筑布局及形态都反映出客家传统的历史人文风貌。

从以上例证中我们可以看出建筑的形成及发展过程中，自然条件、历史环境、生活习俗、文化要素以及经济水平对其有着深刻的约定性。全面地认识这些社会要素与建筑发展的内在关联，对我们深入地理解和把握建筑有重要的意义。

4.2　建筑反映社会意识形态

社会意识形态包括政治、法律、道德、宗教、伦理等内容。建筑服务于一定的社会主体，与一定时期的社会意识思想相联系，因而不可避免地受到来自社会政治制度、宗教精神和伦理道德的制约，在内容及形式上反映出社会意识形态的种种历史和现实。

4.2.1 体现社会统治阶层的意志

各历史时期中建筑一直是展示和突出统治阶层权力、地位和思想的有效载体。汉初萧何在进谏汉高祖刘邦建造未央宫时曾说道："天子以四海为家，非壮丽无以重威，且无令后世有以加也。"绝对君权时期，路易十四的重臣 J·B·高尔拜也有一段与之相近的上书："如陛下所知，除赫赫武功而外，唯建筑物最足表现君王之伟大与气概。"由此可以看出统治阶层的思想意识与建筑形式表现之间的密切关联。农业社会中为君主专制服务的皇宫、皇陵、坛庙是人类最早趋向成熟的建筑类型，在城市布局中占据最为显赫的位置，在规模、形式、艺术性等方面更是体现出作为环境主体的形象特征，这些建筑形象可以说是这一时期统治阶层意志的物化形式。古埃及金字塔是早期人类社会用以体现专政思想的一个重要见证。它以单纯的形象、超出一般的体量，在无垠沙漠的衬托下将王权的地位突出到无以复加的程度（图 2-7）。它的产生固然得益于古埃及精良的起重、运输、施工技术以及卓越的艺术技法，而古埃及社会中对帝王的尊崇、严酷的等级观念则是其最根本的社会基础。17 世纪古典主义建筑在法国兴起，它的兴起是与这一时期颂扬绝对君权专政思想的社会背景相一致的，在构图上强调主从关系和中心感，强调轴线，讲求对称，成为突出君主体制最为理想的形式。古典主义建筑受到极大推崇，被用之于城市的布局框架、广场的设置、宫殿、府邸乃至园林的规划设计。随着旺道姆广场、卢浮宫（图 4-5）的扩建工程以及欧洲最大的王宫——凡尔赛宫及

图 4-5 法国卢浮宫

宫廷花园的相继建成，专制思想以古典为载体传向四方。古典主义建筑成为欧洲建筑的主流，将人类历史上对君权思想的表现再次推向极致。

对君权地位的标榜同样是中国传统社会的建筑主题。在长期的建筑实践过程中逐渐形成了一套独特的建筑群布局模式——通过严格的对称布局、层层门阙、殿宇和庭院空间的递进，构筑具有强烈秩序感的群体空间序列，用以突出帝王建筑的总体形象。同时，在有关法规中还明确界定了民间建筑与皇家建筑在开间规模、用材尺度、建筑屋顶形式、建筑材料及色彩、装修等方面的规格等级，使皇家建筑群具备了民间建筑无法企及的崇高感和表现力。北京故宫是现存最为完整的皇家宫殿建筑群之一，从其极端严整的布局和空间、形体处理中，我们可以体会出中国农业社会王权的至高无上。

在现代社会中，建筑发展同样是与社会体制和社会思想的取向相一致的。20 世纪初的德国是现代主义建筑的发祥地之一，先后诞生出 P·贝伦斯、W·格罗皮乌斯、密斯·凡·德·罗等著名的现代主义建筑运动的先行者，出现过"德意志制造联盟"、"包豪斯"等对现代主义建

筑发展具有重大影响的组织和学校。然而随着20世纪30年代德国专制政体的建立，在政治、思想、文化上开始推行独裁专制，现代主义建筑失去了得以传播和发展的社会思想基础，建筑领域中开始推崇新古典主义风格，现代主义建筑受到严重的排斥，包豪斯被关闭，现代主义建筑师客步他乡。社会意识形态对建筑发展的强烈影响由此可见一斑。

4.2.2 表现宗教思想

宗教是社会意识形态的另一种重要形式，对宗教精神的追求是人类社会中尤其是农业社会时期的社会生活主题之一，这一点也充分地体现在建筑发展的历程中。神庙、教堂、寺庙等宗教类建筑类型的演进构成了建筑发展史的重要内容。在欧洲中世纪时期，神权成为社会政治、经济、文化、思想的主宰，教堂建筑成为建筑历史舞台上的主角，对神权的表现也提升到极为崇高的程度。这一时期，教堂建筑遍布欧洲城市和乡村，不仅在布局上占据着主导地位，更以其突出的空间形象、巨大的体量规模强化着神权的统治性地位。教义思想、宗教仪式上的差异还使得基督教分为东、西两派，这种差异在建筑风格上也被明确地反映出来，形成西欧哥特式建筑体系和东欧拜占庭建筑体系。两种教堂建筑的形式集中体现了两种不同建筑风格的特征。在哥特式教堂中，高耸向上的垂直感成为统治一切的力量；而东欧的拜占庭教堂则是以穹隆顶覆盖立方体空间为形式特征，若干穹隆结合在一起形成巨大的集中式建筑空间，在风格上与哥特教堂大异其趣。如君士坦丁堡的圣索菲亚教堂（参见图3-5）与法国巴黎

圣母院教堂（图4-6），在建筑形制上呈现出明显不同的特征。而与其他类别的宗教建筑如佛教的寺庙桑契大窣堵波（图4-7）、伊斯兰教的清真寺（图4-8）相比较，则体现出更大的差异性。

图4-6 巴黎圣母院

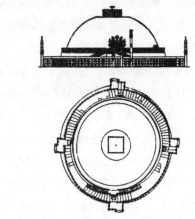

图4-7 桑契大窣堵波

图4-8 伊斯兰教的清真寺（耶路撒冷圣石庙）

4.2.3 体现道德礼制规范

建筑发展过程中，长期传承的道德伦理规范对不同建筑类型的形式有深层的约定性，这种约定性在中国几千年来各类传统建筑形制的发展中体现得最为明显，道德伦理规范在传统中国社会中集中体现为约定人们思想行为、社会生活的礼制制度。它对传统建筑的影响常常借助工程技术规范的形式，将礼制等级思想寓于其中，贯彻到建筑布局乃至城市规划布局中，使之呈现出严格的等级秩序。《考工记》就是这样一本包含着深刻礼制思想的工艺官书，又称《周礼·冬官》，其中的有关规划对传统的城市规划、建筑布局设计有着非常深远的影响。例如，"左祖右社，面朝后市，市朝一夫"的礼制规范是历代都城布局的楷模，"前朝后寝"则是各朝皇宫布局严格遵循的礼制规则。现存的明清北京城廓形制及故宫建筑群的布局都反映出这种礼制模式。

礼制思想同时渗透到每个家庭，强调父子、兄弟、夫妇、长幼的尊卑秩序，对传统民居作出了严格的限定，传统四合院就是集中体现这种社会礼制的典型空间形式。一般四合院分为前后两院，呈严格的对称布局。内院是家庭起居活动的地方；堂屋位居北侧中央，是一个家庭最为重要的空间场所，用以举行家庭仪式和会客；左右耳房是长辈居室，晚辈居于两侧厢房；前院以迎客为主，用作门房、客房。家庭的等级伦理关系在其中被安排得井然有序。陕西岐山凤雏村西周宫室遗址（图4-9）的发掘证明，这种以礼制制度为依据的院落式布局形式从周代起一直延续到明、清代，并成为各类传统

建筑进行群体布局、空间组合的最基本单元。皇宫、衙署、寺庙、会馆、祀堂等建筑都是由基本院落单元组合而成，保持并强化了其中的等级次序，在形式及内涵上体现出强烈的礼制精神。

4.2.4 体现社会价值观

价值观是人们对于某一事物经济性及社会作用的综合判断，它对建筑发展的影响是十分显著的。个人及单位业主的价值观是影响建筑设计的重要因素；建筑师的价值观会左右一幢建筑的形式特征；而一个民族长期秉承的价值观会对建筑风格体系的形成产生重大的影响。

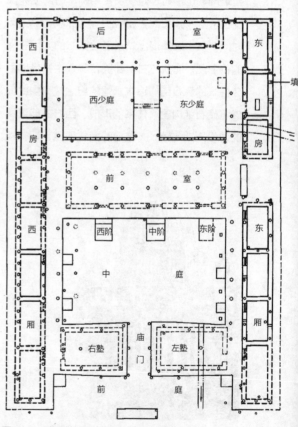

图4-9 陕西岐山凤雏村宫室遗址平面图

东、西方建筑长期发展的历史进程中形成了相对独立的东方木结构建筑体系和西方砖石结构的古典建筑体系。这固然与各自自然环境中的建筑材料资源状况以及建筑技术程度有着密切的关联，而社会价值观取向的差异同样是不容忽视的重要因素。梁思成先生在其编著的《中国建筑史》一书中认为，汉文化中"崇高俭德""不求原物长存"的传统价值观是形成中国木构建筑体系的思想基础；李泽厚先生在其《美的历程》一书中认为，中国木构建筑是以实用的、入世的、理智的历史因素为思想主导的。木构建筑从总体上来说是平易的、接近日常生活的，建筑周期也相对较短。汉代用两年时间便完成了长乐宫，明代改建元大都北京也只用了 16 年时间，从中也体现出"崇高俭德"的实用主义的价值观；而西方古典建筑在实践中则借助耐久性长的砖石结构追求永恒的纪念性，由此促成了砖石结构建筑体系的形成。西方古典建筑的建设周期比较长，雅典的奥林匹克宙斯神庙

图 4-10　罗马圣彼得教堂

建筑群建设了 360 年，巴黎圣母院建了 157 年，罗马圣彼得教堂耗时 120 年（图 4-10），从中体现出人类对永恒精神的执着追求。

4.3　建筑反映时代精神

4.3.1　历史的回顾

建筑是一本石刻的史书。建筑史上每一个重要的发展都同时代的进步、科技水平的提高、美学思想的延伸以及由此引起的时代精神的更新有着密切的关联。正如英国著名建筑史学家 N·佩夫斯纳所说，"建筑，并不是材料和功能的产物，而是变革时代的变革精神的产物。正是这种时代精神，渗透于它的社会生活、它的宗教、它的学术和它的艺术之中。"纵观建筑发展史，每一时期建筑的形式风格无不被打上时代的烙印，鲜明地体现出时代的精神特征。古希腊时期的建筑布局自由、舒展，以典雅、匀称、秀美见长，客观地反映着这一时期的社会精神所在。古希腊拥有人类早期灿烂的文化艺术和哲学思想，在城邦范围内建立了自由民主制度，信奉多神论，社会中洋溢着人本主义思想精神。在其代表性建筑作品——帕提农神庙、伊瑞克提翁神庙及雅典卫城建筑群（图 4-11）中可以清晰地体会到这种时代神的所在。两座神庙可以说是人与神性特征兼具的建筑。既有为神而造的封闭、幽暗的室内空间，又有为人而造的适中的尺度、明朗轻快的性格；多立克、爱奥尼柱式比例和谐拟人，女像柱廊雕饰精巧写实。而以其为主体所构成的雅典卫城建筑群将神庙与周边剧场、敞廊等平民活动场所有机地结合为一体，交织着古希腊文明中人、神和谐

统一的时代精神。这与其前古埃及的金字塔和神庙所表现出来的超人尺度和神秘压抑的氛围有着显著的差异。古埃及拜物教思想和专政思想所构成的社会精神特征与古希腊大相径庭，这在两者截然不同的建筑风格取向上被明确地反映出来。

欧洲中世纪时期，神性是社会的精神内核，宗教文化活动是社会生活的主旋律。与此相对应，教堂建筑成为最主要的建筑型制。以哥特式教堂为代表形成独特的建筑风格，垂直向上的动势成为统治一切的形象特征，体现了人们对宗教精神的崇尚和追求；而接下来的文艺复兴使人们摆脱了宗教思想的桎梏，人性自由、人文主义精神得到颂扬。在建筑上复兴了古希腊、古罗马的古典柱式和古典规范，用以取代象征神权的哥特风格，在文艺复兴第一个代表建筑——佛罗伦萨主教堂建设中，首次在西欧教堂建筑中采用大型穹隆顶（图4-12），与哥特教堂相比，有全然不同的宏大和开敞感，使

人们体会到人类与上帝同在的自信，突出了文艺复兴时期人文主义的精神。

17世纪，启蒙思想运动兴起，使科学与理性精神得到极大的弘扬，人的理性成为这一时期衡量一切和判断一切的尺度。古典主义柱式与构图被奉为建筑创作的金科玉律，纯粹的几何构图和数学关系被视为建筑的绝对规则，体现出理性主义的内涵特征；现代工业社会中，生产力取得了巨大进步，科学技术获得了突飞猛进的发展，人们的生活方式、人文思想、美学观念发生了革命性的变化，由此使现代主义建筑应运而生。大量的世俗性建筑取代了为统治阶层、宗教思想服务的皇家建筑和宗教建筑，而成为建筑发展的主流。新技术、新材料、新思想的综合使建筑在形式、空间的组织上摆脱了传统模式的束缚，表现出前所未有的自由与舒展。以包豪斯校舍（图4-13）、巴塞罗那博览会德国馆（图4-14）为代表的现代主义建筑作品结合现代功能、材料、技术及形式风格

图4-11　希腊伊瑞克提翁神庙

图4-12　佛罗伦萨主教堂

（a）

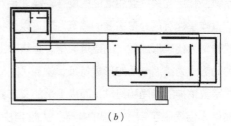

（b）

图 4-14　巴塞罗那博览会德国馆
（a）外观;（b）平面

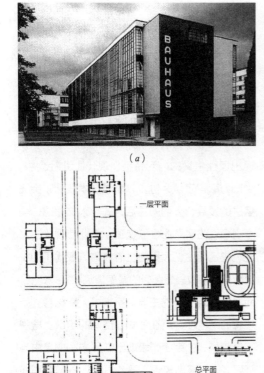

（b）

图 4-13　德国魏玛包豪斯学校
（a）教学车间;（b）校舍平面

的创新，塑造出与各历史时期全然不同的建筑形象，充分地体现出工业时代的新精神。

4.3.2　当代社会发展对建筑的影响

当代社会是建立在对早期工业社会价值观、审美观、技术观以及生产、生活方式全面修正的基础上向前发展的，同时面临着人口问题、全球化问题、环境问题等一系列早期人类社会不曾有过的挑战。在物质生活水平得到普遍提高的基础上，人们的社会需求、社会观念发生了很大的变化，更加注重精神的需求、社会生活多样化的需求，注重对地域文化的继承和发展，注重从人类长远的利益上维持社会的可持续发展。早期工业社会中重共性轻个性、重技术轻文化、强调人的自然属性无视人的社会属性、早期工业社会地位无视环境生态规律的观念和价值取向已无法适应时代的需求，对人性化、地域化、生态化以及多元价值观的追求构成了当代社会生活的主题。这些变化对于当代建筑的发展产生了深远的影响。

4.3.3　社会价值观、审美观的变迁及建筑的多元化发展

当今社会与早期工业社会相比较，其中一个显著的差异在于社会价值观、审美观的变迁，

由早期理性主义价值观、审美观的绝对统治地位受到当今非理性主义观念的挑战，社会的价值、审美取向步入了多元化时代，这也成为当今社会生活各项变迁的重要根源所在。

早期工业社会价值观、审美观是在当时社会生活方式深层变革，人们对物质生活需求急剧提高的过程中产生和发展起来的。理性主义是这一时期哲学、自然科学的核心思想，纯粹的秩序化、理性化的观念是统摄一切的力量，也构成了社会价值观、审美观的思想基础。人们注重实效性、经济性，崇尚标准化、理性化等体现工业时代精神的美学特征，社会价值观、审美观客观地反映出这一时期社会物质、文化、思想的综合水平。

随着社会财富的不断累积，社会生活日趋丰富，人们的价值、审美需求也开始转向更高层次。20世纪自然科学的飞速发展不仅推进了人们对于自然世界的认识，也深刻地影响着人们的社会观念，深化着人们的哲学思考。新物理学中相对论、量子论、测不准关系等理论的提出，使近代以来基于牛顿学说建立起来的机械理性的世界观受到挑战。理性主义者对于客观世界绝对的、永恒的、线性的认识受到质疑，新物理学中的术语——"模糊""含混""测不准""偶然的秩序"等概念、观点成为人们重新认识世界的基础。与此相对应，现代哲学思潮中也呈现出对早期理性主义哲学的背离。新时期的人本主义者主张以意志取代理性，提出以非理性的意志、情感、潜意识去认识世界，对理性主义无视个体差异，隔绝过去、现代及将来的思维方式予以驳斥。这些科学及哲学的研究成果为当代价值观、审美观的变迁提供了丰

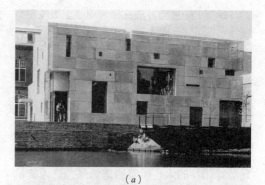

（a）

（b）

图 4-15　当代多元化的建筑之例
（a）办公体；（b）辛辛那提阿诺夫设计中心

厚的社会思想基础。当代价值观、审美观突破了早期工业社会单一化、程式化、理性化的模式，转向对多样化、个性化、人性化甚至是非理性化一面的追求。在此社会背景中，新的社会思潮及观念开始渗透到建筑创作中，深刻地影响着建筑发展的趋向，国际式建筑风格一统天下的格局被打破，当代建筑的发展步入了多元化时代（图4-15为两例）。

4.3.4　由"物化"的建筑到"人性化"的建筑

与早期工业社会相比较，当代社会生活中对人的精神需求的重视是两者的另一个重要差异。

早期工业社会发展在很大程度上取决于物质技术的进步，各项社会生活受到物质技术规则的支配，人的需求被抽象为群体需求，个性被共性所替代，就像技术哲学家埃吕尔在《技术社会》一书中所描述的那样：随着技术本身的日益自主化，人在技术的支配和控制下终于丧失了自由，变得无所作为。工业社会中的人是"物化"的人，相应的建筑是"住人的机器"——冷冰冰的几何构筑体；精神需求被湮灭，个体差异被忽视，一味屈从于工业生产的羁绊，理性成为人的本质，建筑成为理性主义思想的物化形式，是为人的共性需求度身定做的"容器"；国际式的建筑风格代替了地域性的特征，居民的认同感被剥夺，普适性成为建筑的基本属性。这一时期的建筑可以说是缺少人性精神的"物化"的建筑。

当代社会中，社会生活的需求结构在不断调整，关注人的精神需求成为社会的普遍呼唤。人文思想从人本主义、新人本主义阶段发展到科学人本主义阶段，绝对理性的观点被淡化，一个充满人性的科学观建立起来，个体的精神需求越来越受到人们的关注。人的主体意识的普遍觉醒使建筑创作逐渐走出对物质技术的偏颇，迈向人性化建筑的创作上来。可见，建筑由"物化"到"人性化"的转变已成为当代建筑发展的一个重要趋向，建筑不仅仅是物化的栖身之所，也是人性化的传送情感和精神的载体。

4.3.5　全球化的潮流及影响

全球经济一体化是当今世界经济发展的潮流，随着全球经济一体化进程的加速，必然对当代建筑发展起着重大的影响，包括正面和负面影响两个方面。

1）正面影响

首先，全球化所带来的发展契机是有目共睹的。建筑全球化的发展使跨国设计、跨文化交流在世界更为广泛的范围内展开，使发展中国家可以共享先进的设计思想和技术经验。开放后的中国更是赢得了大量境外建设资金的注入和建筑观念、技术思想的更新，对于提高建筑水平、促进建筑发展起到了积极的作用。全球化环境中，建筑技术、建筑部件、设施设备的组合配套可以实现世界范围的最优配置。以我国首都机场 T3 航站楼建设为例，该航站楼设计就是国际方案征集中荷兰的 Naco 公司、英国的 Foster and Partner 公司和 Arup 公司联合体提供的航站楼方案赢得竞赛，并在深化修改后予以实施，由北京市建筑设计研究院共同参与招标方案之后的各项设计深化工作。建筑的设施、技术组构则来自于国外，实现了各个环节上的最优配置。因而，我们应重视全球化所带来的发展契机，积极吸收先进的技术经验和设计理念。在 T3 航站楼内首次引进了旅客捷运系统，它由美国庞巴迪公司提供，可以完成航班旅客运输高峰期间每小时 8100 位旅客的运输任务；首次采用了民航领域最高的行李五级安检系统，确保航站楼行李处理的安全；此外，还首次采用了双层登机廊模式，分别连接出发层和到达层。采用了这些新的设计理念和技术设备，使 T3 航站楼成为国际现代化的航站楼。但是在该项目设计中，建筑师仍试图将地域特色的因素加入到机场建设中，设计者没有选用中国传统的建筑语言和符号，而是选用了中国北京的传统中国红的色彩"装饰"建筑，从而获得一种与地域特色接轨的印象。福斯特把颜色和中国传统文化联系在一起，将这些代表传统和自然的色彩加了进来，使人联想到故宫的城墙和屋顶，以及民间的春联和灯笼，形成它特有的特色（图4-16）。在全球经济走向一体化的今天，该项设计没有走建筑文化趋同的道路，没有将机场建筑表现出清一色国际化的倾向，而是在探讨和实践着机场建筑地域特色之路。

2）负面影响

另外，也应看到，全球化在给人们带来全球文明成果的同时也带来了建筑文化特征趋同的危机，早期现代建筑的发展历程就向人们证实了这一点。20世纪中叶，"国际式"建筑风格在世界范围内传播，将现代技术、材料和机器美学思想撒向全球的每个角落，使建筑获得全面的更新和发展。然而，它对地方建筑文化的负面作用也是巨大的。一元化的建筑风格使世界各大城市呈现出相似的情形，建筑环境中的文化走向衰落，人类丰富多彩的早期文化遗产被湮灭在钢筋混凝土构筑的"森林"中。同样，在当代建筑创作中如果不加辨析地全盘引入一元化的建筑文化来取代地方化的建筑风格，也

图4-16　北京首都机场T3航站楼

只会重蹈早期国际式风格的覆辙。面对全球化所带来的机遇与挑战，人们在学习世界先进文明的同时，更要重视对本地域建筑文化出路的探索，以形成世界建筑文化的多元并存、共同繁荣的格局。

4.3.6　可持续发展与建筑的发展

在人类社会发展过程中始终贯穿着人与自然的相互作用，这种相互作用关系的演进强烈地制约着建筑与自然的协调。工业社会以来，科技突飞猛进的发展使人们无视自然规律、单纯追求社会经济的增长，建筑活动成为人类改造自然的强悍手段。许多事实表明，建筑是自然资源消耗的主要责任者，建筑物消耗的能源占全部的40%以上，排放的二氧化碳占全部的50%之多。这种发展模式导致了环境问题的爆发，严重威胁了人类的社会生活及社会发展。当代社会发展中，人们开始重新审视自然环境与经济发展的关系，谋求人类发展与自然环境保护的统一。用可持续的发展方式取代工业社会的发展模式，使社会发展步入良性循环，渐渐成为人们的共识，并汇集成全球共同的行动。社会发展观的重大变革对当代建筑的发展产生了深刻的影响。人们开始在宏观上协调建筑与自然的关系，将建筑发展与自然生态保护紧密地结合在一起。我们要改变目前人类对自然的态度，我们需要对自然更亲和、友善，对人更人性化的建筑。这在根本上改变了现代主义建筑重视功能与技术因素、忽视环境因素的原则基础，促进了建筑与自然共生共存的可持续性发展的建筑理念，既满足当代需求，又为将来的发展留有充分的余地，由此引发了建筑

领域内的又一轮新的变革与发展。建筑面向新的十字路口，促成建筑选择新的方向，也必然促使建筑有新的发展、从根本上改变未来建筑的建造方式。前述的首都 T3 航站楼设计，作为一个超级枢纽机场航站楼，它拥有近百万平方米的建筑面积，日常运行将不可避免要消耗巨大的能源。该项设计从最初的构思到建筑设计各环节上都努力探索各种有利于生态节能和可持续发展的设计策略，提出了多项具有创新意义的设计技术方案。它充分利用自然采光，努力降低人工照明的能耗。在平面设计中尽量减小建筑的进深，保持建筑外表皮的开敞透明，保证在正常情况下，大部分候机空间可以通过自然光来保持室内正常照度；设计中还取消了任何到顶的隔墙和机电设备，尽量保持室内空间的通透；将列车轨道设计在一个开放的沟壑中，采用开放的旅客捷运隧道空间，弃用了封闭的地下空间；此外，充分利用外幕墙和屋盖的遮阳处理，以减少阳光辐射对室内耗能的影响；四周建筑的巨大挑檐（最大 50m）也大大降低了太阳辐射造成的能耗浪费。这些设计策略都表明了建筑设计新的方向和新的变革，T3 航站楼设计是有利于节能和可持续发展的绿色设计（图 4-17）。

（a）　　　　　　　　　　　　　　　（b）

图 4-17　北京首都机场 T3 航站楼
（a）三层候机区；（b）二层出发车道边大尺寸出挑

第5章

建筑与自然
Architecture and Nature

建筑作为一种人造环境，建筑实践作为与人类俱生的社会活动，其发展同样经过一个利用自然—改造自然—攫取自然—与自然和谐共生的历程。建筑与自然的关系是建筑设计与实践的核心问题之一，它左右了建筑的发展方向。客观地分析和认识二者关系，确定二者有机、协调、共生的建筑环境观，有益于建筑走向一条健康、可持续的发展道路。

5.1 人与自然关系的演变

建筑是人与自然的中介，作为人类改良自然气候和塑造人工气候的技术手段，建筑通过作用于自然来满足人的各种要求。因此，建筑与自然的关系实质上是人与自然的关系，建筑发展的关键也就是要正确处理人与自然的关系。

人类刚刚在地球上诞生时，对大自然是恐惧的，整个自然界充满着危险。人类只能等待着大自然的恩赐，对各种自然灾害几乎没有抵抗能力，随着人类适应自然能力的增强，人类艰难地生存了下来。

经过漫长的岁月，人类对大自然有了初步的认识，对各种自然规律有了比较客观的看法，逐步对大自然有了适应的能力。这一时期，人类对自然界的适应能力大大增强，对自然的适应逐渐走向利用自然、改造自然，进面走向掠夺和征服自然。

5.1.1 采集狩猎及原始农业社会

采集狩猎及原始农业社会中，人类的生产技术、生产工具极为简陋，生产力水平低下，人类对周围自然环境及其规律缺乏了解，人类的生存几乎完全由生态系统的内在法则支配，人完全依赖于自然而生。在强大的自然力的统治之下，人类本能地"服从"于自然环境，形成原生的建筑。

人类最初的建筑活动大多基于对自然巢穴的模仿。为了创造基本的生存、防卫空间，人们常常直接在自然界中获取物质资源、利用自然条件，石块、树枝、兽皮成为当时的建材。建筑从使用到废弃历经着"取于自然""归于自然"的循环过程，因而能够最大限度地与自然融为一体。在这一时期晚些的时段中，人类开始定居生活，出现了原始的村落，建筑技术得到提高。如前已述，在距今约六七千年的浙江余姚河姆渡村建筑遗址中，已发现原始人类在建筑活动中已开始利用木质柱、梁、板等建筑构件，建筑具备了基本的形式和结构。

在采集狩猎及原始农业社会这一历史时

期，生产力水平低下决定了人与自然关系的和谐性，这种和谐状态是以人的低消费、低密度以及人对自然的依赖服从为前提的。由此而来的和谐性也直接地反映在建筑与自然环境的关系上。建筑作为原始人类谋取生存的人造环境，脱胎于自然，并在向自然学习的过程中不断发展，成为自然的有机组成部分。

5.1.2　农业社会

随着人类社会制度的完善，生产力有了较大的发展，在农业社会，人类社会经济的发展，利用已经掌握的各种技术，开始一定量地开发、并开始掠夺自然。农业社会对生态系统最直接、最明显的影响，首先就在于破坏森林，从而导致生态系统的缺损。巴比伦是古代文明古国，正是由于波斯高原森林的破坏，导致了美索不达米亚平原肥美的土地处于风沙肆虐、土地沙化和盐渍化之中，使曾被誉为欧洲农业摇篮的"两河流域"逐渐失去了它早年的灿烂光辉。总之，农业社会在很多方面都取得了很大的进展，可是，人类对自然生态系统的破坏则开始明显，人类似乎认为大自然是一种可以制服并被用来为人类需要服务的对象。人在与自然界的关系中逐渐占据主动。

5.1.3　工业社会

随着蒸汽机的发明和科学技术的进步，人类社会进入工业社会以来，在短短的二百多年间，工业社会创造的财富已远远超过农业社会和原始社会。这时，西方哲学开始影响着科学方法论，也影响着人与自然的关系的进展。西方文化认为人应当成为自然界的主人，科学技术是改造自然的宏伟力量。人与自然的关系在这时期出现历史性逆转。在人与自然的力量比较中，人第一次在历史上占了上风，处于支配地位，这种人与自然关系的发展其后果却是人对自然利用的过度化。

现代人类的生产能力正在以日益加快的速度变成一种更大的力量，这种力量的盲目发展，有可能在全球范围内引起自然力和生物圈中自然形成的联系遭到无法挽回的破坏，并导致无法控制的连锁反应，进而威胁人类和地球上所有生物的生存。这个人与自然矛盾的悲剧性在于：人类奋斗了几千年，目的是要使大自然人化，创造出符合自身需要的对象世界，然而这个体现了人的理性力量和实践力量的世界，今天却给人类存在的基础本身造成了威胁。当今世界的三大危机（人口爆炸、环境污染、资源短缺）是自然界向人类发出的警告，三大危机都可以归结为生态危机，忽视这一问题，生态危机必然会危及人类的生存与发展，因此，人类为了生存发展，必须把自然作为人的自然生存环境来加以恢复和保护，以便形成人与自然之间全面的、协调的发展，否则，人类将自掘坟墓。

5.1.4　人与自然关系的演变简图

人与自然关系的演变是随着人类创造文明的活动而发生、发展和变化的。人类从自身求生存到求发展，到无限发展也使人与自然的关系从原始的依赖自然、服从自然到改造自然、利用自然，最后变成破坏自然、掠夺自然，以至于发展到 20 世纪末，人类开始思考人应如何来对待自然，才能使人类文明能继续发展。图 5-1 就反映了这种关系的演变及人类当前的

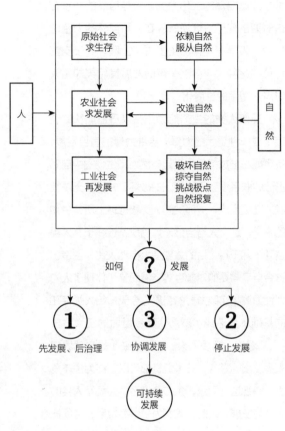

图 5-1 人与自然关系演变简图

思考——该取何种发展道路。

5.2 人与自然

人与自然的关系经历了屈服自然——利用和有限地改造自然——意欲主宰自然的三个阶段。第一阶段中由于生产力发展水平的低下，人类只能依附于自然而生存，自然界是人类的主宰，而在第三阶段，由于人类生产力的高度发展，人类不断加强其开发、改造及向自然界索取的力度。在这一过程中，人类的生产力与科技水平获得了空前的发展，人与自然关系已由受自然主宰变成了人类主宰自然，走向人与自然的关系不和谐之路。

然而，如果人类长久地陶醉于改造自然的胜利，在不断开发、主宰自然界的过程中只会不断地损害自然界，到头来只会损害人类自己。因此必须强调生态化的人与自然观，即将人类看成是大自然的一部分，人类不但有对自然界索取、开发、改造的权力和能力，更有对自然界的根本依赖及自然界和谐相处的根本必要性。因此，人与自然关系必须认真进行反思，转变人对自然的观念。

5.2.1 要改变人的中心论——人既是主体，又是客体

人类的生存和发展是离不开对自然界的改造的，但这并不总会损害自然界。大自然是有很大的"气度"的。人类的改造活动只要不超过一定的阈限，大自然都会予以宽容。因为在这种情况下，自然界遭损害了的平衡是可以恢复的。生态平衡本来就是动态平衡，人类可以在不断改善自己生存条件的同时，又保持大自然固有的丰富和活力，从而达到人类与自然界的和谐相处。问题在于：人类要自觉地防止自己的活动超过这种阈限。这需要人在把自然界当作利用改造对象的同时，不忘自己又是自然界的一员，不忘大自然始终是养育自己的母亲。显然，有了这种悟性，人类才能从原来对自然界的主宰意识中摆脱出来，从恣意掠夺、践踏自然界的任性中摆脱出来，使自己的行为表现出应有的明智和适度。

5.2.2 由征服自然、改造自然向尊重自然、保护自然转变

绿色，如今已成为良好的生态环境的象征，人们已经开始有了这样一种生态意识，即把保护地球上的绿色植物，看作是保护人类生存环境的头等重要的课题。

本来，绿色植物通过光合作用而固定太阳能和合成有机物质的初级生产过程，乃至世界上一切生命活动所需能量和物质的最初来源都是绿色植物。因此，保护绿色植物，其实就是保护生命之源。这个道理，十分简单明白。现在的问题是，无论历史或现状都表明，世界上的绿色正在迅速地消退，生态系统中的初级生产在急剧地萎缩，原因就是为了发展经济而牺牲了绿色植物。

正是因为这种发展，导致了许多似智实愚的行为。例如，为了取得建筑、工业等的原料而滥伐木材；为了扩大城市、道路而侵占绿地；为了发展农业而毁坏森林、草原等，都对绿色植物的初级生产力造成了极大的损害。而其中影响最大的，则当推毁林、毁牧（草）开荒和以"经济开发"的名义侵占耕地。当前在发展中国家，这是一些人致富的热门方法。在我们城市开发的过程中，常常是逢山便开、遇水就填，破坏了原有的自然环境，也给人类自身带来了数不清的自然灾害，这是大自然对我们的惩罚。我们应该尊重自然，与自然相协调，与自然共生共存，在建设过程中顺应当地的地形地貌，因地制宜，保护好当地的生态环境，把可持续发展的战略思想贯彻到人类建设活动的全过程中去。

5.2.3 由消耗自然资源向珍惜自然资源转变

首先，过去忽视生态后果的经济发展观将发生重大变革。现在国内外不少经济学家已经对过去半个世纪中世界各国采用的国民生产总值（GDP）和人均国民生产总值的经济标准提出了异议。因为一个国家可以不合理地消耗掉矿业资源和森林资源，污染蓄水层和过量地猎杀野生动物以至竭泽而渔，却并不影响计算出来的国民生产总值。相反，环境质量的恶化还会促进国民生产总值的"增长"。为此，联合国统计办公室已提出了一种同时将环境质量和资源因素考虑进去的反映国民经济水平的国际标准系统。它在计算时要求将自然资源消耗和环境退化等造成的经济损失从正常的国民生产总值中扣除，从而得出经济生态学的校正的净国民生产总值，这也是一个很重要的突破。

其次，在与自在环境协调的基础上，谋求经济的持续发展，将成为发展经济的基本指导思想。事实上，只有与自然环境取得协调，人类才能不断取得经济发展所必需的资源，而同时又不损害下一代乃至几代人发展的条件。因此，不仅要改变经济增长方式，也要改变人们的生活消费方式，以达到珍惜资源、节约资源的目的。

5.2.4 不仅考虑自身发展，更要考虑区域的环境

迄今为止，人们总是把是否有利于发展经济、增长物质财富，以满足人类自身的需要当作判断科学的是与非、合理和悖理、进步与落

后的价值标准。应该看到，这种观念如果排除了对自然，对我们所居住的这个星球的关心和爱护，那将是十分狭隘、短视的人类利己主义。这种利己主义，归根到底只能给人类带来损害而不能带来利益。因此，应当大力提倡一种崭新的科学观，即任何一种科学技术的价值，不仅要视其能否促进经济发展，而且更要视其是否有利于生态平衡，从而摆脱人类利己主义的局限。这将是科学技术发展史上划时代的大突破，传统科学的大转变。例如，人类在城市建设中，其排污系统不仅要考虑对本地环境的污染，而且要考虑对下游城市的取水系统的影响及整个区域环境的影响。

5.3　建筑与自然的相互作用

在建筑的形成、发展过程中，自然环境因素是其构成的必要的基础条件，也是重要的制约因素，影响着建筑布局、形式、人文特征的形成，它主要体现在以下四个方面。

5.3.1　气候造就建筑

自然环境所涵盖的内容丰富，包括气候、地表、形态、水文、植被、动物群落等，在这些自然环境因素中，对建筑而言最重要的是气候，气候不仅造成了自然界本身的特殊性，如地表肌理、水文、植被等，而且还是地域文化特征及人类行为习惯特征的重要成因。在这个意义上，特定地区的气候条件是建筑形态最重要的决定因素，也可以说是气候造就了建筑。气候因素对一个地区的生产、生活方式的影响都会反映在建筑上，会使之在布局、形式、功

能构成等方面有明显的地域特征。气候条件是促成并维持一个地域独特建筑风格的重要因素。

5.3.2　资源是建筑的物质基础

传统的建筑活动大多是以适应当地自然条件、利用当地建筑材料、资源为原则，由此环境资源状况成为形成地域建筑风格特征、结构体系特征的重要约定性因素。古希腊在其早期建造活动中逐渐形成了石梁柱结构体系，除去社会价值观念的影响之外，当地丰富的石料资源是其得以兴盛的可靠保障；中国古代独具特色的木构架建筑体系的形成也在很大程度上得益于其早期发祥地黄河、长江流域丰厚的林木资源。这些地方性的自然资源在生长过程中是没有任何能源消耗的，是天然的、可再生的，同时也是可再利用的，这些资源我们要适度地、合理地利用它，但不能浪费。

5.3.3　地形、地貌、地质、水源等自然条件是建筑形成的外因

基地环境的地形、地貌、地质、水源条件的优劣影响到建筑选址、布局及形式。在人类的早期建筑活动中，更是城市及重要建筑选址、形成总体布局框架的决定性因素。城市、集镇、乡村常常相对集中在河流区域地带，以利于生产、商贸及交通。对于地形、地质、地貌的选择则要求有利于将来的可持续发展。中国黄河、长江中下游地区，非洲尼罗河三角洲，西亚幼发拉底河、底格里斯河两河流域，都是人类古代文明的重要发祥地，云集了众多早期的大都市，与其早期优越的自然条件有着密切的关系。

5.3.4　建筑向自然学习

丰富的自然界不仅为人类提供了赖以生存的物质资源，也是人类创造的源泉。《建筑十书》作者维特鲁威早就说："对自然的模仿与研究应为建筑师最重要的追求。"

在现代社会生活中，人类已经从自然的形态中获取了很多有益的启示和灵感。从模仿鱼类的潜艇，到启示于鸟类的飞机，都来自于大自然的启迪。作为一门古老的学科，建筑学也一定会从生物形态中获得创作的灵感。自然形态有很多优良的品质值得建筑学习。比如动物的皮肤只允许水分单向透过，允许汗液蒸发而水却不能进入；动物依靠毛皮的保温能力可以在严酷的气候条件下求得生存等。这些品质对建筑都是很有意义的。德国著名建筑师托马斯·赫尔佐格（Thomas Herzog）从生物学研究成果中得到启发，效仿北极熊体表白色的毛具有热阻作用，而毛下的黑色皮肤易于吸收太阳辐射热的生物特征，发明了兼具隔热和储热两方面特性的墙体材料（图5-2），起到了良好的集热保温的节能作用。

自然的形态无疑是生态的形态。因为它们是大自然选择优化的结果。无论是动植物的肌体形态还是自然地表的起伏，其中的深层和谐已非人工的形式所能够轻易达到，内在的规律性也值得我们永远探索和学习。自然界的物质形态丰富多彩、千姿百态，其存在的形态都受到周围环境中各种因素的外力作用；不同的物质形态都是自然环境选择的结果，都能在环境中找到其存在的依据；不同环境下不同的外力作用就会产生不同的形态结果；这就是自然形

态丰富性的成因。自然界中各种形态最终都是对环境适应的最佳的塑形。

自然形态具有普通的共同的特点，这些特点对当代的建筑来讲都有较重要的意义。

1）适应性

适应性是生存的前提，自然界中无论是树冠的形态还是沙丘的形状，有机生命形式的多样性还是无机物的形态的多样性都是对多种环境适应的结果。自然物的构造具备对环境的精确适应性，生物能适应气候而变化，并具有多功能性。建筑也可模仿生物能适应气候变化而设计一种特殊的建筑表皮，冬天可吸收太阳的热量，增高室内温度；夏天可以把太阳的辐射反射掉，而不传导热量进入室内。图5-3示意的就是这样的建筑。

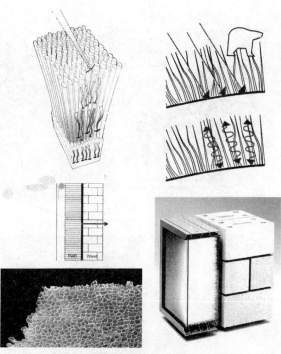

图5-2　赫尔佐格之仿生学对建筑的启示

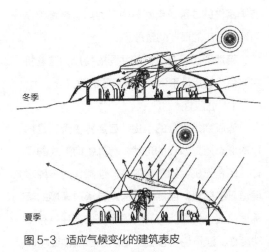

冬季

夏季

图 5-3　适应气候变化的建筑表皮

2）多样性

世界的多样性首先是形式的多样性，而且首先是自然形式的多样性。

3）高效性

由于长期的生存选择，生物对物质和能量的利用必然极为高效。因为，只有这样它们才能在物竞天择的竞争中求得生存，因而生物形态的高效历来都是人工产品形态追求和学习的范例。自然界的和谐共生在形态上就能直接反映出来，不同植物种类可以多层次地彼此共存，同时又成为动物的庇护所，形成了不同生物种群的共生现象。

上述各点，对当代的建筑来讲都是需要具有的新的特征，建筑与生物形态具有相似性，我们可以向生物学习，从中寻求创作的灵感，仿生建筑就是一种尝试。图 5-4 为斯图加特航空港，候机大厅就效仿树木，设计成树形结构的建筑。

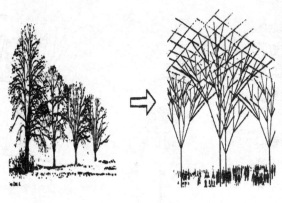

图 5-4　高级的树形态与树形结构建筑——斯图加特航空港

第6章

策划与设计
Programming and Design

6.1　建筑策划意义

建筑活动大致可以分为以下几个阶段，即策划、规划、设计、施工建造、安装装潢调试、试运行、验收、交付使用和再评估，如图6-1所示。

建筑策划是整个建筑开发过程中的最重要的一个部分，策划工作最后完成的设计任务书，它是建筑师从事设计的依据。但是，长期以来，由于缺少前期科学的策划，建筑师从事设计都

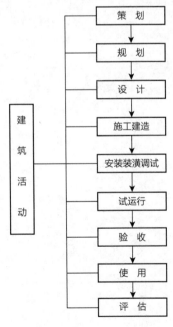

图6-1　建筑活动阶段图

是被动地按照业主所拟定的任务书进行设计，但这个任务书往往又缺乏科学性和逻辑性，甚至不少业主提不出具体的设计任务书。因此，为了弥补从规划到设计之间缺乏设计依据这一断层，建筑策划就应运而生。

策划是整个建筑生产过程中的第一步，也可说是最重要的一个阶段，策划是设计过程中具有决定意义的阶段——一个发现设计所要解决的问题的阶段，而不是获得设计结果的阶段。因为，此时不是产生严重失误，就是产生意义深远的决策，这就是策划意义之所在。

一般我们所说的策划是一个广义的概念，通常有投资策划、商业策划等，而且这一概念越来越为其他领域所接受。在建设项目的目标设定阶段之后，对实现其目标的方法、手段、过程和关键点进行研究，提出设计任务书的合理意见，制定和论证设计依据，科学地确定设计内容，从而获得定性或定量的结果来指导下一步的建筑规划和设计。这一阶段的过程也就是建筑策划的过程。譬如说，开发选择哪个地块？在这个地块上是盖一幢还是盖两幢？建筑物的定位是什么？服务什么样的人群？采用什么样的标准等，这些问题相对于此后的建筑设计无疑更重要，建筑策划就是为工程立项和工程立项以后的规划设计提出科学而符合逻辑的

设计依据。

　　建筑策划的目的是力图获得一种真正意义上的"建筑"：它既能符合建筑策划目标的技术要求；同时又是一个优美的建筑，能成为一件艺术品。

　　因此，建筑策划的目的，就应该是为建筑而策划，使建筑和基地、气候、时代、社会发展密切联系起来；为使用者提供当前的及潜在的将来的功能服务，为使用者、建筑师和社会创造深远的精神价值；并在某种程度上启发消费者，为消费者策划设计一种新的生活方式，从而有力地推动建筑业的发展。所以建筑策划应该体现目标、现状、市场的需求以及社会的价值观。

6.2　建筑师参与策划

　　一个好的建筑师不仅是个能做好具体工程设计的设计者，他也应是开发商和业主的合作伙伴，积极参与并帮助业主或开发商进行建筑策划，甚至可以成为一名好的"开发者"。因为建筑师具有综合思维的能力，他可以从城乡规划和建筑学专业的角度综合考虑开发的相关问题，如社会问题、经济问题、规划设计及工程技术问题，并结合自己的经验比较与了解城市区位和地域、地块的优劣，以及如何使用它、规划它，尽可能以最低的投入获取最大的收益。这在设计前期对业主和开发商来讲是极为重要的。1970~1974 年，建于美国芝加哥的西尔斯大厦（Sears Tower）曾是当时世界上最高的摩天大楼，建筑物共 110 层、总建筑面积 418050m^2、总建筑高度为 443m，达到

芝加哥航空事业管理局规定的房屋高度的极限（图6-2），比之前全球建筑第一高的美国纽约世界贸易中心双塔（World Trade Tower，1969~1973 年建，110 层、总高 411m，2001 年"9·11"事件被毁）还高，西尔斯大厦"世界第一高"的建筑形象为业主创造了很好的社会效益和经济效益。此效益的获取就归功于建筑师参与建筑策划，而高明的业主尊重并采纳了建筑师的意见。原来，业主买了两块地，请著名的 SOM 建筑师事务所设计，建筑师经过思考向业主提出：芝加哥土地寸土寸金，价格昂贵，与其在两个地方分开建设两幢建筑不如把两幢建筑建在一块地上。这样有几方面的好处：两幢建筑建在一起一方面可以节省一块地及购地费用；另一方面建在一起可建成世界上最高的摩天大楼，为西尔斯公司在全

图6-2　西尔斯大厦

球树立"世界第一高"的形象，无疑会带来很好的社会效益和经济效益；此外，建筑师还向业主建议，在最上层建成一个观景层，吸引众多参观者购票登高观景，鸟瞰整个芝加哥市市容，也可鸟瞰密歇根湖景色，仅此一项参观门票费每天都有可观的收益。业主听取了建筑师的意见并按此设计。最终建成后完全达到建筑师策划的效果。这足以说明建筑师具备策划的才能，建筑师的作用远不只表现在单个建筑的设计上，建筑师不只拥有技术头脑，还有综合思维的能力。正因为如此，建筑师的社会地位和作用在国外是普遍得到认同的，在中国建筑师的社会地位和作用有待提高。

因此，参与策划是建筑师的工作之一，建筑师也应该学习和培养自身的设计策划能力。如果有条件，建筑师不仅参与业主的策划，甚至也可以自己从事开发，既是开发者又是设计师，这样他比一般的开发者将有更多的有利条件。一方面能获取开发带来的效益，更重要的是能实现建筑师自己的梦想——一种好的建筑理念，一种美的追求。前述美国著名建筑师约翰·波特曼就是自己投资、自己设计，建成于美国旧金山的海特摄政宾馆，首创了几十层高的中庭的理念（参见第3章图3-4）。

6.3 策划内容

业主或开发商委托建筑师设计时，有时连设计任务书也提不出来，甚至要开发哪一块地也"吃不准"，此时建筑师在设计前就有必要与业主一道甚至帮助其做完设计前期的一些带有策划性的工作，一般来讲包括以下内容：

6.3.1 确定建设目标

建筑策划是工程项目立项前的必备工作，它是通过策划工作，研究确定建设项目的目标，使之达到上层规划的目标要求，保障在项目建设完成后，具有较好的经济效益、环境效益和社会效益，确立建设目标并作出目标的构想，明确建设项目的性质、规模、标准、投资及建设周期等。

6.3.2 协助业主选择基地

目前住宅开发用地一般都是在市场拍卖竞争而得到的，开发商在参与竞争之前一定会邀请一些专业人士（包括建筑师）进行商讨或进行个别咨询，这时作为一名从业的建筑师有责任也有义务协助业主分析地块、地段及地域的现状、自然条件、交通条件、周围自然环境和人文环境，以及基地的大小、形状、地面地下及上空的诸种情况，协助业主比较合理地选择和确定基地。譬如，安徽泾县云岭皖南新四军军部旧址纪念馆的基地原计划建在平地上，设计者认为不妥，因为皖南山区山多地少，平地都用作农田，建在平地就占用农田，建议建在山地上，于是设计者与当地领导一起进行实地现场勘察，从一个山头走到另一个山头，从河西走到河东，登高远眺，环视四周的自然景观与人文景观，又考虑到通向云岭村的交通走向，最后基地选在靠近公路的两个山峦之间，又在山北坡上，面向东北，此方向正是云岭皖南新四军军部旧址所在地，而且造在山坡上，避免征用耕地，这一策划思想得到了泾县领导的一致认可（图6-3）。

（a）　　　　　　　　　　（b）

图6-3　新四军军部旧址纪念馆
（a）最后确定的馆址位置；（b）皖南新四军旧址所在地

这也是因为业主和设计者的价值取向相同，都认为应该节约耕地，应该考虑与"旧址"的呼应关系，如果设计师不积极参与建筑策划，缺乏对设计决策重要性的认识，那就会使建筑师的活动永远处于被动的地位，甚至限制建筑师自己的设计活动，反之，则能为建筑师提供自由的创造空间。

6.3.3　业主与建筑师共同探讨，制定设计任务书

目前，大多数的"策划"几乎是和设计同步进行的。在设计开始进行之前，业主给建筑师的"策划信息"是微乎其微的，只是告诉你约有多大地、盖什么房子、多大面积，设计任务书也是极为简单的。这种情况可以说事前没有经过很好的建筑策划，这时建筑师和业主需就设计所要解决的问题进行讨论，以获得相应的设计依据，完善和充实设计任务书，列出空间要求、房间面积大小等，这时建筑师应当积极地根据国家有关规范和要求以及本人之经验，向业主提出建议，直接与业主（尤其是决策者）进行有效的交流沟通。这种方法一般可以产生有效的策划决策并能令业主满意。这样，不仅共同完善了设计任务书，而且培育了建筑师和业主和谐的设计合作氛围，能够促进交流和互补互动，有利于提高设计质量。

6.3.4　观念的交流与策划

建筑师受托于业主，从此角度来看建筑师的工作是被动的，设计方案最后的决定权永远掌握在业主手里。业主这种至高无上的权利，无疑会对建筑师的设计带来重大的影响。设计过程中建筑师和业主的关系有时会很融洽，而有时却弄得很紧张，甚至出现尴尬的局面。究竟问题出在哪里，我们不能一概而论，而应是具体问题具体分析。一般来讲，在设计过程中（尤其是概念设计阶段）双方要多交流、多沟通。建筑师要善于通过交流进行策划，在交流中体现自己的理念，完成策划。这样就能从设计中的被动变为主动，为发挥自己的创造性而争取空间。当然，在此之前建筑师应尽可能地了解业主的想法，不管你是否同意他的想法，你首

先要把他的想法听进去，仔细地思考其想法的合理性，并首先尊重他合理的一面，哪怕只有百分之一的合理也要听进去，并尽可能在方案设计中对他的想法有所体现。如果最后行不通，那就耐心地向业主说明行不通的原因。在事实面前，业主也会改变观念，最终同意和采纳建筑师的意见。

建筑师可以和业主坦诚地进行讨论、交流、协商，在每次对话中，建筑师可以根据业主的意思勾勒概念性的草图，双方进行仔细讨论。如果业主提出了新的要求和信息，那么建筑师可以再重复一次以上过程，快捷地根据新的信息和要求勾勒新的方案，等到业主认同了建筑师的概念设计，建筑师也更深地认识了业主的要求、审美品位等。譬如说，著名建筑大师赖特在设计别墅时，常常和业主先一道住几天，在共同生活时与业主多次进行讨论，观察业主的生活习惯，并对基地进行仔细地观察分析，最后对业主的目标和评价标准以及基地、气候、预算等方面有了充分的了解。当他回到自己的工作室时，一个清晰的、合理的方案就水到渠成了。这种方法，在设计的最初阶段即获取信息进行构思的阶段特别重要，对各种基本设计问题与业主进行充分的沟通。通过调查和收集有关信息资料，与业主、用户及政府有关部门共同对影响项目发展的重要因素进行评价，最后将这些信息纳入策划设计中。这些基本问题一般包括功能定位、形式趋向、经济指标及时间几个因素，并根据项目的具体情况，明确最重要的因素，即项目的主导因素是什么？有针对性地提出相应的对策。

建筑策划不仅对建筑的方案设计有指导作用，它还渗透到设计的整个过程中。任何参与设计策划的人认为重要的因素，即使是房间的面积和大小，家具的布局也应该包括在策划结果中。

建筑作为一门艺术，不仅要满足人的物质需求，而且应在某种程度上营造新的生活，为人的生活环境营造一定的艺术气氛。在建筑史上，不管是罗马的、哥特的、文艺复兴的、新艺术运动时期的、现代主义的还是后现代主义的，其所围绕的中心离不开建筑的艺术。因此，对设计策划者来说，要善于认真发现业主和使用者欣赏什么？业主和使用者的传统是什么？业主和使用者的价值观是怎样的？并最终在策划设计方案中把这些都尽可能地体现出来。

6.3.5　公众参与

建筑策划工作的根在于对实态的调查与分析，经过调查、研究、讨论，最后得出的结果不是某个建筑师或专业的策划师的个人行为，建筑师仅是参与策划者之一，建筑师的参与有利于他对立项的意义、目的、目标、要求有一个完整、全面的了解，便于他去思考设计问题，而在进行策划的实态调查、分析、研究、讨论的环节中，公众参与是必不可少的要求。吸收和听取工程所在地的有关部门和当地居民代表的意见是很重要的工作内容，它体现了公开、公正的原则，更体现了"从群众中来，到群众中去"的群众路线的优良传统，也体现了以人民为中心的建设思想。通过公众参与、设计工作更能接地气，更能了解当地群众的需要，和更适合当地的条件，使设计和建设工作更能达到预期的要求。

第7章

场地与总体设计
Site Plan

7.1　总体设计意义

　　建筑的主体是空间。建筑设计从本质上讲是为人类的生活创造所需的各种空间环境。设计过程中所画的立面图、平面图及剖面图等只是图解而已，是为表现所要创造的三度空间，而不是创作的目的。每一个建筑都是由两类空间所构成：一类是由建筑的实体所形成的内部空间；另一类是由建筑物与它周围的环境所构成的外部空间。对于建筑设计来讲，不只是为人类生活创造舒适的室内空间环境，也要设计和创造宜人的室外空间环境。一个建筑物应该是内部空间和外部空间完美结合的有机整体。可以设想，一个没有外部空间的建筑物，其内部空间又如何供人使用？人从哪里进出？内部空间所需要的阳光、空气又从哪里进来？内部空间使用过程中产生的废物（废水、废气等）从哪里排出？又排到哪里去？即使是地下房屋，它也需要地上的外部空间为它服务。因此，任何一项工程的设计都要把室内空间和室外空间结合起来作为一个整体进行设计。

　　此外，任何建筑物都不是孤立存在的。它与周围的建筑物、道路、绿化、建筑小品等密切联系着，并且受到它们及其他自然条件如地形、地貌等的限制。它们相互联系，相互制约。

任何建筑物的外部空间和内部空间的设计都必须考虑外界诸因素的影响。任何建筑的场地设计都包括如何处理基地和如何组织场地中的各项功能内容要素。这就是场地设计的核心内容。它要从城市规划的全局出发，根据建筑内在的要求，处理好该建筑物内部空间的理想布局与基地现实条件的矛盾，把它们组合成既符合功能要求又适应基地自然条件的和建成环境的，又经济、美观的空间，为人们从事各种活动提供适用、和谐的室内外空间环境。

　　设计任何一个建筑，不论是居住建筑、生产建筑或公共建筑，也不管它是一幢建筑还是由几幢不同用途的建筑物构成一个建筑群，都要认真考虑基地或场地的总体设计。因为，单幢建筑的设计也常常要求有各种室外空间供人们休息、活动、交通和绿化或杂务等之用。如果是一个建筑群，其要求就更为复杂，各幢建筑物之间，建筑物与各类活动场地之间，以及不同场地与场地之间都存在着相互联系的使用关系，这就要求按照一定的序列，根据彼此内在的功能关系进行合理布局，并考虑与周围环境的密切结合，处理好体型、体量、层数、主要入口、辅助入口以及人流、车流交通等问题。

　　基地的总体设计（也称为场地设计）一般分两个层次，分述如下：

7.1.1 总体布局

在建筑设计初期主要是综合分析研究基地及其四周的环境条件，对如何安排使用好这块基地进行认真地构思，进行基地划分和场地平面布局（也可称为场地的总体布局设计）。具体包括地块的划分、场地的功能分区、建筑物的位置、体型、体量和出入口安排，以及对内对外道路交通的骨架系统的建立，不同车流、人流流线的组织，停车场及各种活动场地的布局以及绿化系统配置等项内容。这些内容要素的布局决定了场地的空间形态，它直接影响着规划对象与现存环境的关系是否有机、和谐。在设计之初应高度重视，我们说设计要从总体着手，也就是要把它作为设计工作的切入点来对待。

7.1.2 工程设计

另一个层次就是场地室外工程设计和场地绿化景观等具体工程的详细设计，也可看作为场地总体设计的第二阶段设计。主要包括道路、广场、停车场等交通系统的详细设计，景观设施、建筑小品、绿化种植等详细的设计，以及室外工程管线系统的综合布置和场地竖向设计等，也即是场地中除建筑物之外的所有场地室外工程内容的详细设计。

按照两个层次，先整体后局部，有计划地逐步深入展开设计，最终的设计就比较完善。因此，合理的总体设计应较好地解决建筑物各组成部分之间，内部与外部之间以及外部各个空间之间适宜的联系和分隔的方式，要解决好采光、通风、朝向、交通和使用等方面的大原

则问题，这将为单体设计提供方便，对于创造舒适的室内外空间环境起着决定性影响，为"适用"创造了条件。

在经济上，合理的总体设计可以紧凑布置建筑物、道路及各种设施，从而能大大节约用地、缩短工程管网，减少公用设施；可以因地制宜，结合自然环境和现有条件，从而降低建筑的总投资。

合理的总体设计，由于妥善地处理了个体与群体在体型、体量、造型等方面的关系以及它们与自然环境的关系，从而使它与周围建筑及自然环境相协调。既增加了建筑物本身的美观，又丰富了城市面貌，美化了环境，在建筑艺术上也有很大的意义。

总体设计阶段是整个建筑设计的起始阶段，也是极重要的阶段，它体现着设计者的基本理念，决定着设计的方向和目标，它成功与否关系到设计方案乃至整个工程设计的成败。

第二层次（或第二阶段）场地详细设计主要是落实各项场地内容的具体设计要求，也是对总体布局设计的发展、完善和深化，它关系到设计的现实可行性和设计的深度与精度，同样是非常重要和不可缺少的。

7.2 场地及总体设计

建筑与土地是联系在一起的，没有土地就不能建造房屋。因此，每一项工程建设，都一定有一块建设基地（即用来建设之地），我们也称它为场地，即规划和建设的场地。这块场地如何安排、使用，以充分发挥它的土地效益，最佳地布置好建筑物及其相关的辅助设施，组

织好内外交通关系，创造宜人的建筑环境，这就要对场地进行总体设计，这是建筑师从事建筑设计首先要设计的内容，因为任何设计都应该是从总体规划设计开始的。

7.2.1 场地设计条件

建筑师从事任何建筑工程的规划和设计，在下笔之前必须对工程建设的场地（建设基地）的条件进行充分的认识和认真的分析，做到"知己知彼"，才可以着手进行构思与设计。为了真实地了解场地条件，设计者除了认真阅读建设单位核定的有关设计资料文件（如设计任务书、地形图及地质勘察资料等）外，还必须亲自下现场进行实地踏勘和调查研究，以获得有关场地的第一手资料。

场地条件包括四方面，是我们着手进行规划和设计的依据，也是制约我们设计的因素。对一个成熟的建筑师来讲，越是苛刻的条件，对建筑师越具有挑战性，越能激发建筑师的创作激情，越可能产生好的方案。这些条件包括：

1）城市规划的要求

建筑设计都是在城市规划、分区详细规划或控制性规划的控制下进行设计。城市中任何工程项目的设计，都需要得到规划局认可并划上建筑红线图的地形图（一般地形图的比例为1/1000~1/500 为好），以及规划局就该项目所提出的规划要点。这些要点即提出规划设计的限定条件及要求，通常它包括以下内容：

（1）用地性质和用地范围的控制

按照城市规划、分区详细规划或控制性规划，城市用地性质均是事前规划好的。它分为居住用地、商业用地、工业用地及文教、卫生及行政事业用地等，用地性质原则上是不能任意改变的。我们是在用地性质确定了的情况下进行建筑的设计。

用地范围的控制是由规划部门在地形图上画出的道路红线和要求基地各边界退让的建筑红线所限定，如图 7-1 所示是一个市图书馆工程设计项目所得到的地形图及规划要点所要求的建筑用地从边界退让的距离，剩下中间一部分才是可以建造建筑的场地。该图书馆位于该市新城区文化广场的东北地块。基地大小：东西长 100m、南北长约 60m、西临广场，东、南、北三面面临城市道路，东西两边退让要求为 5m，南北两面要求各退让 3m。

实际建筑用地范围则为 4860m^2。而且，建筑物退让道路红线是随着建筑物的高度而增加的，因此能建高层的建设区就更有限了，只有基地中间的一部分才能建高层。

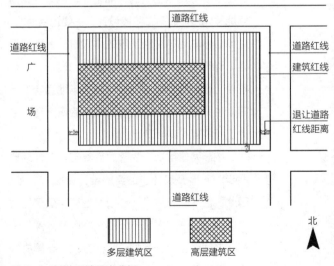

图 7-1 基地用地界定分析

（2）对用地强度的控制

规划对基地用地强度的控制是从规划要点中提出来的相关指标，如建筑覆盖率（建筑密度）、建筑容积率及绿地覆盖率等指标来控制的，建筑覆盖率和建筑容积率是提出最大值，绿化覆盖率是提出最小者，这样可使基地的土地使用强度（即开发强度）控制在一个适当的范围内。

建筑覆盖率是指建筑底层占有的基地面积和基地总面积之比，一般以百分数（%）来表示，而且都要求百分比比例不要太大，以保证一定的绿地面积；公共建筑一般不大于40%为宜；居住建筑不大于30%为宜。

容积率系指地面上的建筑总面积（不含地下室建筑面积）与基地总面积之比。容积率越大，即开发强度越大，反之则小。

绿地覆盖率是指公共建筑绿地和绿化场地之和的面积与基地面积之比。比例越大越好。现在的住宅区绿地覆盖率一般都要求在35%以上。

（3）建筑高度的控制

城市规划部门对某个基地建筑高度往往提出限定要求，即高度不超过多少层或不超过多少米。其原因主要有以下几种情况：

● 航空高度的限定，建设场地在城市飞机航行线上，考虑飞机起落，有关航空管理部门对建筑高度提出了限定要求。

● 城市空间规划的要求。城市规划在不同的城市区域，根据城市用地的性质对建筑的高度也会提出一定的限高要求，如24m以下、30m以下、50m以下，或100m以下等。

● 高压线下建筑高度限定要求，根据《城市电力规划规范》GB/50061.2010（66kV及以下架空电力线路设计规范）第12.0.9条和13.0.4条规定，导线与建筑物之间的垂直距离，在最大计算弧垂情况下，应符合表7-1及表7-2之规定。

● 在城市历史文化地段对新建建筑物的高度会提出一定的限定要求，如不超过地段的某个历史性的建筑物的高度等。

2）相关建筑规范的要求

城市规划的要求是对基地使用方式和场地总体形态的控制，建筑设计规范的要求则是偏重于建筑物本身功能与技术要求，及其与相邻场地和建筑物的关系上的限定。如建筑物的防火间距、消防车道、日照间距及建筑物朝向等要求。按照民用建筑设计之规定，建筑物与相邻基地边界线之间应按建筑防火和消防等要求

导线与建筑物间的最小垂直距离（m）　　　　　表7-1

线路电压	3kV 以下	3~10kV	35kV	66kV
垂直距离	3.0	3.0	4.0	5.0

导线和建筑物之间的最小垂直距离（m）　　　　　表7-2

标称电压（kV）	110	220	330	500	750
垂直距离（m）	5.0	6.0	7.0	9.0	11.5

留出空地或道路，建筑物高度不应影响邻近建筑物的最低日照要求。这就是场地中建筑物布置与相邻基地关系的最基本的原则和方法。

我国制定的《建筑设计防火规范》GB 50016—2014，在表5-2-2中，对不同类型民用建筑物的防火间距分别作了具体的规定，这是我们在设计中必须遵循的，参见表7-3。

其他还有场地总体设计中有关消防通道的规定，可参见《建筑设计防火规范》GB 50016—2014等规范文件。

3）设计任务的内在要求

设计任务书的内在要求直接关系到投资者和使用者的切身利益，设计者在下笔前必须对建设单位（业主）提出的设计任务要求要认真、周到、细微而全面地进行认识和了解，在规划设计中认真予以落实，这类要求包括以下几方面：

（1）分析业主的一般要求与特殊要求。特别是一般要求之外的特殊要求必须予以充分地重视并予以落实。因为它是业主特别关注之点。尤其在今天，个性化、多元化的要求越来越多，譬如设计一座宾馆除了一般宾馆的普通组成和要求外，有时在"住"和"饮"的方面会提出多种多样的要求，如别墅式的客房、室外酒会场地等，甚至在建筑布局上业主也会有自己的"想法"。不管什么建筑，他们一般都希望建得"宏伟""气派"，故会提出要建多少层高，要采取对称的形式等，这些问题都直接影响场地总体的布局。也可以说，我们在认识和分析设计任务与要求时，除了认识此类建筑设计的特定组成内容即此类建筑的共同要求外，而且要认识和分析设计任务的特殊要求。这种"特定"和"特殊"即"共性"和"个性"的要求，构筑了该项目的完整内容。

（2）分析内在要求与外在条件（基地条件）的矛盾。要注意发现问题，找出规划设计的难点，并针对难点进行思考，抓住主要矛盾提出解决方式，这样的设计往往是很有特点和个性的。内在要求与外在条件（基地条件）的矛盾一般有以下几种表现形式：

● 建筑面积与场地大小的矛盾

有时是建筑面积大，而基地面积小，有时是建筑面积不大，但基地面积大，这两种情况都是设计面临的矛盾，直接影响我们的设计构思。

例如广州图书馆设计项目，建筑面积要求95000m²，而基地大小只有20100m²，建筑高度又被限定不能超过50m，因此只好把1/3的建筑面积建在地下。而某市行政中心选址在未开发的丘陵地，面积大，占地近十余公顷，

民用建筑防火间距（单位：m）　　　　　　　　　　　表7-3

建筑类别		高层民用建筑	裙房和其他民用建筑		
		一、二级	一、二级	三级	四级
高层民用建筑	一、二级	13	9	11	14
裙房及其他民用建筑	一、二级	9	6	7	9
	三级	11	7	8	10
	四级	14	9	10	12

图 7-2 某市行政中心效果图

但地势复杂，而建筑面积只有 70000m²，因此采用了多层院落式的布局方式，而不采用集中式高层的方式（图 7-2）。

● 基地方位与朝向的矛盾

在中国的大多数地区，住宅建筑及一般公共建筑都希望南北向布置，以争取南向的太阳光及常年的主导风向。但是基地的方位常常又不完全是南北向，有时是东西向，有时是偏东或偏西。这时，我们要根据建筑物的性质采取不同的布置方式及不同的建筑设计方法。对住宅、学校、医院等建筑来讲朝向要求是严格的，应尽可能地予以满足；对其他的建筑如宾馆、办公楼等则可以灵活一些。

● 朝向与景向的矛盾

建筑物朝向宜南北向为佳，但是景点就不一定了。景点或景向也有可能在基地的东侧或西侧，这时就存在着建筑物朝向与景向不一致的矛盾。建筑师必须根据建筑物的性质和标准作出选择，是坚持以朝向为主，还是景向更重要？一般讲，景向比朝向更重要，越是好的景点、景向就越重要。住宅如果能面向海面、湖景，有好的视野，即使朝向不佳，也可能因为它有极佳的自然景色而抢手，对休闲性建筑来讲，景向就更为重要。

7.2.2 基地条件分析

基地条件在设计前必须尽可能做到比较透彻地了解。了解的内容包括地面、地下和上空，并进行实地考察。不能仅停留于文字资料或图纸照片，因为它们不一定是完全正确的，尤其地形、环境会有变化的。下了现场亲自踏勘，可以取得第一手的资料和场所直观的印象，找到"感觉"，有助于设计者把握场地的特性和精神，有助于激发设计者的创作灵感。在规划设计之前，对场地进行分析是必不可少的。这些条件及分析内容包括以下几方面：

1）基地的区位及区位分析

基地区位条件包括三方面：

（1）它在城市中的区位

（2）它在基地建成环境中的位置及周边建筑环境的状况（自然景点、人文景点等）

（3）基地周边的城市交通状况

为了全面了解以上情况，在设计文件中除了基地地形图以外，还需向设计委托方索取更大范围的图纸资料，如城市地图和区域控规图纸等及周边建筑的情况，以帮助了解该基地在城市中的位置、在建成区中的位置、周边建筑环境中的人文景观及自然景观之位置，以认识和了解设计对象与它们（建成的或规划中）的关系，了解城市交通网络中的交通状况等。通过以上认识便能正确地确定设计对象在城市中、在建成环境中的地位与作用，以及认识它与周边建筑环境的关系，借此确定它在城市或基地建成环境中将扮演什么样的角色，是主角还是配角；正确地确定它的高度、体形和体量，乃至建筑造型；通过场地四周交通状况的分析，了解人流、车流的流量及来往方向，以确定基地对外的连接方式及人流、车流出入口的位置；如何规划基地内部道路，使之与城市道路交通网络有机地连接起来。

2）基地的自然条件

基地自然条件对设计的影响是最直接和最具体的，对保护环境也是最重要的。特别是在今天，如第5章所述，人与自然走向共存共生的年代，人的建设活动应该由征服自然、改造自然，向尊重自然、顺应自然、保护自然的观念转变。我们的规划和设计必须充分地遵循这些原则。为此，对基地的自然条件必须充分地把好"脉搏"，实地、真实地进行了解。这些条件包括以下几个方面：

基地的大小与形状；

基地的地形与地貌；

基地的地质与水文；

当地气候条件。

以下逐一解析之：

（1）基地大小和形状

基地的大小和形状直接影响建筑物的体形、体量及其布局方式、方法，它与建筑容积率密切相关。当基地面积不大而建筑面积要求很大时，建筑布局必须采取紧凑的集中式布局，并尽可能向空中或地下发展；反之，建筑布局则可灵活自由一些。基地的形状如果是规整的，建筑布局相对比较容易，但也容易流于一般化布局；如果基地形状不规则，建筑布局相对就较困难一些，考虑的界面及四周的关系就复杂一些，但是它也可能激发某种富有个性特点的建筑布置方式。例如，北京西站地区管委会综合楼设计就是一个较好的例子，它功能复杂，是融办公、税务营业、住宿、食堂为一体的综合楼。建筑面积 $39000m^2$，用地面积仅 $5530m^2$。该设计面临的最大问题就是建设用地少，基地条件比较复杂。基地平面是狭长三角形，且地势不平，东西两端高差达 3.2m，南侧为京九铁路线，北侧为立交桥的辅路，路面坡大。设计者对项目的性质、环境关系以及甲方的要求进行了详尽的调查和分析，在建筑布局时将用地最宽阔的位置留作集中用房；在中部底层利用架空层设计了一个开敞式的环形广场；入口与门厅有效地解决了由于用地狭窄造成的交通拥挤及地形高差等问题；使得在用地条件苛刻、使用功能复杂的条件下，设计结果使一切变得有序而舒适（图7-3）。

（2）基地的地形和地貌

基地的地形和地貌是基地的形态特征。它是指地形的起伏、地面坡度大小、走向以及地表的质地、水体及植被等的情况。它们是有形可见的自然状况，对规划设计的影响具体而直接。规划设计中对基地的自然地形应以适应和利用为主，因地制宜进行设计。这样的设计可能比较复杂，但对环境景观的保护是有益的，符合生态环境保护，同时也经济合理。如果对自然地形进行较彻底的改造，用推土机将起伏的自然地形夷成平地，必将破坏基地的原始地形，带来巨大的土方工程量，使建筑造价大为增长。

地形对设计的制约作用巨大，它与地形自身的复杂度相关。当地形变化较小、地势较平坦、地块形状较规整时，它对设计的约束力就

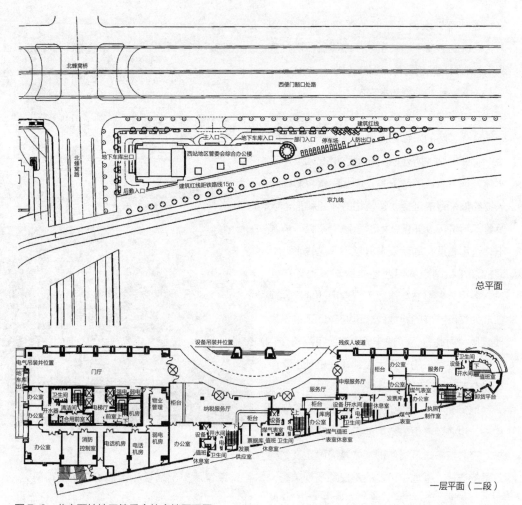

图 7-3 北京西站地区管委会综合楼平面图

较轻，设计的自由度较大，建筑布局方式有较多的选择余地。反之，地形复杂、地形变化幅度增大，它对设计的约束力和影响力自然增强，它会影响到场地的建筑布局、建筑用地的分区、建筑物的定位与走向，影响内部交通组织方式、出入口的定位、道路的选线，影响广场及停车场等室外构筑设施的定位和形式选择，同时也将影响工程管网的走向，竖向设计和地面排水

组织形式等。在地形复杂的条件下，对于场地的分区方式、建筑布局的空间结构关系，常常是地形起着主导作用。设计者对基地自然条件的处理应该根据它们的具体情况来确定设计的基本原则和设计方法。全国政协办公楼设计就采取了尊重基地的态度，将分布在基地内不同位置的多棵古树保留下来。将建筑物、广场、停车场等穿插于古树之间布置，使新建的建筑

物和各种室外设施与基地现存的古树相互交融，有机地形成一个共生共存的建筑环境，有利于基地原有风貌特色的保持（图7-4）。

（3）基地的地质与水文

基地的地下情况也是设计者在规划设计前必须认真了解的。它包括地面以下一定深度的土的特性；基地所处地区的地震情况以及地表水体及地下水位的情况等。这些因素将影响建筑物布局位置的选择，建筑物的体量和形态以及建筑造价等。如果在地基承载力不大的情况下，选用高层布局就要多打桩、多花钱了。上海的浦东和南京的河西地带原本是海滩和江滩，多少年来都被看作是不宜建房的地区，现在成为城市发展的新地段，迅速建造了很多高楼大厦，为此打下了成千上万的上百米的桩，不惜工本建起来的摩天大楼都建在桩顶上，但可能有下沉和开裂的隐患！

地震是不可避免的自然灾害。建筑规划和设计也必须考虑基地的地震强度及消防的要求。它影响着建筑物体形、体量的确定及结构方案的选择。基地中可能的不良地质现象有：滑坡、断层、泥石流、岩溶及矿区的采空区等，它直接影响着建筑的布局。建筑物的布局一般宜避开这些地段，或采取相应的处理措施。1982年建成的南京金陵饭店，是当时国内最高的宾馆建筑。最初方案由香港巴马丹拿设计公司设计。该宾馆建于南京市中心——新街口的西北角。该基地西北角为五台山，基地即在五台山底下的斜坡上。原方案将37层高的塔楼布置在东侧，靠近新街口交通环岛，将裙楼布置在塔楼的西侧，远离交通转盘。该方案提交给联合设计的内地设计组，建筑师和结构工

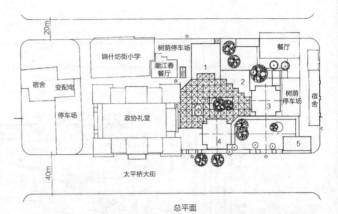

总平面

图7-4 全国政协办公楼

程师审议后提出塔楼和裙楼的布置值得研究，建议将二者位置对换一下（图7-5）。其主要理由是，高层塔楼建在山坡上，易产生滑坡，且打桩深也不经济；同时距离交通环岛太近也不利观景。互换位置后的好处是裙楼成了塔楼滑动的"挡滑石"，塔楼的桩也大大减短了，同时远离交通环岛也利于观景。金陵饭店就是根据改动过的方案建成的。

（4）地区气候条件

在建筑面对的各种环境要素中，气候起着主导作用。气候一般指某一地区多年气候的综合表现，包括该地区历年的天气平均状态和极端状态。

中国古代以五日为候、三候为气,一年分为24气、72候,各候各气都有其自然特征,合称"气候"。这个气候概念也是用来描述天气平均状态的,与现代的"气候"概念含义基本一致。

建筑是因气候而生,随气候而变的。建筑的原始功能就是为了给人类提供一个避风雨、避寒暑的庇护所。因而建筑与气候的关系天生而来、密不可分。各地的气候条件是各地建筑形态形成和演进的主导自然因素。不同的气候条件就要求有不同"庇护"方式,构成不同的"庇护"形态。特定地区的气候条件是地域建筑形态形成最重要的决定因素。气候的多样性必然造就建筑的多样性。我国传统民居从南到北都有合院形态,但因地区气候差异,南北院

落形态是不一样的。在东北和华北地区,由于气候寒冷,太阳高度较低,为了争取更多的日照,建筑的间距较大、院落开阔;而在江南地区,气候特点是冬寒夏热、空气潮湿,冬天要阳光,夏天又要遮阴、通风,而且由于纬度较北方为低,建筑间距也就较北方要小一些,院落也渐次变小;到了华南,如广东、海南等地,属亚热带气候,冬天不冷、夏天较热,建筑中日照的要求逐渐让位于遮阴、避雨和通风,建筑间距更窄,院落更小,成为仅利于通风的天井。骑楼、各种遮阳设施就应运而生。建筑形态开放、通透、遮阳。合院的这种空间形态结构变化是适应不同地区气候条件的多样性和差异性而演进的结果。如图7-6所示,为我国南北不同地域传统民居的不同建筑形态之例。

因此,任何建筑工程的规划与设计应该充分地结合当地的气候条件,努力创造良好的小气候环境,特别是当地的常年主导风向。建筑物是集中布局还是分散布置平面形态是敞开的还是封闭的,窗子开大点还是小点等,都应适应当地的气候特点,有关的建筑形态都要考虑寒冷或炎热地区的采暖保温或通风散热的要求。一般寒冷地区建筑物的布局宜采用封闭的集中式布局,比较规整和紧凑的平面形态可减少外墙长度,减少建筑物的体形系数,利于冬季保温;炎热地区的建筑宜采取开敞的分散式布局,这种平面形态有利于散热和自然通风。

(5)基地及其周围建筑环境分析

建筑规划设计前除了了解、认识和分析基地的自然条件之外,还要对基地本身及其周围建筑环境(包括现有的建筑物、道路、广场、绿化及地下市政设施等环境因素)有充分的了

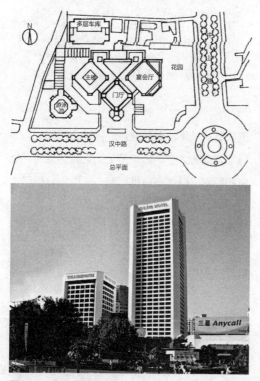

图7-5 南京金陵饭店

① 北京四合院　　② 吉林民居　　③ 浙江民居　　④ 福建泉州民居

⑤ 广东梅县客家民居　　⑥ 云南"三坊一照壁"民居　　⑦ 四川民居　　⑧ 拉萨藏族民居

⑨ 青海"庄窠"民居　　⑩ 新疆传统民居　　⑪ 甘肃藏族帐篷　　⑫ 西北窑洞

⑬ 内蒙古蒙古包　　⑭ 河南巩县窑洞　　⑮ 张掖民居　　⑯ 台湾安平民居

图 7-6　不同地域传统民居

解和分析。这些"基地现状"都是影响和制约新规划设计的重要因素，甚至成为方案设计决定的因素。对待现有的建筑物、道路、广场及绿化等是拆除还是保护，是保留原貌还是改造利用，是简单地保留还是新旧融为一体……这些都是设计时需要考虑的重要问题。如果基地中原有的建筑物、建筑小品、广场等具有历史价值，那么规划设计时就应该加以保护利用，并给予它与其历史价值相应的地位。

　　同样，基地的周边建筑环境也是对规划设计产生影响和制约的因素。包括基地周边的道路交通条件，建筑物的形态及城市肌理等。周围建筑环境影响着新建建筑物的布局形式、体形、体量的大小高低，乃至建筑物的形式、材料和色彩，以达到有机和谐。认识和分析了这些条件，就需进一步考虑新建筑与现有建筑环境的内在关联，是呼应、协调还是对比、冲撞。不管采用何种关联方式，都不应损害现有的建筑环境而应为其增色，更不应影响周边建筑物的功能使用，如日照遮挡、噪声影响、有害气体污染等。建筑物力争自身的阴影不要影响左邻右舍，最好是全部落在自己的基地上。

　　例如 1995 年英国伦敦 ZED 工程办公楼，它是"零能耗开发计划"（Zone Emission

Development）的一部分。建筑物位置及体形除了考虑当地主导方向外，还充分考虑了其阴影效果及其对基地的周边影响（图7-7），其阴影基本上落在自己的基地上。

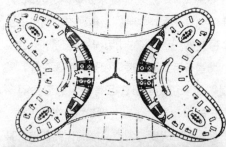

图7-7 英国伦敦 ZED 工程办公楼

7.3 场地设计要素与设计要求

如前已述，任何设计都包括要素及要素之间组合的规则（即 Elements + Rules），那么场地设计的要素包括哪些呢？各要素之间又如何组合呢？这就是本节所要阐述的内容。

我们知道，任何一座建筑物都应争取是内部空间与外部空间完美结合的有机整体。建筑场地总体设计就是要把各种内外空间根据基地客观条件与内在的功能要求进行有组织的合理布局，使其适用、经济、和谐、美观，达到社会效益、经济效益和环境效益的统一。

一项建筑工程的场地规划和设计一般包括以下要素：

（1）建筑物（包括主要建筑物和附属建筑物）；

（2）道路交通系统（出入口、道路及停车场）；

（3）室外活动场地（广场、各种活动场地及服务场地等）；

（4）绿化景观设施（绿地、庭院、水系、山、石等）；

（5）管网系统（水、电、暖、风及信息系统）。

以下逐一进行分析。

7.3.1 建筑物——主要建筑物及附属建筑物

建筑物是人们进行各种活动的主要场所，它是总体布局中的基本要素，对其他各项要素的布局起着支配作用。它通常位于重要而明显的位置，其他各项从属的部分则随它而布置。由于不同类型的建筑物具有不同的使用功能，并有不同的室内空间组合方式，从而影响总体布局，使各类建筑的布局呈现出特有的个性。同一类型的建筑，不同的内部空间布局方式，也就有不同的总体布置方法。例如，电影院、剧院及会堂类公共建筑，都要求有一个能容纳大量观众的大空间——观众厅，空间较小的观众休息区和其他附属用房围绕观众厅设置，这种紧凑集中的内部空间组合方式使得这类建筑的总体布局呈现出自己的特征。它通常以大空间——观众厅作为总体布局的核心；

入口前都附有一定面积供人流集散的开敞场地；建筑物两侧有疏散通道；附近布置停车场地。建筑物后退红线布置，形成入口小广场，供人流集散，如图7-8所示。

一般公共建筑的总体布局包括主要建筑物和附属建筑物两部分。即使是小型公共建筑，也仍然包括这两部分，只不过有时由于规模小，把两部分组合在一幢建筑中罢了。在大型公共建筑或功能复杂的公共建筑中，这两部分建筑的内容更多，功能关系更为复杂，以致总体布局中必须根据其使用特点分区布置，形成一个建筑群体。

主要建筑物是最主要的使用部分。在总体布局中应具有最好的朝向、自然通风及交通、绿化等条件。同时，应保证主要建筑之间以及它们与附属建筑物之间有方便的联系。某些大型公共建筑中的主要建筑物在总体布局中还应考虑适当的观赏距离、观赏面以及建筑群体造型的尺度和比例等。

有些建筑的功能，要求总体布局的各个部分之间有一种程序式的联系，在人们使用这些建筑物时，总是顺着一定的程序路线，如同工厂的生产工艺流程一样。如火车站，旅客的使用程序一般是：买票→托运行李→候车→检票→上车；游泳馆（池）的使用程序一般是：更衣→淋浴→准备池→游泳池→淋浴→更衣；展

图7-8　加拿大多伦多汤姆逊音乐厅

览馆中，观众的参观程序一般是：基本陈列室→休息→陈列室→室外陈列室→出馆→休憩。这些程序的联系是这类公共建筑功能要求中的主要问题，总体布局首先要满足这个要求，再逐一解决其他一些功能要求如朝向、通风等。即使遇到特殊的外界条件，布局的方式可以发生多种变化，但它们的使用程序是不能违反的。

某些有污染物的建筑如传染病医院等，城市规划要求它们与居住区有一定的卫生隔离带。在总体布局上，应考虑较大的绿化面积，便于病人相互隔离，创造良好的休养条件。某些附有放射性治疗的医院，在总体布局上更应考虑具体措施，减少污染。

许多工程由于使用及经济上的原因，是分期建造的，总体布局要在调查研究的基础上，预留符合实际的发展用地，防止不现实地多留发展用地而造成浪费，或未充分考虑未来发展的扩建要求，而未留出发展用地。这两种偏向，都要避免。

附属建筑物是为主要建筑物服务的辅助性和服务性建筑，在总体布局中通常置于较次要的地位，不能妨碍主要建筑物的使用和群体造型的美观，同时要保证它与外界交通和主要建筑物都有方便的联系。通常要设置单独出入口，一些排放污染物的建筑要布置在主要建筑物的下风向，不宜靠主要道路和主要出入口布置，以避免锅炉房的烟灰或冷却塔上的水汽落身。

7.3.2　道路交通系统

建筑物是场地设计的最主要的构成要素，但仅布置建筑是不够的，建筑物布置在基地的哪一方？入口设在哪里？如何与基地外部联

系？人流、物流、车流如何方便进出？这都是在场地总体设计时都必须考虑的问题。一幢孤立于基地中的建筑物，如果无路相通或通达不顺畅都会影响建筑物的使用，对商业建筑来讲更会影响其经营的效益。

道路交通系统的作用可归纳为两个方面。其一是对外连接城市，使该建筑融入城市体系之中，使其能真正运行起来；有时通过与广场结合成为交通的纽带；二是内部联系作用，通过道路交通的安排将场地上各自孤立的部分连接起来，使场地内的建筑功能有效地运行，使孤立的各个部分成为一个有机的整体。

道路交通系统包括三个组成要素，即：出入口、道路（动态交通）和停车场（静态交通），三者应该成为一个有机的整体。

1）出入口的设置

出入口的设置是根据场地大小、建筑规模来确定的，其位置的方位则应根据城市规划的要求，从城市道路系统总体出发来考虑，往往是有限定的。在规模较大的工程中，一般都要设两

个以上出入口，并最好设在不同人流来往的方向。为了确保安全，住宅小区出入口都设在城市次要干道上，并根据人流、车流的走向考虑；公共建筑的场地如体育馆建筑、宾馆建筑、商业建筑等，应至少设置两个出入口：一个为主要出入口即正门所在，一个为辅助出入口或服务出入口。主要出入口一般都在场地临靠的主要干道上，但要避开城市道路交叉口相当的距离，以保证交通的安全与通顺。避开交叉口的距离在规划设计中都有明确的要求。场地的主要出入口要能方便地通达主体建筑物的主要出入口。如果基地面临几条干道，则应根据人流走向分析，将主要出入口设置在人流多的方向，而在其他方向设置次要出入口。它的形式可以是开敞的、也可以用大门的形式。学校、医院、宾馆等常常都由多幢建筑组成，本身就是一个建筑群体，出入口的设置要充分考虑内在的功能要求或特殊的要求。大型的公共建筑如体育场、体育馆、展览馆等通常都设置几个出入口，以满足不同的功能要求。图7-9为南京奥林匹克体育中心，位于南京河

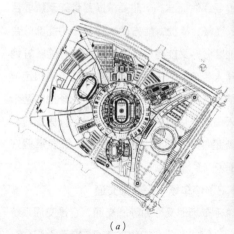

（a）   （b）

图7-9 南京奥林匹克体育中心
（a）总平面；（b）内景

西新城区中心地块，基地南北方向长800m左右，东西方向长1200m左右，用地面积89.6hm²。其中建设项目有主体体育场（146700m²）、体育馆59662m²，游泳馆33584m²，网球中心39862m²等设施，总建筑面积约42万m²。该奥体中心以主体体育场为中央核心，用60m宽、1300m周长、7m高的圆形平台将体育场、游泳馆、网球中心、训练场及科技中心连成一体。大平台与四个×形坡道连接，通向四周的城市道路。场地的四个方向都设置了出入口，保证了人流、车流都能顺利、安全地通达。

　　图7-10为扬州一个生态试验住宅小区规划设计。它三面临城市道路，一面临水渠。在场地人流走向分析的基础上，认定东面为城市人流来往的主要方向，故确立在其东面设置主要出入口（人流、车流）；南面为步行商业街，故在南面设置次要出入口（仅为人流出入口），与步行街相连；西边为城市绿带，尚未开发，暂不设置出入口（以节省物业管理人员），但预留位置，作为未来的次入口。

2）道路——动态交通

　　场地内的道路属内部道路，可设置车道及人行便道，以将车流和人流分开，并根据它们的人流、车流确定适当的宽度。行驶小汽车和小型载重汽车的单股车道宽度一般采用3m；行驶公共汽车、中型载重汽车的单股车道一般采用3.5m；双车道的道路至少为6~7m宽；消防车道可以单股车道，宽度不小于3.5m；人行道一般采用1.5~3m；汽车的最小转弯半径参照中华人民共和国行业标准《车库建筑设计规范》JGJ 100—2015，表4.1.3中有明确的规定，可供设计参考，参见表7-4。

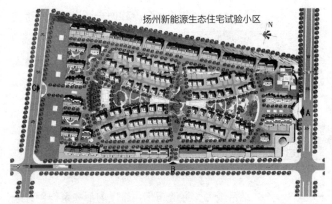

图7-10　扬州新能源生态试验小区总平面
A—主要入口；B—次要入口；C—人行出入口（通向步行商业街）

机动车最小转弯半径　　　　表7-4

车型	最小转弯半径（m）
微型车	4.50
小型车	6.00
轻型车	6.00~7.20
中型车	7.20~9.00
大型车	9.00~10.50

　　规模较大的场地道路骨架系统的设计是总平面设计的重要内容，也是衡量总体规划优劣的重要评估标准。一般要求道路骨架系统要合理、通畅、简捷，能方便地将各个功能部分合理地区分，又能有机地联系起来，并能较好地处理人和车流的关系；同时道路的走向和定位要结合地形及景观进行设计；避免场地内两个出入口的连接道路直线相通，以免外界穿行；尤其是住宅小区内的道路骨架系统要掌握好"通而不畅"的原则。

3）停车场——静态交通

　　停车场地又称为静态交通，它是交通系统的一个组成部分，与动态交通（道路）组成一个有机的系统。静态交通的重要性已随着小汽车进入我国家庭，越来越被人们重现了。它直接影响着人们生活的方便、时间效率的提高及商业效益的高低。如果住宅区、商业建筑或大型公共建筑缺少足够的停车面积，就会影响楼市的营销，今后的生活环境质量以及运行效益。

停车场的面积大小是根据建筑性质及建筑规模决定的。一般可依据规划要点及相关法规决定。办公建筑、商业建筑及体育建筑、展览建筑等不同类型的公共建筑都有不同数量的停车要求。一般按 1000m² 提供多少车位为指标，如 4 辆 /1000m² 等。住宅区一般是以居住的户数为基数，根据住宅区的标准而选定。经济适用房住宅区可以小一些，高级住宅区可以达到 100%。豪华别墅区更高，可以达到和超过 100%~120%，因为有的家庭不止有一辆汽车。

停车场地占地较大，一辆小汽车停车平均占用面积为 35~40m²/ 辆（包括行车道）。如果一个高级住宅小区有 1000 户人家，停车位按每户提供一个车位计算，则需有 1000 个停车位，其停车面积就需 35000~40000m²（即

3.5~4hm²）的场地，几乎占了住宅小区用地的 30%~40%，必然影响绿地面积。因此，停车场地布置常常与绿地面积争空间，如何解决停车场布局以达到节约土地、方便使用、就近停放、不占用和损害绿地的原则，成为我们规划设计中必须认真研究的问题。为达以上目的，基地内停车场规划设计常有以下几种方式（图 7-11）：

（1）半地下或地下停车场。它将停车场设在建筑物下，或设在建筑物外的室外场地、活动场地下（图 7-11a、b），一般国外的城市中心广场，下部都有停车场；

（2）屋顶停车场。即将停车场设置在屋顶上（图 7-11c）；

（3）独立的停车楼。即作为主楼的附楼（图 7-11d），专门用作停车；

（4）路边停车场。欧美国家的住宅区采用路边停车较多，它利用时间差，晚上交通量小，下班回家即将车子停在路边，靠近家门口，使用方便；

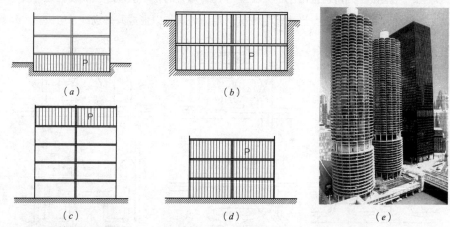

图 7-11 停车场规划设计方式
（a）半地下停车库；（b）地下停车库；（c）屋顶停车库；（d）独立停车楼；（e）美国芝加哥马尼拉城

（5）综合停车楼。即将停车场设在建筑物的底层或建筑物的下部，将主要使用空间设置在建筑物的上部。例如美国芝加哥马尼拉城（Manina city）是两幢圆柱体的居住建筑，两幢都为65层，共有896个居住单元。该楼位于河边，场地小，地段很紧，故将一层至二十层设计为停车场，二十一层以上才是居住空间，使每户都有停车位，如图7-11e所示。

7.3.3 室外场地

人的生活除了要求室内空间外，还会有许多室外活动的需求，住宅也是如此。室外场地是任何建筑设计必不可少的。室外场地与建筑物互为依存，它是总体布局中重要构成要素之一。尽管不同类型的建筑要求有不同的室外场地，并按照不同的目的进行分区和组合，而室外场地的总体布局仍有某些共同的特征和规律。根据各种场地使用目标的不同，可以将建筑室外场地划分为下列几种类型：

1）集散场地

建筑物一旦落成，门前进进出出，就在室内、外之间形成人和车的流动。当建筑沿城市道路建造时，需要后退适当距离，在建筑物主入口前形成集散场地，作为人流、车流交通和疏散的缓冲地带。集散场地的大小视建筑规模、性质及地段条件而定。大型公共建筑物（如车站、体育馆、剧院、医院、图书馆、博物馆等建筑），因人流、车流量大而集中、交通组织复杂，需要较大的集散场地。这里，还要特别提出小学校主要入口前一定要留有足够的集散场地。因为家长接送的情况非常普遍，交通工具多样，而且小汽车越来越多。因此，主入口前要有足够的场地，以免堵塞城市交通。

建筑物前集散广场的大小要根据它的通行能力和容量而定。火车站、体育馆、体育场的集散广场需要进行专门的交通设计。尤其是火车站，人流车流多，往往入口前方采用立体空间来组织交通人流的集散，新建的南京火车站、杭州火车站都采用了这种方式。图7-12为中、小型火车站站前广场的几种形式；图7-13为几个实例。

当建筑物位于干道交叉口，主要入口又设在转角处时，一般将建筑物设计成各种形式的后退处理，以形成开敞场地，可以减少转角处

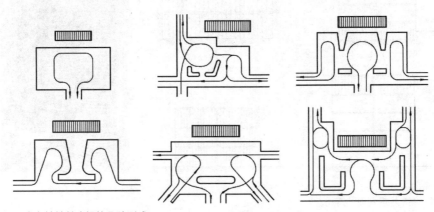

图7-12 火车站站前广场的几种形式

的人流拥挤，不妨碍干道车辆转弯的视线。目前，在城市建设中，道路交叉口处的建筑物很多采用压红线的布置方式。这是由于地段显要、地价昂贵，开发商要利用有限的地段，追求最大的建筑容积率，获取利润的最大化。这种形式在以前车辆不多时比较适用，但是，当今小汽车进入家庭，在大、中城市这一问题日益严重，压红线的布置方式值得研究（图7-14）。较好的办法是在转角处采取"退让留空"的规划方法，在转角处开辟较大的开敞场地，甚至把转角处楼层架空，将一部分建筑空间贡献给城市。如图7-15所示，该建筑为美国花旗银行大楼，它位于转角处，底层除了结构体和垂直交通体落地外，其他都是架空数层，底层设有下沉广场，留出空间，不挡视线，又贡献给城市活动。

（a）

（b）

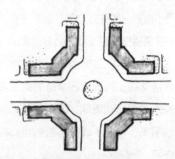

图7-14　转角压红线的布置

（c）

图7-13　火车站实例
（a）北京火车站及站前广场；（b）南京火车站及站前广场；
（c）杭州火车站及其站前立交系统

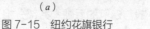

（a）　　　　　　　　（b）

图7-15　纽约花旗银行
（a）转角架空的处理；（b）下沉式广场

2）活动场地

人的行为活动并非全部发生在室内，大量的建筑室内活动都需要有相应的室外活动场地，它们与室内使用空间相辅相成，互为补充。根据建筑物使用性质的不同，其室外活动场地有些是有明确规定的，如体育建筑与学校建筑，其运动场和球场的设置要求，包括数量、大小、朝向、方位和间距等都有规范要求。另一类则是弹性的，没有严格限制，如住区的人际交往场地，公共建筑设计中的室外社交、休息、活动场地等。它需要建筑师在必要的公众行为、心理调查和预测的基础上作出精心的安排。室外活动场地与室内空间有着密切的联系，设计者对这一点必须予以充分的注意，如住区的室外儿童活动场地与住宅楼室内空间要有必要的照应关系。

幼儿园中小学校等需要有相应的室外活动场地。特别是幼儿园，每一个班的教室都要有一个相应的室外活动场地，而且要朝南的，要有充分的阳光。它对于增进儿童的身心健康有积极的作用。

图 7-16 为台湾南投县集美镇集美国中，在总体设计中，有意让出校园中央空间，使得校舍能贴近地面活动，且保持户外中庭空间亲切的院落尺度，户外院落以每阶 60cm 高差配合地形变化，以还原自然缓坡地形。结合原有树木，强调自然的"森林校园"。主要教室均南北向布置，依年级分为三个教学中庭，中庭旁安排户外楼梯，挑高的走廊和有树荫的户外平台，提供普通教室多样的户外运动空间。

3）服务性场地（服务院子等）

服务性场地一般与建筑的后勤服务部分相对应。例如，为主要建筑功能服务的锅炉房、

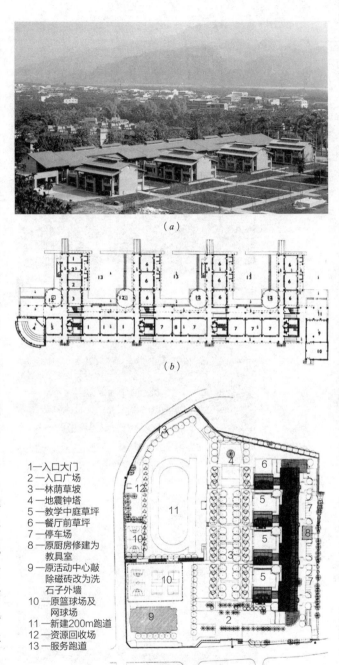

1—入口大门
2—入口广场
3—林荫草坡
4—地震钟塔
5—教学中庭草坪
6—餐厅前草坪
7—停车场
8—原厨房修建为教具室
9—原活动中心敲除磁砖改为洗石子外墙
10—原篮球场及网球场
11—新建200m跑道
12—资源回收场
13—服务跑道

0 20 40   80m

图 7-16　台湾南投县集美镇集美国中
（a）鸟瞰图；（b）一层平面；（c）总平面图

冷冻机房、洗衣房、厨房和仓库等，它们一般都需要相应的室外场地以供物质运输，堆放燃料、杂物之用。作为室内作业的准备场地，服务场地一般布置于建筑物背部或其他较为隐蔽的地方。它一般需要单独的出入口，即服务性出入口。需考虑到避免烟灰、气味、噪声等因素对主体建筑空间及周围环境的不良影响，因此这类场地常常置于基地的下风向，并与主体建筑有相应的隔离措施。

7.3.4 绿化景观要素

场地绿化景观是为了美化环境和布置室外休闲的场所，如俱乐部、学校、医院、宾馆等公共建筑，都应该有一定的绿化场地和景观供人们活动休闲。绿化设施在场地中所起的作用是多方面的。首先，绿化是场地的功能载体之一，绿化景园是使用者室外活动的必要设施。例如在住区中，居民的户外休息活动主要就在绿地庭园之中；医院、宾馆建筑中的庭园设施也是供人们休息、停留、游玩的。使用者的这些室外活动是室内活动的必要补充，是场地设计不可缺少的一部分；其次，绿化有净化空气的作用，它消耗人们呼出的 CO_2，释放出人们呼吸所需的氧气；同时，绿化还可降低城市大气中 SO_2 及其他有害气体的污染；它还具有吸尘和降低城市噪声作用。在炎热的夏天，一定的绿化面积可以调节小气候，还有自然遮阳的作用。因此，绿化场地是场地总体布局中非常重要的部分。在设计中，要尽可能谨慎地保留基地内原有绿化、植被，甚至单棵有价值的树木。绿化景观能美化环境，增强建筑物的层次感和自然情趣，陶冶人们的心灵，促使人与自然亲近，从而取得人与自然、人造环境与自然环境的和谐。

如图 7-17 所示为 1953 年由我国第一代著名建筑师杨廷宝先生设计的北京和平宾馆。宾馆有客房 114 间，共 8 层，呈一字形布置。首层为门厅及公共用房，大餐厅呈八角形，突出于主楼的西南角。在总体设计时特意保留了原有的两颗古榆树。

在场地绿化景观设计中，常常在场地某些重要显眼的地方，如主要出入口、广场、庭园等处，布置有灯柱、花架、屏墙、喷泉、雕塑、亭子等建筑小品，它们不仅具有实用价值，同时也具有美化建筑环境的作用。运用这些装饰小品，可以强调总体布局的构图中心，突出建筑物的重点，起着组织空间、联系空间和点缀空间的作用。这些建筑小品的位置、形象、尺

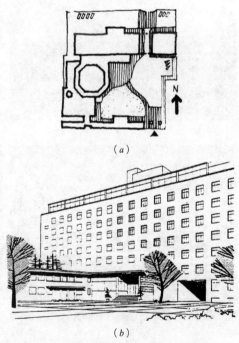

（a）

（b）

图 7-17　总平面中保留大树——北京和平宾馆
（a）总平面；（b）外观图

度等都要精心设计，仔细推敲，不可粗制滥造，否则效果将适得其反，图7-18、图7-19为几个场地绿化景观实例。

7.3.5　工程系统

　　场地工程系统包括两部分：一是各种工程与设备管线，如给水管线、排水管线、燃气管线、热力管线以及电力、通信电缆等。这些管线一般都采取地下敷设方式；另一部分是场地地面的一些工程，为挡土墙、护坡、踏步、地下建筑通风口及地面排水设施等，在地形复杂条件下，还要做好竖向设计。上述两部分都是场地设计中必不可少的一部分，它与前述诸要素之间的关系是相辅相成的，甚至结合成一体，共同构成场地的整体。

图7-18　小区绿化景观

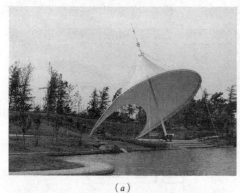

（a）

（b）

（c）

（d）

图7-19　场地绿化景观实例
（a）某广场膜结构遮蔽空间；（b）南京大学田家炳楼前雕塑；（c）某小区灯柱公园；（d）喷泉景观

7.4 总体设计原则与方法

7.4.1 意在笔先、总体着手

一个建筑物的设计一般包括总体和单体设计两个方面。接到设计任务时，从何着手呢？对于一个有经验的建筑师来讲这是不成问题的；而对于初学者来讲，往往在开始设计时就一鼓作气地进行单体的平面设计，结果，纵然平面可能布局较好，但是一放到总图上问题就明显地暴露出来，最终可能导致单体设计要推倒重来。这不只是个方法问题，而是关系到设计的思路和构思的原则问题。从事建筑设计创作应"意在笔先"，并从总体着手。

总体和单体的设计是层次化的，是整体与局部的关系，二者是互相联系、相辅相成的。总体设计是从全局的观点综合考虑组织室内外空间的各种因素，使得建筑物内在的功能要求与外界的道路、地形、气候以及城市建筑环境等诸因素彼此协调，有机结合。建筑物的单体设计相对来讲则是局部性的问题，它应在总体布局原则的指导下进行设计，并且要受到总体布局的制约。因此，设计的构思总是先从总体布局入手，根据外界条件，探索布局方案，以求解决全局性的问题。在此基础上再深入研究单体设计中各种空间的组合，同时又不断地与总体布局取得协调，并在单体设计趋于成熟时，最后调整和确定总体布置。

7.4.2 由外到内、由内到外

与此同时，在着手进行总体方案构思时，还必须遵循"由外到内"和"由内到外"的设计原则。因为在设计构思中，要考虑的因素是多方面的，但不外乎是内在因素和外在因素这两大类。一般来讲，建筑物的使用功能、技术条件及美观的要求，这些是内在因素；城市规划、周围建筑与自然环境、基地条件等则属于外界因素。内在因素在总体构思过程中，往往表现为功能与经济、功能与美观以及美观与经济的矛盾，这些矛盾的发展和解决是方案构思的内在依据。一般说来，这些内在因素引起的这些矛盾可以有多种不同的解决方式，因而形成不同的方案。但是，究竟选择哪种方案好呢？外界因素就起着很大的作用，甚至起着主要的决定作用。因此方案的"构思"必须遵循"由外到内"和"由内到外"的设计原则。我们平时讲设计要"因地制宜"也就是这个意思。所谓"因地制宜"，"地"就是外界诸因素，"宜"就是合适的空间组织方式。一个良好的设计必然是产生于"由外到内"和"由内到外"不断反复的"构思"之中。譬如说，当我们开始进行方案创作时，建筑物的入口选取何方？体型是高是低，是大是小，哪种为宜？建筑物的各个部分如何配置、各置何方？内外空间的交通如何组织？建筑形象如何与周围环境相协调一系列构思中最基本的问题都是要立足于基地的各种外界因素来考虑。只有按照这一原则进行构思的设计才能扎根于特定的基地，具有生命力和鲜明的个性，并与基地的环境构成一个有机的整体，仿佛它就生长在这块土地上，不能随便"移植"。反之，则可能是与环境格格不入的。

为了更进一步地阐明这一构思原则，不妨借助于一些优秀的设计案例具体地加以分析。

1978年，我国在原联邦德国设计的中国

大使馆，地点在波恩哥德斯的名胜古迹环境中，基地面积 16000m²。那里地势起伏，古树参天，按照波恩当局的要求，不许砍一棵树。基地中央尚有一古老的里加宫建筑，可建的地面面积仅约 30%，而且零星分散于树木之中。针对这些限制，设计者把各个不同功能空间体分散布置于丛林之中，连以我国传统的回廊，把传统而又现代的建筑单元灵活布局，组织成丰富多彩、我国特有的庭院建筑空间。在建筑形式上，设计者把原德国传统的斜坡屋面的构造和我国的梁架系统结合起来，这个根据"由外到内"的设计原则而巧妙构思的设计方案，成功地把古老和新式建筑，德国和中国的建筑形式以及建筑和环境结合起来，从而使这项工程最终成为当地很有吸引力的建筑，是当时最漂亮的一个大使馆（图 7-20）。

又如 1970 年代欧洲的著名建筑之一——柏林国家图书馆。它建于当时敏感的"柏林墙"下一块三角形的地段中，地段东面为快车道，西面为柏林文化中心，对面为文化招待所。它是西柏林文化中心的一个组成部分，规模宏伟，相当于大英博物院图书馆。处在这些外界制约条件下，设计者遵循"从外到内，从内到外"的原则，构思总体的布局。考虑到三角形地段三个方向的条件，把图书馆的公共入口及其主要公共部分包括大阅览室，面向西面的文化中心；而把图书馆 11 层高的体量，包括图书馆的书库、行政和技术部，设计为一字形紧贴东面快车道作为屏障。它的体形不拘一格，密切结合外界环境特点，把巨大复杂的体积化整为零，将其正面设计成台阶式的体形，逐渐升高，与对面的三个台阶形的文化招待所相呼应（图 7-21）。

1976 年设计的北京毛主席纪念堂也充分体现了"从总体着手""由外到内、由内到外"的构思原则。它的建筑体形、朝向、入口、高度及其建筑形式无不是根据天安门广场特定的外界因素而构思的，并且又必须使内部空间的组织分区明确，路线畅通，利于瞻仰，便于疏散。

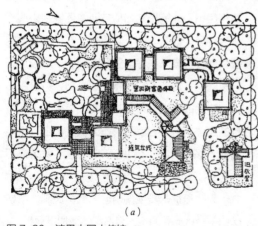

(a)

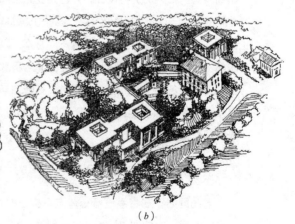

(b)

图 7-20　波恩中国大使馆
(a) 总平面；(b) 鸟瞰

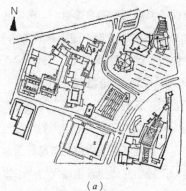
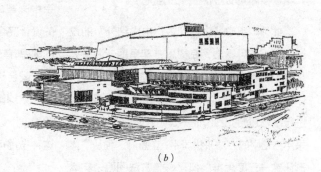

（a）　　　　　　　　　　　　（b）

图7-21　柏林国家图书馆
（a）总平面；（b）透视

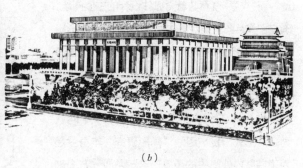

（a）　　　　　　　　　　　　（b）

图7-22　毛主席纪念堂
（a）从天安门广场鸟瞰；（b）透视

毛主席纪念堂是一幢75m×75m、高33.6m的正方形建筑物，矗立于天安门广场中轴线上，位于纪念碑和正阳门之间。考虑到它要与天安门、人民大会堂、革命历史博物馆相呼应，组成体形严整、高度相应、色彩相近、风格协调的完整的建筑群体，使纪念堂在整个天安门广场上庄严肃穆，采用了简洁的正方形体形；考虑广场的视觉效果，在广场任何视点瞻望它都能清晰宜人；使它与人民大会堂东立面中部的柱廊和革命历史博物馆西面空廊的面宽差不多，使之彼此协调，确定正方形每边面宽75m；考虑到站在天安门城楼上看纪念堂时，望不到正阳门的城楼，要避免在纪念堂上面重叠一个大屋顶的剪影，但又不宜过高，要与广场上其他建筑物的高度大致协调（人民大会堂东立面中部为40m，侧面为31.2m；中国革命历史博物馆西门空廊高33.88m，两侧高26.5m），而且要与纪念碑高度保持一定的比例，使从天安门向南看高耸的纪念碑能略高于纪念堂，形成横、竖对比效果，因而采用了33.6m的高度；纪念堂的朝向，也是从广场特定条件出发，打破了我国一般建筑物坐北朝南的传统习惯，正门朝北，与人民英雄纪念碑的朝向相对应（图7-22）。

7.4.3　体形研究——三度思维

　　此外，引申"由外到内、由内到外"的设计原则，还可看出，在构思方案早期，通常先从体形着手，在有总的想法指导下，探索"大体块"的布局方式。确定大体形以后，再深入进行平、立面的设计，而不是一开始就定好模数，采用方格网的办法来拼凑平、立面。这种从"体形研究—三度思维"似乎是个方法问题，实际上也涉及设计构思问题。因为"构思"就要"立意"，而"立意"就意味着要抓住设计的主要问题，确立创作意图，确定解决问题的路子。"体形研究"则能比较快捷明了地表达设计者的"构思"。

7.4.4　网格法

　　当然从"体形研究—三度思维"不能认为是从形式出发。因为"体形研究"本身就是为了调整内外产生的矛盾。这些矛盾一方面来自地段的特殊条件，从外部影响建筑；另一方面是建筑内部空间的功能组织要在外部表现出来。因此它是综合地研究功能与形式的问题，而不仅仅是个形式问题。

　　要使"体形研究"达到调整内外矛盾和解决好功能与形式问题的目的，就要求设计者熟悉功能，掌握并能灵活运用解决这类建筑功能问题的基本方法以及空间组织的基本特征。例如设计一个博物馆，"三线一性"是其本质的核心要求，即参观路线、光线、视线及艺术性，它们都能成为激发构思的因子，对构思来讲更为重要。我们可以以观众的参观路线作为构思的主导思想，再根据基地的特殊条件及艺术性的要求，研究采用哪种体形较为合适。这些体

形应该都能保证参观路线的合理组织。例如北京中国革命历史博物馆（现中国国家博物馆）的设计完全体现了这一原则（图 7-23）。设计的构思，首先是从规划的角度出发（由外到内），为了配合天安门广场的尺度，并与人民大会堂的体量均衡，博物馆也必须有相当大的尺度与轮廓。所以设计者就考虑了内院的布局，因为这种布局可以用较小的体量获得较大的外部体

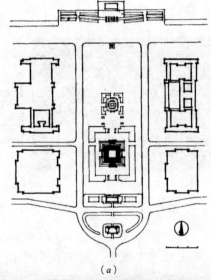

（a）

（b）

图 7-23　北京中国革命历史博物馆（现中国国家博物馆）
（a）北京天安门广场总平面；（b）透视

形。同时，它对参观路线的布置及自然采光的利用，都有一定的好处（由内到外）。这在博物馆的设计中也是一种比较常用的方式，尤其对这样大的博物馆。为了观众休息或室外展览之用，一些适当大小的院子也有它的实际使用意义。因此，建筑物内在功能要求，在创作构想一开始就寓于"体形研究"之中，而不是也不应该脱离功能单纯地研究体形，否则才是从形式出发。

因此，"三度思维"不只是研究建筑物的外部体形，而是包括内部空间的组织，因为外部体形与内部空间是互相依存、不可分割的矛盾双方。建筑物的外部体形是其内部空间合乎逻辑的反映。每当我们看阅一份小区规划或建筑群布置图时，往往不需图上注明就可根据其平面体形猜想出它们各属于哪一类建筑；看阅单体的体形，也可猜想出体形中的各个部分是建筑物的哪一类房间。实践说明外部体形的特征就是内部空间特征的表现，外部体形的研究必须建立在对内部空间组织有深刻了解的基础上。

建筑体形对室内外空间的塑造起着重要的作用。"体形研究"应该考虑到空间构图的要求，但也要反对纯粹从构图出发而构思的倾向。最终的形式是分析的结果，而不是先入为主的。

在实际工作中，每当讨论方案时，常常可以见到按"体形"来划分方案的办法。如"矩形方案"，"Y"字形方案，"曲尺形"方案等，而且这样的分类往往还容易让人们理解方案设计者的意图。这大概是因为方案的体形集中概括了构思的特点。在实际工作中，从"体形研究"开始方案的构思已成为建筑设计工作者较为普

遍采用的一个方法。尤其是在进行大型和复杂的建筑物的设计时，更是如此。很多建筑大师在进行方案构思时，常常是以最简洁的草图表达其基本的立意。例如美籍华人建筑师贝聿铭于1968年规划设计的美国国家美术馆东馆时，正值后现代主义渐渐流行之际，他坚决表示建筑不是讲究流行的艺术，建筑物应该以环境为思考起点，与毗邻的建筑相关，与街道相结合。而街道应该与开放空间相关，此环境理念在本馆规划设计中得以淋漓尽致地发挥。他在规划时，首先尊重既定的条件，沿着宾州大道画了一条平行线，顺着西馆的建筑线在南侧定下了另一条线，如此决定了建筑物基本的体形轮廓为一个顺应环境的梯形。梯形的对角相连，分割成一等腰三角形，一直角三角形。前者是画廊，后者是研究中心（图7-24）。

7.5 总体布局方式

建筑总体布局根据建筑物的功能要求以及不同的基地条件，它的方式是千差万别、多种多样的。我们根据建筑物的平面及空间组合的某些普遍形式，把它们划分为一定的类型，一般可分为：集中式、分散式、单元组合式及混合式等四种类型。

7.5.1 集中式的布局

集中式布局是把几种不同功能的建筑物组合在一幢建筑物内，因此建筑物的平面及空间组合就比较复杂。一般有两种处理方法：

（1）在垂直方向按不同功能分层使用的办法，把建筑物不同功能部分布置在不同层次上，

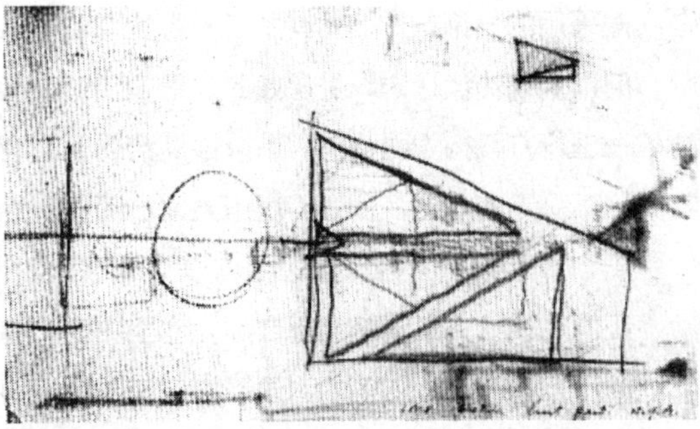

(a)

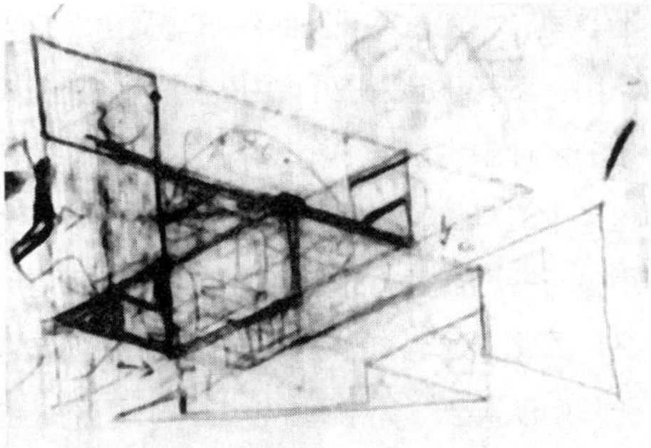

(b)

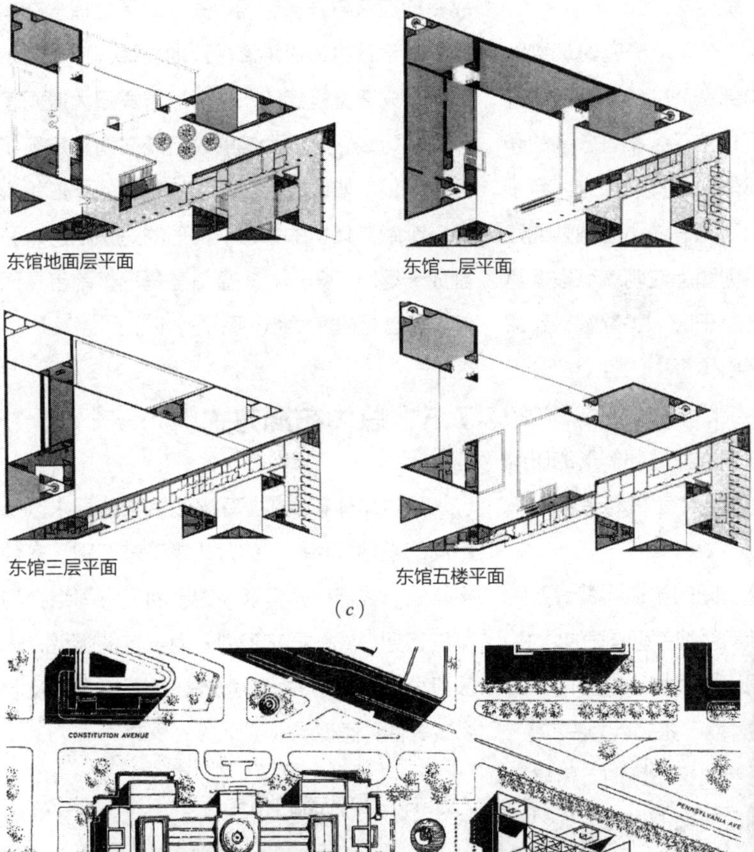

东馆地面层平面　　　　　　　　东馆二层平面

东馆三层平面　　　　　　　　　东馆五楼平面

(c)

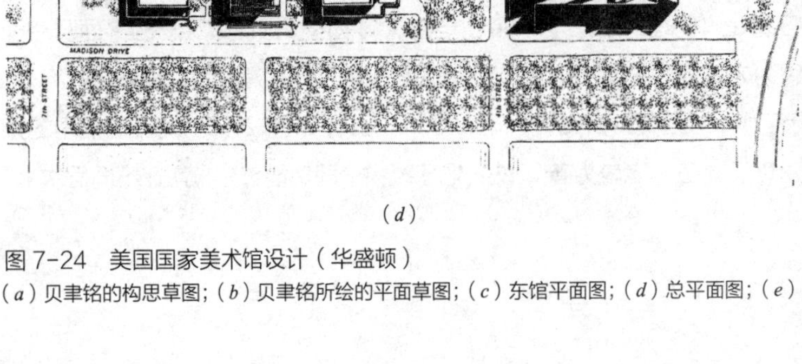

(d)

(e)

图 7-24　美国国家美术馆设计（华盛顿）
(a)贝聿铭的构思草图；(b)贝聿铭所绘的平面草图；(c)东馆平面图；(d)总平面图；(e)鸟瞰图

组成一幢体形较简单的多层建筑物。如在医院建筑中，可以把门诊部分设在一、二层，以上楼层为住院部，辅助医疗部分分设在有关各层内；在宾馆建筑中，可以把公共活动部分设在底层或二层，上部楼层布置客房。一般的高层综合楼都是采用这种布局。图7-25为北京中国人民解放军总医院医疗楼设计，它是该医院主楼，设有1200床位，共50000m²。建筑平面采用集中式布局，设计有三个三角形的护理单元。全楼共15层，一、二层为各辅诊科室，三层为手术室，五至十二层为普通病房，十三层以上为高档病房。

（2）把建筑物各不相同的部分布置在水平方向几个不同的区域中，每个功能区域作为一个单元，不同的单元通过一定的联系方式组成一幢体形较复杂、层数不高的建筑。如医院，可把门诊、住院、辅助医疗等分别组织在不同的区域，宾馆可按公共活动、客房和附属用房等部分来布局。也可把以上两种方法结合处理。图7-26为上海杨浦区社会福利院。它是一所综合性、多功能、开放型的社会福利事业单位，建筑面积5000m²，可接纳250位老人和50

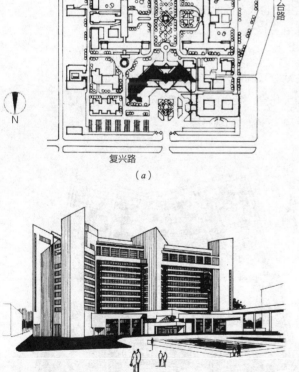

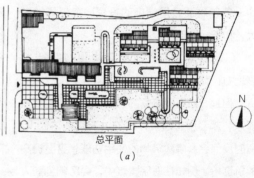

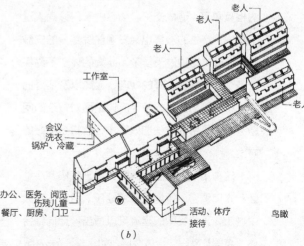

图7-25 北京中国人民解放军总医院医疗楼
（a）总平面图；（b）外观

图7-26 上海杨浦区社会福利院
（a）总平面图；（b）外观

名伤残儿童。建筑物由老人楼、综合楼和接待室三部分组成。为适应老年人交往、强身活动、娱乐消遣的需要，结合地形，将4幢3层的老人楼组合成庭院式，庭园由底层廊子和二层屋顶花园组成，使所有老年人和儿童都能便捷地到户外活动。

集中式布局是一种最紧凑的方法，为各类公共建筑所广泛采用。它有以下优点：

（1）内部各部分联系方便，容易满足功能要求；缩短了交通供应的距离，避免了露天交通联系及运输的不便。

（2）占地少，用地经济；辅助面积少，节约设备管网及公用设施的投资；室外场地较大，利于绿化布置。

（3）容易造成较大的建筑体量，加强艺术表现力，有利于丰富城市面貌。

但是，如果建筑物的规模很大，功能要求复杂，就会引起建筑体形的过于复杂与庞大，有时反而会影响建筑物的使用功能，甚至提高建筑造价。例如在医院建筑中，会影响到病人的相互隔离，造成交叉感染。由于门诊病人过于集中，产生的噪声也会影响住院部分的安静等。此外，这种过于复杂和庞大的体形不易保证各个部分都有较好的朝向、通风以及良好的绿化条件等。最佳的设计应该是面对复杂的问题寻求最简单的方法加以解决，这将是最好的方案。

这种集中式布局，一般适用于气候寒冷地区和人口稠密、用地较紧的地段。目前，在大中城市，某些类型的建筑可以适当考虑向综合体、高层及高层综合体发展，如宾馆、办公楼、商务楼等。

7.5.2　分散式布局

分散式布局是把建筑的各个组成部分建成多幢单独的建筑物，分散布置。如医院可按门诊、各科的病房、辅助医疗以及管理供应等部分单独建造。

这种分散式布局的优点是不同用途的建筑物之间干扰少，布置较灵活，能适应较复杂的地形，容易与自然环境紧密结合，可以保证各部分都有良好的朝向、通风、景向和绿化条件，便于分期建造。它最致命的缺点是占地面积大，用地不经济，在使用上露天联系不便。此外，建筑的交通辅助面积大，建筑设备及公用设施的投资也大。因此，这种分散式布局，要酌情采用。

建于1950年代的北京友谊宾馆（图7-27），占地20.3hm²，设有3000间客房，1200座的大礼堂，1000多座的餐厅、会议楼等。它采用了分散的对称布局。

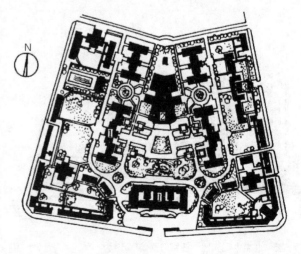

图7-27　北京友谊宾馆总平面

7.5.3 单元组合式布局

单元组合式布局是把建筑物的各个组成部分布置在各个独立的单元中，各单元之间用廊子或垂直交通空间彼此连接，形成一个整体。它是介于集中式和分散式之间的一种布局方式。单元组合式布局可以根据功能和具体条件采用灵活的组合方式。在使用上它比分散式方便，且能减少集中式布局易于产生的相互干扰现象。它既保证各个部分有相对的独立性，又有较简捷的联系。各部分之间用连接体连接，便于分期建造。由于增加了走廊，建筑投资比分散式高，不过比分散式节约用地，还可减少室外工程管道和道路的建造费用。

图 7-28 为中国彩灯博物馆。建筑构思以"灯"为主题，平面采用了单元式的组合布局，围绕两个主体单元布置展厅，主单元为共享空间，2~3 层高。

7.5.4 混合式布局

混合式布局是以上几种布局的综合应用。一般最常见的是分散与集中式的混合，或分散式与单元式的混合。采用分散式与集中式的混合时，主要建筑物按集中式原则布局，次要建筑物按分散式布局。采用分散式与单元式的混合时，主要建筑物按单元组合式原则布局，次要建筑物按分散式布局。混合式布局既集中又分散，而以集中为主，兼有集中式与分散式的优点，适用于建筑规模较大、功能要求较复杂的建筑群体设计，如医院、宾馆等建筑群体。

图 7-29 为广东东莞康华医院，即为混合式布局。它可容纳 2000 床位，占地 38hm²，

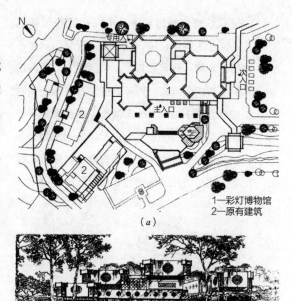

1—彩灯博物馆
2—原有建筑

(a)

(b)

图 7-28 中国彩灯博物馆
(a) 总平面图；(b) 外观

采用了多层的集中与分散相结合的布局方式，自然采光通风好，处处充满了绿色生机，便于人与自然融合。

以上总体布局方式的选择主要根据基地条件、自然环境及建筑物的性质决定。一般来讲，城市中多用集中的方式，郊区、农村可以分散一些。办公楼、宾馆、影剧院、商场、综合楼等采用集中式较多，而游览性建筑、疗养性建筑等一般布置于风景区，故多结合地形，采用灵活自由分散的布局，与自然环境相协调。以上各种布局方式的区别在于建筑物各个组成部分在平面、空间组合中集中或分散程度上的差别，它仅是形式上的分类，并不反映各类建筑总体布局的本质特征。

在这些布局方式中，按照它们在总体艺术构图上的特点，每一种布局方式又可分为不对称和对称、开敞和封闭（半封闭）以及自由和规则等构图方式。对称的构图方式有一条明显轴线，在中轴线上一般都布置着主要建筑物或建筑物的主要组成部分以及总体的主要出入口，在中轴线两侧对称布置建筑物、道路、绿化等。这种对称的构图方式可以形成完整的图

案式构图，给人以庄严肃穆的感觉，容易取得统一的效果，整体感较强；它的缺点是在地形起伏和不规则的情况下较难布置。不对称的构图也有一个明显的构图中心，一般是主体建筑，在中心两侧不对称布置其他建筑物和道路、绿化。这种方式可以结合不同的地形和地区条件灵活布置，避免了刻板的构图形式，取得活泼自然的构图结果。也有局部对称的构图方式，一般在主要部分采用对称方式，而在其他部分采用不对称方式。

对称和不对称构图方式的选择应根据建筑的性质以及周围环境而决定。一般如办公楼、纪念性建筑等要求庄严，可取对称式构图；俱乐部、学校、旅馆等要求活泼亲切，可取不对称式构图：如周围环境比较规整，可取对称式，在自然环境中宜取不对称式。此外，总体布局都要有一个中心，这对于任何布局方式都是必要的。一般是选择主要建筑物或同类型中体形较大的建筑物作为群体布局的中心，如中小学校中的礼堂、教学楼或体操房，大学校园中的图书馆、礼堂及中心教学楼等，它们应该是这组建筑群中人们的活动中心。在一组建筑群体中，主要中心只有一个，它是主要的活动中心，也应是建筑群整体构图的中心。

（a）

（b）

图 7-29　广东东莞康华医院
（a）总平面图；（b）鸟瞰

第8章

建筑构思
Architectural Conception

创作一件好的建筑作品是一项极富挑战性工作，也是具有个性的工作，它似乎有着不可思议的神秘性。在我国多少年的建筑教育中流传着一句名言：建筑设计是"只可意会，不可言传"。这意味着建筑创作仿佛是与理性分析和逻辑探讨没有关系的一门学问。实际上并不是这样，只是如同美国著名建筑师爱德华·艾伦（Edward Allen）所说，"建筑设计过程是如此神秘，很少有人有足够的勇气与智慧去总结它"。它的奥妙到底在哪里呢？或者说这件作品设计者是怎么想出来的，怎么设计出来的？对建筑设计这一行来讲，很难提出一种直线性的便捷的设计途径。对这样复杂的对象只能从尽可能多的角度和途径去看待它。实际上建筑设计也不是脱离实际的东西，或凭空突然间灵感迸发而创造出来的。好的建筑设计源于对设计对象的社会、历史、文化等实际背景，对场地精神、环境要素以及对所有可能的形式的严密与深刻的认识。一切建筑设计的构思也就是建立在对有关设计要素严密分析和深刻理解的基础上。所有的客观设计要素，如场所、文脉、环境或任何与设计项目有关的因素，都可能因此而激发出建筑师的设计灵感。一个功能的特殊要求，一种特别苛刻的基地条件，一个令人耳目一新的观点或一件小小的偶然事件……，

所有这些因素都会有助于我们的建筑构思——形成一个特定的设计理念，即设计的"想法"。实际上，它也是设计者进入角色后，全身心地投入、冥思苦想的结果。我自己有一个习惯，一旦接了设计任务，就无时无刻不在想着它，走路、吃饭都会想着它，甚至连做梦也梦着。构思究竟如何产生和形成，是很难说清楚的，但是在学习、分析大量优秀建筑师所完成的设计作品中，我们可以总结一些建筑构思——设计想法产生的途径或线索，可归纳成几条，作为我们进行建筑创作的参考：

（1）主题构思；

（2）环境构思；

（3）功能构思；

（4）技术构思；

（5）仿生构思；

（6）空间构思；

（7）地缘构思；

（8）模仿构思。

以下分述之。

8.1　主题构思

做设计搞创作如同写文章一样，首先要进行主题构思。无论是事或物，必须先对它的主

题进行有深度的思考，以求有正确的认识和深刻的了解，这样才能产生某种理念。假如设计时没有主题的构思，你的思考就没有对象，你的设计就缺少灵魂，只能是排排房间（设计）或排排房子（规划）而已。把设计规划变为一种机械性的工作，而失去了设计创作的原意。有的建筑师就说"好的设计是要有重要的主题和潜台词的"。

明确做设计要进行主题构思，形成自己的设计观念（或理念），问题是这个观念和理念又从何而来呢？应该说：观念就是由主题而生，由主题而来的；在没有主题之前，就不会有观念；有了主题之后才会有观念。你对这个主题认识正确，形成的观念正确；相反认识错误则观念错误；你对这个主题认识深刻，则得出的观念就深刻，认识肤浅则观念肤浅。因此可以说：在进行创作时，"想法"是最重要的，它比"方法""技法"要重要得多。如果你的设计"想法"不对，即使你方案本身做得再好，图纸表现多么吸引人的眼球，但最终可能就会被一句话——"这个想法不对头"，把你的方案彻底否定了。20世纪70年代中，上海火车站的设计就是最明显的一例。这个车站位于市区，新车站的建设如何节地，如何利于组织城市交通，是该设计需要考虑的主要问题。但是在提交评审的所有方案中，都采用北京火车站的设计模式，没有针对主题提出明确的"想法"。尽管各个方案设计都很到位，建筑表现也很充分，最后被一个新的"想法"彻底否定了。这个新的想法就是：为了节省土地，少占城市用地，少拆迁，建议充分利用空中开发的权利（Air Right）把铁道的上空利用起来，把候车室建在

月台上，采用高架候车的方式来设计上海火车站。它有多条站台，可以设计八个候车室。同时为了简化城市交通，建议从车站南北两端同时设置出入口，方便旅客从南北两个方向进站候车。这样就避免车站北区的车流人流，绕道跨线，都挤到南边进站，大大简化了繁忙的城市交通。其建议如图8-1所示，这个"想法"在会上一经提出，即得到与会者的认可，最终按着这个"想法"重新设计并最后建成。这个"新想法"在我国首创了南北开口、高架候车的布局，成为我国铁路旅客车站设计的新模式。它不仅达到了节省土地、简化城市交通的目的，而且提供了最简捷、最合理的旅客进站的流线组织方式，没有一点迂回。在此后的20多年中，国内陆续建设的不少大型新车站都效仿了这种模式。这个"想法"的提出就是由主题而生，是对主题深刻理解和认识的结果。由于对主题认识正确，想法观念就正确，体现正确观念的方案也就自然被大家认可。与此同时，也有学者在评审会上提出，为了节约土地，简化城市交通，方便旅客，建议将这个上海火车站全部建在地下，像美国纽约中央火车站一样，但是它不符合当时的国情而被否定了。

在设计时，一定要重视主题构思，在未认清主题之前，要反复琢磨、冥思苦想。只有对主题有深刻的了解之后，才能产生适当的观念，否则那种观念是无的放矢、不切实际的。另一方面我们也要避免把建筑创作变成一种概念的游戏，高谈阔论，也不要刻意地追求某种理念，牵强附会，只有自己了解其含意，别人都看不懂，也无法看出设计者的美妙"联想"。

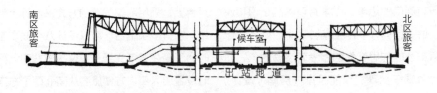

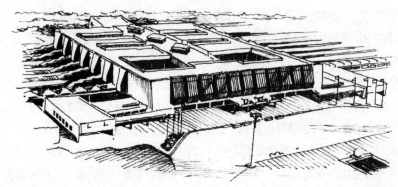

图 8-1　上海火车站设计"新想法"

观念的产生需要有一定条件和得体的方法，以下几点可作参考：

1）调查认知、深刻思考

设计前要进行调查研究，要体察入微，又要观察其貌，合二求好，这样才能真正求解，才可能做出良好的设计。如果不深入洞察，则观念就会失之空洞；如果只研究局部而不顾其他，则观念就会失之于偏离。

2）积累知识、利用知识

知识是创作的工具，是创作的语言，一切有关的知识不仅要知得多，而且要懂得如何去应用它。在产生观念之前，应以知识为工具，借以认清主题、分析内容、了解情况，才能有正确的观念。以上述上海火车站设计为例，必须了解：铁路旅客车站的管理办法、使用方式、铁路旅客站的历史及当前的发展趋势；旅客车站的平面空间布局模式及其特

点和优点；了解交通流线的组织方式和节地的设计方式，有关的规划和设计的条例及其经验等。借用这些知识，针对设计的现实问题，可以借他山之石，激发自己的灵感，产生自己的"想法"。

有了观念之后，如何将其实施，仍然要以知识为工具，借助于平时积累的设计语言，才能做出具体的方案来。

因此设计构思必须要有充分的知识作为基础，否则连观念都弄不清，或主题都抓不住，盲目设计自然不会产生好的结果。

3）发散思维、丰富联想

建筑创作的思维一定要"活"，要"发散"要"联想"，要进行多种想法多种途径的探索。因此，方案设计一开始，必须进行多方案的探索和比较，在比较中鉴别优化，同时在创作过程中，不能自我封闭，要通过交流、评议，开

阔自己的思维，明确创作的方向，完善自己的观念。

4）深厚的功力、勤奋的工作

建筑设计，良好的观念固然重要，但是没有深厚的功力，缺少方法、技法，缺少一定的建筑设计处理能力，也很难把好的观念通过设计图纸——建筑语言表达出来。同时，也需要勤奋的工作，像着了"迷"似地钻进去，就可能有较清醒的思路从"迷"中走出来。

设计是观念的体现。设计创新首先是观念的创新。有些设计之所以摆脱不了旧的设计模式，缺少新意，追根究底，往往是受了旧观念的束缚。仍以铁路旅客车站设计为例，这是一种老的建筑类型，诞生于19世纪末叶，当时多是作为城市门户，讲究气派、重视形象，对车流、人流等功能问题缺少应有的重视。随着现代城市交通的发展，铁路旅客站实际上也成为各类交通工具——铁路（包括高速铁路）、地铁、轻轨、城市公交、长途汽车客运、专用车、私人小汽车及出租车辆的换乘中心，是城市内外联系最重要的交通枢纽。安全、便捷、快速、舒适的交通组织成为该类建筑设计中最基本的问题。因此仅按照传统的"城市大门"的旧观念来设计显然是不完全合时的。对待这类建筑构思的主题首要的应是"交通"，而不是"大门"。前者是实质的核心问题，后者是形象的；前者是本，后者是标。传统旅客火车站总是把站房、广场、站场三部分分割开来进行设计，这是传统"大门"观念下车站设计的老模式，如今如何在车站设计中（尤其是大型车站）解决好交通、组织好流线，对这种传统设计模式重新认识，敢于突破它，这样才能有所创新。

20世纪末（1999年）建成的杭州铁路客站，2000年获得全国优秀设计银奖。其成功之处就在于抓准了主题，在深刻认识和分析的基础上，形成了正确的设计观念，突破了传统的设计模式，将站房、广场和站场作为一个有机的整体，采用立体的空间组织方式，利用地下、地面、高架等三个层面来组织流线，把进出人流及各种车流有序地组织在不同的层面上，从而保证了旅客进得快也出得快（图8-2）。

设计者进入角色后的入迷状态，把设计问题时刻放在心中，设计方案是苦思冥想的结果。设计不是坐在绘图桌前才能设计、才能画出来；想的时间长，画出来较快，想的时间不仅仅是停留在办公室里的时间!

8.2　环境构思

8.2.1　环境与构思的关系

如前所述，在设计构思时要考虑的因素是多方面的，包括建筑物内在的功能要求及基地条件，周围环境等外界因素，它们都可能诱发着某种设计构思。本节着重讨论一下外部因素对构思的影响，关于内在功能的要求将在以后章节论述。外界因素范围很广，从气候、日照、风向、方位直到地段的地形、地貌、大小、地质以及周围的道路交通、建筑、环境等各个方面，这里不一一进行分析，而着重研究环境与设计构思的关系。因为我们所设计的任何一幢建筑物，其体形、体量、形象、材料、色彩等都应该与周围的环境（主要是建成环境及自然条件等）很好地协调起来。在设计构思阶段必须始终抓住这一要点，在创作初期的立意阶段

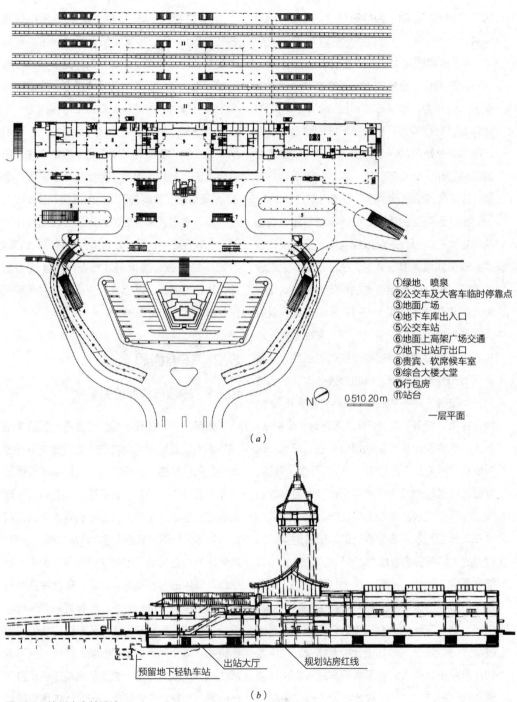

①绿地、喷泉
②公交车及大客车临时停靠点
③地面广场
④地下车库出入口
⑤公交车站
⑥地面上高架广场交通
⑦地下出站厅出口
⑧贵宾、软席候车室
⑨综合大楼大堂
⑩行包房
⑪站台

N 0 5 10 20m

一层平面

(a)

预留地下轻轨车站 出站大厅 规划站房红线

(b)

图 8-2 杭州火车站设计
(a)一层平面;(b)剖面

显得特别重要。

我们在设计之初，正如前面所说的，必须对地段环境进行分析，并且要深入现场、踏勘地形、身临其境、寓意于境。也就是说，要把客观存在的"境"与主观构思的"意"有机地结合起来，根据具体环境"目寄心期"。这就要求：一方面分析环境特点及其对该工程的设计可能产生的影响，客观环境与主观意图的矛盾在哪里？主要矛盾是什么？矛盾的主要方面是什么？是朝向问题还是景向问题？是地形的形状还是基地的大小？是交通问题还是与现存建筑物的关系问题等。抓住主要矛盾，问题就会迎刃而解。另一方面也要分析所设计的对象在地段环境中的地位，在建成环境中将要扮演什么角色？是"主角"还是"配角"？在建筑群中它是主要建筑还是一般建筑？该地段是以自然环境为主？还是以所设计的建筑为主？在这个场地中建筑如何布置？采取哪种体形、体量较好……通过这样的理性分析，我们的构思才可能有道得体，设计的新建筑才能与环境相互辉映、相得益彰、和谐统一、融为一体。否则可能会喧宾夺主，各自都想成为标志性建筑，结果必然是与周围环境格格不入，左右邻舍关系处理不好，甚至损坏原有环境或风景名胜，造成难以挽回的后果。

8.2.2 环境类型与构思

建筑地段的环境尽管千差万别，但也可以把它们归纳为两大类，即城市型的环境与自然型的环境。前者位于喧闹的市区、街坊、干道或建筑群中，一般地势平坦、自然风景较少、四周建筑物多；后者则位于绿化公园地带，环境幽美的风景区或名胜古迹之地，林荫茂密，自然条件好，或地势起伏、乡野景致，或傍山近水、水乡风光。我们的设计立意就要因地制宜，以客观存在的环境为依据，顺应自然、尊重自然。严格地说，我们从事的规划和设计都是一种被动式的设计，但是要充分发挥设计者的主观能动性，充分地利用自然进行设计。因此，我们应该了解和掌握处于不同环境中建筑设计的一般原则和方法，以期获得比较好的设计效果。

1）城市环境中的构思

在城市环境中，建筑基地多位于整齐的干道或广场旁，受城市规划的限定较多。这种环境中是以建筑为主。此时建筑构思可使建筑空间布局趋于紧凑、严整；有时甚至封闭或半封闭；有时设立内院，创造内景，闹处寻幽；有时积零为整，争取较大的室外开放空间，增加绿化；有时竖向发展，开拓空间，向天争地或打入地下，开发地下空间；有时对于多年树木，"让一步可以立根"，采取灵活布局，巧妙地保留原有树木，以保护城市中难得的自然环境。同时，也要特别注意与四周建筑物的对应、协调关系，要"瞻前顾后"，左右相看，正确地认定自己在环境中的地位与作用。如果是环境中的"主角"，就要充分地表现，使其能起到"主心骨"的作用；如果不是"主角"，就应保持谦和的态度"克己复礼"，自觉地当好"配角"，作好"陪衬"，不能个个争奇斗艳，竞相突出。美籍华人建筑师贝聿铭先生设计的美国波士顿汉考克大厦就是甘当配角的经典之例。它位于波士顿城市中心，临近教堂。尽管汉考克大厦体量不小，但不能喧宾夺主，为此该设计从体形、建筑造型处理到材料选择都小心谨慎，甘心做"陪衬"。因此，平面采用平行四边形，以减小从广场方向看过去的体量；同时建筑外形简洁，并采用玻璃幕墙，远看它消失在蓝天白云中，近观墙面上则反映了体形丰富的教堂的影像，完全起到了"喧主陪宾"的作用，表现出高度的谦让精神，如图8-3所示。

在城市环境中进行单体设计时，在考虑环境的同时，还要有城市设计的观念。从建筑群体环境出发，进行设计构思与立意，找出设计对象与周围群体的关系，如与周边道路的关系，轴线的关系，对景、借景的关系，功能联系关系以及建筑体形与形式关系等。只有当设计与城市形体关系达到良好的匹配关系时，该建筑作品才能充分发挥自身的、积极的社会效益和美学价值。否则，一味以"我为中心"，不顾左邻右舍，这样"邻里关系"自然不会融洽。无论单体设计如何精妙，如果它与周围建筑形体要素关系非常紊乱，那就绝不是一个好的设计。因为孤立于城市空间环境的建筑很难对环境作出积极的贡献。我国很多城市中的沿街建筑都是一幢一幢的，单看每一幢可能还不错，但是相互之间缺乏联系，缺乏整体感，这是因为孤立的设计，缺乏城市设计观念，如图8-4所示。

图8-4　不协调的建筑群体实例

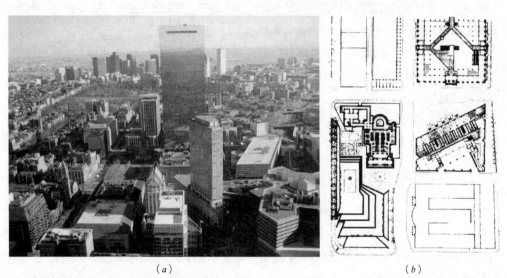

（a）　　　　　　　　　　　　　（b）

图8-3　波士顿汉考克大厦
（a）外景；（b）基地平面图

2）自然环境构思

在自然型环境中，其地段特点显然与城市环境特点不一，建筑物设计的立意"根据"也就不一。在这种环境中，总体布局要根据"因地制宜""顺应自然""近水楼台先得月"等观念来立意，结合地貌起伏高低，利用水面的宽敞与曲折，把最优美的自然景色尽力组织到建筑物最好的视区范围内。不仅利用"借景"和"对景"的风景，同时也要使建筑成为环境中的"新景"，成为环境中有机的组成部分，把自然环境和人造环境融为一体。在自然型环境中设计，一定要服从景区的总体要求，极力避免"刹景"和"挡景"的效果。如果说，当建筑物位于闹市区时，首先是处理好它与街道及周围建筑物的协调问题；那么，当建筑物位于自然风景区时，设计构思则应主要考虑如何使建筑与自然环境相协调。一般来讲，在这种环境中，应以自然为主，建筑融于自然之中，常采用开敞式布局，以外景为主。为使总体布局与自然和谐，设计时要重在因地成形，因形取势，灵活自由地布局，避免严整肃然的对称图案，更忌不顾地势起伏，一律将基地夷为平地的设计方法。要"休犯山林罪"，注意珍惜自然，保护环境。为了避免"刹景"，一般要避免采用城市型的巨大体量，可化整为零，分散隐蔽，忽隐忽现，"下望上是楼，山半拟为平屋"的手法。此外，在风景区中，建筑布局不仅要考虑朝向的要求，还要考虑到景向的要求；不仅要考虑建筑内部的空间功能使用，还要考虑视野开阔、陶冶精神的心理要求。在对朝向与景向问题上，一般宜以景向为主，做到"先争取景，妙在朝向"，使二者统一起来。同时，建筑本身也要成为景区的观赏点，即从内视外，周围景色如画；而从外视内，"月榭风亭绕"，使建筑入画，融合于景色之中，有时还需要注意第五立面——屋顶的设计。

在这方面有成功的经验，也有失败的教训。杭州是我国的风景旅游城市，但西湖的部分宾馆建设却使美好的西湖受到损害。20世纪50年代的杭州饭店，被人称为"新建大庙"，与自然风貌格格不入；60年代的西泠饭店，过分的体量把旁边的弧山似乎变成了"土丘"；70年代的旅游大厦，也近湖滨布置，设计体量巨大方整，怎能不碍以自然山水美为主的西湖环境呢！

通过环境塑造建筑是建筑师创作构思常取的一条途径。著名的澳大利亚堪培拉市政厅设计，建筑师把它建在一大片草地上，使建筑的外形融于自然环境之中。这一设计构思就是源于自然，源于环境。堪培拉的绿化非常好，市政厅的设计就是呼应这种绿化环境。正如澳大利亚著名建筑师考克斯曾戏说过：澳大利亚的历史很短，没有什么传统可以借鉴，只有优美的自然景观，所以我们建筑师的任务就是要把这些景观同建筑很好地结合起来（图8-5）。

20世纪90年代的北京植物园展览温室的方案设计也是立足于环境进行构思的。该展览温室位于北京著名的游览区香山脚下的植物园内，三面环山，景色宜人，与贝聿铭设计的香山饭店隔山相望。这个植物园展览温室方案创作是以"绿叶对根的回忆"为构想意象，独具匠心地设计了根茎交织的倾斜玻璃顶棚以及曲线流动的造型，仿佛一片飘然而至的绿叶落在西山脚下。而中央四季花园大厅又如含苞待放

图 8-5　澳大利亚堪培拉市政厅

图 8-6　北京植物园展览温室

的花朵衬托在绿叶之中，使整个建筑通透、轻快，融于自然之中（图 8-6）。

在原有建筑环境中增加新建筑，特别是在旧建筑旁边扩建，设计更应从实际建筑环境出发。为取得统一和谐，首先要考虑体形、体量组合的统一性，此外还要考虑尺度的一致性，主要材料的一致以及某些处理手法的相同、相似或呼应。例如前述美国华盛顿广场旁的国家美术馆东馆设计，就是这方面的经典作品。美国首都华盛顿中心区由东西轴线和南北轴线及其周围街区构成，它是方格网加放射性道路的城市格局，沿着主轴线的南北两侧建有一系列国家级博物馆，如历史博物馆、航天博物馆及国家美术馆等。贝聿铭先生设计的国家美术馆东馆置于华盛顿广场的东北角，北临一条放射形道路，建设基地为梯形，基地东面是国会山，国会大厦就位于此高地上；基地西面为原有的国家美术馆西馆，考虑到这一特殊地形和环境，新的国家美术馆（东馆）采用两个三角形的空间布局，使建筑的每一个面都平行于相邻的道路，且将主要入口设在西侧，与老美术馆（西馆）遥相呼应。其体形、体量的尺度都是受环

境的限定而构思的，因为华盛顿规划部门规定全城建筑高度不得超过 8 层，中心区建筑则不得超过国会大厦。因此新设计的美术馆体量不大，其平面设计与众不同，但通过与广场其他博物馆的高度、材料、色彩的一致呼应，而使整个建筑群极为统一完整（图 7-28）。

又如出生于加拿大的美籍建筑师弗兰克·盖里（Frank Gehry）设计的西班牙毕尔巴鄂古根汉姆博物馆（1991—1997），它位于毕尔巴鄂市内贝拉艺术博物馆、大学和老市政厅构成的文化三角中心位置。博物馆将艺术作品展示空间结合地形自由灵活布局，将永久性展品布置在两组正方形展厅（每组设有三个展厅）内，分别沿西、南两个方向布置于二层和三层上，临时性展品布置在一条向东延伸的长条形展廊内，它在天桥下面通过，并终止于远端的一座塔楼内，当代艺术家的展品则散布于博物馆各处的线形展廊内，以便和前两者展品同时观赏。博物馆主入口设有一个巨大的中庭，和一系列曲线天桥将三个楼层上的展廊连接到一起，中庭尺度巨大，高于河面 50m 以上，吸引着人们前来参观。毕尔巴鄂古根汉姆

博物馆的设计充分考虑了所在城市的尺度和肌理的影响，让人联想到弗朗特河旁那些历史建筑，从而体现出建筑师对当地历史、经济及文化传统的关注与回应（图8-7）。

（*a*）

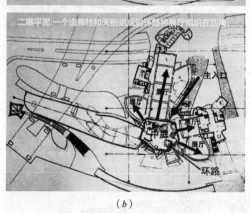

（*b*）

图8-7　西班牙毕尔巴鄂古根汉姆博物馆
（*a*）全景；（*b*）平面图

清华大学关肇邺先生设计的清华大学新图书馆也是从建成建筑环境出发进行创作构思的经典之作，是北京20世纪90年代十大优秀建筑之一。新的图书馆建于清华园内原"三院"旧区中，这个建造地段给设计带来相当大的难题。它东面与旧馆相连，北面有两幢三层楼的宿舍需要保留，南面为通向操场及学生宿舍的主要通道。四面均有严格的限制，地段较狭小，布置困难。更主要的问题是如何解决好与原有建筑群的关系。基地南面是学校礼堂，体量虽不大，但它是该区建筑群体的绝对中心。图书馆的东翼为出自名家之手设计的老图书馆：1919年建成的2层高的老馆是由美国建筑师亨利·墨菲设计的；1931年扩建的部分，中部高4层、两翼高2层，是由我国第一代著名建筑学家杨延宝先生设计的。扩建工程构图严整，天衣无缝，它是杨先生优秀代表之一。因此，从这个建筑环境的实际出发，确立的原则是：建设和谐统一的建筑环境，尊重历史、尊重有历史价值的旧建筑、尊重前人的劳动和创作。新馆建筑面积为20000m²，是旧馆规模的三倍，体量庞大，为了解决好它与礼堂的主从关系，使二者相得益彰，设计者在新馆布局上采取了两方面的措施：一是主体位置和体量的确定；二是入口与旧馆和人流关系的处理。为此，将新馆主体设在较靠后的位置上，体量以4层为主，局部5层后退，不构成体量的主要因素，其高度控制在低于礼堂圆顶5m左右。主体的东南部分为2层，与旧馆构成尺度相同的较低的整体，以衬托南面的礼堂。在入口处理上，采用了与旧馆两翼体形相同的"对应体"，以形成类似"阙门"的形式，并以踏步和灯柱加以强调，引导读者进入半开敞的前院，有意把新馆入口退入院内，避免了新旧馆入口同处一个空间的矛盾，形成一虚一实，不分高下，相得益彰。此外，在建筑形象上，也寻找并运用原有清华园建筑的一些"形象要素"——红砖墙、坡瓦顶、局部平顶女儿墙，主要部分或重点门窗用圆拱，西洋古建筑细部等，这样就保持了原有建筑环境的统一性，并在一定程度上使其得到加强而未减弱或破坏（图8-8）。

（a）

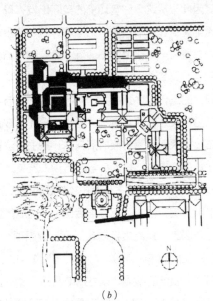

（b）

图8-8   清华大学图书馆
（a）外观；（b）平面图

8.2.3   自然环境的保护、利用与创造

处理建筑与自然环境的关系是环境构思的最核心的问题，一般原则可简言之曰"因地制宜"，即必须以客观存在的环境为构思的依据。但是由于"地与人俱有异宜"，故必须分别情况，区别对待。具体地讲可以从"环境的保护""环境的利用"和"环境的创造"三个方面来进行环境构思和立意。

1）环境的保护

建筑设计要考虑对自然环境的保护，这个问题已日益显得重要。尤其在某些情况下，需要在很少破坏原有地形、地貌的环境条件下建成新建筑。这种要求常常促使建筑师们进行大胆的构思而创造出新意。国外在这方面的一些设想和实践对我们是有启发的。

已建成的苏联格鲁吉亚交通部的一幢大楼，整个建筑坐落在山岗上不同标高处，梁式房屋，纵横腾空，自然环境，基本如故，这是保护环境的一种构思（图8-9）。

图8-9   格鲁吉亚交通部大楼

又如日本别子铜山矿纪念馆，是为了纪念1690—1972 年别山铜矿的开采对住友财团事业形成和发展所作出的贡献。该馆建设集中了人们的种种设想，采用了把纪念馆埋设在山中这一朴素的形式。建筑物的一半沿着缓缓的山坡埋入山中，倾斜的混凝土屋面上密栽植物，绿化如景，并且努力模仿旧别子山中砌筑土台的形式，用天然片石筑砌墙恒。斜屋面的内部空间，也宛如昔日暗坑道的模样。这种构思形成了一个既消失又显露，与一般建筑概念完全不同的新意境。它既隐埋于周围绿丛之中，又以人造的混凝土边缘予以表现，仿佛是别子铜山中一块绿色的石台，真是"虽由人作，宛如天开""做假成真"，对自然环境进行了高度的概括，又巧妙地保护了环境。它与毗邻的神社牌坊和古老道路的景色组织得也很和谐（图 8-10）。

再如加拿大温哥华哥伦比亚大学图书馆的扩建工程，又为我们提供了保护环境的又一思路。在拥挤的校园里，扩建图书馆工程唯一的基地就是老图书馆前的一个庭院，一条传统的校园主要林荫大道在此通过。为了保护前庭和林荫大道，设计者便构思向地下发展，将扩建的图书馆建于前庭林荫大道下，并且通过巧妙设计的采光井为地下图书馆争得了天光。该工程建成后，前庭和林荫大道气氛一如既往，未遭损害（图 8-11）。

从以上例子可以看出，在保护环境的意图下，建筑设计绝对不是被动的，它可促使建筑师们努力探索、创造新的建筑形式。

由此，也可认为：在名胜古迹之地设计新建筑，一定要珍惜古迹环境，一草一木都需慎重处置。文物离不开环境，一定要保护其周围的环境真实性。我国文化古迹甚多，这一问题特别值得重视。

在我国的实践中，有的纪念馆设计，将旧址文物撇于一边，新旧建筑无论在总体布局、建筑体形、建筑形象等诸方面彼此互不相关，一味突出新建筑物，其效果可想而知。也有的纪念馆设计，虽紧邻旧址建造，其对称严谨的布局、巨大的体形，高耸入云的"标志"，使它在该地段中极为突出，而"旧址"却被冷落。结果必然是喧宾夺主，削弱了纪念文物的意义。1977 年建成的湖南文家市秋收起义会师旧址陈列馆，根据"突出旧址、保持原貌"的旨意进行设计，新建筑与旧址关系的处理是比较恰当的。湖南浏阳文家市是毛泽东同志亲自领导的秋收起义部队胜利会师的地方，在这里创立了我党领导下的第一支工农红军和第一个农村

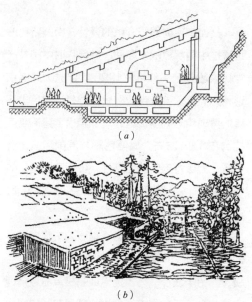

（a）

（b）

图 8-10　日本别子铜山矿纪念馆
（a）剖面；（b）外观

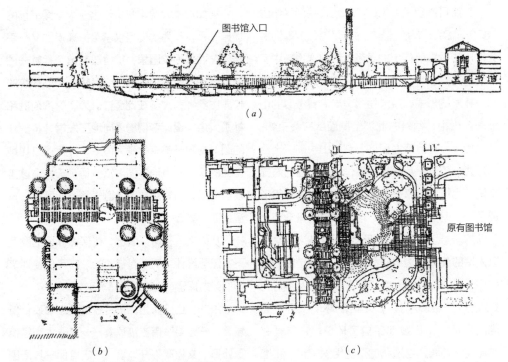

图8-11　加拿大温哥华哥伦比亚大学图书馆
（a）剖面；（b）底层平面；（c）总平面

根据地。会师旧址——"里仁学校"由国务院定为全国重点文物保护单位。设计者保护旧址环境，采用不对称分散的布局，将新馆隐置于"旧址"一侧，让观众进入纪念馆入口后，主要视野仍为里仁学业校旧址，只看到新的局部体量——入口部分；而且新馆又退居"旧址"之后，更是主次分明；加之布局的安排，参观路线"先址后馆"，贯联一气，使新馆和"旧址"构成为一个整体；同时新馆的建筑形式又沿用了旧址建筑的一些处理手法，如大片的白粉墙、集中的玻璃窗、透空花格和小青瓦以及纵横交错的马头墙、七字挑等，使新馆和周围民居协调一致，较好地突出了高大、严谨的旧址（图8-12）。

又如南京梅园纪念馆的设计，梅园新村旧址原是中国解放战争期间国共合作时中国共产党代表团办公室原址。1990年建成国共南京谈判陈列馆。该设计的构思主要是通过历史环境的再现和与周围街区环境的和谐，建筑高度控制在12m左右，墙面色彩与周围环境建筑一致。为保持街区的完整性，位于丁字路口的纪念馆设计成封闭形。它将内外空间相互串通，彼此呼应（图8-13）。

此外，苏联乌里扬诺斯基城列宁纪念中心的设计也为我们提供了一个处理"旧址"与"新楼"的另一途径。乌里扬诺斯基是革命导师列宁的故乡，新的列宁纪念中心就建在列宁诞生和居住的旧址处——也是今日乌里扬诺斯基

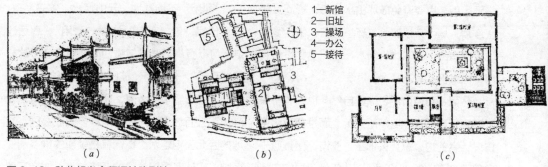

图 8-12 秋收起义会师旧址陈列馆
（a）陈列馆入口；（b）总平面；（c）一层平面

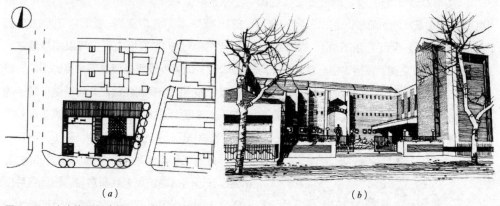

（a）　　　　　　　　　　　　　　（b）

图 8-13 南京梅园纪念馆
（a）总平面图；（b）外观透视

城的中心区。设计者们将旧址故居包围在纪念中心综合体之内，成为它们的一部分，并在内部处于突出的地位（图 8-14）。

图 8-14 乌里扬诺斯基城列宁纪念中心

2）环境的利用

在通常的设计中，必须充分利用自然环境的特点，为创造环境服务，这是一种经济的途径，可取得事半功倍的效果。要"巧于因借"，才能"得体合宜"；要因地成形，因形取势；要无拘远近，借景入画，以游目骋怀，使人心旷神怡。通过因借，使内外空间互相渗透，互相利用，互相补充，从而融为一体。

因此，对于建于郊野、山林、自然环境幽美之处的建筑，设计的构思应重于利用自然、顺其自然，切忌将坡面削成梯级，高建挡土墙，生硬呆板；也要避免破坏山水轮廓，折断其起伏连续，从而有损建筑与环境的有机结合。基地上原有的一草一木、一水一石，也要设法利用，构思于方案之中。

然而，利用自然、顺其自然，也不等于只听其自然，完全受自然所支配。而是在利用中按设计者的构思意境去加工、改造，使其源于自然而高于自然。20世纪70年代建成的广州白云宾馆，设计者就利用地势和自然环境，在33层（114.05m）的主楼之前，按设计意图组织了一组山石水池的前庭，使车道绕沿山石，门廊架山石而起，保留了池边劲松，苍劲挺拔，又在高楼与餐厅之间，保留古榕一丛，立于巧塑顽石之上，假水瀑流，清池风底，虽居高楼下，却感天然境。它利用自然，又创造了比自然更高的意境（图8-15）。

图8-15 广州白云宾馆

"利用"不拘基地，云山烟水，鸥鸟渔舟，极目佳景，借之入室，皆属"利用"。高层建筑，可以登高远眺，俯瞰四周，更有利于这样的"利用"，常成为建筑师构思的一个出发点。例如，香港温索尔大厦，建于香港铜锣湾商业区中，三面临街，一面面向维多利亚公园。基地的西北面相距两个街区就是美丽的维多利亚海峡。设计者根据这样的环境特点，摒弃了建于街区所沿用的几种常用的建筑体形，而在方形裙楼以上采用了梯形平面的塔体，并使朝向旋转45°，以梯形最宽的一面面向开阔的景区，高41层。人们身居塔内不仅可以观赏维多利亚公园，而且视线可以穿过不太高的街区，俯视景色如画的维多利亚海峡。由于这种独特的构思，这座大厦被广泛认为是一座具有想象力的、香港东区最有意义的一座大厦（图8-16）。

合理地利用土地是一个极为重要的问题，要以长远的战略观点来认真对待。因此各种空间城市的设想不是幻想的空间游戏，而是为了解决城市发展与有限土地之间的矛盾。这是随着工业发展、人口的集中而日渐严重的问题。所以，合理地利用基地是环境与构思关系中必须考虑的一个重要因素，土地的利用率也必然成为评价一个规划或设计方案的重要标准。

立体化利用空间是充分利用土地资源一个行之有效的设计策略，在寸土寸金的建设地段或在基地小的情况下，就要在这方面多动脑筋。如哈佛大学中心图书馆于20世纪70年代扩建了新馆，名叫普西图书馆（Pusey Library），以加强中心图书馆与其邻近的几个图书馆的联系，使之能共享现代化的电子与机械设备。馆址选在各馆之间的空地上，面积本来就很小，

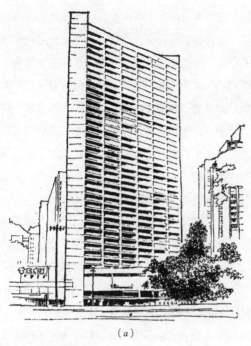

（a）

（b）

（c）

图 8-16 香港温索尔大厦
（a）外观；（b）位置图；（c）19~30 层平面

同时为了保护环境，设计时把仅 2 层高的普西图书馆中的一层半沉于地下，屋顶上种植草坪、树木，保留了此地原有的一个较大的开放空间。东南部分设计了一个下沉式内院，使阅览室虽在地下却犹如在地面绿化庭院之中（图 8-17）。

3）环境的创造

客观的自然环境既有可利用的一面，也有不利的因素。环境的创造就是要变不利为有利，使所创造的室内外空间环境适于人们活动的需要，使工作、居住、休息的环境更舒适、丰富，更人性化和富有自然韵味，使人的生活与自然环境更密切地结合。实际的环境有时与这些要求存在着很大的差距，这就需要建筑师创造性地工作，努力加以解决。比如说，在寒冷的地带如何创造四季如春的温暖的内部环境；在炎

（a）

（b）

图 8-17 哈佛大学普西图书馆
（a）外观；（b）入口

热的地带如何创造出阴凉清爽的建筑环境；身居城市噪声污染的闹市区如何创造安静的空间环境；处于城市地段如何创造出自然的建筑环境；在自然环境下如何创造出具有一定意境和艺术气氛的环境等。这都说明创造环境的重要性。

气候条件对建筑的影响是显而易见的。北方地区寒冷，建筑布局多封闭，以创造有利于御寒保暖的空间环境。南方地区炎热，建筑布局宜开敞通透，以创造有利于通风散热的阴凉环境。当今由于现代技术、现代设备的发展与应用，更要探讨解决"热"或"冷"的问题，创造更有利于节能的新的空间形式。

"金字塔城"的设想方案（图8-18），就是苏联建筑师为寒冷的西伯利亚地区设想的基本的居住综合体。每座"金字塔"可居住2000人，平面呈方形，三面为居住用房，一面采光，中部大空间为公共文化生活设施，并设置有室内绿化、庭院，内部全部采用供暖设备，因而能创造四季如春的居住生活空间。过去，苏联在寒冷地带，很多建筑常采用中廊式的平面，封闭式布置。近几年来形成了一种新的公共建筑的布局原则，基本工作房间围绕着一个中心大厅（大多都是多功能的）或冬季花园布置，一般为两层高，可顶部采光，以创造冬季室内公共活动的舒适环境。

同样，在炎热的科威特，有一个住宅综合体的设想方案也以同样的构思、相似的技术手段，创造了气温适宜、室内外融合一体的空间环境，既是室内，又有自然气息，以适应阿拉伯地区炎热的气候条件（图8-19）。

当代，由于地球自然环境的恶化，生态建筑已成为建筑学发展的新方向，结合气候进行设计已成为普遍的趋势。我国城市化迅速发

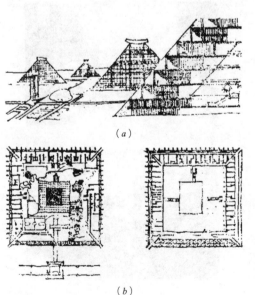

图8-18　金字塔城
（a）外观；（b）平面

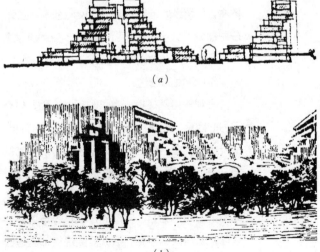

图8-19　科威特住宅综合体方案
（a）外观剖面；（b）外观

展，城市中地少人多的矛盾日渐突出，大中城市中高层建筑的发展在我国已成为不可抗拒的趋势。未来将有更多的人生活和工作在"高空中"。如何让这些"位于空中"的环境尽可能地保持与地面上生物环境的关系将成为建筑构思的新的激发因素。我们可以把摩天大楼看作是由地面向空中垂直发展的结果，而传统的中国院落则是在地面层上水平发展的产物，它具有自然景观的各种要素。因此在高层建筑中，我们也要像地面传统建筑一样，运用一些传统的自然景观要素及其处理手法。基于这样的想法，生物气候的设计理念与方法应运而生，空中"垂直造园"成为一种新的趋势：各种植物、水石等自然要素被吸引入高层建筑中，使每个楼层都能看到来自地面上的植物、花卉及一些生物栖息。如图 8-20 所示，马来西亚建筑师杨经文在 1998 年为新加坡设计的"热带生态设计大楼"（EDITT Tower），在高层建筑中将自然空间从底层向上延伸到顶层，使建筑与周围的植被相互融合，创造出一种生态的连续性。这些多层次的空中绿色植物不仅能发挥美化环境的作用，而且能改善空气，节省能源和水资源。

人是自然界的一种生物，从生态学讲，热爱和向往自然是人的本能和"天性"。当今城市居民，整天生活在高楼大厦、铺装饰面的人为环境中，接触自然山水的机会很少，生活枯燥乏味。人们渴望接触自然，从有限的人为环境中"解放"出来，促使建筑师模仿自然、回归自然、创造自然环境。因此，近代国外很多建筑（从旅馆开始）流行一种多层的内院大厅，利用顶部天窗采光，利用树木、水面、阳

图 8-20　垂直造园

光、山石组成优美动人的人造自然环境，使人虽居闹市之中，仍享受到自然之情趣，给人以身处郊外的愉快感觉。在这方面，我国古典园林建筑有着丰富的经验，它把建筑、山池、花木融为一体，用"咫尺山林"的手法，再现大自然的风景。我们要"古为今用"，把它应用于公共建筑设计中来。20 世纪 70 年代建成的广州白天鹅饭店，是我国近代建筑中最早内设中庭共享空间的建筑，公共部分环庭布置，庭内绕植垂萝，水瀑寒潭，创造了一个既有新意又有传统园林韵味的室内自然环境。藉中庭的方式创造室内的自然环境，这在 20 世纪下半叶已成为公共建筑设计一种较普遍的方式，广泛应用于宾馆、办公、学校、图书馆等建筑中。

对于高层建筑来讲，由于"高高在上"，难近自然，所以向天要地，创造室外的空间环境。实践表明，高层建筑在适当的楼层上结合休息室等公共设施，设计布置天台花园、筑池叠石、盆栽花木，创造空中花园式的自然环境是完全可能的。早在20世纪中叶，沙特阿拉伯国立商业银行的设计就明显地反映了这种意图。该银行大楼平面为三角形。在三角形的不同方向，在塔体不同的楼层，使其腾空形成几处高大的空中开敞空间，争取了空气和阳光。利用它在不同高度创造室外自然空间环境（图8-21）。无独有偶，1997年建筑师福斯特及其同伙人（Foster & Partners）设计的德国法兰克福商业银行总部大楼，与前者极其相似。这座大楼建筑平面也是三角形（但削去三个角改为圆形，有利抗风）。在垂直方向，设计了4层高的空中花园，在整栋大楼中盘旋，每层楼都有一侧是花园区。与前者不同的是其生态的设计观念更为突出，采用自然采光自然通风系统，采用开启式的窗户，设置空气品质监测；同时采用能源保存系统，水保存与再利用系统，以减少建设中的能源消耗及废弃物，建

筑施工采用了模块式的施工技术。因而，它成为全球第一栋环境感应式建筑，也是欧洲最高的建筑（图8-22）。随着城市化的发展，城市中的高层建筑将成为未来发展的一种趋势。

很多公共建筑都要求有一个安静的环境，不希望布置在临街吵闹的街区，但是在人口众多、环境拥挤、交通频繁的城市中，有时找一块安静的地段是很困难的。遇到不利的环境条件，只有通过建筑师的努力，巧妙构思，争取相对安宁的环境。除了尽可能在室外设置绿化带以外，重要的是通过空间的布局来予以解决。例如：可以利用竖向空间组织，将要求"静"环境的部分置于上部；也可在噪声来源方向，利用辅助用房作成隔声屏障，甚至将"静"区围在其中。瑞典瓦克舍图书馆则是综合利用这些手法，创造了舒适、安静的阅读环境的良好之例（图8-23）。该馆基地四面临街，环境喧闹，作为图书馆的选址是很不合适的。设计者在此不利的条件下，抓住"静"字，苦心构思，采用了"竖向"又"围隔"的办法，把阅览区放在二楼，围以内天井布置，天井四周为阅览室。沿街一面均不开窗，以围隔噪声，仅向内天井

(a)

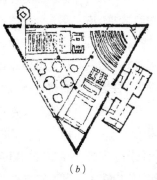

(b)

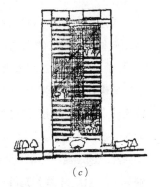

(c)

图8-21　沙特阿拉伯国立商业银行
(a)外观；(b)平面；(c)剖面

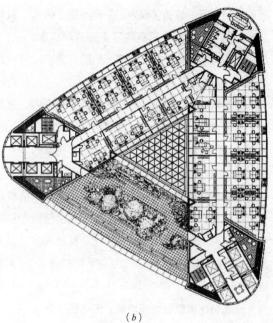

（a）

（b）

图 8-22　德国法兰克福商业银行总部大楼平面
（a）外观；（b）平面

（a）

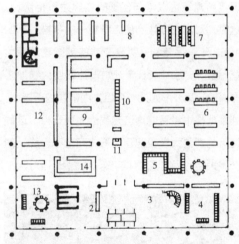

1—门厅；2—存衣物；3—阅报；4—展览；5—杂志；
6—科技阅览室；7—一般阅览室；8—音乐欣赏室；
9—文艺书；10—目录；11—咨询；12—儿童阅览室；
13—青年阅览室；14—出纳

（c）

图 8-23　瑞典瓦克舍图书馆
（a）鸟瞰图；（b）总平面图；（c）一层平面图

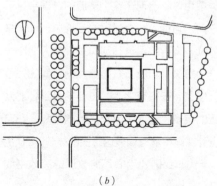

（b）

开设大窗，不仅解决了噪声、采光问题，而且二楼屋面予以绿化，又提供了室外自然环境，使每个阅览室有室外阅览空间，从而创造了一个内向、安静的环境。

综上所述，环境与建筑是建筑设计构思的一个首要问题。环境是建筑构思的客观依据，它对建筑既有制约的一面，也有促使产生新的建筑形式的一面；它既有要保护的一面，又有可以利用并创造出高于自然的一面。因此要积极、辩证地对待环境的处理，既不能完全受自然支配，毫无意境地创造，也不能全然忽视自然的条件和环境的特点，随心所欲地闭门造车，玩弄空间游戏。

建筑与环境重在处理协调，但它绝不是唯一的原则。有的时候，"人造建筑"很难与奇峰怪石的自然景色取得和谐；因为时代的不同，现代新建筑也很难与各国的古典建筑相协调。这时，对比也可达到使二者统一的效果。例如1988年获得普利兹克建筑奖的美国建筑师戈登·夏邦，于1960年开始设计耶鲁大学珍本图书馆，其外形如同一个巨大而精致的首饰盒，外墙框格中镶着能透进光线的大理石板。这种建筑与耶鲁大学校园建筑形式完全不一样，他就是大胆地运用了对比的做法（图8-24）。

图8-24　美国耶鲁大学珍本图书馆

8.3　功能构思

在主题构思一节中我们提到：设计者对文化、社会和历史文脉的深刻理解是方案构思的重要基础。但是，需要强调的是建筑的计划，即立项的目标、功能的需求、运行管理模式、空间的使用与分配、建造方式以及特殊的使用要求和业主的意愿等，这些才是方案评判的最终依据，是塑造成功建筑首要的因素。即任何创作都有一个不能违背的共同的根本要求，那就是建筑建造的目的所需要的适应性及其可发展性——即它是什么？它还能做什么？因此，从功能和计划要求着手进行构思是最基本、最重要也是最实在的。

在进行这种构思时，建筑师与业主或使用者进行讨论，可以了解更多的信息，加强对业主意图的了解，深化对功能使用的理解，可以获得有助于解决问题的信息。业主和使用者一般不太善于表达他们需要什么，建筑师在讨论沟通的过程中，可以发现他们的意愿、需要，最关注什么？甚至可以发现他们美好的创意，引发我们创作构思的火花。同时，建筑计划和设计是相互依赖的。在设计的整个过程中，讨论有利于引导我们的方案构思和设计。规划构思的灵感也许就出现在这个交流的过程中，可能受任何一句话、一个建议或一件事、一个东西的激励，就导致建筑师脑海里突然闪现出灵感。一个解决"功能"方面难点的方案往往就这样产生了，在兴奋之余，也会感受到，群众是真正的英雄，设计不是建筑师的专利。我自己在设计实践中就有很多这方面的体验。20世纪80年代，我们利用旧厂房改造成高效空间住宅，在回访的过程中，发现一位用户为了有效地利用空调机的冷气，把空调机安装在上层，在夹层楼板上开了一个洞，利用冷气比重大的特性，将冷气自然地引向下层，实现楼上楼下一机两用。这是多么简单、经济而有效的好"点子"！又如20世纪70年代中期，我在设计南京新医学院（今日南京医科大学）图书馆时，我们与图书馆工作人员一道走南访北、互相磋商，在图书馆跟班劳动、体验生活。在这个过程中，深感图书馆的工作条件和环境极需改善。在调研的过程中发现工作人员的空间环境如"出纳台"冬冷夏热，夏天气温甚至达到40℃以上，书籍传运很费力气，有时"跑库"忙得满头大汗，工作人员询问我们能否在新馆设计中把他们工作条件改善一些。这一强烈愿望深深地融入设计人员的脑海中，这就成为设计构思中要着力解决的一个问题。在传统图书馆的设计中非常重视阅览室和书库的朝向问题，为读者创造良好的阅读环境，为保护书籍避免东、西晒创造条件，但是对图书馆中工作人员的工作环境却在很多图书馆中都被严重忽视了。其实，他们才是图书馆长期使用者更需要照顾！通过这些思考，我们提出要使图书馆每一个部门都是南北朝向，创造较好的自然光照和自然通风条件的设计目标和构思出发点。最后，我们提出了带有内庭的垂直式空间布局方案：将书库置于底层，采用堆架式，共二层，借书厅（出纳目录室）也置于底层，与书库毗邻，业务办公与行政办公用房独立设置于主体的南面，与主体之间形成一个小的内庭，在图书馆中做到了"藏—借—阅—管"四个部分全部南北朝向的要求，创造了垂直式布局的图书馆设计模

式（图8-25）。这个与业主和使用者讨论沟通，引导产生的设计得到了图书馆界和建筑学界的广泛认同，不少地方要了这个图纸，进行"拷贝""克隆"。近在南京，南到广州，西到西安，北到内蒙古亦有采用这个图书馆的设计模式。

从功能着手进行构思首先要了解功能，上述之例即可说明。此外，我们还必须了解各类型建筑功能的要求及解决的方式：即该类型建筑的一般平面空间布局的设计模式是什么？每一种模式有什么特点、优点和缺点？在什么情

(a)

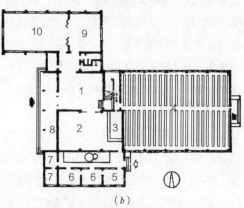

(b)

1—门厅；2—目录厅；3—出纳台；4—书库；
5—采购；6—编目室；7—办公室；8—报廊；
9—期刊室；10—留学生阅览室

图8-25 南京医科大学图书馆
(a) 外观；(b) 一层平面图

况下应用比较合适？在这方面历史上有哪些经典之例？……参考这些积累的知识，并在知己知彼的情况下，作为创新和突破传统模式的基础和出发点。譬如国内图书馆建筑传统的布局模式都是阅览在前，书库在后，出纳目录扼守在二者之间，通常都采用水平的布局方式。因此，形成了"⊥"、"工"、"日"、"田"型多种平面形式，这必然会有朝向不好的部分，出纳目录要扼守中间，处于最不好的部位，冬冷夏热，不通风，条件就最差。采用垂直布局就可能从根本上避免了上述弊端。又如博物馆建筑"三线一性"，就是这种类型建筑（博物馆、美术馆、纪念馆、展览馆等）的内在基本要求，"三线"即是参观路线、视线和光线，"一性"就是建筑艺术性的要求，它们对建筑的空间布局有直接的影响。参观路线影响着空间序列的安排；视线和光线问题影响着建筑空间垂直方向的设计和采光的方式；艺术性将影响体量、体形和造型的处理。以参观路线来说，它既有连贯性，又有参观路线灵活性的要求，各类型博物馆、纪念馆、展览馆要求不一。历史性的馆舍参观连贯性要求强，艺术性、展览灵活性要求多一些，它们对空间布局都有影响。又如博物馆有一个"疲劳病"问题，由于参观路线组织不好，出现迂回、曲折、往返等，造成参观流线过多，观众很累，如何解决"疲劳"问题就是博物馆建筑的一个共同而现实的功能问题。1959年建成的美国纽约古根海姆博物馆（Guggenheim Museum）就是解决好这个问题的一个绝好的例子（图8-26）。

美术馆有8层高（按楼梯计），内部是一个螺旋形走道不断盘旋而上的整体空间，顶部

有一个玻璃窟窿，外部造型直接反映出内部空间的特征。观众进入门厅后，观众乘电梯直登八层，然后自上而下顺着螺旋形的大坡道（连续的、不分层）参观，最后在底层参观结束。采用这种特殊的方式减少了参观中的疲劳，也为这类型建筑创造了一个崭新的建筑空间模式。此后不少展览类型建筑也仿效这种构思，楼层之间以坡道来代替楼梯，甚至采用自动扶梯。20世纪80年代，作者设计的江苏省盐城新四军新军部纪念馆共二层，我就让观众先经过门厅大楼梯上二楼，由二楼看到一楼，从上向下参观，看完后就可出馆了（图8-27）。

功能构思一个重要的问题是"功能定位"。功能定位一般在业主的计划中是明确的，但是设计者对其的认识深度会影响着设计构思的准确性，对于一些综合性的建筑更要深入了解。北京恒基中心的设计是一个很好的例证。它建于北京火车站前街东部地段，开发这块地段的一个重要的意图就是为北京火车站服务，做多功能经营。北京火车站人流总共每日30万人次，

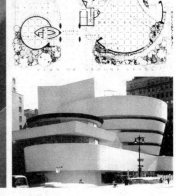

图8-26　纽约古根海姆博物馆

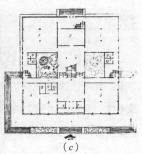

（a） （b） （c）

图8-27 江苏省盐城新四军新军部纪念馆
（a）外观；（b）室内；（c）一层平面图

为此，设计要考虑客流量的出路，缓解站前广场巨大的人流压力。设计者领悟到这不是单体建筑设计，其"功能定位"应是"混合使用中心"，因为它具有多种使用功能，集办公、宾馆、商业、娱乐和公寓为一体。根据这样的分析定位，设计者除了做好办公、商业、宾馆……单项功能分区外，还特别设计了一个大的内院，对内它是公共空间，把建筑群各个部分有机地组织在一起，对外它与城市空间沟通，形成开放空间，成为"城市的起居室"。它正是根据"混合使用中心"的功能定位而提出"城市起居室"的设计构思（图8-28）。

又如北京新东安市场的设计，也考虑到商场不仅仅是购物，而且是休闲、娱乐相结合的场所，必须创造好的购物环境。因此平面设计不仅承袭了老东安商业街的传统，设计了宽阔的步行街，同时还设计了一圆一长两个中庭（在其中布置了竖向的交通核），楼梯、观光电梯、两台跨越两层的高速自动扶梯与进出的平台组成了丰富的内部空间。通过造型轻盈的圆形和锯齿形的玻璃采光顶，将蓝天白云引入室内，使人一年四季都能感受到大自然的气息。顾客在跑马廊可边休息边欣赏中庭的时装表演、文

（a）

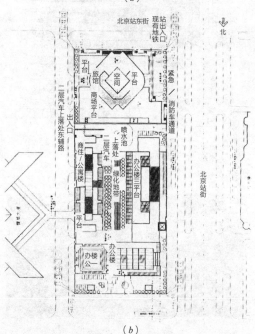

（b）

图8-28 北京恒基中心
（a）外景；（b）总平面图

艺演出、儿童游戏等活动，颇有"乐不思归"之感（图8-29）。

在总体规划中，地块如何使用，空间如何构架，常常也是首先从功能出发来构思的。功能定位以后，把大的功能分区做好，在此基础上建立总体的空间结构体系。

（a）

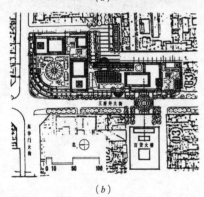

（b）

图8-29　北京新东安市场
（a）外景；（b）总平面图

二层
教学区　←——→　生活区
连廊

图8-30　沈阳建筑大学

沈阳建筑大学总体设计就是一个很好的例子。该设计将校区分为教学区、生活区和运动区三大地块，为了适应寒冷气候的条件，将教学区和生活区用宽阔的二层长廊连接，全长700多m，强化了两区相连的功能。同时，为争取各个房间都有一定的日照，将教学区的各单元都扭转了45°。从功能构思创造出的校园空间布局让人耳目一新，如图8-30所示。

8.4　技术构思

技术因素在设计构思中也占有重要的地位，尤其是建筑结构因素。因为技术知识对设计理念的形成至关重要，它可以作为技术支撑系统，帮助建筑师实现好的设计理念，甚至能激发建筑师的灵感，成为方案构思的出发点。一旦结构的形式成为建筑造型的重点时，结构的概念就超出了它本身，建筑师就有了塑造结构的机会。

结构构思就是从建筑结构入手进行概念设计的构思，它关系到结构的造型，建筑的建造方式，以及建构技术和材料等因素。结构形式是建筑的支撑体系，从结构形式的选择引导出的设计理念，充分表现其技术特征，可以充分发挥结构形式与材料本身的美学价值。在近代建筑史中不少著名的建筑师都利用技术因素（建筑结构、建筑设备等）进行构思而创作了许多不朽的作品。例如意大利建筑师（也是工程师）奈尔维（P.L.Nervi）利用钢筋混凝土可塑性的特点，设计了罗马小体育馆，并于1957年建成。他把直柱59.13m的钢筋肋形球壳的网肋设计成一幅"葵花图"；并采用外露的"Y"

形柱把巨大装配整体式钢筋混凝土球壳托起，整个结构清晰、欢快，充分表现了结构力学的美（图8-31）。

基于结构的设计构思，在大跨度和高层建筑中尤为重要。因为在这两种空间类型的建筑中，结构常常起着设计的主导作用。钢筋混凝土结构除了可塑性外，钢筋混凝土薄壳结构还有大跨度的特点，它为建筑师创造大跨度、大空间的建筑提供了技术支撑条件。建筑师利用这一特点，把建筑形式和结构形式有机地结合起来，创作了很多经典的作品。20世纪70年代建成的美国波士顿图书馆，为了减少阅览室中的柱子，创造更大的灵活自由的空间，就采取了悬挂式结构。利用垂直交通和辅助用房作为承重的实体，支撑巨大的桁架，各层楼面都悬吊在桁架上（图8-32）。又如香港汇丰银行，它是由英国建筑师诺曼·福斯特（Norman Foster）设计的，在它的下方是城市的公共道路，它并没有简单地占据空间，其底部主要部分用于穿行，仍然是公共领域的一部分。为了实现"城市化空间"的理念，底层平面最好没有柱子而构成一个城市广场的尺度。建筑师通过技术因素的构思，采用了5层大桁架，在每层桁架上分别悬吊4~8层的楼面，共30层楼面；各楼面均为办公室，中间是一个巨大的中庭，各层开敞式的办公室包围着它；底层为公共区域，市民可以自由穿行，去银行的人流通过自动扶梯方便地上楼，它几乎没有占用任何公共城市空间，而是布置于一隅，确保了建筑下方广场的自由与开放（图8-33）。

又如1967年加拿大蒙特利尔世界博览会上，由建筑师富勒（R.B.Fceller）设计的美国馆，是一个球形的网状空间结构，受力合理、用材经济、空间巨大、造型独特，他也是从结构技术的角度进行设计构思的（图8-34）。

在我国备受国人关注的2008年北京奥运会主体育场——"鸟巢"，它由瑞士赫尔佐格和德梅隆（Herzog & de Meuron）建筑设计公司与中国建筑设计研究院合作设计。这个方案从结构构思出发，以编织的结构形式作为体育场的外观。结构形式就是建筑形式，二者实现了完全统一。体育馆的立面和屋顶由一系列辐射的钢桁架围绕看台区旋转编织而成。结构组件相互支撑，形成网络状的构架，就像由树

图8-31 罗马小体育馆

图8-32 美国波士顿图书馆

图 8-33 香港汇丰银行
（a）外观；（b）内景；（c）剖面

图 8-34 1967 年世博会美国馆

图 8-35 2008 年北京奥运会主体育场设计

枝编织成的"鸟巢"一样（其实更像我国皖南农家用的竹编的"鸡罩"，它用在地上，"鸟巢"应在树上）。这一独特的结构形式创造了独特的建筑造型（图 8-35）。

　　技术因素中除了结构因素以外，还有各种设备，也可以从建筑设备的角度进行设计概念的构思。就空调来讲，采用集中空调设施和不采用集中空调的设施——采用自然通风为主，二者设计是不一样的，因而也就有不同的建筑构思方案。20 世纪 50 年代流行的模数式图书馆采用大进深、方形的图书馆平面（图 8-36），它就是基于空调设施的应用而出现的设计模式。今天建筑要求节省能源，创造健康的绿色建筑，这又是一种回归自然的思路了。图书馆的进深不能过大，可采用院落式，以创造较好的自然采光和自然通风的条件。图 8-37 是以

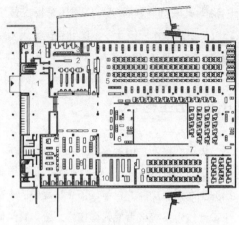

底层平面图

1—入口大厅；2—借书厅；3、4—书籍处理；
5—大阅览室168座；6—休息；7—专门阅览室60座；
8—教师阅览室；9—杂志；10—寄存

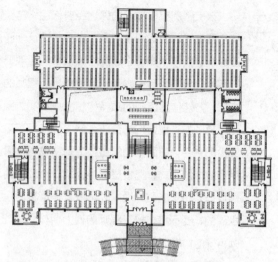

图8-37 辽宁工程技术大学图书馆二层平面

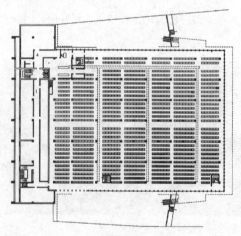

三层平面图

鸟瞰图

图8-36 模数式图书馆—德国波恩大学图书馆（1960）

自然采光与自然通风为主构思设计的一所大学图书馆平面，建筑面积35000m²，规模巨大，4层，但仍能采用自然采光。

法国蓬皮杜中心（Pompidou centre），是采用独特技术构思的一个佳作。该中心建于巴黎，是伦佐·皮亚诺（Renzo Piano）和理查德·罗杰斯（Richard Rogers）设计的，1977年建成。它的构思为一个巨大的容器，所有通常设在建筑内部的设施，在这个设计中都被搬到建筑外部，"内—外相倒""反其道而行之"，使内部空间的实体尽量减少，加大了内部空间的开敞度和灵活性。人流进入的楼梯系统成管状悬吊在建筑物的外部，由底层通到顶层，宛如中国"龙"附在建筑物上，贯穿建筑的全长。设计者意图创造一个具有城市尺度的空中街道式的入口区域。它能载着你穿越城市，随着一节一节地登高，城市全景就展现在你的面前，获得一种难以比拟的空间体验（图8-38）。

以上各例都是技术构思之经典作品。这些作品能够建成说明两个问题：其一是建筑师要能通晓有关技术知识，才能按照技术的原理把方案构思出来；另一方面也需要技术工程师的支撑，方能使建筑师的独特构想变成现实。因此建筑师与工程师们的合作是创造好作品不可缺少的条件。前面提到的古根海姆博物馆，采用了螺旋的方式，把楼层面设计成一个环形的大坡道，除了底层地面以外，没有一层楼面是水平的，要不是结构工程师的通力合作，建筑师再好的构想也不能实现。

近代世界著名法国建筑师安德鲁，本人也是工程师，丰厚的结构知识基础，加上他杰出的想象力，使他创造出不少佳作。如法国

巴黎戴高乐机场候机楼、广州体育场主体工程以及引起学术界巨大争议的北京国家大剧院（图 8-39~ 图 8-41）。

8.5　仿生构思

仿生学作为一门独立的学科于 1960 年正式诞生。仿生学的希腊文（Bionics）意思是研究生命系统功能的科学。仿生学是模仿生物来设计技术系统或者使人造技术系统具有类似于生物特征的科学。确切地说，它就是研究生命系统的结构、特点、功能、能量转换、信息控制等各种优异的特征，并把它们应用于技术系统，改善已有的工程技术设备并创造出新的

图 8-38　法国蓬皮杜中心

图 8-39　巴黎戴高乐机场候机楼

图 8-40　广州体育场

图 8-41　北京国家大剧院

工艺过程、建筑造型、自动化装置等技术系统的综合性科学。生物出自于生存的需要，力图使自己适应生存环境，利于自身发展，外在环境以某种方式作用于生物，彼此相互选择。自然界的生物体就是亿万年物竞天择的造化结果——高效、低耗和生态永远是人工产品追求和模仿的目标。鸟与鱼的效率是人造的飞机、潜艇无法比拟的；信天翁能不间断地飞行15000km，其能量利用的效率之高也是任何人造飞行器远远不及的；人的心脏能连续跳动25亿~40亿次，既不疲劳也不产生差错，这种"泵浦系统"也是人造不出来的。它们都是大自然优化的精品，是激发人类灵感和创造力的"原型"。

建筑应该向生物学习，学习其塑造优良的构造特征，学习其形式与功能的和谐统一，学习它与环境关系的适应性，不管是动物还是植物都值得研究、学习、模仿。

生物体都是由各自的形态和功能相结合，而成为具有生命力的有机体。生物体的各种器官不仅仅要进行生命活动所必需的新陈代谢作用，而且要承受外界和自身内部的水平和垂直荷载。哺乳动物通过骨骼系统承受自身的重量和外界其他作用力；植物则通过自身的枝、干、根来抵抗水平和垂直作用的各种荷载。把生物的"生命力原理"——以最少的材料、最合理的结构形式取得最优越的效果，应用于建筑和结构，使其无论在形态上还是结构性能上都得到大大提高，都更富有生命力。鸡蛋表面积小，但容积最大化，蛋壳很薄，厚跨比为1：120，却具有很高的承载力；竹子细而高，具有弹性的弯曲，可抵抗巨大的风力和地震力；蜘蛛丝直径不到几微米，抗拉强度大得惊人。生物的形态和结构是自然演化形成的，从仿生学的角度去研究和发展新的建筑形态和新的结构形式，无疑为建筑创作开辟了一条新的创作途径，这不言而喻将是合理的和简捷的。

形态仿生是设计对生物形态的模拟应用，是受大自然启示的结果。每一种生物所具有的形态都是由其内在的基因决定的，同样，各类建筑的形式也是由其构成的因子生成、演变、发育的结果。它们首先是"道法自然"的。今天，建筑创作也要依循大自然的启示、道理行事，不是模仿自然，更不是毁坏自然，而应该回归自然。自然界中，生物具有各种变异的本领，自古以来吸引人去想象和模仿，将建筑有意识地比拟于生物至少可以追溯到公元1750年前后的欧洲。早先的生物比拟总是用动物而不是用植物，当时认为：自然界是有意对称的，同样建筑也应该是对称的。直到19世纪初，"有机生命"被认为是"植物"类机能的总称，植物的不对称性被认为是有机构造的特征，也成为建筑追求的一种自然形态。将建筑比拟于生物，最突出的就是赖特的"有机建筑"理论了。赖特认为：建筑比拟于生物如结晶状的平面形式、非对称的能增长的空间形态乃至地方材料的应用等。有机建筑就是"活的建筑"，每个构图、每种构件和每个细部都是为它必须完成的作用而慎重设计的结果，正如生物体中的血管系统都是直接适应于功能的要求。

21世纪，将是回归自然的年代。现代设计不再只注重功能的优异，同时也在追求返璞归真和相对个性的自律，提倡仿生设计，让设计回归自然。自从 20 世纪 60 年代仿生学提出以后，建筑师们也在这方面进行了很多的探索与实践，创造了一系列崭新的仿生结构体系。图 8-42 就是一些具有仿生特征的空间结构。

自然界的实际结构都是空间结构，它是三维形态，在荷载作用下是空间工作状态，它与二维平面结构相比较，具有更大的优势。荷载传送路线短、受力均匀、节省材料。自然界有许多空间结构，如蛋壳、海螺壳是薄壳类结构；蜂窝是空间网格结构；肥皂泡是充气膜结构；蜘蛛网是索网结构；棕榈树叶是折板结构等。因此，可以说建筑中的空间结构就是仿生结构，在这方面经典的实例有：

1）美国肯尼迪机场的展翅形壳体结构

这是美国著名建筑师小沙里宁在美国纽约肯尼迪航空港设计的环球航空公司候机楼（TWA Terminal Kennedy Airport 1956—1962），他是一名善于创造建筑风格的建筑师。

在这个设计中，他运用了具体的象征手法——建筑形象像一只展翅欲飞的大鸟。它采用的就是空间结构，他本人说这是合乎最新的功能与技术要求的结果。事实上正是他运用新技术（空间结构）来获得所追求的建筑个性与象征（图 8-43）。

外观

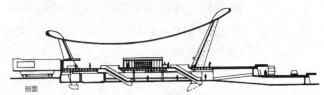

剖面

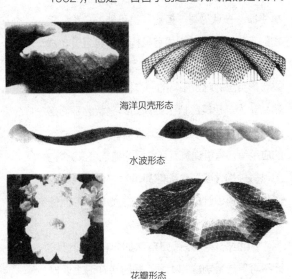

海洋贝壳形态

水波形态

花瓣形态

图 8-42 仿生空间结构形态

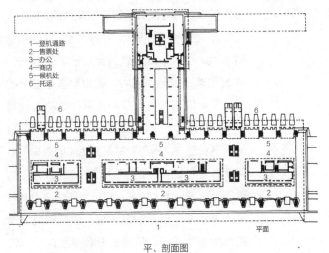

1—登机通路
2—售票处
3—办公
4—商店
5—候机处
6—托运

平面

平、剖面图

图 8-43 美国肯尼迪机场

2）美国旧金山的圣玛丽主教堂（St. Mary's catheolral，san francisco，u.s）

这个教堂由彼得罗·贝鲁奇（Pietro·Belluschi）设计，1971 年建成，可容纳 2500 人。这是运用空间结构新技术，创造的象征教堂意义的新形象（图 8-44）。

贝鲁奇是一位善于设计教堂的建筑师。他认为宗教建筑的艺术本质在于空间，空间设计在教堂设计中具有至高无上的重要性。因此，在这个主教堂设计中，他把平面设计成正方形，上层的屋顶设计由几片双曲抛物线形壳体组成，高近 60m，壳体从正方形底座的四角升起，随着高度的上升逐渐变成了几片直角相交的平板。几片薄板在顶上形成具有天主教标志的十字形和采光天窗。它与四边形成的垂直侧光带共同照亮了教堂的室内，窗户采用了彩色玻璃，加深了教堂的宗教气氛。同时这种造型也创造了高峻的具有崇神气氛的宗教建筑外观形象。

又如台湾东海大学路思义教堂，它由贝聿铭和陈其宽两位先生设计。该教堂采用四片双曲面组成的薄壳结构，结构本身兼具墙、柱、梁和屋顶四种功能，后两片薄壳略高于前两片，前后薄壳交接处顺势留出采光口，形成了绝妙的室内空间氛围。建筑内壁是菱形交叠的清水混凝土肋条网，自双曲面铺张开来，向上升腾。建筑外壳的黄色玻璃面砖呈菱形镶贴，强烈地表现了双曲面的造型，增强了教堂的宗教气氛（图 8-45）。

8.6　空间构思

空间概念是从三维的角度表达一种思想的方式，它表达得越明确，建筑师的理念就越显得有说服力。建筑师每个新的设计都理应带来空间的创新。这种创新和特定设计任务的各种限定条件相关，受其影响促成了建筑师相应的设计理念，并最终转化为空间——概念的空间。因此空间构思是每个设计不可缺乏的核心。每一项新的设计任务都有不同的功能要求，建于不同的地段环境，每次设计之前，建筑师都需扪心自问：它有哪些要求，有哪些有利因素，

图 8-44　旧金山圣玛丽主教堂

图 8-45　台湾东海大学路思义教堂（1960）

又有哪些不利因素，在这个地段乃至整个城市中它将扮演什么角色，需要表达什么样的理念，最终要解决什么问题，达到什么样的境界……

设计必须满足这些设计任务的要求，但是设计概念或空间构思不是简单地由设计任务推断出来，就像20世纪前期功能主义者所推崇的形式追随功能那样，而是取决于建筑师是如何理解和诠释建筑条件和环境的，并且必须使自己的思维置于整个社会环境和自然环境之中，要跳出狭义的建筑来构思建筑。正如赫曼·赫茨伯格在他的《建筑学教程2：空间与建筑师》一书所说："'建筑师'真正的空间发现绝不是源于建筑——这一狭小天地中的精神交流，它们通常是受到更广泛的社会层面，以及文化变迁的影响激发而成——无论这种变迁是应由社会或经济的力量所引起。"

空间构思首先是概念构思，必须富有挑战性，能激起反响，能为多元的诠释留有空间，但不要像某些设计者把设计方案说成是像什么什么、只有他知道别人根本看不出来的某种具象形式……那是形而上学的思维。不要只停留在平面形式或立面造型，重要的是着眼于内外空间的创造，包括剖面的构思。

例如，1993年建于荷兰海牙的荷兰、比利时、卢森堡三国联盟专利办公室的设计，其设计的首要目标就希望改变传统的中间走道、两侧房间的典型标准办公楼的空间组合形式，而创造一个更适合交流的新概念空间。因此建筑师采用了鲜明的空间穿插手法设计室内空间，将原来一个普通的办公平面打破，使走廊扩大变成了一个大厅，并使各部分从组合中脱离，大厅就更开敞了（图8-46），这一穿插不

仅使建筑内部的使用者之间产生了视觉接触，还可以从中央大厅观赏外部世界的景观。

又如荷兰阿姆斯特丹新大都（国家科学技术中心）的设计，其造型如同一艘即将出海的巨轮，富有动感的力量，这便是意大利著名建筑师伦佐·皮亚诺面对通往海洋的海港隧道时用草图表现出的灵感。如图8-47所示，外形有点像正在沉没的船（因为这个地方绰号叫"泰坦尼克"）。完全保留了以剖面形式表达的草图灵感，这便是从空间形式出发结合文脉的最典型之例。

在建筑空间构思中，社交空间的创造是一个基本的、共同的和永恒的设计主题。无论是在单体建筑设计还是在群体的规划中，也无论是在公共建筑还是在住宅中都是如此。社交空间的创造就要求建筑师在规划设计中有意识、有目的地赋予特定的建筑内部空间或外部空间以社交空间的品质，即创造或提供一个能吸引人们正式或非正式，长时间或短时间停留、相遇、交谈、相识的空间场所。也就是说，空间组织方式要有利于促进或增加人们相遇的机会，具有吸引人们注意力的效果。例如图8-48所示走廊或平台设置的两种方式，其空间功

图8-46 海牙三国联盟专利办公室

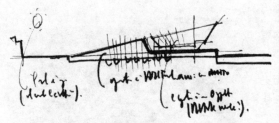

最初草图

建成后外观

场地背景

图 8-47　荷兰新大都国家科学技术中心

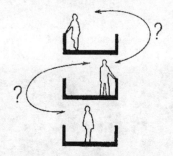

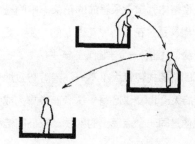

图 8-48　走廊或平台设置的两种方式

效和空间效果是完全不一样的。其一是三层对齐布置，其二是三层相错位布置，后者显然大大地增加了彼此相视的机会，丰富了内部空间效果。

8.7　地缘构思

　　建筑都建于特定的地点，在进行建筑创作时，一般都要了解它的区位，分析它的地缘环境，充分地发掘建设地区的地缘文化、人文资源与自然资源，并根据这些人文资源和自然资源的特征内涵进行创作构思，特别是一些历史文化名城、名镇、名人旅游资源极丰富的风景区、旅游地等，它们是激发建筑师进行地缘构思的广阔空间，很多著名建筑师都曾走过这条创作之路。

　　例如，南京是历史文化名城，六朝古都，人文荟萃，又"虎踞龙盘""钟山风雨"，有名的紫金山、石头城、雨花石等广为人知的地缘特征。因此近年来，无论是中国建筑师还是国外建筑师在进行方案创作时都经常应用"地缘构思"法，以表达城市形象、人文精神。南京国际博览中心由美国TVS公司主要设计，其设计灵感就源于南京"六朝古都"的悠久历史和自然美景，展示了南京"虎踞龙盘"的独特风格（图8-49）。

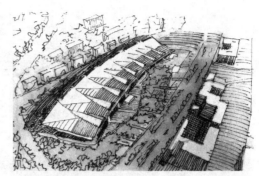

图8-49 南京国际博览中心

由东南大学建筑设计研究院设计的金陵图书馆新馆，其设计灵感就源于南京雨花台的雨花石，把报告厅独立出来，其造型似如"雨花石"（图8-50）。

图8-50 南京金陵图书馆新馆

又如，安德鲁设计的四川省成都市行政中心（图8-51），它就是一个典型之例。世人皆知，成都素有"蓉城"之称，其市花是芙蓉花。整个项目，看上去灵气四溢，从空中俯视，主楼整体就像一朵怒放的花朵。中间呈椭圆形的建筑是"花蕊"，"花蕊"的一侧，是6片"花瓣"，围成一个半圆。7座主楼中，6幢椭圆形的阶梯式建筑大小不一、错落有致地分布在天府大道北段966号，这6座楼排列成弧形，就像是同一个点喷出的射线，象征团结和向心力。

8.8 模仿构思

模仿也是一种创造，在模仿中学习，在模仿中创造，这是一般初学者多用的方法。这里就不多述。

图8-51 成都行政中心

第9章

建筑功能
Architectural Function

9.1 功能意义

建筑设计除了受外界诸因素影响之外，重要的是综合解决建筑功能、技术、经济及建筑美观的问题，其中首要的又是建筑功能问题，它是建筑的目的，设计的本质要求。两千多年前，古罗马伟大的建筑家维特鲁威在论述建筑时也把适用列为建筑三要素之一，可知建筑功能在建筑中的意义和地位。按照功能进行设计是自古以来建筑学遵循的一条普遍的原则。意大利著名建筑史学家布鲁诺·赛维在他的名著《现代建筑语言》一书中，也把功能原则列为现代建筑语言的第一原则，并说："在所有的其他原则中它起着提纲挈领的作用。"他告诫大家："建筑学发展中，每一个错误、每一次历史的倒退、设计时每一次精神上和心理上的混沌，都可以毫无例外地归纳为没有遵从这个原则。"对照中国现阶段建筑设计市场的混乱、设计价值取向的扭曲、形形色色的所谓"前卫建筑"、各种各样玩弄建筑的游戏，其产生的根本原因也就是把建筑的功能原则抛到脑后。在市场经济下，一切生产都商品化，建筑也毫无例外地需要商品包装、需要有丰富多彩的式样来满足市场的要求。一时间欧陆风由南到北，吹遍我国大地，那些暴发户式的建筑形象充斥着全国城乡，建筑风格一味追求美国的、欧洲的、澳洲的或海外的南洋情调，把它们杂然并存于我们的城市中，盲目追求西方的建筑形式来满足人们猎奇的嗜好，一时成了建筑设计追求的时尚，所以国内把功能问题作为"新焦点"问题，引导全国开展讨论是很及时的，作为一名建筑师应遵守建筑功能的原则，按照功能进行设计，这应该看作是建筑师职业道德的准则。

9.2 功能诠释

功能作为建筑的实用要求，或者说作为建筑设计的基本要求，在建筑学发展的不同历史时期，人们对其认识和理解是不尽相同的。因为人类活动都有发生的特定地点和特定的环境，这个地点在不同的社会背景环境中占有一定的地位，并随着时间而改变，必然会产生新的社会需求和新的社会活动的空间形式，而对于新的社会需求如何转化为新的空间形式、转化为实际的应用，不同背景和经历的建筑师在审视设计、诠释与应用这三者之间的关系时常常会带有个性化的色彩。我们审视一下，从 19 世纪到 20 世纪欧洲的建筑史就可看出社会组织和个人角色在建筑设计中的关键作用。

9.2.1 复古思潮——追求形式、不重功能

18世纪60年代到19世纪在欧美盛行古典复兴，即仿古典主义，无论什么建筑都按传统的历史样式设计，不考虑功能的特点与要求。它的出现主要是适应新兴的资产阶级的需要，利用过去的历史样式，从古代建筑遗产中寻找思想的共鸣，以满足对罗马帝国称雄世界的霸权欲望的向往。于是，古罗马帝国时期雄伟的广场和凯旋门、纪功柱等纪念性建筑便成了效法的榜样，它们追求外观上的雄伟、壮丽，内部则常常吸取东方的各种装饰，形成所谓"帝国式"的风格。如巴黎万神庙（Pantheon，1755—1792年）（图9-1），就是罗马复兴的建筑思潮在法国的表现，它完全是仿古罗马的古典复兴建筑。美国国会大厦（图9-2）建于1793—1867年，也是罗马复兴的例子，它仿照巴黎万神庙造型，极力表现雄伟的纪念性。

古典复兴建筑在各国的发展虽有共同之处，但也有些不同。法国基本上是以仿罗马式样为主，而英国、德国则是仿希腊式样较多，如著名建筑师申克尔（K·F·Schinkel）设计的柏林宫廷剧院，就是希腊复兴建筑的代表作（1818—1820年）（图9-3）。可以看出这时的建筑都是追求形式的代表作，功能相对就不那么被重视了。

9.2.2 新建筑运动——功能要素的提升

20世纪前后，社会形势的急剧变化，导致了新建筑运动，以谋求解决建筑功能、技术和艺术之间的矛盾。在19世纪后半叶，随着生产的迅速发展和人们生活方式的巨大变化，对

建筑提出了新的任务——建筑必须跟上社会的需要：迫切需要解决不断出现的新的建筑类型如火车站、图书馆、百货公司、市场、博览会等，它们都有着不同的新的使用功能，需要有与之相适应的空间形式；另一方面新材料（铁和玻

图9-1 巴黎万神庙

图9-2 美国国会大厦

图9-3 柏林宫廷剧院

璃等）、新的结构形式（钢结构）、新的建筑设备（升降机和电梯的出现），也就出现了新技术和旧形式的矛盾如何解决的问题。因此，时代要求建筑师必须了解社会生活的新变化，必须解决适应新生活方式的新的空间形态，同时也必须解决工程技术和艺术形式之间的关系，探求新的建筑形式。这就迫使建筑师在新形势下探索建筑创作的新方向，于是一度占主导地位的复古思潮逐渐衰落。

新形势下新建筑类型的出现，促使建筑师用新的思想进行创作。19世纪中叶，法国建筑师亨利·拉布鲁斯特（Henori Labrouste）反对学院派拘泥于古典范式，在他设计的巴黎圣吉拉维夫图书馆（Bibliotheque Sainte Genevieve）（图9-4）中就采用新的铁、石结构和新材料——玻璃来创造新的建筑形式，并于1985年建成，前后花了7年时间，它是法国第一座完整的图书馆建筑。建于1858—1868年的巴黎国立图书馆（Bibliotheque Nationale）（图9-5）也是他设计的，它的书库共有5层（包括地下室），藏书90万册，一切都根据功能的需要来布置，书库地面和内部

隔墙全部用铁架与玻璃制成，以利于采光，又可以保证防火的安全要求。可以看出当时建筑形式与建造手段的关系，以及建筑功能与形式的关系成为探求新建筑的焦点。其目的是要探索一种能适应变化着的社会时宜的新建筑，自然对古典建筑形式所谓的"永恒性"提出了质疑。在探求技术与形式的矛盾中就有人主张应以功能来统一技术和艺术的矛盾，在这方面美国芝加哥学派最为突出。

美国芝加哥学派是19世纪70年代在美国兴起的，是美国现代建筑的奠基者，它的重要贡献之一就是肯定了功能和形式之间的密切关系。芝加哥学派的代表作之一是建于芝加哥的马凯特大厦（Marquete Building 1894年，图9-6），它是19世纪90年代末芝加哥优秀的高层办公楼的典型，内部空间采用不固

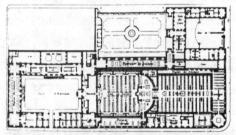

图9-4 巴黎圣吉拉维夫图书馆内景

图9-5 巴黎国立图书馆平面及内景

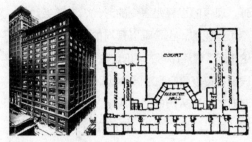

图9-6 芝加哥马凯特大厦

加哥学派的得力支柱和理论家，他认为：世界上一切事物都是形式永远随从功能（Form ever follows function and This is the law），这是规律，他认为建筑的设计应按功能来选择合适的结构，并使形式与功能一致。这样突出了功能在建筑设计中的主要地位，明确了结构应有利于功能的发展，有利于功能与形式的主从关系。他提出高层建筑在功能上的特征是：地下室要作为高层建筑的设备间，包括锅炉房、采暖、照明等各项机械设备；沿街的底层主要用于商店、银行或其他服务性设施；二层要有直通的楼梯与底层联系，功能可以是底层的延续；二层以上都是相同的办公室，柱网排列相同；顶层作为水箱、机械设备间等。高层建筑功能垂直分区的这些原则至今仍然是高层建筑处理功能问题所遵循的原则。尽管建筑界对功能与形式的关系存在着争论，但不能否定建筑功能在建筑中的地位，不能否认形式跟随功能的观点对现代建筑发展产生了巨大的影响。

定的隔墙，以便将来按需要自由划分，充分发挥框架结构的优势，充分考虑建筑使用的适应性。它采用"E"字平面，中间部分是电梯厅，办公室在它四周，内院向一面开放，有利于面向内院的办公室能有较好的自然采光和通风条件。可以看出，功能要素在设计中已上升为主要的要素。

9.2.3 功能主义

19世纪欧美国家工业城市急速发展，住宅建设成为一个社会问题，为数众多的人口涌入城市，必须尽快地解决他们的居住问题，使他们有容身之地。在此之前，设计建造富人住宅多，而对大量的工人住宅，他们不得不把注意力集中在必要性和实用功能两个方面。同时，随着城市化的发展，大型的工业企业及新型运输方式的出现，对城市的格局布置也有了新的要求，工业区及商业中心逐渐地与住宅区不再连接在一起，逐渐将居住、工作、娱乐和交通作为城市规划的四大功能，开始依功能分区来规划建设城市。

在建筑设计中首先强调建筑功能的建筑师在美国应首推著名建筑师沙利文（Louis Henry Sullivan，1850—1924年），他是芝

与沙利文的观点相反，密斯认为形式是不能改变的，功能是可改变的，设计时不能让功能指挥平面，而应该设计一个能满足任何功能的空间，即提供一个能适应使用变化的灵活空间。自20世纪40年代以来，密斯一直在研究发展这种空间，他称之为"万能空间"（Universal Space）。

尽管如此，功能仍然是设计所必须考虑的基本问题，至于采用传统的"特殊空间"还是设计成"万能空间"那是建筑空间的形式而已，其基本出发点都是为了解决好功能使用问题。"万能空间"实际上也是立足于使用功能的要

求，不同的是它是为了适应未来变化中的功能要求，归根到底还是为了本质的功能使用要求。

9.3 建筑功能的新特点

人类社会由工业社会向后工业社会发展，社会生活方式发生着巨大的变化，产生了许多新的社会需要和新的建筑类型，因而也就出现了建筑功能新的特点。其较为突出的是建筑功能的不确定性、建筑功能的综合性、建筑功能的适应性和建筑功能使用个性化的要求，以下简述之。

9.3.1 建筑功能的不确定性

20世纪下半叶，人类的思想与价值观发生了巨大的转变，出现了许多新的社会现象和文化现象，其中之一就是"多元性"的现象。同样一个事物，人们可以从不同的角度来审视它，诠释它，而不是追求唯一的真理，这使人们认识到我们是生活在多元的社会里。这种价值观的转变使设计工作变得复杂，建筑计划本身变得模糊而不确定。本来，建筑计划和设计任务书就是为建筑物未来的使用提出具体要求，如今这种要求往往就提不出来。这种不确定性经常有两种情况：一是使用功能提不具体，也说不尽，对未来究竟用作什么也无法预测；二是使用对象即服务对象不确定，究竟今后谁入住此屋、谁是房主人，无法确定，尤其是进入市场的建筑，如商品房住宅、写字楼等，无法预测市场的需要。功能的不确定性是客观存在也是无法避免的，更何况入住的房主也会经常不断地改变，对后来者的要求更是不可预料。此

外，现今的世界是多变的时代，变是绝对的、不可避免的，也是难以预料的，变幻莫测的，这决定了建筑计划的不确定性。这种"变"，从国家和各级政府的发展计划和各项政策，地方政府的决策人员的"新思维"，到开发投资者的"目光"和"追求"等都成为"变"的决定因素。甚至你会发现主持项目筹建的主管单位和主管人或开发投资者委托你设计的时候，他们给的信息是非常有限的，少得不能再少了，那就是有一块地、在什么地方、有多大、希望盖成什么样的房子，如建一座办公楼或一幢商居楼、综合楼，希望盖多少层等，其他内容就提不出来了，留给建筑师就是很多不确定的因素。产生这些现象有其客观原因，但也有人为的因素，那就是筹建者不了解、不熟悉建筑计划及建筑的内容，同时也缺少工程前期的项目策划工作。

9.3.2 建筑的综合性

当代人生活在高效率的社会之中，尤其西方是高度商业化的社会，自由竞争支配着一切，"Time is Money"。时间的因素必然强烈地影响着居民的生活方式，也必然影响到为公众生活、工作服务的城市建筑的建设方式，因为它直接关系着使用效率和经济效益。生活在这样的社会里，人们一个共同的心理就是办事效率要高，节省时间，希望一次就能办完几件想办的事。为了适应人们社会心理的这一需要，加之建筑经济效益的综合因素，就促使建筑由分散、功能单一的传统方式向集中化、大型化和多样化的方向发展，表现出建筑综合性的时代特点。

被称为西方零售商业第二次革命的超级市场（Super-market）也称第二代百货商店，它的产生和发展就很好地说明了这个问题。

在西方，妇女就业日益增多，产生了很多双职工的家庭。妇女要上班，又要照顾家务，但职业妇女的时间和精力有限，她们希望能在一家店铺内买全她们基本所需的东西。超级市场适应了这一社会心理的需要，战后似雨后春笋般地发展起来。有的是几家大百货公司集中在一起，出租面积通常达 50 万平方英尺（46450m²），是一个非常庞大的商业综合体。

不仅如此，为了给顾客提供更多的方便和更广泛的服务，以吸引更多的顾客，超级市场已从单一的商业功能的建筑发展为更多功能的公共综合体。超级市场除了是这个综合体的主体之外，为了满足多方面的生活需要，有效利用时间，在超级市场内往往设置了内容繁多的公共活动场所，包括俱乐部、电影院、溜冰场、餐馆甚至图书馆等公共设施。

同样，在其他类型的公共建筑中心也是如此，你中有我，我中有你，纯单一功能的建筑似乎越来越少了。例如，博物馆除本身的用房以外，还设有餐馆、咖啡馆及商店等服务设施。既为参观者提供了更多的服务，也为参观者提供了在同一时间里办更多事情的条件，从而也必然吸引更多的顾客。

建筑综合性的又一表现是出现了办公楼—宾馆—商店三位一体的建筑。这是另一种为商业服务的综合体，以适应洽谈生意、高效率地从事商业活动的需要，可节省时间、减少交通。这种建筑一般是将商店设在裙楼中，宾馆和办公楼建为高层建筑。在裙楼内同时还设有各种各样的公共服务设施（在市区）。如在郊区，则开辟专门的室外停车场。

1976 年建成的芝加哥水塔广场大楼（图9-7）就是这样的垂直综合体。它是由商业—办公—宾馆—公寓四个相互独立的部分组成的。其中一～七层裙楼为商店，八～九层为办

塔楼

裙房

图 9-7　芝加哥水塔广场大楼

公楼，十二～三十一层为宾馆（拥有 450 套客房），三十三～七十三层是公寓。它们各自有单独的出入口，地下设 4 层车库。塔楼从 7 层高的购物中心上升起，中间的共享大厅贯穿全部 74 个楼层。楼内有丽兹·卡尔顿旅馆，40 套可分售的公寓、办公用房、640 个车位的停车场、卡尔顿夜总会、若干个餐馆及 7 个电影院，总建筑面积达 28.8 万 m^2，被称为"一个街道里的整座城市"，当年吸引了 1200 万游客，是芝加哥引人注目的经济繁荣和充满城市活力的地带。

除商业性的综合体以外，结合城市的更新兴建了不少新的文化中心。一个著名的例子就是美国纽约的林肯中心（图 9-8）。它是一个由歌剧院、芭蕾舞剧院及陈列馆、图书馆等公共文化设施组成的表演艺术中心。

大量兴建的居住公共建筑也常把商业、行政及居住三种不同的功能综合在一个综合体或一个综合性的摩天楼中，称之为"城中城"。1959 年建造的美国芝加哥玛丽那城就是一个典型之例（参见图 7-11）。它建在芝加哥市商业区中心，占地仅 3 英亩（12141m^2），是双塔式，芝加哥人说它像两根玉米棒，在芝加哥

图 9-8　美国林肯中心

的摩天楼中很富有戏剧性色彩。正如前述，双塔每幢都是 60 层，其上部占 2/3，容有 450 套公寓住宅，下部占 1/3，是一个向上螺旋形的连续停车道，可停放 450 辆汽车。因为居住层从 21 层开始，所以每一家都能欣赏到壮丽的芝加哥风光。这个"城中城"的另外一部分为 10 层的办公楼、1750 座的剧院和 700 座的礼堂，还有商店、餐馆、滚木球场，体育馆、游泳池和滑冰场，以及可停泊 700 只小船的船坞。

设计玛丽那城的建筑师 B·哥尔伯杰曾说，"为了我们的将来，我们应该不再在我们的中心城市建造彼此分开的一幢幢建筑物。我们应该想到建筑物的环境、我们将来的环境"。不仅如此，他还进一步提出如何综合利用城市中的空间和时间的问题。他认为税收的增加将迫使我们用新的方法来解决城市规划问题。他大胆提出双班制（double shiftcity）城市的设想：我们不能让商业建筑每周只使用 35 小时（每周工作 5 天，每天 7 小时），住宅在晚上和周末使用。要让城市活动在白天和晚上利用土地。我们将规划双班制的城市，那里的城市管理费用将由商业、文化、教育部门分摊；它们在下面，住宅在上面，这样，我们的专家就生活和工作在同一建筑物的综合体中。它将减少城市的交通。在美国，就有这样的小学校，晚间用做成人教育或社区文化活动的场所。

9.3.3　建筑功能的外延——环境的适用性和舒适性

现代建筑功能使用要求不仅表现在建筑内部空间上，同样对外部空间也有越来越多的要

求，以此建造越来越舒适的生活、工作环境。

在美国城市中的外部环境设计是考虑得比较仔细的，既给环境增加使用效益，又给它们以独特的表现质量。

在城市环境中，结合城市的更新改造，腾出更多的空地，创造良好的市民室外生活环境，这是一条重要的原则。纽约世界贸易中心前就留出 2hm² 的空地布置广场，为人们提供休息、公共社交的场所。这种大大小小的广场、休息绿地、儿童活动在城市中较为普遍。有时在街道拥挤的地区，也需要想方设法规划设计一些下沉式的室外休息地。日本建筑师丹下健三的都市建筑事务所设计的尼日利亚新都阿布贾中心区，就设计了一个下沉式的城市广场（图9-9）。

值得提出的是，这些大小广场的规划设计都是为人们能身临其境去使用它而精心设计的，不仅仅为了市容景观、点缀门面，更不是把它作为一个交通大转盘。它被看作城市生活的"起居室"，人们社交的露天"公共大厅"。

它具有实实在在的使用功能：休息、午餐、社交、娱乐、集会及观赏等，因而除绿化小品外，一般都设有休息的座椅，有时设计通长的踏步兼作坐凳。深圳华夏艺术中心入口空间及室外景观设计更是一个很好的实例（图9-10）。它体现了一种突出人、为人创造舒适环境并使它具有公众性的新思想。

在住宅建设中，同样如此，不仅要注意室内空间环境的舒适，也要注意室外空间环境设计（图9-11）。因为住宅要适应人多方面的需要，其中社会的交往已表现得越来越重要，一般来讲，住宅设计要为每户提供一定的室外空间，有的要求不小于20m²。正是适应这样的要求，在多层住宅中出现了台阶型的住宅。

建筑功能的外延既表现在功能使用个性化的要求里，也必然反映在建筑空间环境的设计中。住宅是这样，在公共建筑中更是如此。如图书馆建筑就注重为读者提供各种不相同的阅览空间，以让读者有选择的余地，并且以各种

图9-9 阿布贾城市广场

图 9-10　深圳华夏艺术中心入口空间及室外景观设计　　图 9-11　住宅室外空间环境设计范例

形式的小空间阅览为主。为适应青少年读者看书的习惯，设计了一种特殊的阅览空间，读者可席地而坐或倚墙看书。美国麻州韦尔斯利学院扩建图书馆所选用的阅览家具都是通过样品展览，让读者选择投票，最后根据得票的多少而选购的。超级市场（购物中心）除营业面积外，为顾客也设置了很多休息设施；剧院也注意为残疾者登上楼座观看演出提供方便。公共建筑的厕所、小便池的设计也考虑到大人和小孩的不同高度……所有这些都是着眼于人——使用者，细心为他们创造适用而舒适的环境。

9.3.4　空间功能使用的灵活性和适应性

现实告诉人们，很多建筑常常不是按照它们原来的设计意图使用的，建筑师也难以提供一个固定的、与预计用途充分适应的空间，因为人的要求伴随着时间而发展变化。

自 1940 年以来，密斯就一直在研究发展万能空间（Universal Space）这一重要的设计思想。如今，富有极大灵活性的开敞空间的设计思想已普遍地表现在现代建筑的设计实践中，它应用于住宅、办公楼、商品、展览馆、博物馆、高层综合体等各类建筑中。在这些开敞的空间中可利用轻墙、玻璃陈列设施、家具进行灵活分隔，这种设计理念和方法在现代建筑中表现得越来越明显。

早在 20 世纪，美国的高层公寓中，固定的是厨房、厕所等生活服务设施，居住生活空间常常是开敞的，以便租给住户后，可根据住户自己的意愿来安排，这就提供了一定的灵活性。

办公楼不论是低层的还是摩天办公楼，也是采用开敞的空间，而不是像传统的两边办公室中间过道式的布局。除交通、服务设施固定位置外，办公区则是一个开放的空间，以获得最大的布置灵活性。图 9-12 是 20 世纪初在德国建成的一些新办公楼。

摩天办公楼一般都是综合性的，租给不同的业主使用。这些租户要求的面积大小不一，使用要求也各不相同，有的还要求有很大的空间供会议、表演等用，因此要求平面布置有最大的灵活性。芝加哥的西尔斯大厦（图 9-13）的平面就是采用 9 个 22.86m 见方的方形组成。

每个方形内不设柱子,提供无内柱的大空间并为灵活分隔创造了条件。

学校建筑采用这种开敞空间的也不乏其例。我国江苏省培尔学校就是将学校建筑设计成一个开敞的大空间,把同一空间划分为若干不同的区域,分别作为教学区、图书馆及食堂等,可以互相看得见。这是根据儿童好动、好奇的心理和"开敞教室"思想设计的。该校由台湾教育学者与江阴市集资兴建,引进了国外最新的教育观念,力求建立一个自主学习,快乐生活的素质教育环境。学校以学生中心为轴线,一翼为专科教室及生活区,一翼为开放式教学群,每三个班级组成一个教学群,三班有各自领域性的教学空间,班级外另有活动室,配合教学、自助学习及活动的需要,弹性组合运用,教学空间多样化,适合分班、合班、协同教学等不同的学习方式。教室内有宽敞的空间,依据学生行为发展的需要,布置相应的功能性、场所性及领域性的生活学习空间。而其他例子,如哈佛大学建筑系大楼,所有的设计教室都由一个斜屋顶覆盖,有利于高、低年级学生相互观摩,作为建筑教室十分合适(图9-14)。

图 9-12 德国某新办公楼

9.4 建筑功能的基本要求

公共建筑有各种不同的类型,也就有不同的功能要求。但是,由于每一个事物的内部不仅包括了矛盾的特殊性,也包含了矛盾的普

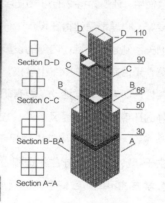

图 9-13 西尔斯大厦

图 9-14 哈佛大学设计学院

遍性，即共性包含在一切个性之中。因此，不同类型的公共建筑尽管在功能要求上有各自的特殊性，但也存在着某些共同的基本要求，通过对这些共同的本质的研究，有助于我们在学习和工作中继续对尚未研究或者尚未深入地研究过的各种类型的建筑进行研究，找出其特殊的本质。在进行建筑规划与设计时，经常遇到的有关功能要求上的问题可以归纳为以下几个方面：

（1）建筑空间使用性质及特点；

（2）建筑物内部使用程序与运行方式；

（3）合理的功能分区；

（4）合理的交通流线组织；

（5）良好的自然卫生条件。

以上只是主要的共同的问题，不同类型的建筑会有不同的侧重，甚至有特殊的要求。但无论如何，它们最基本的出发点应该是最大限度地对人的关怀，以人为本，满足人的物质生活和精神生活的需要。具体地说，就是对该建筑物内使用者最大的关怀。可以说功能问题就是人的问题，设计时一定要牢固树立"人为主体"的设计思想，只有这样才能设身处地，考虑入微。以下就五个方面逐一分析之。

9.4.1　建筑空间使用性质及特点

建筑物的使用性质及特点是设计最基本的内在功能的依据，自然也就是最基本的要求，它直接关系到内部空间的特征及空间组合的方式。不同性质的建筑，有着不同的功能使用要求和不同的空间形态的要求。因此，功能定性和定位的问题，是规划设计前首先应该弄清楚的。例如，设计一个剧院，要根据它的规模，主要演什么剧种，是否兼作其他多功能之用（如放电影、开会等），设计要满足这些最基本的使用要求。单一的剧院、多功能的影剧院、单一的电影院在空间构成、设计要求上是不尽相同的。剧院应该有较大的舞台及舞台设施，应有宽敞的观众休息室（因有幕间休息），观众厅的音响和视线要求较高，而电影院舞台则大大简化，观众厅体积要求比剧院也要小一些，音响、视线处理也不一样，休息室也可小一些。因此，如若做多功能之用，应该明确以哪种为主。又如设计一个图书馆，不仅要满足它的容量要求，提供充足的面积和空间，而且要按照它的管理方式来进行设计。因为图书馆的管理方式与图书馆的空间组合是密切相关的。是实行闭架管理还是实行开架管理，关系到图书馆的空间构成、空间形态及相互的关系。

此外，要考虑使用对象的特点，是一般群众使用，还是为特殊的对象服务？他们的习惯、爱好、心理都是值得在设计中仔细推敲的。它们关系到建筑标准、内部的设施等。如学校建筑，无论是大学、中、小学校，使用性质有公共性，即进行教学活动，要有明亮的光线、安静的环境、良好的通风条件、方便简捷的交通流线等，但它们使用特点都是不完全一样的，由于年龄的不同，学生生理和心理的差异以及教学方式不同，致使空间的尺度、教室设施、设计要求也就自然不一样了。

9.4.2　建筑物内部使用程序与运行方式

工业建筑都有一定的生产工艺，建筑设计必须根据工艺的安排进行建筑平面布局。在公共建筑中虽然没有严密的一道道工序，但也有一定的使用程序和一定的管理运行方式。建筑的平面布局要按照这种使用程序和管理运行方式进行安排，它们都影响着平面布局方式、空间的安排及出入口的设置等。譬如说，一个大学食堂按照传统的管理方式，用膳的程序一般是：提取碗筷—洗涤—买饭菜（到备餐处）—就餐（走到桌位）—洗涤—存放餐具；现在管理方式改变了，采用自助式，用膳程序就不一样了，空间组成及空间序列也就改变了。洗涤、存放餐具的空间，就自然消失，不用用膳者自己洗涤、存放。厨房内的操作也有它的加工流程，并且主食和副食是互不相同而分开进行的，以副食而言，就有粗加工—细加工—洗涤—烹调—配餐等。这些都是食堂设计必须考虑并应予以满足的使用程序。又如影剧院建筑，一般观众看戏或看电影也经历着这样的程序：买票—检票—等候—进场就座—观看—退场的活动程序，因此，售票厅、门厅、观众厅、舞台及楼梯等布局就要按照这一使用程序来安排，一般采用门厅—观众厅—舞台三进式的布置，且把进场和出场分开。各类建筑在使用中都各有自己的使用流程，这里不再一一赘述。

一般为了更清楚、更简明地表示建筑物内部的使用关系，常以一种简明的分析图表示之，通常称之为功能关系图。这种功能关系图对设计者是颇有益的。它是功能分析的一种手段，不仅表示出使用程序，也表示各部分在平面布局中的位置及相互之间的关系。我们仍以上述食堂为例，在设计一般工矿企业的食堂时，往往有各种不同用途的房间需要组合起来，如供职工用膳的餐厅，主、副食蒸煮加工的厨房、备餐间、储存室，副食用的仓库、管理用

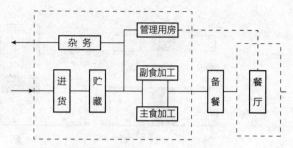

图9-15 食堂功能关系图

房以及其他辅助房间。这些房间虽然有不同用途，但在使用中总是按一定的流程把它们联系起来，其功能关系图大致如图9-15所示。

这个功能关系图反映在建筑上就是厨房、备餐、饭厅和管理的四个部分关系，而主要又是前三者的关系。所以在一般工矿企业和院校的食堂都是以这三个主要部分的相互关系来进行平面组合的。它告诉我们：用膳者从入口到备餐要靠近，出入人流尽量不要影响就餐区；备餐既要毗邻餐厅又要靠近主、副食加工部；燃料、食物等要有单独的出入口，与用膳者出入人流互不干扰，办公也需有单独对外入口，便于外部联系，此外也要与餐厅、厨房都能直接联系。根据这样的功能关系进行平面布局就可以基本上能符合使用的要求。食堂根据这种功能关系图进行平面布局，基本的组合形式和实例如图9-16所示。

在功能复杂的建筑中，这种功能关系图更能清楚、简明地帮助我们分析各个部分使用上的相互关系，从而能把众多的房间按其使用的关系分成较简单的若干组，抓住它们的主要使用关系，便于更快地进行平面布局。

我们再选用医院和图书馆建筑作为例子来进行分析。图9-17为一般综合性医院功能关系

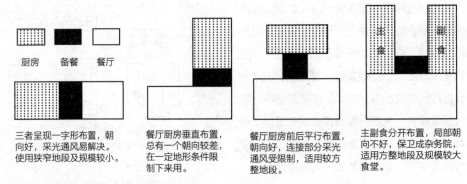

三者呈现一字形布置，朝向好，采光通风易解决。使用狭窄地段及规模较小。

餐厅厨房垂直布置，总有一个朝向较差，在一定地形条件限制下来用。

餐厅厨房前后平行布置，朝向好，连接部分采光通风受限制，适用较方整地段。

主副食分开布置，局部朝向不好，保卫成杂务院，适用方整地段及规模较大食堂。

图 9-16　食堂平面组合基本形式及实例

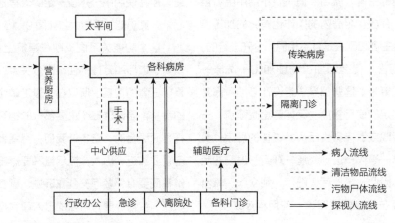

图 9-17　一般综合性医院功能关系图

图。它告诉我们：医院用房虽然众多，按其使用情况分成门诊、辅助医疗部、手术部、住院部、行政办公及中心供应等几个部分，而且各部分的使用关系是：门诊部必须靠近医院地段的入口部分，病房应置于后部，可设有单独的出入口；辅助医疗部则需置于门诊部和病房之间，使二者使用都很方便；而手术部则要靠近病房；服务供应部分为病房服务，也需有单独的出入口；行政办公则要求与各部分都能联系。

例如江浦人民医院（图 9-18）基本上就是按这种功能关系布局的。目前，随着小汽车进入我国家庭，交通方式发生了很大变化，自己开车护送病人的较多，因此医院对外出入口前需设置较大的停车场，这也就带来医院设计的新功能要求。

图 9-19 为一般按闭架管理的大学图书馆之功能关系图。它明显地告诉我们：图书馆主要是由书库、借书厅（目录室及出纳台）、阅览室及采编办公等四个部分组成。它们的使用关系是书库、借书厅（目录及出纳台）及阅览室的关系必须密切，借书厅一般是置于书库与阅览室之间，使读者入馆后能方便地

到借书厅借还图书并方便地到各阅览室，也使图书能简捷地从书库传送到借书厅的出纳台，争取最短的运书路线；采编业务部门既要与书库也要与目录厅有紧密的联系，以方便新书入库、上架和工作人员查阅、增补卡片；图书馆的办公用房则需与各个部分都能有联系。从功能关系图可知：读者和图书及内部工作人员出入口应该分开。根据这种功能关系的要求，传统图书馆按闭架管理方式，通常见到的图书馆的平面组合的方式就如图9-20所示。但是，近代图书馆都是走向开放的管理方式，实行藏、借、阅、管于一体，馆员服务与读者自我服务相结合的管理模式，特别是信息社会实行计算机技术在图书馆中得到普遍应用，传统图书馆的工作程序也发生了相应的改变，空间要求也就不一样了，图9-21为现代图书馆的功能关系图。随着现代图书馆管理模式的变化，图书馆的功能关系也发生了变化，因而现代图书馆的平面与传统图书馆的平面布局也就不一样了。现代图书馆变分散的条

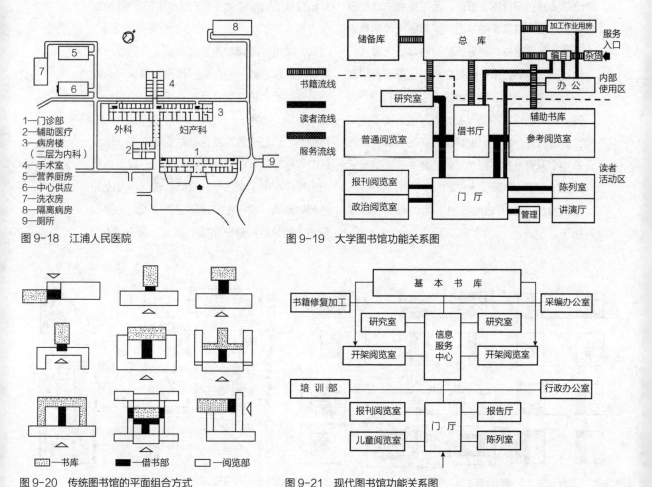

1—门诊部
2—辅助医疗
3—病房楼（二层为内科）
4—手术室
5—营养厨房
6—中心供应
7—洗衣房
8—隔离病房
9—厕所

图9-18　江浦人民医院

图9-19　大学图书馆功能关系图

图9-20　传统图书馆的平面组合方式

图9-21　现代图书馆功能关系图

状体形为集中的块状体形较多，以适应图书馆使用灵活性的需要。图 9-22 为现代图书馆平面的若干布局形式。图 9-23 为美国达拉斯市公共图书馆平面。

不同类型的建筑物有不同的组成、不同的功能要求，也就有不同的功能关系图（详见下节），这里不一一介绍。各种类型建筑的功能关系图一般可根据使用情况，在调查研究的基础上，由设计者自行编制。

但必须指出：这种功能关系图仅仅是一个帮助我们设计的分析图，而不能简单地把它看作是这个建筑物的平面空间布置图或建筑平面图。虽然这种功能分析图有时可以启发我们提出一个平面方案，但是它只不过是所有可能的方案中的一个。某些时候若全然按它进行布置，则将妨碍方案的发展，甚至使方案不能成立。因为每一种类型的建筑，它的功能关系图基本上只有一种，但是它的拓扑关系图就远远不是一个了，建筑设计方案也远不是只有一个。上述食堂及图书馆的不同平面布局形式即是例子。

还需指出，这种使用程序——功能序列也不能简单地看作是内部空间的组织程序。建筑师在设计中应该不仅按照使用程序——功能序列精心安排建筑物的使用者来到建筑后首先看什么，其次看什么，然后又看什么，引导使用者按照它的布局来使用建筑。而且要根据使用程序来精心安排空间程序——审美序列，使观众在使用中产生一种空间的美感，从而使功能序列和审美序列有机结合，彼此连贯一致。任何一个设计良好的建筑都显示出合乎逻辑的连贯和有机的功能序列，并产生满足人们精神功能的审美序列。例如：任何一个剧院的设计，观众的使用程序如前所述是：买票—等候—检票—（休息等候）—进场—休息—退场，这是一条连贯的功能序列，反映在空间上则是：门廊—门厅（售票）—过厅—休息厅—观众厅的路线，显示出一种观赏活动的空间序列。观众从空间序列的入口开始，被自然地一层层地引向功能序列的高潮——观众厅，自然也是空间序列的高潮，这一空间序列应该使观众产生欢乐愉快的情绪和建筑空间的美感。图 9-24 为

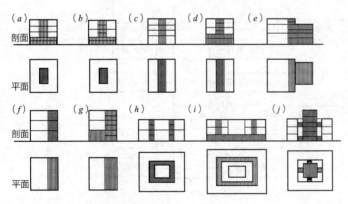

图 9-22　现代图书馆平面布局形式

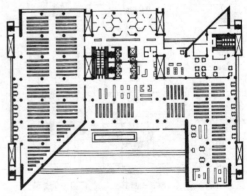

图 9-23　美国达拉斯市公共图书馆平面

图9-24　北京国家大剧院一层门厅

北京国家大剧院一层门厅，该剧院入口空间序列很特别，观众先从室外进入地下（水池下），又从地下的门厅经过椭圆形的自动扶梯厅而将观众引入一层大厅，从而进入空间序列的高潮。否则，即使功能序列连贯，而这座建筑仍将显得没有活力而使人感到失望，虽然满足了使用功能的要求，而没有满足人们精神上审美的要求。

同样，演员从后门进来经后台—化装—舞台的程序安排，不仅应有条不紊，而且也应该有益于培养演员的情绪。

另一方面，如果观众买了票直接进入观众厅，或者从小小楼梯间处检票就进入观众厅，这样的安排不仅有害功能的使用，而且也不会具备任何的美感，它既没有满足功能序列，也根本谈不上空间序列。

因此，一般设计应该具有连贯有机的功能序列，并且将功能序列变为一个感人的空间序列，使两者有机地统一。

9.4.3　合理地进行功能分区

在设计各类公共建筑时，在研究了它们的使用程序和功能关系后，就是要根据各部分不同的功能要求、各部分联系的密切程度及相互的影响，把它们分成若干相对独立的区或组，进行合理的"大块"的设计组合，以解决平面布局中大的功能关系问题，使建筑布局分区明确，使用方便、合理，保证必要的联系和分隔。就各部分相互关系而言，有的相互联系密切，有的次之，有的就没有关系；甚至有的还有干扰，有的就要隔离。设计者必须根据具体的情况进行具体的分析，有区别地加以对待和处理。对于使用中联系密切的各部分要相近布置，对于使用中有干扰的部分，要有适当地分隔，需要隔离者尽可能地隔离布置。

合理的功能分区就是既要满足各部分使用中密切联系的要求，又要创造必要的分隔的条件。联系和分隔是矛盾的两个方面，相互联系的作用在于达到使用上的方便，分隔的作用在于区分不同使用性质的房间，创造相对独立的使用环境，避免使用中的相互干扰和影响，以保证有较好的卫生隔离或安全条件，并创造较安静的环境等。

各类建筑物功能分区中联系和分隔的要求是不同的，在设计中就要根据它们使用中的功能关系来考虑。

下面将功能分区的一般原则与分区方式分别介绍如下：

1）功能分区原则

公共建筑物是由各个部分组成的，它们在使用中必然存在着不同性质的内容，因而也会有不同的要求。因此，在设计时，不仅要考虑使用性质和使用程序，而且要按不同功能要求进行分类和分区布局，以分区明确而又联系方便。

在分区布置中，为了创造较好的卫生或安全条件，避免使用过程中的相互干扰以及为了满足某些特殊要求，平面空间组合中功能的分区常常需要解决好以下几个问题：

（1）处理好"主"与"辅"的关系

任何一类公共建筑物或居住建筑物的组成都是由主要使用部分和辅助使用部分或附属使用部分所组成。公共建筑中主要使用部分是公众直接使用的部分，如学校教室、医院病室、诊室等基本工作用房，辅助使用部分包括附属及服务用房。前者可称主要使用空间，后者为辅助使用空间。在居住建筑中也有主要使用房间，如起居室、卧室，辅助使用部分如卫生间、厨房等。在进行空间布局时必须考虑各类空间使用性质的差别，将主要使用空间与辅助使用空间合理地进行分区。一般的规律是：主要使用部分布置在较好的区位，靠近主要入口，保证良好的朝向、采光、通风及景向、环境等条件，辅助或附属部分则可放在较次要的区位，朝向、采光、通风等条件可能就会差一些，并常设单独的服务入口。

例如一个宾馆的建筑设计，其主要使用空间应为客房、公共活动房间（如休息室、会客厅、餐厅、娱乐室等），而辅助使用空间则为办公室、厨房、洗衣房及各种机械设备室等。这两大部分在空间布局中应有明确的分区，以免相互干扰，并且应将客房及公共活动用房置于基地较优越的地段，保证良好的朝向、景向、采光、通风等条件。辅助使用空间从属于它们布置，切不能主次颠倒或者相混，更不应将辅助使用空间安排在公众先到的区位，先通过这些辅助房间区域才能到主要使用空间，正如一些住宅设计通过厨房再进居室一样，是很不妥当的。

对待"主"与"辅"的关系也要辩证分析，有时二者是难以分开的，常常是某些辅助用房寓于主要使用部分之中。例如，车站、影剧院等建筑中的售票等营业服务用房在使用上应属于辅助使用部分，它们的基本使用空间应该是候车室、观众厅等。售票房在使用上虽属辅助使用部分，但在使用程序上又居前位。因此它就不能置于次要的隐蔽地位，而应该是公众能方便到达之处。这告诉我们，功能分区要与使用程序结合起来考虑，分区布置要保证功能序列的连贯性。

另外，辅助部分的设计也要认真对待。辅助部分本身有它自己的使用程序，设计时应保证其功能序列的连贯。因为它们常常就是各种各样的加工厂（如厨房可视为食品加工厂，洗衣房则为洗衣加工厂，图书馆的采编目录部门也像一个书籍加工厂……）；它们与基本使用空间既有需要分隔开的一面，又有需要联系的一面，设计不当，都会给使用带来不好的效果。它们的面积大小，空间高低都有其特殊的要求，都应妥善解决。如果它们与基本使用空间不按一定比例来安排，必将影响其使用功能及整个建筑物的使用效果。例如博物馆或商店，如若仓库面积过小，位置不当或者是采光、通风考虑不周，不仅影响到陈列室或营业厅的使用，而且要影响到展品或商品的保存，甚至导致展品和物品变质。

（2）处理好"内"与"外"的关系——公共领域和私有领域的关系

公共建筑物中的各种使用空间，有的对外性强，直接为公众使用，有的对内性强，主要供内部工作人员使用，如内部办公、仓库及附属服务用房等。在进行空间组合时，也必须考虑这种"内"与"外"、"公"与"私"的功能分区。一般来讲，对外性强的用房（如观众厅、陈列室、营业厅、讲演厅等），人流大，应该靠近入口或直接进入，使其位置明显，通常环绕交通枢纽布置；而对内性强的房间则应尽量布置在比较隐蔽的位置，以避免公共人流穿越而影响内部的工作。

例如，沿街的商店、营业厅是主要使用房间，对外性强，属于公共领域，应该临街布置；库房、办公纯属辅助的用房，属于私有领域，不宜将它临街布置在顾客容易穿行的地方。展览建筑中，陈列室是主要使用房间、对外性强，尤其是专题陈列室、外宾接待室及讲演厅等一般都是靠近门厅布置，而库房办公等用房则属对内的辅助用房，就不应布置在这种明显的地方，前者属于公共空间领域，后者属于私有空间领域。

当然，"内"与"外"、"公"与"私"有时也不能决然分开。办公室如果供接待，它就兼有对内、对外的双重性，此时主要应按对外的要求来设计，以方便接待。还有一种情况，有的观众大厅（如讲演厅、学校的大活动室等）除了供本单位使用以外，有时还需要直接对外开放。有的用房虽然直接为公众服务，但从管理考虑又不希望太开放，例如宾馆的客房虽直接为旅客使用，但不希望随意进出，所以常置于二楼以上，而将对外性强的公共部分置于底层。从此例也可认为，凡属对外性强的使用空间，必将是公众使用多或公共人流大的空间，反之，对外性就弱一些。住宅的设计也同样要

考虑"内"和"外"、"公"与"私"的空间领域的区分，就是在一个房间内布置家具也同样有一个功能分区的要求。

（3）处理好"闹"（或"动"）与"静"的分区关系

公共建筑中供学习、工作、休息等使用的部分希望有较安静的环境，而有的用房容易嘈杂喧闹，甚至产生噪声，这两部分则要求适当隔离。例如：学校中的公共活动教室（如音乐教室、室内体育房等）及室外操场在使用中会产生噪声，而教室、办公室则需要安静，两者就要求适当分开；医院建筑中门诊部人多嘈杂，也需要与要求安静的病区分开；图书馆建筑的儿童阅览室及陈列室、讲演厅等公共活动部分等人多嘈杂，应与要求安静的主要阅览区分开布置。因此在设计时要仔细地分析各个部分的使用内容及特点，分析"闹"与"静"的要求，有意识地进行分区布置。即使是同一功能的使用房间也要进行具体分析、区别对待。如商店的营业厅，一般都比较喧闹，但乐器和唱片柜台不只喧闹，而且因试奏、试听会产生噪声。因此，在同一营业厅的布置中，也有一个局部的分区问题，往往将其放置一角或分开布置，通常要设试听间。又如俱乐部或文化馆，主要的房间都是开展各种各样的活动，但由于活动的内容不一，"闹""静"的情况和要求也就不同，一些活动用房（如乒乓球室、文娱室、球场等）比较喧闹、有噪声，而另一些活动室（如下棋室、阅览室等）则要求安静，两组房间就需适当分开。

（4）处理好"清"与"污"的分区关系

公共建筑中某些辅助或附属用房（如厨

房、锅炉房、洗衣房等）在使用过程中产生气味、烟灰、污物及垃圾，必然要影响主要使用房间，所以要使二者相互隔离，以免影响主要工作房间。一般应将产生污染的房间置于常年主导风向的下风向，且不在主要交通线上。此外，这些房间一般比较零乱，也不宜放在建筑物的主要一面，避免影响建筑物的整洁和美观。因此常以前后分区为多，少数可以置于底层或最高层。

"清"与"污"的问题尤以医院建筑为突出。除了上述附属用房有污染物要与病区相隔离外，就是医院的病区也有传染病区和一般病区之别，二者要隔离布置，且要将传染病区置于下风向。此外，医院中的同位素科因有放射性物质伤害人体健康，也需要与一般治疗室分开，最好独立设置，相距大于50~100m。在条件有限时，可以放在大楼的顶层，而且同位素的路线也要与病人路线分开。图9-25为北京中国康复研究中心总平面图，该中心的核磁共振用房就远离门诊和医疗接收病房楼，而独立布置于基地的一侧，靠近次入口。

此外，除了上述按功能进行分区外，还有其他的因素也常常作为分区的原则。例如：有时根据空间大小、高低来分区，尽量将同样高度、大小相近的空间布置在一起，以利结构与经济；而有时又可根据建筑标准来分区，不宜将标准相差很大的用房混合布置在一起，如有的附属用房可采用简易的混合结构，就不必把它们布置在框架结构的主体中。

当然，上述的分区都是相对的，它们彼此不仅有分隔而且又有相互联系的一面，设计时需要仔细研究，合理安排。

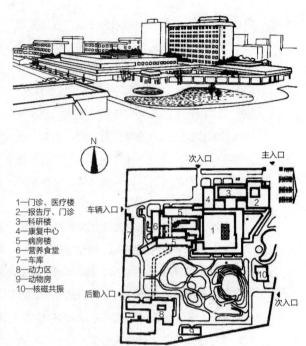

1—门诊、医疗楼
2—报告厅、门诊
3—科研楼
4—康复中心
5—病房楼
6—营养食堂
7—车库
8—动力区
9—动物房
10—核磁共振

图9-25　北京中国康复研究中心

2）功能分区方式

总结实践经验，按功能要求分区，一般有以下几种方式，如图9-26所示：

（1）分散分区

即将功能要求不同的各部分用房按一定的区域，布置在几个不同的单幢建筑物中（图9-26a）。这种方式可以达到完全分区的目的，但也必然导致联系的不便。因此这种情况下要很好地解决相互联系的问题，常加建露廊相连接。

（2）集中水平分区

即将功能要求不同的用房集中布置在同一幢建筑的不同的平面区域，各组取水平方向的联系或分隔，但要联系方便，平面外形不要搞得太复杂，保证必要的分隔，避免相互影响

（图 9-26b）。一般是将主要的、对外性强的、使用人流少的或要求安静的用房布置在后部或一侧，离入口远一点。也可以利用内院，设置"中间带"等方式作为分隔的手段。

（3）垂直分区

将功能要求不同的各部分用房集中布置于同一幢建筑的不同层上，以垂直方式进行联系或分隔（图 9-26c）。但要注意分层布置的合理，注意各层房间数量、面积大小的均衡，以及结构的合理性，并使垂直交通与水平交通组织紧凑方便。分层布置的原则一般是根据使用活动的要求、不同使用对象的特点及空间大小等因素来综合考虑。例如中小学校可以按照不同年级来分层，高年级教室布置在上层，低年级教室布置在底层；多层的百货商店应将销售量大的日用百货及大件笨重的商品（如自行车等）置于底层或地下室，其他的如纺织品、文化用品等则可置于上面的各层。

上述方法还应按建筑规模、用地大小、地形及规划要求等外界因素而决定，在实际工作中，往往是相互结合运用的，既有水平的分区，也有垂直的分区。

根据上述分区方式，我们进一步地分析"主"与"辅"和"闹"与"静"的分区在设计中的一些处理手法。

一般在平面布局时，"主"与"辅"的功能分区方式有以下几种，如图 9-27 所示：

（1）主要部分和辅助部分水平方向分开布置。二者露天联系或以廊相连，在基地较大的情况下或为了某些特殊卫生隔离要求而采用这种方式。如一般县城及农村中的医院、中小学等常常采用这种方式（图 9-27a）。

（2）辅助部分布置在主要部分之一侧。一般应该尽量避免将辅助部分布置在主要部分的两侧，否则辅助用房内部联系因分开两边而不方便（图 9-27b）。

（3）辅助部分布置在主要部分的后部。这是一般通用的方法，在商店、图书馆、食堂及博物馆等建筑中更是屡见不鲜。一般在后部设置单独的出入口（图 9-27c、e）。

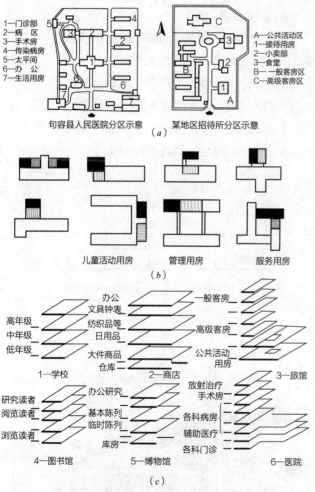

图 9-26 建筑布局分区方式

（a）分散分区；（b）水平分区（以幼儿园为例）；（c）垂直分区

（4）辅助部分围绕着主要使用房间布置，这是一般的体育馆、电影院、剧院等建筑平面组合的特点，它们的辅助用房基本上都是围绕着比赛厅、观众厅布置（图9-27d、f）。有时也将二者上下布置（图9-27g、h）。在较早的图书馆建筑中也盛行过将书库围绕着中央阅览大厅的布局方式，如图9-28所示。英国皇家博物院图书馆就是这种方式。

（5）辅助部分置于底层或半地下室。这是在地段拥挤，采用多层布局中常采用的垂直分区的方式。如南京博物院（图9-29）库房就放在底层，陈列室置于其上，有外楼梯通上二层，参观方便，库房在底层也便于运输。南京医科大学图书馆就采用垂直式的空间布局，将书库、出纳台、办公及编目室等置于底层，而将大大小小的阅览室布置在二、三层上（图9-30）。

（6）辅助部分置于顶层。通常是将办公等用房置于上部，而附属的服务用房，如锅炉房、洗衣房及厨房等放在上部的则较少。行政办公等置于上部的这种方法在某些情况下是由于用地较紧，某些情况下则是由于层数的要求或立面高度的要求。例如火车站建筑，一般候车室最多两层，高度不可能做得很大。为此，往往将行政办公等用房作为第三层，可以提高立面的高度，改善整个立面的比例。早期的北京铁路旅客站即属此例（图9-31）。

"闹"与"静"的分区在平面布局中手法也很多，一般可以归纳为以下几种方式（图9-32）：

（1）"闹"与"静"的用房分开布置，两者之间留有适当的距离作隔离带，或者是将"闹"的用房独立布置于主体之外。例如中小学建筑就可以将音乐教室、体育房单独布置。

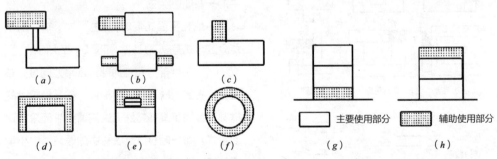

图9-27 "主"与"辅"的功能分区方式

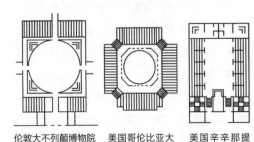

伦敦大不列颠博物院图书馆　美国哥伦比亚大学图书馆　美国辛辛那提公共图书馆

图9-28 早期图书馆的平面形式

图9-29 南京博物院

（2）把"闹"的用房置于"静"区的边缘，以尽量减少其干扰。仍以小学校主例，它可将公共活动室（音乐室等）置于教室的一端或其后部，这样就可减少它所产生的噪声对普通教室的干扰。

（3）利用一些辅助的不怕干扰的房间（如厕所、楼梯、仓库、贮藏室等）作为隔声屏障，将"闹"与"静"分开。小学校利用厕所、楼梯等将音乐教室和一般教室分开；在俱乐部建筑中利用这些辅助用房将要求安静的阅览室、棋牌室等与较吵闹的乒乓室分开。如果噪声主要来自外界的话，则可根据噪声来源的方向，利用这种手法，将辅助用房作隔离屏障，迎着噪声来源的方向布置，以创造一个所需要的安静环境。如合肥工业大学图书馆，由于它的东边是操场，比较吵闹，因此将门厅、书库等用房布置于东面和北面，作为隔声屏障，而将主要阅览区布置在南面，减少来自操场的噪声对它的影响，创造了阅览室的安静环境。

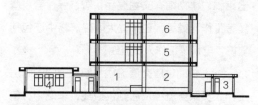

图 9-30 南京医科大学图书馆剖面
1—门厅；2—借书厅；3—办公、采编室；4—期刊室；
5—学生阅览室；6—教师阅览室

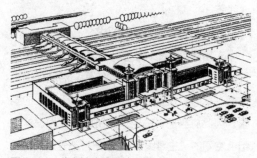

图 9-31 北京铁路旅客站

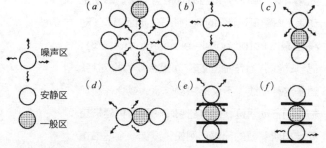

图 9-32 "闹"与"静"的分区方式
（a）闹在静中，分区不好；（b）噪声区独立设置；（c）闹静前后分区；
（d）闹静左右分区；（e）闹静垂直分区之一；（f）闹静垂直分区之二

噪声区

安静区

一般区

（4）将"闹"与"静"的房间在垂直方向上分区布置，一般是将"闹"的用房放在底下，将要求安静的房间置于上部。这与人流的合理组织要求也是一致的。如多层的医院建筑，门诊部因使用人多，比较吵闹，总是布置底层或1~2层，病房则布置在上部。图书馆中公共活动用的讲演厅、陈列室以及一般浏览性读者的阅览室，因使用频繁，比较吵闹，通常也布置在底层；要求安静的阅览室、研究室则布置在上部。有时也将"闹"的部分放在顶层，如有些大宾馆将大餐厅、公共活动房间置于顶层，这样大空间置于小空间上，结构比较合理。

9.4.4 合理地组织交通流线

人在建筑物内部的活动，物在内部的运送，就构成建筑的交通组织问题。它包括两个方面：一是相互的联系，二是彼此的分隔。合理的交通路线组织就是既要保证相互联系的方便、简捷，又要保证必要的分隔，使不同的流线不相互干扰。交通流线组织的合理与否是评鉴平面布局好坏的重要标准，它直接影响到平面布局的形式。下面着重介绍一下交通流线的类型、流线组织的要求以及组织方式。

1）交通流线的类型

公共建筑物内部交通流线按其使用性质可分以下几种类型，如图9-33所示：

（1）人流交通线：即建筑物主要使用者的交通流线，如食堂中用膳者流线，车站中的旅客流线，商店中的顾客流线，体育馆及影剧院中的观众流线，展览建筑中的参观路线等。不同类型的建筑物交通流线的特点有所不同：有的是集中式，在一定的时间内很快聚集和疏散大量人流，如影剧院、体育馆、音乐厅、会堂建筑等；有的是自由式，如商业建筑、图书馆建筑等；而有的则是持续连贯式，如展览馆、博物馆、医院建筑等。但是，它们都有一个合理组织大量人流进与出的问题，并应满足各自使用程序的要求。公共人流线按其流线的动向，都可以分为进入和外出两种。在车站建筑中就是旅客进站流线和出站流线，在影剧院中就是进场流线和退场流线。公共人流交通线中不同的使用对象也构成不同的人流，这些不同的人流在设计中都要分别组织，相互开，避免彼此的干扰。例如车站建筑中的进站旅客流线包括一般旅客流线、母子旅客流线、软席旅客流

线及贵宾流线等。一般旅客流线中通常按其乘车方向构成不同的流线；体育建筑中公共人流线除了一般观众流线外还包括运动员的流线、贵宾及首长流线等。

（2）内部工作流线：即内部管理工作人员的服务交通线，无论哪种类型的建筑，都存在着内部工作流线，只是繁简程度不一。商业建筑有商品运输、库存、供应路线，工作人员进出路线；博物馆有文物展品，藏、保、管、修复等工作流线等；在某些大型建筑物中还包括摄影、电视等工作人员流线。

（3）辅助供应交通流线：如食堂中的厨房工作人员服务流线及后勤供应线，车站中行包流线，医院建筑中食品、器械、药物等服务供应线；商店中货物运送线；图书馆中书籍的运送线等。

2）交通流线组织的要求

人是建筑的主体，各种建筑的内外部空间设计与组合都要以人的活动路线与活动规律为依据，尽力满足使用者在生理上和心理上的要求。因此应当把"主要人流路线"作为设计与组合空间的"主导线"，据此把各部分设计构成一连串的丰富多彩的有机结合的空间序列。现代建筑大师勒·柯布西耶就相当强调"借助走动来了解建筑设计"的活动路线。因而就有"动线建筑"（promenade architecture）之说，把"动线"当作独立的空间组合要素来对待。对于这种动线，不仅把它看作是人或物在建筑物内的行动轨迹，而且把它转化为建构建筑空间结构所需要的元素。例如：设计一个图书馆应该以"读者人流路线"作为设计的"主导线"，把各个阅览室及服务空间有机地组合起来；设

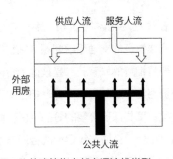

图9-33　公共建筑物内部交通流线类型

计一个博物馆应该以"观众参观路线"作为组合空间的主导线，把各种陈列室连贯而又灵活地组织起来；设计体育馆、影剧院这些人流量大而集中的建筑，更应该以"观众进、出场"路线作为设计的"主导线"；对于某些有多种使用人流的建筑，如火车站，它有一般旅客人流，又有贵宾等其他人流，显然应该以群众进、出站人流为"主要旅客人流"，并以它为设计的"主导线"，而不应该像一些车站那样，过于侧重考虑贵宾活动，而忽视一般旅客的基本使用。

总之，交通人流的组织要以人为主，以最大限度地方便主要使用者为原则，应该顺应人的活动，不是要人们去勉强地接受或服从建筑师所强加的"安排"。正因为"人的活动路线"是设计的主导线，因此，交通流线的组织就直接影响到建筑空间的布局。明确"主导线"的基本原则后，一般在平面空间布局时，交通流线的组织应具体考虑以下几点要求：

（1）不同性质的流线应明确分开，避免相互干扰。这就要做到：使主要活动人流线不与内部工作人流线或服务供应线相交叉；其次，主要活动人流线中，有时还要将不同对象的流线适当地分开；此外，在集中人流的情况下，一般应将进入人流线与外出人流线分开，不出现交叉、聚集、"瓶子口"的现象。

（2）流线的组织应符合使用程序，力求流线简捷明确、通畅，不迂回，最大限度地缩短流线。譬如说，在食堂的设计中，交通流线的组织就要根据用膳者的使用程序，使用膳者进到食堂后能方便地洗手、买饭菜和就座。因此，备餐处应能够快速地识别和便捷地到达，图9-34为食堂流线组织的比较。其中图9-34（a）流线较长，图9-34（b）流线曲折，图9-34（c）（d）较直接，简捷。

在车站建筑设计中，人流路线的组织一般要符合进站和出站的使用程序。进站旅客流线一般应符合问讯—售票—寄存行李—安检—候车—检票等活动程序。出口路线就要使出站后能方便地到行李提取处或小件寄存处，并且能尽快地找到市内公共汽车站或地铁站出入口或社会停车场。例如上海火车站，采用高架候车模式，宽大的通廊横跨铁路南北两侧，不仅有效地节约了土地，简化城市交通，方便旅客进站、出站，而且也成为旅客进站最直接、最简短、最方便的、最经济的火车站设计的楷模，它几乎没有一点迂回曲折，进站候车、上车方向明确、简捷，相应的服务设施在通廊中就近解决，极为方便，见图9-35。旅客进入大堂后，向

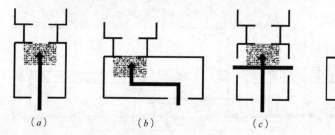

（a） （b） （c） （d）

图9-34 不同食堂流线组织的比较
（a）流线较长；（b）流线曲折；（c）、（d）流线直接，简捷

前径直走向自动扶梯，快速登上二楼，直接进入宽大的南北联系的通廊，八个候车室分布在两侧，进入候车室后，穿过候车室就下到站台，直达自己所乘的列车。在图书馆设计中，人流路线的组织就要使读者方便地通达读者所需去的阅览室，并尽可能地缩短运书的距离，缩短借书的时间。

（3）流线组织，要有灵活性，以创造一定的灵活使用的条件。因为在实际工作中，由于情况的变化，建筑内部的使用安排经常是要调整的。譬如说车站，既要考虑平时人流的组织，又要考虑黄金周和节假日期间的"旅客潮"安排；图书馆设计既要考虑全馆开放人流的组织又要考虑局部开放（如大学图书馆在寒暑假期间），而不影响其他不开放部分的管理；在展览建筑中，这种流线组织的灵活性尤为重要，它

既要保证参观者能有一定的顺序参观各个陈列室，又要使观众能自由地取舍，同时也便于既能全馆开放，也能局部使用的可能，不致因某一陈列室内部调整布置而影响全馆的开放。这种流线组织的灵活性直接影响到建筑布局及出入口的设置。以展览建筑为例（图9-36a），各个陈列室相套布置，参观路线很连贯，但是一旦调整某一陈列室的布置，全馆就不能开放。若采用一个交通枢纽（图9-36b），把几个陈列室连接起来，参观路线既连贯也具有灵活性，可中断开放任一陈列室而不影响其他部分的开放。此外，也可增加出入口，如中国美术馆，除设主要入口外，两侧还放了两个辅助入口，除了全馆能统一安排陈列外，三个部分都能独立开放（图9-36c、图9-37）。

当然，流线组织的连贯与灵活孰主孰次还

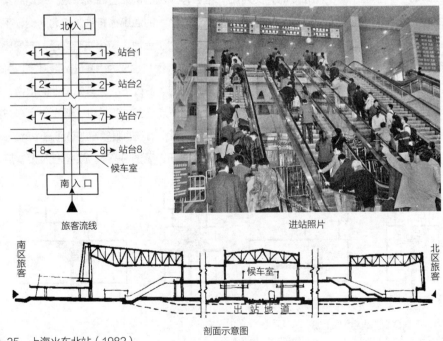

旅客流线　　　　　　　进站照片

剖面示意图

图9-35　上海火车北站（1982）

要根据各个建筑物的性质而有所不同，这就要根据具体情况，具体分析。以博览建筑来讲，历史性博物馆由于陈列内容是断代的，时间序列性强，因此主要是考虑参观路线的连贯，而艺术陈列馆或展览馆则要求更灵活一些。

（4）流线组织与出入口设置必须与城市道路及城市公交站密切结合，二者不可分割，否则从单体平面上看流线组织可能是合理的，而从总平面上看可能就是不合理。或者反之。

3）流线组织的方式

流线组织的基本方式：各类公共建筑中流线组织共同要解决的问题，即把各种不同类型的流线分别予以合理组织以保证方便的联系和必要的分隔。综合各类公共建筑中实际采用的流线组织方式，不外乎以下三种基本方法，如图9-38所示：

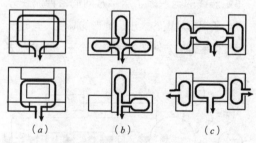

图9-36 路线组织灵活性分析
（a）环形，连续但不灵活；（b）放射性，不连续但灵活；
（c）环形＋放射，连续也灵活

图9-37 中国美术馆

（1）水平方向的组织：即把不同的流线组织在同一平面的不同区域，这与前述水平功能分区是一致的。这种水平分区的流线组织垂直交通少，联系方便，避免大量人流的上上下下。在中小型的建筑中，这种方式较为简单；但对某些大型建筑来讲，单纯的水平方向组织可能不易解决复杂的交通问题或使平面布局复杂化，这是它的不足之处。

（2）垂直方向的组织：即把不同的流线组织在不同的层上，在垂直方向把不同流线分开。这种垂直方向的流线组织，分工明确，可以简化平面，对较大型的建筑更为适合。但是，它增加了垂直交通，同时分层布置要考虑荷载及人流量的大小。一般讲，总是将荷载大、人流多的部分布置在下，而将荷载小、人流量少的置于上部。

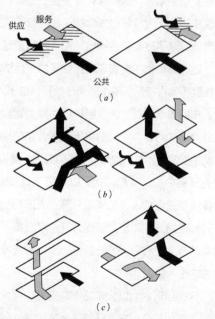

图9-38 公共建筑的流线组织方式
（a）水平组织方式；（b）垂直组织方式；（c）混合组织方式

（3）水平和垂直相结合的流线组织方式；即在平面上划分不同的区域，又按层组织交通流线，常用于规模大、流线较复杂的建筑物中。

流线组织方式的选择一般应根据建筑规模的大小、基地条件及设计者的构思来决定。一般中小型公共建筑，人流活动比较简单，多取水平方向的组织；规模较大，功能要求比较复杂，基地面积不大，或地形有高差时，常采用垂直方向的组织或水平和垂直相结合的流线组织方式。

4）几种不同类型建筑的流线组织

上述流线的基本组织方式适用于各类型建筑，此外，再将交通流线比较复杂的几种主要类型的建筑作进一步的分析。

（1）交通建筑流线的组织

交通建筑包括火车站、汽车站、水上客运站及航空站等。这类建筑最主要的是要合理解决车流、人流及行包货物的流线问题。因为这类建筑除了旅客进站和出站的各种频繁活动外，还有各种市内交通车辆和站场内外运送行李包裹（简称行包）的车辆来往运行，由于人、货、车的集散活动，流线组织自然成为这类建筑最突出的问题。它是站房平面布置和空间组合的主要问题，这些流线的组织要简捷、明确，避免迂回曲折，互相干扰，以保证迅速安全。具体讲就是要将人流和车流分开，人流和货流分开，进站流线和出站流线分开，以及将不同对象的旅客流线分开。一般进、出站都要设置单独的出入口。

这类建筑中尤以火车站（特别是中、大型车站）最为复杂。它包括普通旅客流线、特殊照顾旅客流线——包括母子、老弱病残、中转

旅客流线、贵宾流线，大城市中还有市郊旅客流线等。其特点是旅客集中、人流密度大、速度快。流线组织应直接通畅，使进站人流迅速方便进站，见图9-39。

出站人流和种类比进站人流简单得多，办理手续也少，可以分为三种流线，即一般旅客流线、中转旅客流线及贵宾流线，为出站旅客服务的行李提取处、小件寄存处及补票、签票处都应靠近出口布置，组织在出站流线上。

其次是进站出站货物流线即行包发送流线和行包到达流线，二者应该分开，行包托运和行包仓库要靠近票房、行包提取处及仓库应靠近旅客出口处，大型旅客站一般要设置行包地道，避免与人流交叉，使大量行包迅速运到发行包仓库。

这些流线因车站规模的大小而繁简不一。车站流线的组织除了水平方向把各种流线分开。还根据规模的大小、地形的高低，有时采用立体错开的方法把各种流线分开。基本方法

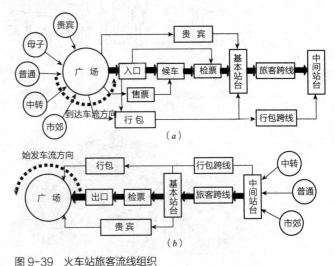

图9-39　火车站旅客流线组织
（a）火车站进站流线组织；（b）火车站出站流线组织

见图 9-40，实例如图 9-41、图 9-42 所示。

● 平面错开式，即将不同的流线在同一平面上分开组织，一般以左、右来分，在中、小型车站应用比较多，为湖南韶山火车站就属此例，如图 9-41 所示。

● 立体错开式，即将不同的流线分开在两个不同的层面来组织，采用立体错开的方式，一般用于大型车站或站址地形有高差的情况下。如湖南湘潭火车站（图 9-42），由于站台高于广场 5.6m，利用高差设计成二层，进站旅客主要经过二层栈桥抵达站台，出站直接由站台经大台阶出口。

● 综合组织方式，即将不同流线利用平台和空间立体的综合组织方式，如我国援建的坦赞铁路达累斯萨拉姆车站就是运用从空间和平面上将进出站流线错开的布置方法，进站旅客可由一层大厅进站购票或托运行李，然后上二楼候车室，也可由栈桥直接进入二层候车层，经过检票口上站台，出站旅客经出站口楼梯，经过通廊出站。上海南站是一个大型的旅客车站，交通流线极为复杂，故采取立体交通流线组织的方式把进站与出站、人流与车流、人流与货流以及不同类型旅客的进出口路线，不同类型车辆的进出路线完全分开，取得了较好的效果（图 9-43）。

长途汽车站的流线组织与火车站基本相似，由于人流少，流线种类少而大大简化，主要是将进站和出站人流分开。

航空站是我国正在快速发展的一种交通建筑。它是空中交通和陆地交通的中转站。随着

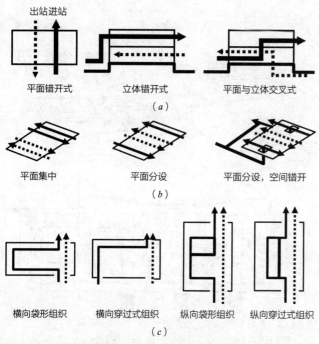

图 9-40 车站的流线组织
（a）旅客的流线组织；（b）行李的流线组织；（c）候车室流线组织

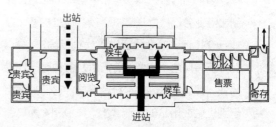

图 9-41 韶山火车站的平面布局及流线组织

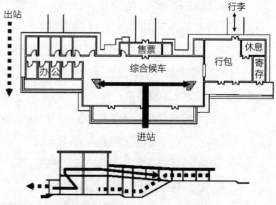

图 9-42 湖南湘潭火车站

航空事业的发展，这类建筑在我国将越来越多。因为飞机速度快、航程远、载客量大，因此旅客流量日益增多，功能要求日益复杂，航站楼规模越来越大。设计这类建筑，解决旅客人流的组织也是极为重要的课题。它应该力求提高通行能力，使进、出港旅客最迅速、方便地办理各种手续，同时要流线简明方便，短而平直，最大地缩短旅客的步行距离，尽量行走在同一平面标高，避免上上下下，如果难以避免，也宜采用自动扶梯来运载上下旅客，并且要把各种流线分开。它的基本人流线包括进港旅客流线、出港旅客流线、国内旅客流线、国际旅客流线及贵宾首长流线和绿色通道等，还有迎客与送客流线，此外还有行李进出港流线及机组人员流线和机上用品供应等服务流线。

通常国内旅行旅客从市内搭车来后，首先到出港业务厅，办理登机手续、检验机票、办理行李托运、安全检查进入候机厅候车登机。此外还有保险、货票业务用房及各种服务性的商业、餐饮、休闲、银行等设施，它们都要组织到进站或出站的人流线上。图9-44 为乌鲁木齐机场流线分析图，旅客流线无论进出都是比较简捷方便。

进港旅客下机后，一般在行李提取厅自取行李，到达旅客出口厅前广场乘车进入市区。过境的国际旅行旅客进出国际航站需办理海关、边防等出入境手续。

出港行李流线：出港旅客在业务厅办理托运手续，过磅传送到行李房，分拣后运往飞机。

进站旅客的行李从飞机卸下，送到行李到达提取厅，旅客到行李提取厅自行领取。

根据以上的流线种类及流程，航空站流线

组织具体应满足以下功能要求，即：使到达旅客与出发旅客分开；旅客、迎送者及机组人员流线分开；贵宾（包括专机）与一般旅客分开；旅客流线和行李流线分开。

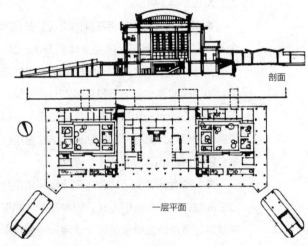

剖面

一层平面

图9-43　上海南站

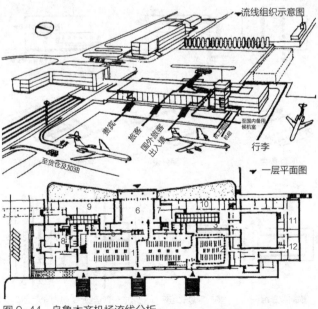

流线组织示意图

一层平面图

图9-44　乌鲁木齐机场流线分析

1—旅客休息厅；2—国际旅客等候检查厅；3—检查柜台；4—问讯服务台；5—邮电服务台；6—业务厅；7—行李过磅处；8—贵宾首长休息；9—厨房；10—机组休息室；11，12—国际国内领航

航空站一般都采用立体组织流线的方式，进入港里的客流线都布置在下一层，出港旅客人流都组织在上一层，出境方旅客和入境方旅客一般也采取上下分开的方式，要与国内一般旅客在水平上分开布置。如南京禄口国际机场（图 9-45），进站旅客都在底层，出站旅客都在一层，入境和出境旅客也是如此，但他们都与国内航线旅客分开。

（2）医院建筑的流线组织

医院建筑是功能最复杂的一种类型建筑，功能多、流线复杂。医院中一般有门诊病人流线、急诊病人流线、住院病人流线及各种辅助治疗和供应服务流线。医院的流线组织要求路线简捷方便，不同的流线要分开，避免交叉，防止感染，尤其是门诊病人与住院病人，一般病人与传染病病人，清洁物品与污物路线分开等。

医院的流线组织非常复杂，贯穿于总平面布置、平面布置及具体的病房或诊室的安排之中。总体的方式可以分为水平组织和垂直组织或二者结合起来，见图 9-46。

医院的各部分都有一定的医疗程序，从而也就构成为不同的流线。随着设计的深入，流线的分析也必须随着深化。我们以门诊部为例，它有一般门诊、急诊、儿科门诊、隔离门诊等。因此就要将这些不同的流线分开，如图 9-47 所示。在这些流线中，尤以一般门诊病人流线较为复杂，因为它人流量大，医疗程序多，挂号取药常常排队。其流线组织方式也有以下几种，见图 9-48。

● 直线式：出入口分开，流线方向单一，比较明确，挂号取药分开设置，没有交叉，见图 9-48（a）。

● 袋形组织：出入口合一，流线组织呈袋形，入口处较易拥挤，见图 9-48（b）。

● 环形组织：出入口合一，流线组织呈环形，有交叉现象，入口处也较拥挤，见图 9-48（c）。

（3）商业建筑流线的组织

一般商业建筑（如百货商店、各种超市），主要包括营业厅、库房及办公管理生活福利等几个部分。因此也就有几种不同类型的流线。

图 9-45 南京禄口国际机场

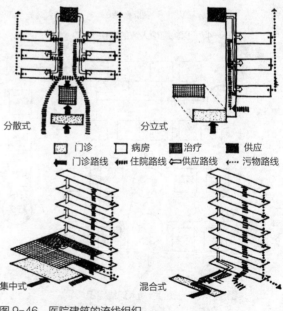

图 9-46 医院建筑的流线组织

即：顾客流线、货物流线及管理与服务工作人员流线。三者应分别设置出入口，互不干扰，但又要保证使用上的密切联系。其中顾客流线是主要的人流线。它的特点是人流持续，比较均匀，有时也相当集中，无统一的方向性。因此流线应该通畅、方便、灵活，避免"瓶颈"的现象。流线的组织决定着营业厅、柜台与仓库的位置关系。图9-49是三种不同的流线组织方式，其中图9-49（a），货物运送通过营业厅，人流与货流相混；图9-49（b），柜台沿营业厅四周布置，仓库毗邻柜台，人流、货流分开，但是库房分散、供应线长；图9-49（c），将柜台与仓库集中布置于营业厅的中部，不仅人流货流分开，而且仓库集中，供应线短，流线组织较为合理。现代的大型商业都采取开架自助式的购物方式，人流量大，而且集中人

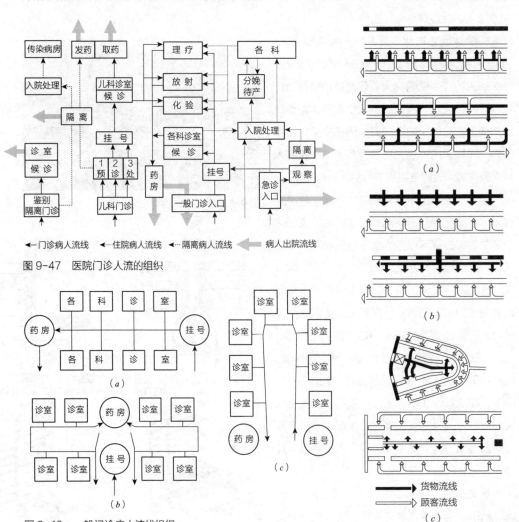

图9-47　医院门诊人流的组织

←门诊病人流线　←住院病人流线　←隔离病人流线　←病人出院流线

图9-48　一般门诊病人流线组织
（a）直线式；（b）袋形式；（c）环形式

货物流线
顾客流线

图9-49　商业建筑流线组织方式

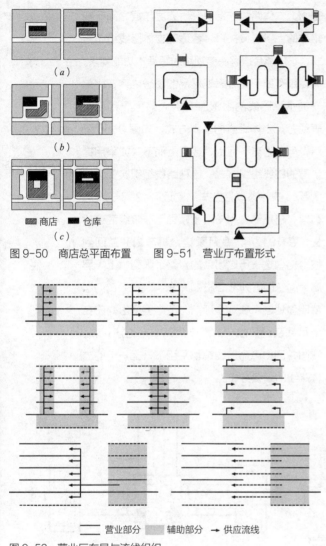

图 9-50 商店总平面布置　　图 9-51 营业厅布置形式

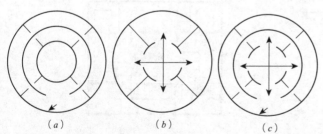

▭ 营业部分　▨ 辅助部分　→ 供应流线

图 9-52 营业厅布局与流线组织

图 9-53 展览建筑参观路线基本形式
(a) 环型; (b) 放射型; (c) 混合型

流动线常常出现以下情况, 其一是在进场和出场时常常出现"瓶颈"现象; 其二是营业厅中容易迷失方向, 难以找到人问要去的区位, 柜台、甚至难以找到上下的楼梯、电梯, 营业大厅成了"迷宫"。一个"瓶颈"、一个"迷宫"现象在商业建筑设计中是要特别注意避免的。

此外, 商店流线组织一定要考虑商店位置与街道的关系, 避免人流与车流交叉。总体上的处理方式如图 9-50 所示, 其中图 9-50 (a) 是沿街分别设置人流、货流的出入口; 图 9-50 (b) 是将货流设于侧面; 图 9-50 (c) 设置后院, 使人流与车流、顾客与工作人员及货物流线均分开, 是采用较多的形式, 尤其是较大型的商店和大型的超市。今天我国已进入汽车时代, 车流的进出停放一定要方便, 停车位要充足, 这样有利于生意兴隆, 否则缺少可达性, 会大大影响商业的效益。

商店中人流和货流的组织, 直接影响建筑平面及空间的布局, 图 9-51 及图 9-52 即为不同流线的组织方式而产生的不同的布局形式。

(4) 展览建筑流线组织

展览建筑一般包括观众参观路线、展品运输流线及内部工作人员流线三种。像上述建筑一样, 三者应互不干扰, 分区布置。在这三种流线中, 参观路线是最主要的, 它是展览建筑突出的功能要求, 是决定展览建筑布局的主要因素。参观路线要求明确连贯, 简捷通顺, 自左到右, 无往返交叉, 同时要有一定的灵活性, 使观众既能依次参观, 又可取舍, 既能全馆开放, 又能分段使用。

展览建筑参观路线基本上有 3 种形式, 如图 9-53 所示。

①环型路线：各陈列室头尾相接，相互串联，方向单一，路线简单明确，各室顺序连贯，出入口可合一或分开，唯不够灵活，不能分段使用，如有一室中断则全馆不便开放，如图书馆图9-53（a）及图9-54。北京中国革命和中国历史博物馆即有这种缺陷，但若加外廊，既可连贯也能灵活。

②放射型路线：各陈列室围绕门厅、休息厅或中央大厅等布置，它们构成一个放射枢纽。如图9-53（b）及图9-55。这种方式既能组织统一完整的参观路线，又可以分段开放，灵活使用。但人流易聚集，交通有往返交叉现象。

③混合型路线：即上述两种方式结合运用，适用于大型的展览馆，但易漏看陈列室，图9-53（c）。

参观路线除了在平面上组织外，还应考虑空间上立体路线的组织，研究层与层之间参观路线的上下连接关系。合适的立体路线组织方式，不仅能合理解决参观路线等基本功能要求，而且更有助于充分表现展品的思想内容，比单一的水平路线的组织具有更大的思想和艺术表现力。立体路线的基本方式，如图9-56所示，可分为自下而上，或自上而下，或采用错半层的路线组织方式。这种路线组织实例见图9-57。其中苏联芬兰车站附近No293机车陈列馆，它是纪念列宁为了领导无产阶级武装起义，在1917年10月乘这台机车由芬兰回到彼得格勒这一历史事件的。整个陈列馆上半层高大的空间陈列着293机车车头，在入口门厅就明显地展示在观众面前，下半层展出列宁在十月武装起义前夕关于十月革命的论述材料。我国井冈山革命博物馆也采用下一上一下的立体路线的组织方式。

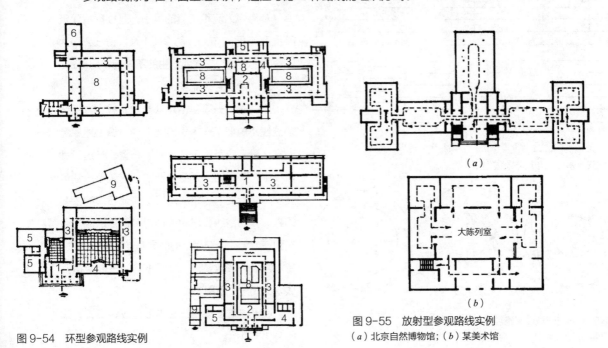

图9-54　环型参观路线实例

图9-55　放射型参观路线实例
（a）北京自然博物馆；（b）某美术馆

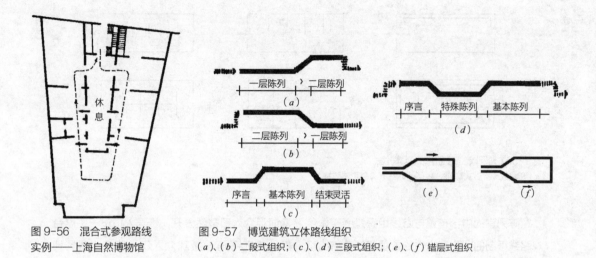

图 9-56　混合式参观路线
实例——上海自然博物馆

图 9-57　博览建筑立体路线组织
（a）、（b）二段式组织；（c）、（d）三段式组织；（e）、（f）错层式组织

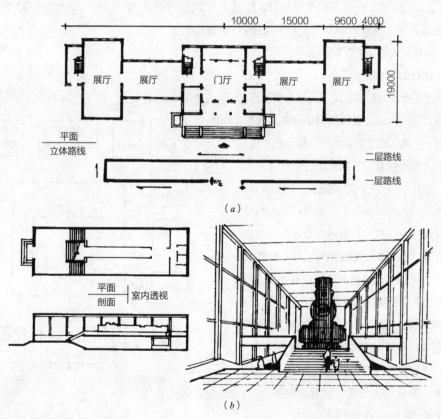

图 9-58　立体路线组织实例
（a）井冈山革命博物馆；（b）苏联 No293 机车陈列馆

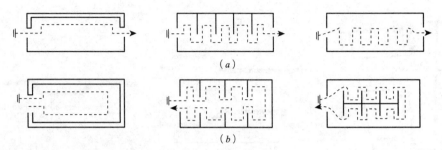

图 9-59　陈列室路线组织的基本形式
（a）单线式（穿过式陈列室）；（b）双线式（袋形陈列室）

陈列室的内容布置与路线组织是受整体参观路线限制的。陈列室内的参观路线分单线和复线二种，它影响着展品布置及陈列室出入口的分合，见图 9-59。一般采用单线较好，陈列室进出口分开，参观方向单一，顺序性强，无往返、漏看及人流交叉现象。

（5）体育馆流线的组织

体育馆主要包括观众用房、运动竞赛用房、训练用房、管理用房及首长贵宾室及主席台等几个部分。因而构成了观众流线、运动员流线、管理服务人员流线及首长贵宾流线和媒体人员等流线。见图 9-60，它们之间既有一定的联系，又需要有明确的功能分区。各种流线的组织要避免交叉和相互干扰，并应各自设出入口，出入口的数目随体育馆之规模而异。在小型体育馆中管理人员和运动员出入口可合并为一，但观众用的出入口仍应独立设置。

这些流线组织的基本方法还是利用水平或垂直分区或二者并用的方式。在垂直方向组织人流时，一般是将观众人流放在二层，把运动员、首长、贵宾等人流置于底层。如图 9-61 所示为不同流线组织方式的实例。

但是，有些体育馆因为要将贵宾入口与普通观众入口截然分开，贵宾入口设于主席台那一侧就不再设置观众入口，致使比赛场地长轴方向的大量观众必须绕行两侧，迂回出入，造成人流集中、拥挤、路线长，对安全疏散也不利。

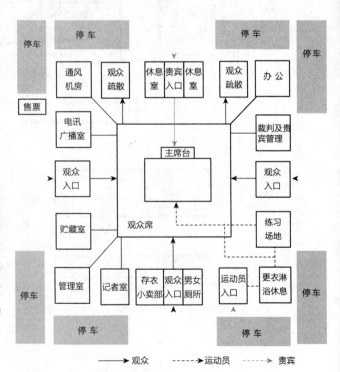

图 9-60　体育馆流线的组织

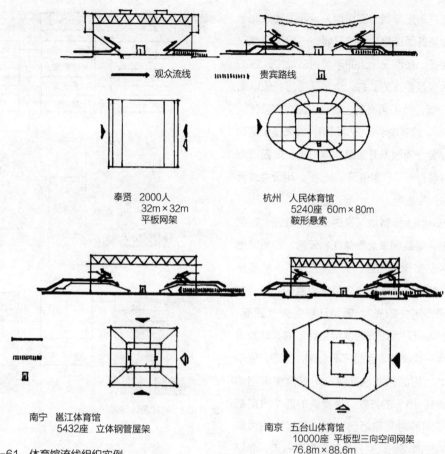

图 9-61 体育馆流线组织实例

设有观众席的游泳池，应将观众流线和运动员流线分开，把男运动员与女运动员流线分工。观众通路必须和游泳者活动场地分开，运动员流线组织应按更衣—盥洗—淋浴—消毒—进池的程序安排，其流线组成及处理方式如图 9-62 所示。

9.4.5 创造良好的朝向、自然采光与自然通风条件

建筑是为生产和生活服务的。从人体生理来说，人在室内工作和生活要求保持一个良好和舒适的物理环境，因而建筑空间的设计要适应各地气候与自然条件，也是对设计提出的一项基本的要求。我国古代劳动人民在长期的实践中，就认识到要适应自然气候条件必须注意朝向的选择，解决好自然采光、自然通风问题。

公共建筑中，除了某些特殊房间（如暗室、电影院、放映室等）以外，一般也都应有自然采光和自然通风，只在大型公共建筑中，观众厅、会议大厅或特殊要求的房间，可以采用机械通风和人工照明。尤其在今天走向绿色建筑的时代，这一功能要求应该得到特别的重视。

自然采光与朝向密切相关。我国地处北半球，为使冬季取得较多的日照，一般建筑都以南向居多。在西安出土的半坡村遗址中人住的房屋大多是朝南的。古人李渔就提出"屋以面南为正向，然不可必得，则面北者宜虚其后，以受南"。这就说明建筑要朝南，如果是坐南朝北，也要在南面多开窗以争得阳光。如若四周无法开窗，则"开窗借天以补之"，用天井或天窗来采光与通风。

就北纬大多数地区来讲，南向最好，东西向较差，唯我国东北黑龙江、云南、贵州等地区例外。贵州地区因"天无三日晴"，终年日照少，阴雨天多，不少建筑采用西向，以"宁受西晒而不失阳光"。黑龙江省冬天气温低、寒冷，人们对太阳光的渴望是强烈的，北面房间寒冷不受欢迎，因此它不怕东、西晒，就不要朝北。因此东北地区建筑布局常常采用南北向旋转45°的方式，使建筑的四个方向都能在不同的时间段晒到太阳。前述沈阳建筑大学的校园规划就充分地体现到这一点，参见图8-30。

所以在公共建筑设计中一般将人们工作、学习、活动的主要房间大多布置朝南，或东南向，而将次要的辅助房间及交通联系部分布置在朝向较差的一面。这样以保证主要房间有充分的日照及良好的自然采光条件。

通风与朝向、采光方式分不开。采用自然采光用房，一般就利用自然通风，采用人工照明为主时，则需有机械通风设备。

自然通风主要是合理地组织"穿堂风"。保证常年的主导风向能直接吹向主要工作房间或室外活动院落，避免吹不到风的"死角"。一

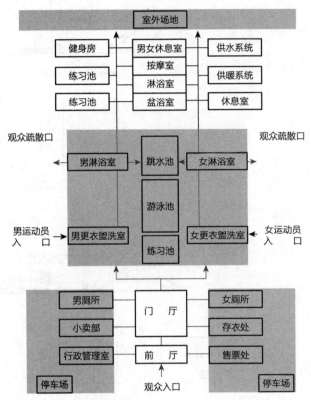

图9-62 室内游泳池流线分析

般主要用房应迎主导风向布置，辅助用房尤其是有烟、气味的辅助用房则应放在主要房间的下风向。

自然通风的组织关系到平面、空间的布局及门窗的安排。一般外廊平面，房间两面可开窗，通风较好。中间走廊两边房间的平面，一般可以在内墙面开设高窗、气窗以改善通风条件。最好两面房间门相对设置，通风更好，但又怕干扰，所以在一般集体宿舍中又要求将门互相错开布置，其实这对室内通风是不利的。当房间只有一个方向能开门窗时，应尽量利用门的上下开洞孔，组织上下对流或换气，其方式见图9-63。

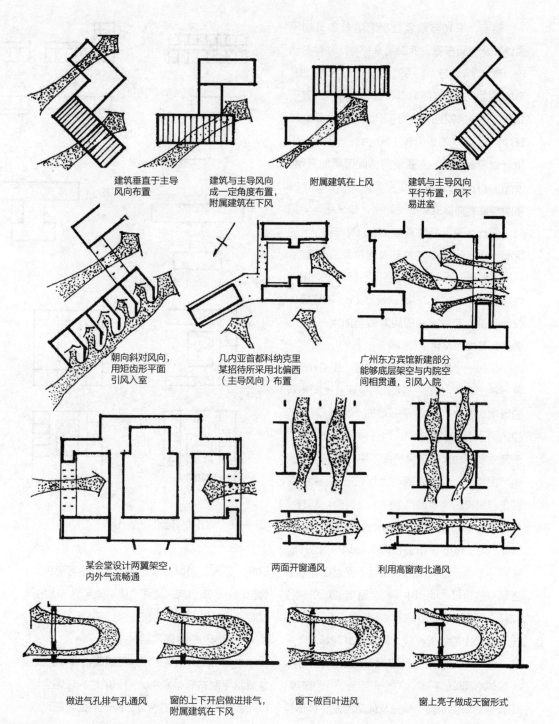

建筑垂直于主导风向布置

建筑与主导风向成一定角度布置，附属建筑在下风

附属建筑在上风

建筑与主导风向平行布置，风不易进室

朝向斜对风向，用矩齿形平面引风入室

几内亚首都科纳克里某招待所采用北偏西（主导风向）布置

广州东方宾馆新建部分能够底层架空与内院空间相贯通，引风入院

某会堂设计两翼架空，内外气流畅通

两面开窗通风

利用高窗南北通风

做进气孔排气孔通风

窗的上下开启做进排气，附属建筑在下风

窗下做百叶进风

窗上亮子做成天窗形式

图 9-63 自然通风组织与建筑设计

朝向、采光与通风直接影响着建筑物平面体形及空间布置。就以图9-64几种体形比较：其中（a）与（b）图为"一"字形或"L"字形平面。主要房间朝南布置，次要房间置于北面，主要房间迎着主导风向，朝向、采光都较好，但（b）的通风较（a）为好，因为它采用一边走道布置，主要使用房间可两面开窗，但无（a）经济。图（c）平面为曲折形，走廊单面布置房间，全部房间朝南，故使用房间朝向、采光、通风条件都较好；（d）与（e）的平面一样，但（e）中后部及连接受前部遮挡，后部主要房间虽朝南，但通风不够理想，阳光也有遮挡，不如（d）好。若将（e）的连接体改为空廊，前后之间的距离适当加大，采光、通风都将大为改善。

又如一个院落式的平面布置（图9-65），更可看出朝向、采光、通风对平面及空间布置的影响。图中（c）院子开敞的一面避风布置，迎风的一面却布置房间，挡住风和阳光，使院子及主要活动大厅通风情况不良，阳光也受遮挡；图中（d），主要活动大厅位于院落南侧，迎主导风向，该室通风条件大大改善，同时因它较开敞，院落的通风情况也有改善。图中（b），院子布置在南面，院落迎风一面开敞，主要活动大厅朝向南北、通风不受遮挡，院落通风条件也好，而图中（a），院落通风条件虽较好，但主要活动用房朝向不够理想。

从以上的分析比较，可以认识到朝向、采光、通风对建筑平面及空间布局的制约作用。一般体形简单的平面，如"一"字形、"厂"形等，比较容易解决朝向、采光及通风问题，体形复杂的平面，如"口""日"形等，要完全解决好

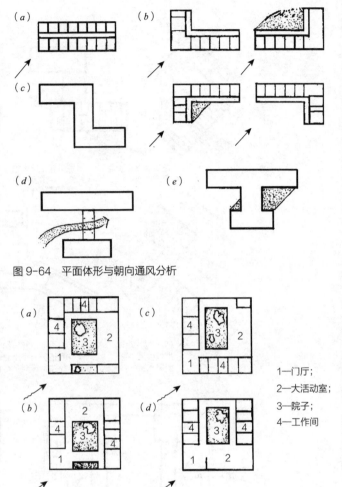

图9-64　平面体形与朝向通风分析

图9-65　院落式平面朝向通风分析

1—门厅；
2—大活动室；
3—院子；
4—工作间

朝向、采光、通风问题是较难的，不可避免地会出现一些东西向的房间，或不通风的"闷角"或院落，出现一些"暗房"，甚至需要采用局部的人工照明和机械通风相辅助。

与此相反，如果采用人工照明和机械通风，这就给平面布局带来极大的灵活性。它完全可以不受朝向、风向的约束。因而平面布局可以更灵活、更紧凑，很多现代图书馆、博物馆、

大型商业建筑等，比一般采用自然采光的图书馆、博物馆、商店的平面紧凑得多（图9-66）。

自然通风是我国南方地区建筑要解决的一个突出问题，在这方面长期积累了丰富的经验，创造了很多自然通风效果良好的处理手法，是值得我们引以为鉴的。

他们在空间组合中灵活运用天井院落，并使它们彼此互相联系，保持气流畅通；自由地

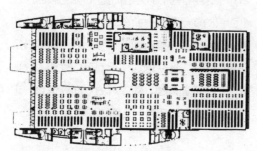

图9-66 美国凤凰城中央图书馆平面

采用不同的层高，造成通畅的气流通径；当层高较高或有数层时采用楼井方式，又用通透的内部隔间（常用屏风、隔断、门罩及挂落等）分隔室内空间，虽隔又通，隔而不死，保证了良好的穿堂风。

自然通风是经济而又适宜的通风方式，同时也有利于降温。20世纪中叶，由于经济条件和设备的限制，我国不少中小型影剧院观众厅，采用地道式的自然通风，即由地道进风、通风屋脊排风的组织方式，它把经过地道降温的冷空气送入观众厅，促进空气对流，达到降温的目的。从南京、合肥、济南及北京等地使用情况来看，效果较佳。据测试，原南京曙光电影院内气温比不使用地道风降温起码低3℃。

自然通风组织除水平方向通风外，组织垂直立体的垂直通风也很重要，特别是当门窗关

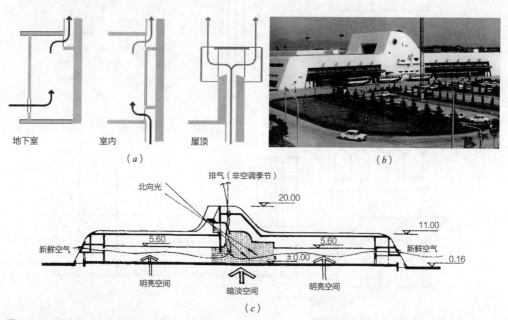

图9-67 垂直通风组织之例
（a）扬州生态小区住宅垂直通风组织；（b）（c）重庆江北机场航站楼设计

闭时，或空间是封闭的，这时的重点就是组织竖向垂直通风，利用烟囱效应，在楼层下部放进风口，楼层上部或顶部设出风口，可以把进风口与地下室、地道风结合起来，见图9-67。

最后，还需指出，理想的朝向、采光及通风的要求常常与实际可能是有矛盾的。在实际工作中，当建筑物位于城市拥挤地地段，或者当建筑物建于风景区时，综合各方面的矛盾，有时就不可能使朝向、采光要求都得到理想的满足。在拥挤地区，平面布置受到限制，为了使平面布置紧凑，往往就会有一部分主要使用房间面向不好的朝向。在风景区，有时为了照顾景向，便于观景、借景要求房间能面向景区。如果风景位于建筑物朝向不好的一面，就会使主要房间布置在朝向不好但景向较好的一方。这时景向是主要的，朝向采用其他办法来处理。

当主要房间不得已面向不好朝向时，就要在平面和剖面上考虑遮阳的处理，并与通风综合考虑，如图9-68所示。

从平面上讲，一种是增加外廊，另一种是采用"锯齿形"的平面，或采用水平和垂直的遮阳设施可以改善或避免东西晒，争取较好的朝向（这要看基地的方位而定）。无论大的厅或小面积的使用房间，如车站的候车室、展览馆的陈列室或图书馆的阅览室等大厅用房或者是宾馆的客房、医院的病房等都可以采用。这种锯齿形的平面处理，对建筑的立面处理有一定好处，形式也较新颖，唯使结构复杂一些。

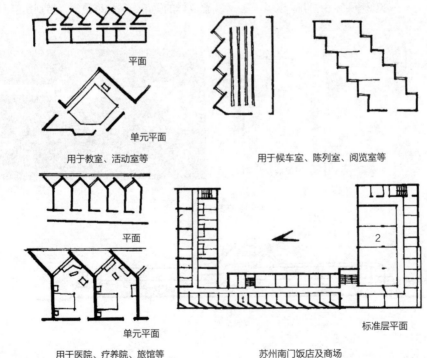

平面

单元平面

用于教室、活动室等

用于候车室、陈列室、阅览室等

平面

单元平面

用于医院、疗养院、旅馆等

标准层平面

苏州南门饭店及商场

图9-68　朝向与景向矛盾处理方式

第10章

建筑空间构成及设计
Spatial Composition and Design

10.1 建筑空间的构成

10.1.1 宇宙空间与建筑空间

长期以来，人们都把建筑看成是人的生活容器，因为建筑是为人的生产和生活创造一定的活动场所——空间。但从宏观来看，即从大建筑观来看，宇宙是由天—人—地三者构成的，人在宇宙中是客体也是主体，建筑空间是宇宙空间的一部分——是在宇宙中划分出来的空间。在自然界中，宇宙空间是无限的，但是建筑空间却是有限的。因此，任何建筑空间的创造者都要慎重地对待宇宙中的另外两个客体——天和地，即"自然"。两千多年前，我们古代著名哲学家老子就有一句名言："人法地，地法天，天法道，道法自然。"因此，要使我们创造的人造环境——建筑和城市与自然能和谐地结合，在建构建筑空间时，一定要善待自然。在此前提下，以人为本，创造建筑空间。

所以，建筑空间——为人需要创造的"生活容器"，是天、地、自然中的一部分，它要像自然中的万物一样，尊重自然、适应自然、顺应自然，与自然共生共存。

10.1.2 建筑空间的构成

建筑空间包括建筑内部空间和建筑外部空间，它们的构成都包含两部分要素，即物质要素和空间要素。

1）物质要素（Material elements）

建筑是由物质材料建构起来的，不同的物质要素在建构建筑空间中起着不同的作用。例如，墙体除了负有承重作用外，也可围合空间和分隔空间；楼板除了承受水平荷载外，也可以围合和分隔上下垂直空间；顶层楼板（屋盖）可分隔内外空间；楼梯、电梯、台阶等可以连接上下空间；门窗既可分隔空间又可联系空间；梁、柱、屋架等结构部件则是建构建筑空间骨架的支撑体系；顶棚、内外墙体的装修就是建筑装饰的载体。因此，建筑空间的创造是通过这些物质要素合理地建构在一起，以取得特定的使用效果和空间艺术效果。

这些物质要素分为两种：其一是结构性要素，也可称为支撑体系（Support system），如承重的结构性的墙、柱、梁、板等，它是经过结构计算，科学地确定其大小、尺度和位置的，建成后不能拆动；另外一种是非结构性要素，不承重，主要用于围合或分隔空间，如门、窗、顶棚、隔墙填充体等，或装饰性的各类构件，它们也称为可分体（Detachable units），建成后是可以改动的。二者根本的区别在于：结构性的物质要素是由专业工程师们经过精确计算共同决定它的位置、形式及尺度的大小；而非结构性的物质要素主要由使用需要或使用者来决定。结构性的物质要素基本上是固定的，建成后不可改变，而非结构性物质要素是非固定的，可以改变。当然也还有另一类物质要素，即各类市政设施和设备，如卫生洁具、通风管道、灯具、消防设施等，它们基本上是固定的，但若必须更换时，也是可以改变的。

2）空间要素（Space elements）

空间和实体相对存在。前述物质要素可造就各种各样的实体——柱、坪、梁、板、墙等，建筑空间由这些实体组合而构成。建筑空间是由上、下水平界面（屋顶、楼板、地面）和垂直界面（柱、墙等）围合而成。人们对建筑空间的感受是通过这些实体而得到的。

尽管各类建筑使用功能不一，但各种类型建筑物在空间组成及空间功能使用方面仍然存在着普遍性和共同性。就其空间功能构成来讲，各种建筑物内都是由下列三类空间组成：基本使用空间、辅助使用空间和交通使用空间（图10-1），以下分述之。

（1）基本使用空间

基本使用空间是直接为这类建筑物使用的基本使用空间，如行政建筑物的办公室，学校建筑的教室、实验室，医院建筑物的病房、诊

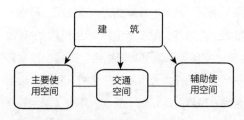

图10-1　建筑物内部空间构成

室，演出建筑物中的观众厅、舞台，博览建筑物中的陈列室、展厅，体育建筑物的比赛厅等。这些空间是这类建筑物的核心组成部分。

不同的建筑物由于内部使用内容不一，主要使用空间、使用功能是不一样的。但是，现在很多建筑物都兼有综合性功能，如文化中心、俱乐部及各类综合楼等，它既有各种类型的活动室，也有图书室、阅览室，甚至有演出表演用房、大型会议用房，有时还有餐饮用房等。

（2）辅助使用空间（或称附属使用空间）

辅助使用空间是基本使用空间的辅助服务用房或设备用房，也可称为服务性空间，如影剧院中的售票室、放映室、化妆室，体育建筑中的为运动员服务的用房（更衣室、淋浴室、按摩室等），以及一般建筑物的服务房间，如卫生间、盥洗室、贮藏室等；此外，还包括一些内部工作人员使用的房间及设备用房，如消防室、库房、锅炉室、洗衣室、通风机房等。

（3）交通使用空间

交通使用空间是内部相互联系的空间，供人流、物流内部来往联系，包括水平联系的交通空间和上下联系的垂直交通空间。

水平交通空间，如门厅、过厅、穿堂及走廊等；垂直交通空间，如楼梯间、电梯间、电梯厅、管道井等。

上述三大部分是按它们的功用而划分的，但也不能绝对分开，常常彼此寓含其中。如门诊所的走道，除作交通外，常兼候诊；剧院的门厅也用作休息；基本使用空间内也总有交通空间，供人通行。目前，交通空间作为交往空间越来越多地被应用于新建筑设计中。所以国外一些新的学校将走道设计较宽，穿堂作为交

往大厅。

上述三个基本的空间构成及其关系如图 10-1 所示：通过交通空间，把基本使用空间和辅助使用空间联系成一个有机的整体。建筑空间组合任务之一就是处理好三者的关系，不同的组合方法可以形成不同特点的空间组合形式。

10.2　基本使用空间的设计

10.2.1　基本工作间的设计要求

公共建筑由于功能使用不同，房间的种类很多，要求不一。学校的教室，医院的诊室、病房，宾馆的客房，托儿所、幼儿园的活动室、卧室，乃至空间较大的车站候车室，展览馆的陈列室，尽管有各自特殊的要求，但是它们都是构成建筑的一个基本空间。在设计时，要考虑的问题有很多是相同的，它们包括：合适的房间大小和形状，良好的朝向，自然采光和通风条件以及有效地利用建筑面积和空间等，以下分述之。

1）合适的大小和形状的空间

各种不同的使用房间都为了供一定数量的人在里面活动及布置所需要的家具和设备，因而要求一定的面积和空间。例如教室，是学校的主要房间，教室的大小决定于每班的学生人数，及供教学所需的黑板、讲台、桌椅的大小及布置方式；餐厅是食堂的主要房间，餐厅的大小主要决定于用膳者的人数、用膳方式及桌椅的大小及布置；客房是宾馆的主要房间，它的大小主要决定于居住人数、床位（单人、双人）、家具设备及其星级标准。在国家的有关规范中，平均每人使用面积都有一定的定额规定。根据使用人数及面积定额计算出房间所需的面积。每人面积定额的大小除了参阅规范以外，还要通过调查及根据建筑物的标准综合考虑，定出合适的面积大小。以中小学教室为例，中学每班按 50 人计，每人使用面积定额为 $1\sim1.2m^2$，小学每班按 $50\sim54$ 人计，每人面积定额为 $0.9\sim1.0m^2$，其中面积的幅度就根据建筑标准来选定了。

基本使用空间通常是采用规整的矩形的平面。这种形式，便于家具布置和设备的安排，使用上能充分地利用面积并有较大的灵活性。同时，墙身平直，结构简单，施工方便，也便于统一建筑开间和进深，有利于平面组合。所以，长期以来，它广泛地应用于各类建筑之中。

但是，也不能认为矩形就是房间唯一的平面形式。现在很多的建筑实践已打破了矩形几何形体的局限，创造了许多更为丰富多彩的使用空间。例如，弗兰克·劳埃德·赖特在他设计的 Hanna House 中，就用六边形作为模数，并以此为基础进行设计。该模数控制所有主要部分的平面形状，甚至整个室外铺地图案也是如此，见图 10-2。又如台湾新竹市北区旧社国民小学，设计时让小学生在六年时间里避免面对同样的空间，形体、班群组合模式，与外部空间都作了不同的处理，低年级（一、二年级）采用了六角形蜂巢式的教室空间，每四个班级为一班群，配上一个公共活动室；中年级（三、四年级）采用 L 形组合，每两个教室有一个夹层，作为协同活动的空间，两个 L 形组合为一班群；高年级（五、六年级）采用教室和走廊连通的开放式空间，见图 10-3。

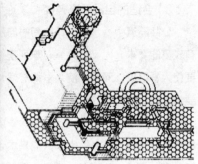

图 10-2　赖特的 Hanna House

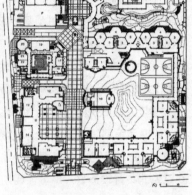

图 10-3　台湾新竹市北区旧社区国民小学

对于较大的空间来讲如陈列室、候车室、观众厅等更不能认为矩形平面是它们唯一的最佳形状。但是采用这些非矩形的空间一定要满足内部的使用要求，如果中小型火车站为打破传统的矩形厅室形式而采用圆形的候车室，结果排队就不方便了。此外，采用这些非矩形的空间形式，要能较好地解决结构布置、管道安排等问题，要力求简化结构、按一定结构模数设计。例如某宾馆平面以六角形模数为基础，采用三角形钢筋混凝土柱组成骨架，形成了一种新型的六角形的旅馆客房空间。结构整齐简单，"角"部空间都得到巧妙的利用。由于平面依势而成三角形，故出现了平行四边形或菱形的各个空间作为客房和商店。有的建筑采用圆形平面，就形成了一系列扇形的小空间，它们的结构都是单一化的。

2）良好的朝向

在我国良好的朝向一般都宜朝南，尤其是居住建筑和公共建筑的主要使用房间更要保证有较好的南向，就是我国东北黑龙江及云南也不例外。另外，某些要求光线均匀的房间，如绘图室、美术教室、化验室、药房、手术室等，则要求朝北。

良好的朝向与地区有关，如在南半球，如澳大利亚、新西兰等国，良好的朝向就是朝向北，因为太阳照在北面而不在南面。

3）合适的自然采光条件

公共建筑中基本的工作房间对自然采光都有较高的要求，尤其是教室、陈列室等，不但要使人看得见，而且要使人看得舒适，一般的要求是：

（1）直接的自然光线：这是除影剧院观众厅等特殊房间以外，绝大多数的基本工作房间所共同的要求，以保证自然卫生的工作条件。这就要使房间能直接对外开窗。

（2）足够的照度和均匀的光线：这是保证正常工作和较好的视觉条件最基本的要求。每种建筑所需要照度不一，通常最简单的以采光口面积的大小来测算，即以窗子与地板面积的比值作为衡量的标准，如表 10-1 所示：

均匀的光线对于课堂、绘图房、陈列室、比赛厅等都是很重要的。均匀的照度可以减轻人眼的疲劳。一般要求光线均匀的房间以朝北布置较适宜。也可在朝南的房间在南向窗子的上口加设遮阳设施。根据生理卫生要求，一般理想的照度是在 50~500lx 之间，过低或过高就使光线强弱悬殊。例如：

基本工作房间采光系数　　　表 10-1

基本工作房间名称	采光系数（采光口面积：地板面积）
办公室	1：6~1：8
病房	1：6~1：7
客房	1：7~1：9
教室	1：4~1：6
陈列室	1：4~1：5
阅览室	1：4~1：6
营业厅	1：5~1：8
起居室	≥1：7

教室中合适的照度为 75~300lx；陈列室中展区的照度为 75~300lx；陈列室中一般区域的照度为 50~100lx；最合适的展区的照度是 200~300lx；在体育比赛厅中平均照度为 150~200lx。

除了窗子大小影响光线的均匀以外，建筑物的间距、房间进深、窗户的分布及形状等都影响房间照度和光线的均匀。通过实验表明，同一墙面上分开小窗就没有集中开一个面积相等的大窗户光线均匀，后者受光面积比前者要大 25% 左右，见图 10-4（a）和（b）。同样面积的一个窄长窗户竖向放或横向放置时，前者受光范围窄而深，后者宽而浅，前者受光范围面积比后者多 10% 左右，见图 10-4（c）及（d）。

所以，普通的房间一般都采用竖向长方形窗子，以保证房间进深方向照度的均匀性。一般房间的窗洞上口至房间深处的连线与地面所成的角度不小于 26°，则可以保证室内照度的均匀性。如果房间的进深太大，不能满足上述要求，则室内照度不均匀，房间的深处光线较弱。条件允许时，可以提高窗洞上口的高度，或者设置天窗（单层时），或者两面开窗，以加强这部分的照度，如图 10-5 所示。

（3）光线的方向：要求光线投向房间主要使用区或工作面上，如陈列室的展品陈列区、

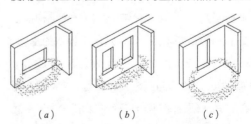

（a）　　　（b）　　　（c）　　　（d）

图 10-4　窗户的现状及分布对房间照度的影响

体育馆的比赛区、商店的橱窗内、学校教室的黑板与课桌。要求左向侧光，但又要避免过强的光源直接射入使用者的眼中，产生耀眼的现象。在某些房间（如陈列室、橱窗、阅览室等）还要避免阳光的直射，以免展品、商品、图书晒后变质或褪色。

（4）避免反射光：在布置有大面积的玻璃面或光亮表面的房间时，如陈列室陈列柜、商店营业厅的橱窗、教室黑板等，为了保证看清，避免反射光是相当重要的。因为光线射到玻璃面或油漆的光亮表面，往往产生一次反射或二次反射，如图 10-6 所示。一次反射是反射光射到人眼，使人看不清要观看的对象，只见一片白光。二次反射是由于人所站之处的亮度大于观看对象处的亮度，则在玻璃面内产生对面人、物的虚像，也看不清。两者都易使人眼产生疲劳，影响观看效果。

上述采光要求能否达到，关键在于采光口的设计，采光方式详见后述。

4）良好的自然通风

一般公共建筑都采用自然通风，通常采用组织穿堂风的办法，也就是利用房间的门窗开启后所形成的室内外气压差而使室内空气流动通畅。一般室外新鲜空气由对外的窗子进来，由内墙的门、亮子或高窗将室内污浊空气排走，形成良好的穿堂风。前者即为进风口（设计时需了解当地的常年主导风向，使房间开窗面与主导风向垂直或成一定的角度，这是在平面布局中要注意解决的问题），后者为出风口。进风口控制了房间内的气流方向，出风口的位置则影响气流在室内的走向，影响通风范围的大小。因此房间门窗开设的平面位置和剖面上的高低都影响穿堂风的组织效果，如图 10-7、图 10-8 所示。

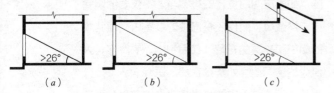

图 10-5　不同进深房间保证室内照度均匀的方法
（a）一般进深；（b）进深大，提高窗户上口高度；（c）增设天窗

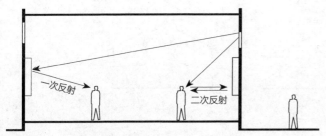

图 10-6　一次反射与二次反射

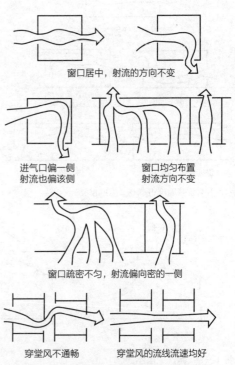

窗口居中，射流的方向不变

进气口偏一侧
射流也偏该侧

窗口均匀布置
射流方向不变

窗口疏密不匀，射流偏向密的一侧

穿堂风不通畅

穿堂风的流线流速均好

图 10-7　门窗的平面位置对气流组织的影响

某些通气要求较高的特殊房间需加设排气天窗。例如餐馆、食堂的厨房，热加工过程中散发出大量的蒸汽和油烟。为了改善厨房的工作卫生条件，常常开设排气天窗，加强厨房的通风。它是利用热压和风压使空气流动，便于室内外空气进行交换。由于厨房室内温度较高，室外温度较低，两者空气比重不同，产生压力差，温度较低、比重大的室外空气通过厨房外墙的门窗进来，使厨房内比重低的热空气上升，再由天窗排出室外，如图 10-9 所示。

风压换气是当风吹向建筑物时，迎风面形成正压，背风面形成负压，气流由正压区的进风口流入，由负压区的出风口排出。在

厨房中，气流由迎风面的侧门窗和天窗进入室内，由背风面的侧窗、门和天窗将室内的蒸气、油烟等排出。但是，当室外风压大于天窗口处的内压时，可能产生倒灌现象。此时需要采取措施，使迎风面的天窗口处产生负压，以利排气，可以设置挡风板、加高女儿墙或者把迎风面的天窗关闭，由背风面的天窗排气。

天窗的位置最好设置于炉灶的上方，排气直接。厨房天窗设置方式如图 10-10 所示。

群众大厅（观众厅等），可以采用机械通风、自然通风或者二者结合的方式使用。目前中小型会场、影剧观众厅尽可能争取采用自然通风，节约设备、能源和投资。

5）有效地利用室内面积和空间

各种房间的设计都要为使用创造方便的条件。要合理地组织室内交通路线，使之简捷，尽量缩小交通面积，扩大室内使用面积，使家具布置方便灵活。为此，室内门的布置较为重要。如果房间门位置安排不当，不仅要影响室内自然通风，而且还将直接影响室内交通路线的组织和家具的布置。在面积小、家具多、人流少的房间里，如宾馆客房、医院病房、办公室等，门的位置主要是考虑家具的布置；而在

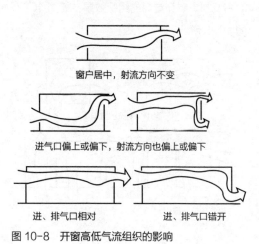

窗户居中，射流方向不变

进气口偏上或偏下，射流方向也偏上或偏下

进、排气口相对　　　进、排气口错开

图 10-8　开窗高低气流组织的影响

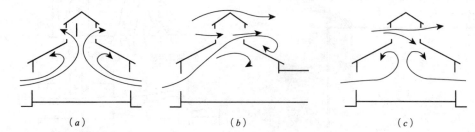

（a）　　　　　　（b）　　　　　　（c）

图 10-9　厨房的自然通风
（a）热压作用；（b）风压作用；（c）侧灌现象

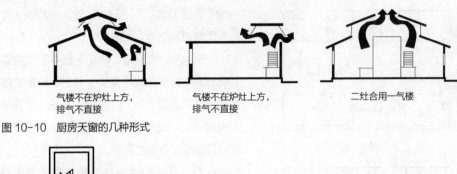

气楼不在炉灶上方，排气不直接　　气楼不在炉灶上方，排气不直接　　二灶合用一气楼

图 10-10　厨房天窗的几种形式

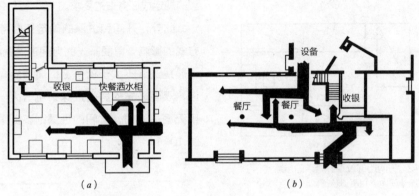

（a）　　　　　　　　　　　　　　　　（b）

图 10-11　两个餐厅的交通路线分析
（a）上二楼人流穿越大厅；（b）不同人流分开

面积大、家具布置要求灵活、人流大的房间，如餐厅、休息厅等，门的位置则主要是考虑室内交通路线的组织，使人流方便、简捷，不交叉，保证有较完整安静的使用区，避免交通路线斜穿房间。图 10-11 为两个餐厅的实例分析，其中 10-11（a）为某餐馆，由于入口大门与楼梯布置于餐厅的对角处，以致人流斜穿过餐厅上楼，使楼下餐厅很大面积不能布置餐桌，同时用餐人流和供应路线严重交叉，造成拥挤堵塞，甚至发生碰撞。图 10-11（b）为另一餐厅，餐厅的对外出入口与楼梯位于餐厅一边，相对布置，较为合理，不仅交通路线短，人流不交叉，争取了较完整的区域布置餐桌，同时人流与服务供应线也不交叉。

在病房、客房中，门的位置直接影响床位的布置。图 10-12 为两种一般标准的旅馆客房，图（a）门开于中间，则能布置四张床位，图（b）门设于房间一角，则可布置五张床位。常常利用门的相错布置，减少对面房间视线的干扰。

10.2.2　基本工作房间开间、进深与层高的决定

基本工作房间的面积大小和平面形状已于前述。由于基本工作房间是各类建筑的主要组成部分，量大面广，房间开间、进深和层高的大小合适与否，直接关系到建筑面积和建筑的体积，关系着建筑物设计的经济性，影响着建筑物的总造价。在设计时需要仔细推敲，有时可以进行多种方案的比较，优化基本空间细胞的尺度。现分述之：

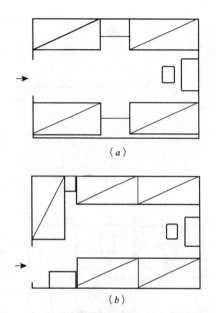

图 10-12　房间门的位置影响床的布置
（*a*）房门开中间；（*b*）房门开一侧

1）开间和进深的确定

首先取决于室内基本的家具和必备设备的布置，满足人们在室内进行活动的要求。如设计餐厅时要考虑餐厅桌椅的大小及布置方式；设计宾馆时，要考虑客房的家具、设备的大小及布置方式等。因此设计时需进行调查研究，进行认真的分析，从而提出使用方便、舒适又经济的开间和进深。

其次是考虑结构布置的经济性和合理性，同时要适应建筑面积定额的控制要求。设计时房间大小要求不一，但要减少结构构件种类和规格，便于构件的统一，这就需要确定一种基本统一而又经济合理的开间和进深，并且为了提高建筑工业化的水平，进深和开间要采用一定的模数，作为统一与协调建筑尺度的基本标准。模数分基本模数和扩大模数。在《建筑统

一模数制》GBJ 2—73 中规定以 100mm 为基本模数，建筑中以 300mm、600mm、1.5m、3m 和 6m 为扩大模数。确定了基本的结构布置尺寸后，房间的大小基本上就是利用模数倍数的尺寸，见图 10-13。同时，在统一了开间和进深以后，还要使每个房间的面积不超过定额的规定或任务书的要求。

此外，开间和进深的确定还要考虑采光方式的影响，单面采光的房间进深就小一些。一般是进深不大于窗子上口离地面高度的二倍，双面采光的房间进深则可增大一倍，采用天窗采光时，房间的进深则不受限制，见图 10-14。

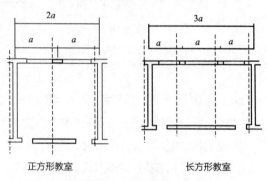

正方形教室　　　　长方形教室

图 10-13　房间的大小与开间（以教室为例）

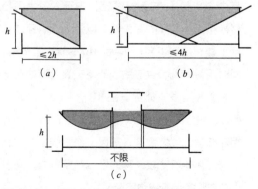

图 10-14　采光方式对房间进深的影响
（*a*）单面采光；（*b*）双面采光；（*c*）双面加天窗采光

在某些房间，如教室、讲堂、观众厅、会场等房间的宽度和长度还要考虑视觉条件的要求，即根据水平视角和垂直视角的要求来决定。如教室、讲堂要考虑学生看黑板的视角；陈列室中要考虑观众看展品的最佳视角；在观众厅中，就按观众看银幕的视角来决定。仅以电影厅为例（图 10-15），根据视角的要求，电影厅的宽度应小于或等于三倍银幕的宽度加上两侧走道的宽度之和，而其长度则应小于或等于5 倍银幕的宽度（教室、陈列室详见后述）。

房间开间和进深的确定还要协调楼层上下不同使用功能的空间要求，还要考虑楼层的层数，楼层荷载大小，以及柱子的大小。例如底层和地下室若是车库，开间的大小就直接关系到停车位的经济安排。一般应设置三个或三个以上的车位，而以三个为多。若每个车位需2.6m，那么三个车位就要 7.8m，也就是说二柱之间的净距离不小于 7.8m，加上柱子的宽度就是房间开间的尺寸，因此开间至少需不小于 8.4m（层数不多时），若是高层，柱子更大，开间也就更大，可能要达到 8.7m 乃至 9.0m。

2）层高的决定

层高的决定主要考虑以下几方面的要素：

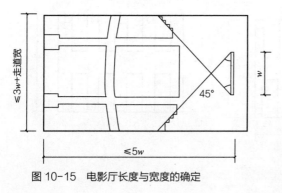

图 10-15　电影厅长度与宽度的确定

（1）有利于采光、通风和保温

进深大的房间为了采光而提高采光口上缘的高度，往往需要增大层高，否则光线不均匀，房间最深处照度较弱；另外，室内热空气上浮，需要足够的空间与室外对流换气，所以房间也不能太低，特别在炎热地区更应略高一点，但过高则室内空间太大，散热多，对冬天的保温不利，当然也不经济。

（2）考虑房间高与宽的合适比例，给人以舒适的空间感

面积相差较大的房间，它们的室内高度也应有所不同。一般讲，面积大的房间，相应地高一点，面积小的房间则可低一些。

（3）考虑房间的不同用途，保证室内正常的活动

不同用途的房间，即使面积大致相同，它们的室内高度有时也不一。一般说来，公共性的房间如门厅、会议厅、休息厅等，以高一些为宜（3.5~5m），非公共性的空间可以低一点；工作办公用房可适当高一点（3~3.5m），居住用房可以低一点（3m 以下）；集体宿舍采用单层铺时可以低一些，采用双层铺时则应高一些；某些特殊用房则应根据具体要求来决定。为陈列室、墙面需挂字、画展品，一般适宜的展区高度是在 3.75m 以下，因此陈列室的高度要考虑这个要求。

（4）考虑楼层或屋顶结构层的高度及构造方式

层高一般指室内空间净高加上楼层结构的高度。因此，层高的决定要考虑结构层的高度。房间如果采用吊平顶时，层高应适当加高；或者当房间跨度较大，梁很高时，即使不吊平顶，

也应相应增大层高，否则，也会产生压抑感；反之，则可低一点。梁高一般按房间跨度的1/12~1/8设置。

（5）考虑空调系统及消防的设施

如果设计是集中式的全空调房间，则房间的层高还必须考虑通风管道的高度及消防系统喷淋安装的要求。一般需400~600mm的高度。

最后，层高的决定还要考虑建筑的经济效果。实践表明，普通混合结构建筑物，层高每增加100mm，单方造价要相应增加1%左右。可见，层高的大小对节约投资具有很大的经济意义。尤其对大量性建造的公共建筑更为显著。所以大量建造的中小型的公共建筑，如中小学、医院、幼儿园，它们的层高都应有所控制。

10.2.3　常见的几种基本使用房间的设计

上面论述了房间开间、进深及层高的决定因素。这里再以常见的几种基本使用房间为例，进一步分析，以供设计时参考。

1）医院的病房

医院病房的设计主要考虑病床的布置及医护活动。目前以3~6人病房占多数，少数为单人或2人病房。病房的床位都平行于外墙布置，在进深方面布置2~3张床，病床还要求可以自由推出。因此，病房开间就要考虑一张病床的长度，加上病床能推出的通道宽度，还要留一些空隙，一般用3.3~3.6m；6人的病房则考虑二个病床的长度加上中间的通道（图10-16），一般用5.6~6.0m，以5.7m居多。

病房的进深则应考虑2~3张病床的宽度，加上床之间的间距及床离墙的距离，以便放置床头柜及供医护人员护理操作之用。一般病床尺寸是900mm×1950mm，床头柜为400mm×500mm。病床之间距离为700~850mm，而以800mm居多，床离墙500~700mm。因此3~6人病房的进深通常为5.5~6.0m。其他形式的病室可参见图10-17。病房的门考虑病床推出，其宽度为1100~1150mm，可设单扇门，也可设一大一小。双扇门，一般只开大门，有病床进出时，将大小门都打开。

2）宾馆或招待所的客房

客房的设计主要根据客房居住人数，需设几张床位。目前一般标准的客房为2张单人床，常称"标准间"，少数为单间，还有双间套间、

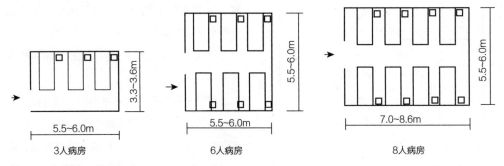

图10-16　病房的开间与进深

三间套间等，最豪华的还有总统间。标准间都附设有卫生间，房间内有床、床头柜、电视机、甚至有冰箱、行李架，还有桌椅、工作台、茶几等设施。一般床铺宽为 900~1000mm，长 1950~1970mm，按照宾馆星级标准，开间大小应有不同的要求，但至少应不小于 4.0m，进深则以 4800~6200mm 为多，见图 10-18。层高一般在 2.7~3.3m，集中空调的客房，层高要高一些，宾馆层数愈高，恰当地确定层高对充分发挥投资效果则有较大的影响。

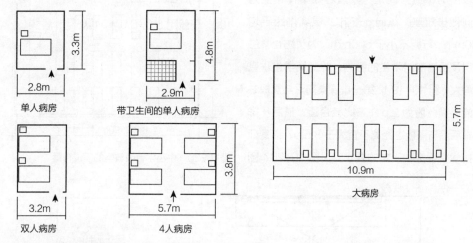

图 10-17 病房的几种形式

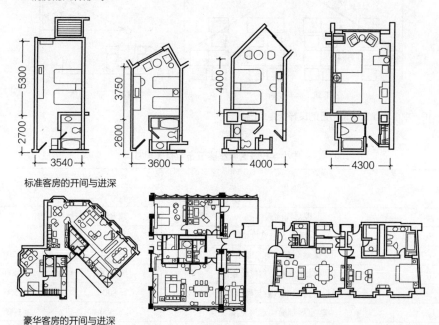

图 10-18 客房的开间与进深

3）中、小学的教室

以小学的教室为例，根据每班学生人数，按照定额标准，教室净面积为 50m² 左右。里面要放置 54 个座位。据调查，一般都采用双人课桌，平面尺寸为 1000mm×400mm。采用较多的布置方式是：教室内课桌椅布置为横向四排双座，纵向 6~7 排，课桌排距平均800mm，行距不小于 500mm。为了防止学生近视及粉笔灰对学生的影响，并避免学生垂直视角大（图 10-19），第一排课桌前沿与黑板之间的距离一般为 2m 左右比较合适，最后一排课桌后沿与黑板之距离不宜大于 8.5m，以保证后排学生视觉和听觉的要求，见图 10-20、图

10-21。这样布置的结果，教室平面尺寸一般为（单位：mm）6000×8400、6000×8000及 6200×8400 几种，而以前者为多。

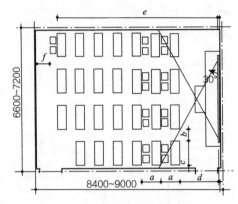

图 10-20 中小学普通教室的座位布置

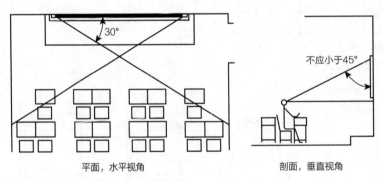

图 10-19 中小学教室座位布置的良好视距范围

中小学校普通教室座位布置有关尺寸　　　　　　　　表 10-2

代号	部位名称	间隔尺寸（mm）	
		小学	中学
a	课桌椅前后排距	≥ 850	≥ 900
b	纵向走道宽度	≥ 550	≥ 550
c	课桌端部与墙面距离	≥ 120	≥ 120
d	第一排课桌前沿与黑板距离	≥ 2000	≥ 2000
e	最后一排课桌后沿与黑板距离	≥ 8000	≥ 8500
f	教室后部横向走道宽度	≥ 600	≥ 600
	前排边座学生与黑板远端形成的水平视角	≥ 30°	≥ 30°

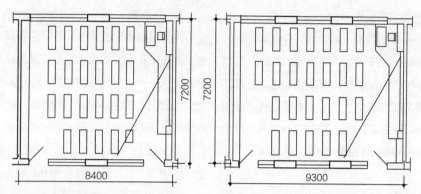

图 10-21　小学教室的座位排列

中学教室由于课桌及排距、行距均相应增大，教室的平面尺寸也随之加大。通常见到的有（单位：mm）6400×9000、6400×8700及 6800×8400 等几种，而以前者居多。

此外，也常采用一些方形教室，即教室的长度和宽度相接近，其优点是进深加大，建筑长度缩短，用地经济，外墙减少，交通面积也相应缩小，同时长度缩小，视距缩短，对后排学生视觉有利。但前排的两侧边座视线与黑板的夹角 a 过小，对前排边座学生视觉不利。一般采用横向五排，纵向 5~6 排的布置方式，其平面尺寸有（单位：mm）7800×7800、8100×8100 等，见图 10-22。有的学校也采用多边形教室平面（图 10-23），其最大的优点是视角好的座位多，课桌布置是前、后区座位少，中区座位多；同时声响效果好。

4）阅览室

阅览室是空间较大的使用房间。虽然它们的长度不只一个开间，而是几个开间相连，但是关键还是决定一个开间的大小。它们也是根据不同的用途，考虑家具设备的布置及人在里面进行活动的要求。

阅览室，主要决定于阅览桌、椅的大小及排距，以保证读者坐、站、行等活动要求。目前，一般采用双面 6~8 人的阅览桌，为了保证侧面光线，阅览桌都垂直于外墙布置。通常每开间布置 2~3 排阅览桌。因此阅览室的开间应是阅

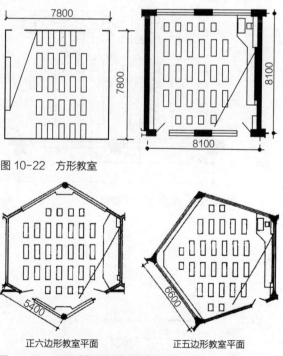

图 10-22　方形教室

图 10-23　采用多边形教室的教学楼平面

览桌排距的倍数，通常为 2~3 倍。根据调查，阅览桌中—中的排距一般为 2500~2800mm，因此阅览室的开间应为它们的倍数，而以 7500~8400mm 为多，见图 10-24。阅览室的跨度则根据采光方式决定，单面采光不应该大于 9m，双面采光可在 15~18m 之内，甚至可更大一些，如 21~24m。

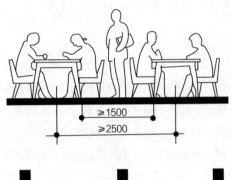

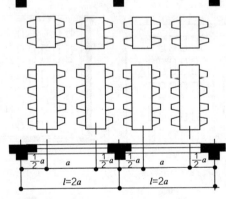

图 10-24　阅览室开间的确定

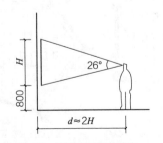

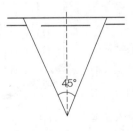

图 10-25　陈列室开间的确定

5) 陈列室

陈列室基本形式也为矩形。它的长度、宽度（跨度）和高度的大小主要应满足陈列和参观的要求。一个开间应能成为一个小的展示空间，两侧置以陈列屏风或陈列墙，它的最大厚度不大于 600mm，多半与柱子同宽或少于它，最大视距不超过 2.6m。根据这种陈列、参观的要求，柱子开间宜采用 6m 较合适，见图 10-25。目前一般采用 4m，5m，6m 及 8m 几种。其中 4m 及 5m 适用于小型陈列馆，6~8m 适应于大型展览馆。

陈列室的跨度除了受采光方式限制外，主要决定于陈列室的布置方式。陈列室最小宽度（跨度）单行布置时不小于 6m，双行布置时不小于 9m，三行布置时不小于 14m，见图 10-26。

陈列室的高度取决于陈列室的性质、展品的特征、采光方式及空间比例等因素，一般 4~6m，工农业展览馆或当代的会展中心，其展厅就要更高大一些。

6) 其他房间

其他房间，如托儿所、幼儿园的活动室、卧室，办公楼中的办公室，食堂的餐厅等都是根据家具、设备大小及布置要求和人的活动行为要求来决定的，参见图 10-27。

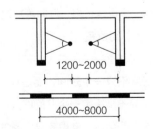

10.2.4 房间的自然采光方式

1) 自然采光种类与方式

自然采光可以分为两种基本类型，即侧墙采光和顶部采光两种。侧墙采光根据窗子开设距室内地面的高低，又分为普通侧窗和高侧窗两种。现分述之。

（1）侧墙采光

● 普通侧窗

当室内窗台较低，人的视线不受阻挡而可视到室外的窗户称为普通侧窗。它是最为广泛使用的采光方式。在一般大量性的建筑物中，房间的深度不大，平面组合又较简单，通常用这种采光方式就能满足光线照度的需求。

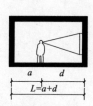
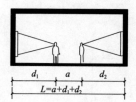
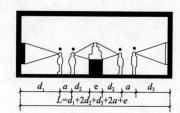

图 10-26　陈列室跨度的确定

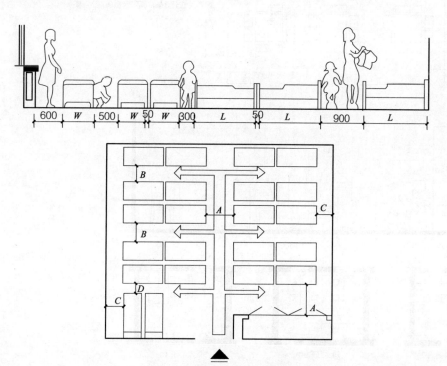

A=900；B=500；C=600；D=300

（a）

图 10-27　幼儿园布置（一）

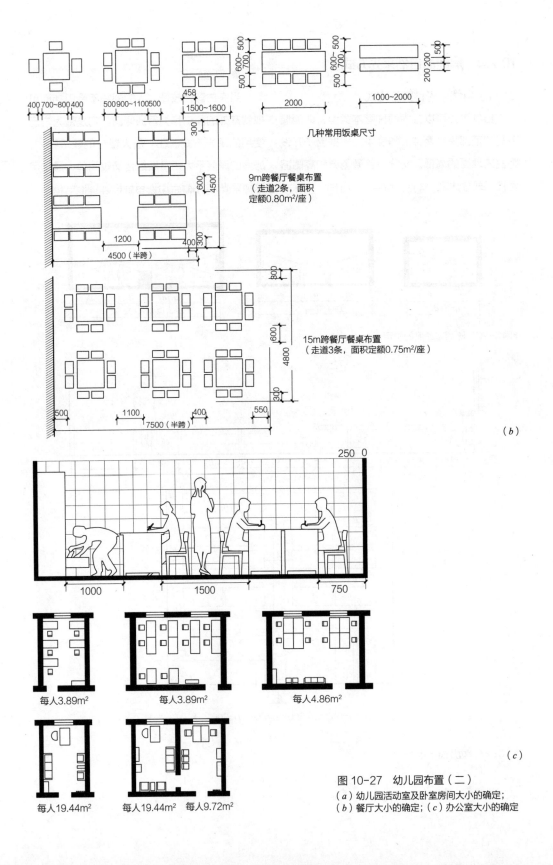

几种常用饭桌尺寸

9m跨餐厅餐桌布置
（走道2条，面积
定额0.80m²/座）

15m跨餐厅餐桌布置
（走道3条，面积定额0.75m²/座）

（b）

每人3.89m²　　每人3.89m²　　每人4.86m²

每人19.44m²　　每人19.44m²　每人9.72m²

（c）

图10-27　幼儿园布置（二）
（a）幼儿园活动室及卧室房间大小的确定；
（b）餐厅大小的确定；（c）办公室大小的确定

此种采光方式的优点是造价经济，结构简单，采光面积大，光线充足，可以看到室外空间的景色，感觉比较舒畅，建筑立面容易处理得开朗和明快，所以它最广泛地运用在各类型的建筑中。

此种采光方式的缺点是有直射光，光线不均匀，容易产生眩目光，有一次反射和二次反射现象（图10-28）。当房间朝向东西时，东西晒就很严重。因此有时就需要装设遮阳或光线调节设备。对于美术陈列室，因它需要陈列墙面，光线要求高，这种方式就不够恰当。

● 高侧窗

室内窗台高于2m以上的侧窗，一般就称为高侧窗，多用于公共建筑中辅助房间（卫生间、盥洗室、浴室等）或有特殊要求的房间，如美术陈列室等。它可在墙壁上方接近顶棚的部位开窗。我国江苏省南京美术陈列馆、南京博物馆等都采用这种形式。这种形式光线由上面斜方向射入，很适宜于陈列、观赏雕刻品，

结构构造也较简单，有较大的陈列墙面。当跨度较小，侧窗很高时，可避免一次反射以及眩目光，如图10-29（a）所示，展览的效果较好，但空间浪费大。当室内高度低，采光口与观赏方向在同一面时，容易产生眩目光现象。如果跨度较大，一次反射也就很难避免，如图10-29（b）所示。这里需加光线调节设备，但室内照度往往较低。

（2）顶部采光

顶部采光在大型展览建筑、体育馆、大商场中采用较多。这种采光方式，可避免进深过大而房间深处照度不足的缺点。采光面积可按需要开设，不受立面造型的限制，同时室内空间能合理利用，不占用墙面面积，消除了眩目光，二次反射也较容易避免。

但是设置天窗构造复杂，造价高昂，又易漏水、积雪，同时这种天窗因太阳辐射热所产生的"热荷重"较大。直射光多，有时还要遮挡，更要组织好自然通风。

上部采光形式多种多样，而按其构造方案可以分为两种：

● 采光口——即在屋顶上开孔，在与屋面同一坡度上镶以玻璃，作为屋顶的一部分，同时也是采光口，见图10-30（a）。图（a）采光口是薄壳的一部分，图（b）是放在屋架上，从内部的建筑处理来看，不如（a）图好。

采光口的优点是建筑艺术上能保持着建筑物外壳的完整，没有上部结构，建筑内部很简单。但它的缺点很多：太阳的直射光强烈，房间夏热冬冷，比较适于气候温和地区，或在夏天能够组织自然通风的建筑物中。它也适合于要求光线主要投向水平面上，如比赛场馆、室

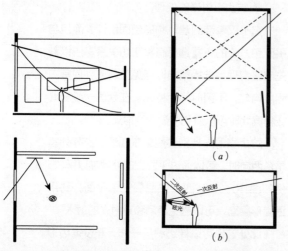

图10-28　普通侧窗光线分析　图10-29　高侧窗光线分析

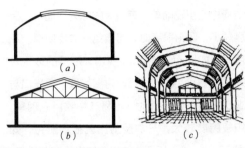

图 10-30　采光口的一般形式

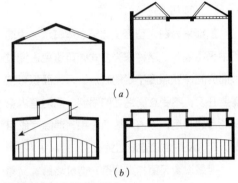

图 10-31　上部采光形式
（a）复式采光口；（b）采光天窗

内游泳池等。为了防止上述缺点，有时就将采光口设于屋面坡度较大的地方，以利排水和防止积雪，如图 10-31 所示。

此外，这种采光口上部采光有时也做成复式的两层玻璃，其间是作散光空间，设置光线方向调节板等，也可以减少辐射热，用于展览建筑较多。

● 采光天窗。就像工业厂房车间一样，在屋顶上架设高于屋面的小屋顶，用其侧面开窗，让光线射入的方法，如图 10-31 所示。

这种形式的优点是构造简单，排雨排雪较方便，通风较好，辐射热较少，中央部分顶棚较高，不易有压迫之感。其缺点是中间亮而墙面较暗，易产生反射光。

综上所述，采光形式有：普通侧窗、高侧窗、采光口及采光天窗等。此外，还有高侧窗与屋顶上部采光相结合的顶侧窗的形式，它们兼有二者的优点，也避免了二者的弱点，是一种较好的形式，尤其适合于陈列馆中。附各种自然采光形式如图 10-32 所示，以供参考。

2）不同用途房间良好采光的处理

公共建筑物中的展览建筑、体育建筑、学校建筑及商业建筑等对采光有较高的要求。除了满足一定程度要求以外，特别要注意防止不利的反射光、眩目光及直射光，因而在设计时就要多加研究。现将几种有特殊要求的建筑的采光处理简述如下：

（1）展览建筑的采光处理

一般展览馆展览实物多，可用普通侧窗或高侧窗。当跨度较大时可以设置上部采光。而美术馆、博物馆采光要求较高，尚需经过一定的特殊处理，以避免直射光、眩目光，不利的反射光和虚像的产生，以保证良好的陈列及参观效果。

● 防止直射光的处理

它不仅牵涉到建筑物的剖面设计，而且与平面和方位的布置选择有着密切关系。所以首先应该合理地选择朝向以避免直射光，使室内照度均匀，不因时间而变化。在我国一般朝北或稍偏北时可以避免强烈的直射光。

防止直射光特别要避免东西晒。当陈列室是东西向时，可以通过平面上的处理加以解决，例如图 10-33 陕西省农业展览馆平面，利用锯齿形平面，可以避免西晒和直射光的射入。

此外，也可以像纺织厂一样，开设锯齿形天窗，达到此种要求，见图 10-34。但它只适用于顶层。

　　很多陈列馆也采用固定或悬挂的遮阳设备、窗帷幕、百叶窗等遮阳设施。或者设立外廊，既供遮阳也作交通、休息廊之用，如中国国家博物馆。

● 防止眩目光问题

　　这个问题是由于强烈光线射入人眼而引起，因此无论自然采光或人工照明都应将采光口或人工照明的光源隐蔽起来。图 10-35 是利用挡光板或反射面来遮挡光源。

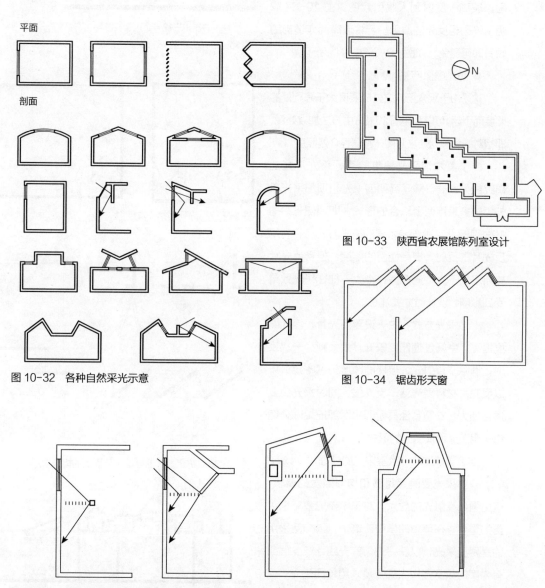

平面

剖面

图 10-32　各种自然采光示意

图 10-33　陕西省农展馆陈列室设计

图 10-34　锯齿形天窗

图 10-35　利用挡光板或反射面来遮挡直射光的方式（剖面图）

当展品布置在窗口下墙面时，展品上部到窗台下应有一段距离，造成大于 14° 的保护角，见图 10-36。因此提高窗台位置是有好处的。

● 避免反射光的问题

它是由于采光口的光线经过光滑面（如油画、玻璃）反射到人眼引起的。图 10-37 表明了陈列柜反光的原因。若将玻璃面作适当的倾斜即可避免，如图 10-37 中虚线所示。

● 防止虚像产生

这是由于观众所立之处的照度大于陈列处的照度而引起。可以利用图 10-38 中方法加以处理，即相对增大陈列处之照度，减弱观众处照度。

由于美术馆采光要求较高，采光形式的研究颇为重要。除了高侧窗采光和顶部采光以外，较多采用两者综合的形式，即顶侧光。图 10-39 是北京中国美术馆的采光方式，它利用反光片的反射，提高墙面的照度。但若反光片材料表面不光，光亮消耗也大，往往采光效果受到影响，设计时尤要注意。

上述采光方式，由于设置反光片，墙面照度提高，中间过道照度较低，大大减少一次反射，消除了直射光，但墙面照度仍感不足，所以反光片材料要光洁、反光强，同时采光口要适当加大。安徽省泾县新四军军部旧址陈列馆都采用了这种顶侧光的形式。

（2）学校建筑—教室采光的处理

教室采光要满足足够和均匀照度的要求，避免强烈直射光的射入，对于学校的教室来讲更为重要。在单廊的学校建筑中，最广泛采用的是两面采光，以获得均匀的光线。在多层或有内廊的教室楼中大部分是采用单面采光。但当教室跨度较大，可以开设辅助的上部采光来

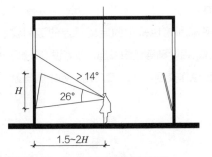

图 10-36　防止眩光的保护角示意

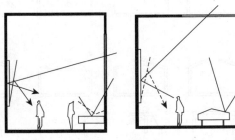

图 10-37　陈列面第一次反射

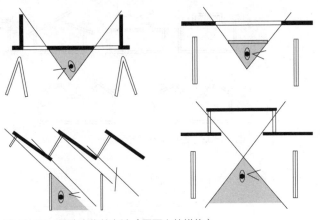

图 10-38　防止虚像的办法（平面上的措施）

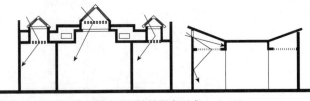

图 10-39　北京中国美术陈列馆的采光形式

增加教室深处的光线照度。图 10-40 为教室采光的一些形式。

为了获得教室良好的均匀照度，在设计时，窗户的大小和布置，房间的进深等均需细致的考虑，一般处理方法有：

● 在单面采光的教室中，教室的跨度（进深）与窗户顶的高度之比不能太大，进深一般小于窗顶高的二倍，如图 10-41 所示。

● 尽量减少窗间墙的宽度，最好是除了结构面积之外，全部作为采光口。

● 利用顶棚、墙面或室外地面的反射，以增加教室深处的照度，如图 10-42 所示。利用反射增加照度，均需要窗口开设较高，越接近顶棚越好。

● 尽量争取两面采光，或设置辅助的天窗光线。前者较理想，后者构造复杂且易漏水。

此外，在不影响光线深入的情况下要防止直射光的射入，解决的方法是安装固定的或活动的遮阳设备，或者在窗户的上部或下部安装一部分折光片与散光玻璃（玻璃砖、冰花玻璃或磨砂玻璃）。上述两种方法都不影响光的深入，但缓和了靠窗座位光线太强现象，达到照度分布较均匀的要求。

此外，也可以设计室内表面色彩和表面光滑程度来控制墙面与天花板的反射。一般白色、淡黄色反射量大，深褐色反射较小，因此一般教室色彩偏于浅淡。

（3）体育建筑的采光处理

主要是室内比赛馆，它要保证较强而又均匀的光线，防止有害观众和运动员的眩目光，保证比赛区有强于观众席的照度。一般可以采用侧光、顶光及辅以人工照明。但要避免在比赛场的端头墙面开窗，因为它对运动员将产生眩目光。由于晚间使用多，人工照明很重要，也可补助白天自然光线的不足。

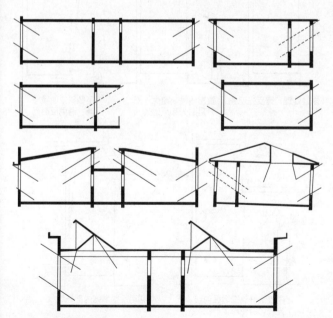

图 10-40　教室采光的一些形式

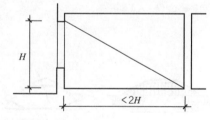

图 10-41　平面采光口高度的确定

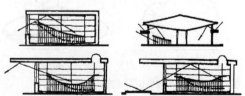

图 10-42　利用反射增强教室照度的方法

图 10-43 是游泳池光线的处理。图 10-44 为大型体育馆几种天然采光实例。

（4）商店营业厅及橱窗的采光

商店营业厅尤其是大厅式的营业厅采用天然采光与人工照明结合的混合式采光较多，而天然采光又多半为高侧窗和顶光两种形式，如图 10-45 所示。采用内院式平面和天窗来争取较多的自然光线，也便于通风。

商店的橱窗是商店的眉目，是陈列宣传、介绍商品、吸引顾客的所在。橱窗的天然采光和人工照明的处理均很重要，它要避免太阳直射光，避免橱窗玻璃的反光和眩光，其方法如图 10-46 所示。

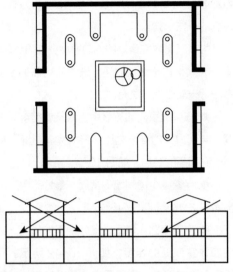

图 10-45 商店营业厅的天然采光方式

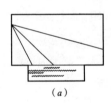

图 10-43 室内游泳池的采光
（a）自然采光；（b）人工照明

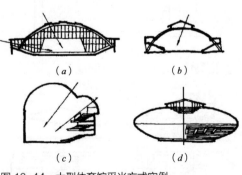

图 10-44 大型体育馆采光方式实例
（a）侧窗采光；（b）、（c）顶部天窗，顶侧天窗；
（d）人工照明（环形吊灯，可上下升降）

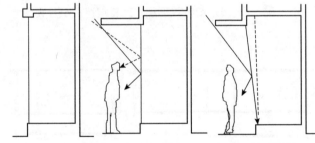

未经处理，有反光现象　挑出雨篷，避免一部分直射光和反射光　用倾斜或曲线玻璃，避免反射光

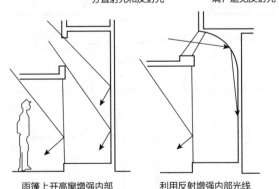

雨篷上开高窗增强内部光线，避免影像产生　利用反射增强内部光线

图 10-46 橱窗反光的处理

10.3　辅助空间的设计

10.3.1　辅助空间内涵

任何建筑除了基本用房外，还有很大数量的辅助使用空间。它包括：行政管理用房、盥洗室、卫生间、供应服务用房及设备用房等。例如宾馆、托儿所、幼儿园中的厨房、洗衣房（锅炉房、通风机房等）和库房、车库等附属用房。这些辅助用房对平面设计的要求在前已有论述。这里着重介绍一下盥洗室及卫生间的设计。

公共建筑物中卫生间的组成包括有厕所、盥洗室、浴室及更衣、存衣等部分，可以分三种情况：

（1）仅设有公共男、女厕所，如一般办公楼、学校、电影院，供学习、工作及文化娱乐活动的公共建筑。

（2）设有公共卫生间，即不仅设有公共厕所，而且还设有公共盥洗室，甚至公共浴室。

如一般的托儿所、幼儿园、中小型旅馆、招待所、医院等附有居住要求的公共建筑。此外火车站，由于要解决夜间行车顾客的生活问题，也都设有公共洗脸间。剧院化妆室、体育馆运动员室也要求有盥洗室和淋浴间。

（3）设有专用卫生间，如标准较高的宾馆、饭店、高级办公楼及高级病房、疗养院等建筑。每间客房或病室都设有一套专用卫生间，包括盥洗池和浴缸及便器等卫生洁具。

下面按这三种情况分别介绍一下设计要求及一般的布置形式。

10.3.2　室内厕所的设计

厕所需有一定的卫生设备，在进行设计时，首先要了解各种设备和人体活动所需要的基本尺寸。然后要根据任务书中所规定的使用人数，并根据规范等要求来进行组合安排，见图 10-47。

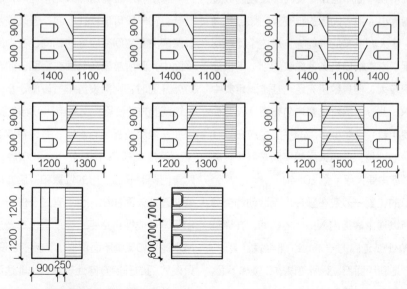

图 10-47　公共厕所平面组合的基本尺寸

厕所的卫生设备主要包括卫生洁具、洗手盆和拖把池等。卫生洁具有坐式、蹲式和集中冲洗等三种。设计时根据建筑标准高低和生活习惯等因素来选择。一般来说，北方人多习惯用蹲式，公共厕所选用蹲式也较卫生。所以一般标准的建筑物中，即使南方地区选用蹲式洁具也较多。如果标准低些，为了节约器材且便于管理，可以采用集中冲洗的方式，每隔一定的时间自动冲水。在标准高的建筑中，如星级宾馆、高档写字楼等，则应采用坐式卫生洁具。

室内厕所的设计要考虑不同类型建筑的使用特点：有的是均匀使用的，如医院、办公楼、宾馆等；有的是不均匀使用的，如剧院演出休息时使用，中小学校课间休息时的集中使用；有的建筑厕所使用既有均匀的，也有集中的，如候机厅内的厕所使用是均匀的，而出站用的厕所则是相对集中的。这些不同的使用情况就要影响厕所在平面中的布局及内部设置的数量和空间的大小，很多国际的航空大站如上海浦东机场、澳大利亚悉尼机场等，对这个问题都考虑不足，南京禄口机场考虑较周到，下机处厕所面积较大，便具数量充足，基本满足集中使用要求。此外，厕所也要均匀布置，以方便所有的使用者；在条型布局的平面中应布置在走廊适中的地位，在有大厅的平面布局中，厕所应该靠近主要大厅（图10-48）。

厕所的位置一般应布置在人流活动的交通线上，所以通常靠近出入口、楼梯间，在建筑物的转角处或走廊的一端，以便寻找。有时，为了有效地利用面积，厕所可以放在楼梯下面，或其他不能布置主要房间的地方。

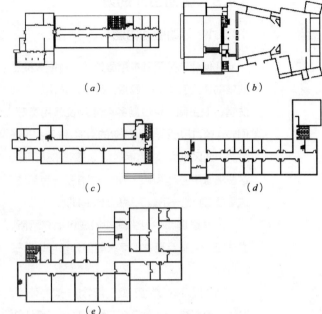

图10-48　公共厕所在平面布局中的基本位置
（a）条形平面中位于适中地位；（b）有大厅的平面中靠近主要大厅；（c）靠近门厅、楼梯间；（d）位于转角处；（e）位于走廊一侧

厕所一般应有自然采光和通风，以便排除气味。它一般可设置在朝向、通风较差的方位以保证主要房间有较好的朝向。在中间走廊的平面中，厕所常设在北面或西面。如若不可能对外开窗时，则需设置排气设施。室内厕所的位置既要方便使用，又应当尽可能隐蔽。

一般厕所都设有前室，并设置双重门。前室的深度一般不小于1500~2000mm，以便两重门同时开启。门的位置和开启方向要注意既能遮挡外面视线，也不宜过于曲折，以免进出不方便或拥挤堵塞。在前室内布置洗手盆和污水池。如果厕所面积很小，就不必设计前室，只要将门的开启方向处理好，也能达到遮挡视线的效果（图10-49）。

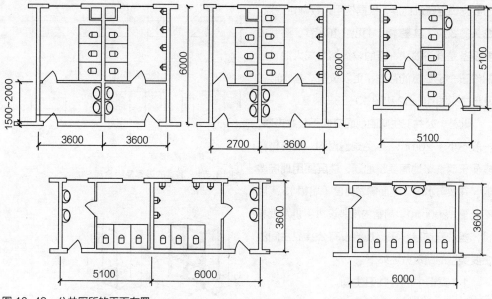

图 10-49　公共厕所的平面布置

为了节省管道，减少立管，男、女厕所一般常沿房间隔墙平行并排布置，卫生设备也尽可能地并排或背靠背布置。如果房间进深较浅，也可以沿纵墙布置。男、女厕所并排布置既节省管道，也便寻找，但在某些情况下，为了分散人流，也有将男、女厕所位置分开的。如在中小学校建筑中，因为课间使用厕所比较集中，往往采取分开布置的方式以分散人流（图 10-50）。

多层建筑各层均应设置厕所，而且厕所在各层的位置要垂直上下对齐，以节省上下水管道和方便寻找。如果每层设置男、女厕所面积过大，则可采用男、女厕所间层布置的方式或者是男、女厕所在同一开间交错布置，面积利用较好，但管线弯头多，安装不利。

此外，还要考虑残疾人使用方便，要为残疾人专设卫生设施。

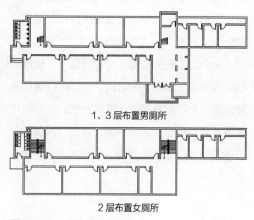

1、3 层布置男厕所

2 层布置女厕所

图 10-50　天津德庄中学

10.3.3　公共卫生间设计

公共卫生间包括盥洗室、淋浴室、更衣室及存衣设备。不同用途的建筑包括不同的组成，附有不同的卫生设备。盥洗室的卫生设备主要是洗脸盆或盥洗槽（包括龙头、水池），在设计时要先确定建筑标准，根据使用人数确定脸盆、龙头的数量，其基本尺寸见图10-51。浴室主要设备是淋浴喷头，有的设置浴盆或大池，还需设置一定数量的存衣、更衣设备。基本形式及尺寸见图10-52和图10-53。

此外，公共卫生间的地面应低于公共走道，一般不小于20mm，以免走道湿潮。室内材料应便于清洗，地面要设地漏，楼层要用现浇楼板，并做防水层。墙面需做台度（墙裙），高度不低于1200mm。前室内常装设烘手机及纸卷机，盥洗室前装镜子。现将设有公共卫生间的主要类型的建筑分述如下：

1）宾馆中的公共卫生间

普通标准的宾馆、招待所，每一标准层均设有公共卫生间，它包括厕所及盥洗室。在炎热地区附有淋浴设备，位置一般应在交通枢纽附近。

公共卫生间的位置无论设在哪里，较理想的组合方式是通过前室进出。这样可以避免走道湿潮，又可遮挡视线，隔绝臭气。有的利用盥洗室作为前室，通到厕所、浴室，这样可以节省面积，但走道易湿潮。它们的组合方式见图10-54。

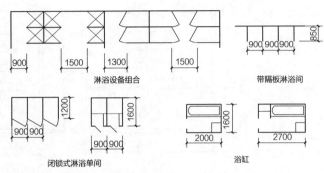

图10-51　浴室的设备及组合尺寸

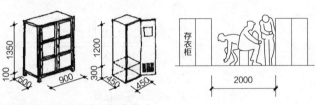

图10-52　存衣设备及组合尺寸

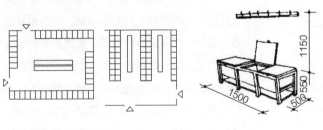

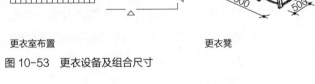

图10-53　更衣设备及组合尺寸

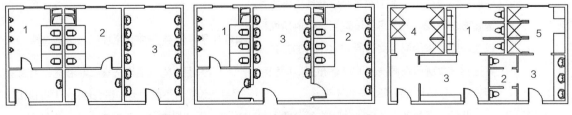

1—男厕；2—女厕；3—盥洗间；4—男浴室；5—女浴室

图10-54　宾馆中公共卫生间的组合方式

2）医院中的公共卫生间

一般标准的医院的每一护理单位都设有病人使用的厕所、盥洗室及浴室。它们与医务人员使用的厕所、盥洗室分开，并设置在朝北的一面。

根据病人的特点，厕所内应设坐式及蹲式两种。坐式照顾体弱病人，蹲式较卫生，不易感染，但墙上要做扶手。男、女厕所可各设两个，男、女盥洗室应独立设置，不宜附设在厕所内。

浴室有的集中设置在底层，靠近锅炉房，有的分设在各层护理单元中。前者较经济，后者方便病人。集中设置一般是设置淋浴，在护理单元里除淋浴外，最好设一浴缸，置于单独小间，供病人用。

目前，医院的建设标准均在提高，不少医院的病房都附设有卫生间，就像宾馆客房一样，卫生间的设置有两种方式，一是靠走道一侧布置，另一种方式是将卫生间靠外墙布置，以便于医护人员看护。

此外，医院病房中还设有供存放、冲洗、消毒便盆及放置脏物的污洗室。室内也设有水池，为了节省管道，也应与公共卫生间相邻布置。

3）托儿所、幼儿园的卫生间

托儿所、幼儿园的卫生间包括盥洗室、厕所及浴室。盥洗室与厕所可分开设置，也可组合在一起，适当加以分隔，最好每班一套，最多两班合用。浴室以集中设置为宜，全托班可在盥洗室中设浴池。它们的位置应与相应的活动室相通。其组合方式见图 10-55。

盥洗室与厕所由于儿童使用时间比较集中，卫生器具不宜太少。此外，所有卫生器具的尺度必须与幼儿的身材尺度相适应。有关设备及尺寸可查阅相关设计资料。托儿所小班一般使用便盆，设倒便池、便盆架及便椅，幼儿园的幼儿使用便桶不方便，一般采用大便槽冲水。

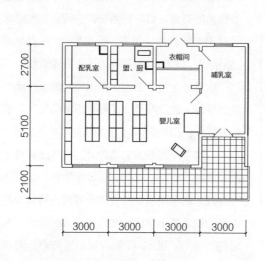
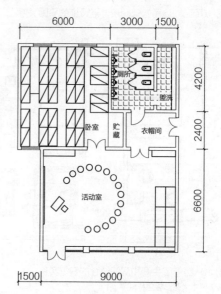

图 10-55　幼儿园中盥洗室与厕所的组合实例

4）体育建筑中的公共卫生间

体育建筑中为供运动员、裁判员、工作人员及平时进行体育锻炼的业余爱好者使用，都设有更衣、存衣、淋浴等辅助设施。它们的位置应与比赛场地、练习场地、医务卫生及行政管理部门联系方便，见图 10-56。其交通路线不能通过观众席及其附属部分，而且男、女运动员及主队和客队的更衣、存衣及淋浴设施也必须分开，它们都要与厕所靠近布置。

体育建筑的浴室内一般不用浴盆，但在按摩室内可设置一两个。为了恢复运动员的体力，有的浴室中附设大池。淋浴间使用热水较多，在平面布置中以将它们接近锅炉房为宜。

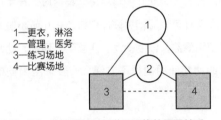

1—更衣，淋浴
2—管理，医务
3—练习场地
4—比赛场地

图 10-56 体育建筑厕所淋浴设施的平面关系

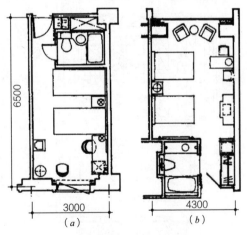

图 10-57 卫生间和房间结合的宾馆实例
（a）日本太阳道旅店标间平面；
（b）上海波特曼酒店标间平面

10.3.4 专用卫生间设计

标准较高的宾馆客房，医院、疗养院的病房以及高级办公室都设有专用卫生间。大多不沿外墙以免占去采光面，采用人工照明与拔风管道。有的也沿外墙布置，它可直接采光通风，省去拔风管道。专用卫生间一般设置洗脸盆、坐式便器及浴缸或淋浴。浴缸的布置应使管线集中，室内要有足够的活动面积，同时要维修方便。带有专用卫生间的客房、病房及办公室的开间应结合卫生设备的型号、布置、尺度及管道走向、检修一起加以考虑决定。布置实例见图 10-57。

10.4 交通空间的设计

建筑物内各个使用空间之间，除了某些情况用门或门洞直接联系外，大多是借助别的空间来达到彼此的联系。这就是建筑物内用于彼此联系的交通，可称它为交通空间。它包括水平交通（如门厅、过道、走廊等），垂直交通（如楼梯、坡道、电梯等）以及交通枢纽（门厅、川堂等）三个部分。交通空间的设计除了满足平时人流通畅外，还要考虑紧急情况下疏散的要求。因此它与建筑物内的人流组织密切相关，除了交通联系的功能外，有时还兼有休息、等候、交往、陈列、短暂停留等实际使用的功能。由于交通部分在建筑物内占有较大的建筑面积（如小学教学楼约为 20%~35%，医院约为 20%~38%），其设计合理与否，对建筑物的使用和经济有很大影响。一般在满足基本使用要求的前提下，应该尽量节省交通面积，以提高建筑物面积的利用率。这也是衡量建筑平面布置合理性的重要标准之一。下面按三个部分分述于下：

10.4.1 交通枢纽——门厅、过厅及川堂的设计

1）门厅设计要求

公共建筑物中的门厅、过厅和川堂是作为接待、分配、过渡及供各部分联系的交通枢纽。尤其是门厅，几乎所有公共建筑中都有，只是规模组成不同而已。它是人们进入建筑物的必经之地。它不仅是一个交通中心，而且往往也是建筑物内某些活动聚散之地，具有实际使用的功能。如在旅馆中接待旅客，办理住宿、用膳、乘车、邮电等手续；在医院的门诊部中，它可以接待病人，办理挂号、收费、取药甚至候诊等；在中、小型车站中，它可兼办售票、托运、小件寄存等业务；在演出建筑中，可售票、检票、观众等候休息等。为此，一般门厅内应设有相应的辅助服务用房，如问讯、管理、售票、小卖部等。此外主要楼梯也常设在门厅内。在一般公共建筑中，经门厅可通工作室、休息室、群众大厅等，联系直接、方便。

门厅部分的设计是整个建筑物设计的重要部分，在设计时，通常应考虑以下一些问题：

（1）门厅是建筑物的主要入口，它的位置在总平面中应明显而突出。通常应面向主要道路或人流、车流的主要方向，并且常居建筑物主要构图轴线上。

（2）门厅与建筑物内主要使用房间或大厅应有直接而宽敞的联系。水平方向应与走道紧密相连，以便通往该楼的各个部分。垂直方向应与楼梯有直接的联系，以便通往各层的房间。所以在门厅内应看到主要的楼梯或电梯，以引导人流。同时楼梯应有足够的通行宽度，以满足人流集散、停留、通行等要求，见图10-58。

（3）门厅内交通路线组织应简单明确，符合内在使用程序的要求，避免人流交叉。在某些建筑中（如宾馆），应把交通路线组织在一定的地带，而留出一些可供休息、会客、短暂停留之地。各部分位置应顺着旅客的行动路线，

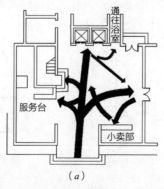
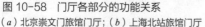
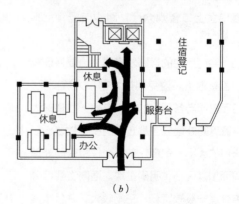

图10-58　门厅各部分的功能关系
（a）北京崇文门旅馆门厅；（b）上海北站旅馆门厅

便于问讯、办理登记、存物、会客等工作。图10-59为北京和平宾馆的门厅，平面布置较好，主要楼梯居明显地位，人流交通线集中到一定的位置，在门厅内组织了不受交通干扰的等候、会客、休息之地。同时大量上楼的人流和去餐厅的人流分别组织在门厅的两个方向，既明确又不交叉。

医院门诊部的门厅应很好地组织门厅内的挂号、交费、取药等活动流程，并考虑它们排队所需的面积，使其不互相交叉。图10-60为几个门诊部人流组织的实例。

电影院、剧院的门厅应考虑售票的位置（目前有的设置独立的售票处，但有的仍在门厅内当场售票）及面积的大小，避免买票排队与进场人流交叉、拥挤。如有楼座时，应把楼座人流和池座人流恰当分开。楼梯的位置与通向池座的入口不要太近，故通常都使楼梯的起步靠近门厅的前部。图10-61为日本滋贺县立琵琶湖艺术剧场，它由大、中、小三个剧场组成，分别用于歌剧、音乐会及戏剧演出，共用一个大主门厅，通过主门厅进入各自的休息厅，再从休息厅进入观众厅池座或通过主门厅中的开敞大楼梯登上二楼观众厅，路线流畅，互不干扰。

（4）当门厅内的通路较多时，更要保证有足够的直接通道，避免拥挤堵塞和人流交叉，同时门厅内通向各部分的门、走廊、楼梯的大小、位置等的处理应注意方向的引导性。一般利用它们的大小、宽窄、布置地位和空间处理的不同而加以区别，明确主次。通向主要部分的通路处理一般较宽畅、空间较大，并且常常布置在主要地位或主轴线上。图10-62为南

京河海大学工程馆入口门厅的设计，门厅内有四个人流方向；1和2为主要人流方向，分别通向各层的教室。人流导向1是借助于宽敞开放的楼梯，使其地位突出；人流导向2是借助于将走廊布置于入口的主轴线上，而突出其重

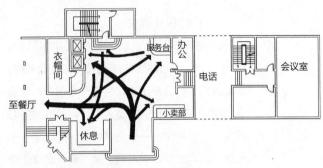

图10-59　北京和平宾馆门厅人流分析

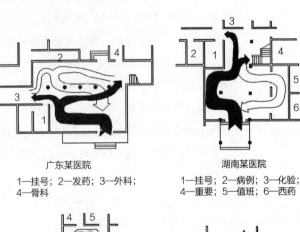

广东某医院
1—挂号；2—发药；3—外科；
4—骨科

湖南某医院
1—挂号；2—病例；3—化验；
4—重要；5—值班；6—西药

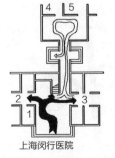

上海闵行医院
1—挂号；2—妇产科；3—外科；
4—西药房；5—中药房

上海马桥医院
1—挂号；2—值班；3—药房；
4—内科；5—化验

图10-60　门诊部门厅人流分析实例

要性；人流导向 3 为通向实验室的较次要的人流方向，走廊通道的起步退于主要楼梯之后，使其居于较次要的地位；人流导向 4 为通向教研组办公室的更次要的人流方向，故走廊窄，且更退后，使其居更次要的地位。

又如某中学的门厅，除了通向教室、办公室的人流外，还利用楼梯上下的休息平台，布置了通向礼堂、地下室、操场、乒乓球室等多股人流的通道。门厅虽然不大，但并不感到拥挤，见图 10-63。

（5）在寒冷地区或门面朝北时，为避免冬季冷空气大量进入室内和室内暖气的散失，门厅入口处需设门斗，作为室内外温度差的隔绝地带。门斗的设置应有利于人流进出，避免过于曲折。门斗的形式有三种，如图 10-64 所示：直线式布置，两道门设于同一方向，人流通畅，唯冷空气易透入室内；曲折式布置，门设于两个方向，室内外空气不易对流；过于曲折，人行有些不便。

2）门厅空间组合形式

门厅的空间组织有单层、夹层、二层或二层以上高度的大厅布置，具体的剖面形式

外观

平面图

图 10-61 日本滋贺县立琵琶湖艺术剧场

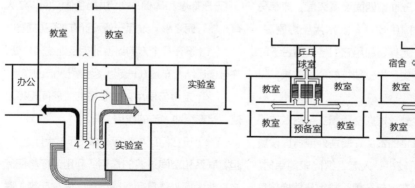

图 10-62 南京河海大学工程馆入口门厅设计
1—通往二楼；2—通往教室；3—通往实验；4—办公人流

图 10-63 某中学的门厅设计

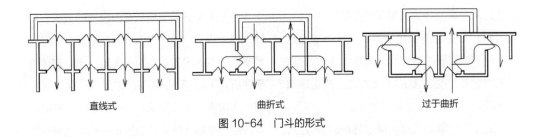

直线式　　　　　曲折式　　　　　过于曲折

图 10-64　门斗的形式

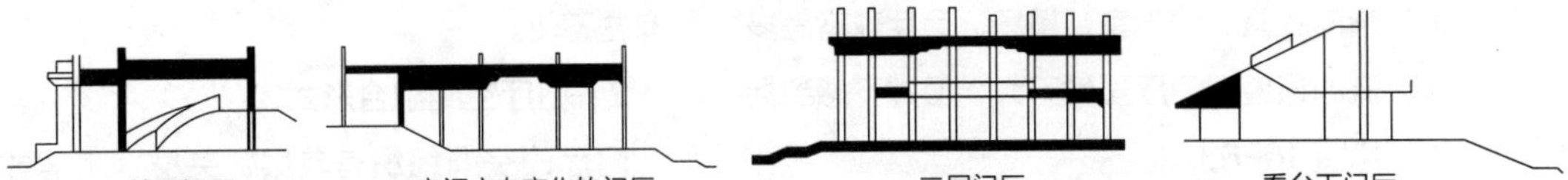

单层门厅　　空间方向变化的门厅　　二层门厅　　看台下门厅

图 10-65　门厅的空间组织实例

见图 10-65。

（1）门厅的层高与主要房间同高或适当提高，但仍属一层，是一种较简单的方式，如旅馆、学校等建筑所常用，空间经济，感觉亲切，见图 10-65（a）。

（2）门厅内有高低不同的空间，通常是较高的门厅与较低的川堂、过厅相通，借高低的处理，产生空间对比的变化，见图 10-65（b）。

（3）门厅内设置夹层：门厅空间较高，在其一面、二面、三面或四面设置夹层，即跑马廊的形式，见图 10-65（c）。常用于影剧院、会堂等建筑中，尤其是利用它们楼座看台下的空间设置门厅，更产生较独特的空间效果，见图 10-65（d）。

除了门厅之外，根据使用和安全疏散的要求，还常在建筑物的端头、转角处或背面设置次要入口。面积较小、人流组织比较简单时，一般与楼梯结合在一起布置，并常从楼梯休息平台下出入。

3）过厅、川堂设计

过厅是作为分配、缓冲及过渡人流的空间。过厅的设计也要很好地组织人流，并在满足使用要求的前提下，节省建筑面积。公共建筑使用人流较多，过厅是经常采用的一种组织水平交通的方式。过厅、川堂也常作为平面布局和内部空间处理的一种手段。我们可以利用对比的手法，突出主要的空间（大厅或门厅等），可利用过厅作为过渡空间，欲高先低，欲大先小（但无压抑感和局促感），烘托主体空间，使人有豁然开朗之感。过厅一般设计在如下位置：

（1）设在几个方向过道的相接处或转角处，并与楼梯结合布置在一起，起分配人流的作用。

（2）走道与使用人数较多的大房间相接之处，起着缓冲人流的作用。

（3）设在门厅与大厅，或大厅与大厅之间，起着联系和空间过渡的作用，利用过厅将门厅与其他大厅（休息厅、陈列厅、候车厅等）联系起来。

川堂与过厅的意思相仿，它常用于门厅与群众大厅（如比赛厅、会议厅或观众厅）之间。如在影剧院中常利用它起着隔光和隔声的作用，图 10-66 是利用过厅，把门厅、观众厅及休息厅联系起来，又起着隔光隔声的作用。

10.4.2　水平交通的设计

水平交通是用来联系同一层楼中各个部分的空间，除了水平交通枢纽外，主要是走道（也叫过道、走廊）。走道的布局一般应直截了当，

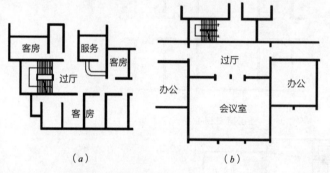

（a）　　　　　　　（b）

图 10-66　利用过厅把各部分联系起来

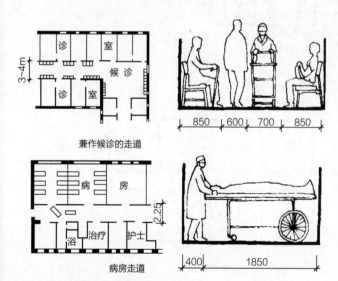

兼作候诊的走道

病房走道

图 10-67　医院走道宽度的确定

不要多变曲折。走道本身应有足够的宽度、合适的长度及较好的采光。走道的宽度必须满足人流交通的要求，根据使用人数和性质而决定，并符合安全疏散的防火规定。在公共建筑中，公用走道一般净宽不小于 1.5m。单面布置房间的走道可以窄一些，而双面布置房间的走道就需宽一些。

走廊的必要宽度除考虑通行能力外，还要考虑房间门的开启方向。一般在人数不多的房间用单扇门，开向室内，而在人数多的房间（如会议室、休息室等）则需用双扇门，且门要向走廊开，这时走道的宽度就要加大。

走道有的纯属交通联系，有的兼有其他功用，当需兼作其他用途时，就要适当地扩大走道的宽度。如学校建筑或展览建筑走道兼作休息时，即使是单面走道也需做得宽一点，如 2~3m；医院门诊部走道常兼候诊，则可加宽到 3~4m，单面设置候诊席可小一点，双面设置候诊就大一些。病房走道因考虑病床的推行、转弯，其净宽不小于 2.25m，见图 10-67。

走道的长度决定于采光口、楼梯口或出入口之间的距离，以使它不超过最大的防火距离，避免过长的口袋形走道（即过道的一端无出入口）。走道的光线除了某些建筑（如大型宾馆）可用人工照明外，一般应有直接自然光线。单面走道没有问题，中间走道的采光一般是依靠走道尽端开窗，利用门厅、过厅及楼梯间的窗户采光，有时也可利用走道两边某些较开敞的房间来改善走道的采光与通风，如利用宾馆的客房服务处、会客室、医院中的护士站、小餐厅或门诊部的候诊室，办公室的会客室等。有时甚至可采用顶部采光的手法，这在现代建筑

中采用较多。在某些情况下也可局部采用单面走道的办法。此外，就是依靠房间的门、摇头窗及高窗的间接采光（图 10-68）。

在满足使用要求的前提下，要力求减小走道的面积和长度。因此一般房间应是开间小，进深大，否则就会增加走道的长度，同时也增加外墙，用地也不经济。图 10-69 为两个小学的教室楼，一个是采用矩形教室，进深较浅，一个是采用方形教室进深较大。两者相比，显然后者面积要更经济。

此外，缩短走道的长度，还可以充分利用走道尽端作为使用面积，布置较大的房间（图 10-70 左图），或作辅助楼梯，楼梯下部兼作次要入口（图 10-70 右图）。

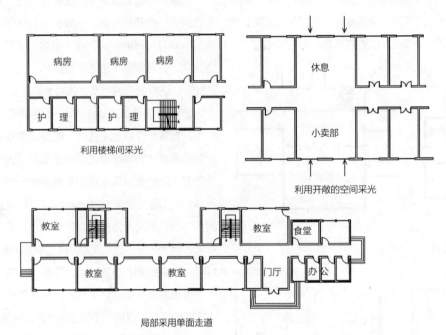

图 10-68　建筑平面利用自然光的几种形式

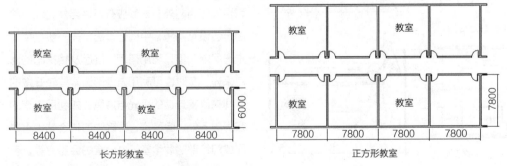

图 10-69　房间的进深与走道长度的关系

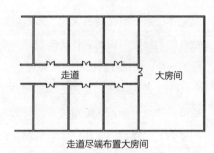

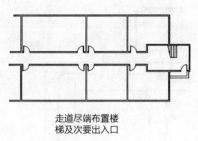

图 10-70　充分利用走道尽端来缩短走道长度

10.4.3　垂直交通的设计

垂直交通包括联系上下层的楼梯和电梯两部分。

1）楼梯设计

公共建筑垂直交通是依靠楼梯、电梯、自动扶梯或坡道来解决的，其中普通楼梯是最常用的。

公共建筑中的楼梯按使用性质可分主要楼梯、服务楼梯和消防梯。主要楼梯一般与主要入口相连，位置明显。在设计时要避免垂直交通与水平交通交接处拥挤堵塞，在各层楼梯口处应设一定的缓冲地带。

楼梯在建筑物中的位置要适中、均匀，当有两部以上的楼梯时，最好放在靠近建筑物长度大约 1/4 的部位，以方便使用。同时也要考虑防火安全。在防火规范中，规定了最远房间门口到出口或楼梯的最大允许距离，设计中要查阅并遵行，见图 10-71。

为了保证工作房间好的朝向居多，楼梯间多半置于朝向较差的一面，或设在建筑物的转角处，以便利用转角处的不便采光的地带，见图 10-71 下图。但楼梯间一般也应直接自然采光。

此外，楼梯的位置必须根据交通流线的需要来决定。一般建筑应居门厅中，而在展览建筑中应以参观路线的安排为转移，不一定在门厅中，可在一层参观路线的结束处，如图 10-72 所示，在门厅中看不到一般公共建筑常有的装饰性的大楼梯，就是因为参观路线的安排，不需要在门厅内设置主要楼梯。

楼梯的宽度和数量要根据建筑物的性质、使用人数和防火规定来确定。公共楼梯净宽不应小于 1.50m，疏散楼梯的最小宽度不宜小于 1.20m。公共建筑中主要楼梯可分为开敞式和

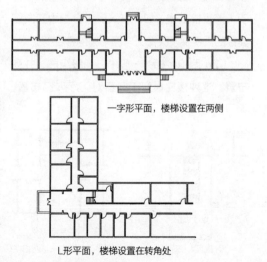

一字形平面，楼梯设置在两侧

L形平面，楼梯设置在转角处

图 10-71　楼梯的位置

图 10-72 展览建筑中楼梯的位置

封闭式两种，而以开敞式居多。开敞式楼梯设于门厅、休息厅或侧厅中，它可丰富室内的空间，取得较好的建筑效果，超过 24m 高的建筑按防火要求，要设计封闭楼梯。

公共建筑中的主要楼梯形式，实践中采用较多的几种，见图 10-73。

（1）直跑式楼梯：它将几段梯段布置于一条直线上，单一方向，但踏步数目要限制，一般每梯段不宜超过 17 级，可以直对门厅，便于人流直接上楼，如北京人民大会堂中通向国宴厅的大楼梯及天津大学图书馆的楼梯等。

（2）两跑楼梯：一般由二梯段组成，并列布置。这种楼梯最好不要直对门厅入口布置，以免第二跑的斜面对着大门，较难处理，在较宽畅的门厅中可以把它作横向处理，或置于门厅的一角，使门厅内比较整齐美观。

（3）三跑楼梯：它由三个梯段成"冂"形或成"⊓"形布置。前者为不对称的，后者为对称的。它置于门厅正中比较气派，也可取得较好效果。

此外，某些公共建筑中还利用坡道作垂直交通，其坡度不大于 1：7，有时更平缓一些。这种方式通行方便，通行能力几乎同在水平上差不多，电影院、剧院、体育馆建筑中常用它通向池座或楼座看台，医院中采用更多，便于病床、餐车推行。由于它占面积大，一般建筑中采用很少，见图 10-74。但在国内外不少展览建筑中常用它将垂直方向的参观路线有机地联系起来，见图 10-75。

2）电梯设计

在人流频繁或高层建筑中广泛采用电梯，有时采用自动扶梯。电梯的入口是从门厅、各层的侧厅或过厅中进出。它与普通楼梯要相近布置，以保证二者使用灵活，有利于防火。三者共同构成建筑物中垂直交通枢纽，见图 10-76。

电梯部分包括有机器间、滑轮间及电梯井三部分。在电梯井内安装乘客箱及平衡锤。机

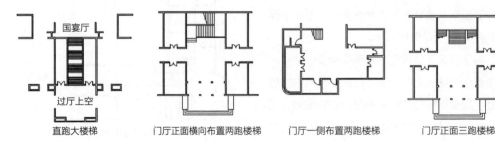

直跑大楼梯　　　门厅正面横向布置两跑楼梯　　　门厅一侧布置两跑楼梯　　　门厅正面三跑楼梯

图 10-73 公共建筑楼梯的主要形式

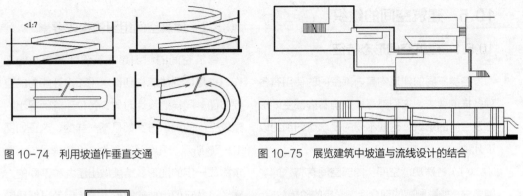

图 10-74　利用坡道作垂直交通　　　　　　图 10-75　展览建筑中坡道与流线设计的结合

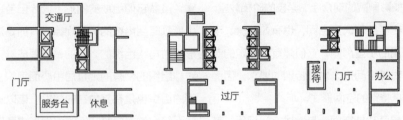

图 10-76　建筑物中垂直交通枢纽的设计

器间通常设在电梯井的上部，也可与电梯井并列设于底层，但滑轮间必须放在电梯井的上部。

　　自动扶梯是连接循环的电梯，借电动机带动，以缓慢的速度不断运行着，一般面向开敞的门厅、大厅布置，通行能力较大，适用于大型航空港、车站、百货公司、超市的营业厅及会客中心中。一方面可以减少人流上、下楼梯的拥挤和疲劳，另一方面在乘梯时，大厅内的一切可以一览无遗，感觉舒畅。现在这种自动扶梯在公共建筑中应用越来越普遍（图 10-77）。

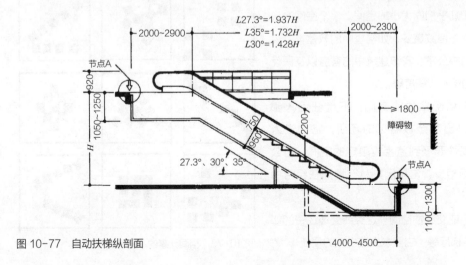

图 10-77　自动扶梯纵剖面

10.5 建筑空间的组织

10.5.1 建筑空间形态特征

各类不同的建筑物其内部空间的使用有各种各样的要求，它们都直接影响着内部空间形态及空间的组织。这些不同的要求可归纳为以下几种：

（1）特殊功能空间：内部空间有特殊的功能要求，如影剧院的观众厅、学校的阶梯教室、体育馆的比赛厅等大型空间，也有如琴房、手术室等专用的小型房间，它们都有较固定的专一功能，对其空间形态也有特别的要求，因而常常赋予其特别的空间形式。

（2）灵活功能空间：与上述空间相反，其空间使用方式没有专一性，而是要有灵活性，可以根据需要能方便自由地改动。这类空间一般面积较大，能自由分隔，并能适应不同的空间要求。因此，一般空间也就较高。这类空间如会展的展厅、图书馆的阅览空间、购物中心、大卖场、商业超市等营业用房。

（3）同质同性功能空间：这类空间有相同的功能和几乎相同大小的空间。单个空间的尺度并不大，但数量多，如学校中的教室，办公建筑中的办公室，宾馆建筑中的客房以及医疗建筑中的诊室和病房等。

（4）私密性质的空间：不是任何人都能随意进出甚至被看见的场所，它的进入性、可视性要受到监管或限定的空间。与公共性空间相反，常常因其私密性而在组合中被分隔。

（5）纯交通性空间：这类纯交通性空间如门厅、电梯厅等，它要求人流出入的便捷。

10.5.2 建筑空间组织的构成要素

建筑空间的组织是建筑设计最复杂的工作，也是体现建筑物创作水平和设计能力的重要方面。同样的设计对象，各位建筑师提出的建筑空间的组织方案都是不一样的，这正如图10-78所示，九个正方形为九个构成单位，要求构成一定的图形，结果做出了九种不同的方案。虽然它们组成的图形不同，但若仔细研究也能领略到内在的构成规律：有的是沿着正方形的对角线组织的；有的是积聚成群；有的是对称组织的；有的则是居中心而组织。建筑空间的组织也是有其内在的依据，借以一定的方法而组织的。建筑空间的组织形式要明显反映出空间之间相互比较的重要性，反映出空间在建筑物中物质功能与精神功能上所承担的责任和义务。对一个特定的设计对象，究竟采用什么样的空间组织形式，它取决于以下两个基本的出发点：

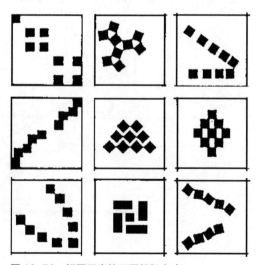

图 10-78　相同元素的不同组织方式

（1）建筑物内在的要素。诸如业主提出的建筑物物质功能和精神功能要求，包括建筑标准、功能定位、建设目标、具体的功能内容、内外交通流线组织、功能分区、空间尺度要求及消防、采光、通风等，它们是空间组织的根本依据。

（2）基地的外部条件。它是建筑空间组织的外在因素，按照"内因是根据，外因是条件"的哲学原理，前者是方案设计的根据，后者则是方案变化的条件。基地外部条件，包括基地所在的区位及区位的历史、文化、气候、经济、社会等条件；包括基地的地形、地貌、地上、地下、基地上空的情况；包括基地左右邻舍的建筑与四周交通、自然环境等情况。它们都是空间组织必须考虑的因素。

建筑空间的组织是一种组织排序的工作，让使用这建筑的人能容易感受到空间的序列，也能方便地识认和使用空间；组织空间排序，也就使得我们设计的空间组织结构条理分明、结构清晰，既便于建造，也便于使用。我们可以想象在一个缺乏有效空间秩序的建筑物内，人进去像走迷宫，找不到要去的地方；同样在一个没有组织、空间排序模糊不清的城市里，行人就经常会迷路，城市形象就自然而知了。

当然，对上述"内因"和"外因"的不同理解，对外界环境不同的诠释，则会因人而异。因此，对建筑空间的组织与设计也会产生不同的观点和理念，也就会发展出很多不同的设计理论、设计方法和设计风格。

10.5.3　建筑空间的组织方式

建筑空间组合就是根据上述建筑物内部使用要求，结合基地的环境，将各部分使用空间有机地组合，使之成为一个使用方便、结构合理，内外体形有机而又与环境融洽的完美的整体。但是由于各类建筑使用性质不同，空间特点也不一样，因此必须合理组织不同类型的空间。不能把不同形式、不同大小和不同高低的空间简单无序地拼接起来，因为那样势必造成建筑物体形复杂，屋面高高低低，结构不合理，造型不美观。不同的矛盾只有用不同的方法才能解决。对待不同类型的公共建筑，就要根据它们空间构成的特点采用不同的组织方式。就各类公共建筑空间特征分析，如前所述，有些类型的建筑主要是由许多重复相同的空间所构成，如办公楼、医院、宾馆、学校等，它们要求有很多均同的小空间的办公室、病房、诊室、客房和教室等。这些房间一般使用人数不多、面积不大、空间不高，要求有较好的朝向、自然采光和通风；各个小空间既要能独立使用、保持安静，又要和公共服务和交通设施联系方便；有的建筑主要由一个专用主体大空间所构成，如电影院、剧院的观众厅及体育馆的比赛厅等，这类建筑人流量大而集中，除主体大空间外，还有一些为之服务的小空间；有的建筑则由几种使用性质不一、大小不同的使用空间所组成，如俱乐部、文化中心等。因此，建筑空间组合就必须根据不同空间的特点，采用不同的空间组织方式，它必然也就产生不同类型的建筑。

综合来说，建筑空间组织方式可以归纳为下列几种基本的形式，即线性构成、集聚型构成、单元型构成、放射型构成、葡萄串型构成及网络型构成等6种主要方式，以下分述之。

1）线性构成（Linear Organization）

线性构成实质上就是一个空间单元序列，它们可以直接逐个相连，也可由一个一个独立的不同线性空间连接，见图 10-79。这一系列的空间可以是相同形式的重复，也可以是不同性质空间的重复，可以是一些单独和特殊的元素的组合，例如一堵墙或一条小路（图 10-80）。

柔性是线性构成形式固有的特性，因而它能容易地适应场地各种条件的要求，可以因地制宜地随着地形而变化，可长可短，或围绕着一片水面，一丛树木，或转变朝向以获得阳光、通风和良好的视野（图 10-81）。线性可以是直线的，也可以是曲线的或折线的；是单条线也可以是多条线，可以水平地沿斜线排列，或沿直线斜角地重复；也可以像一座塔一样垂直竖起来，在空间中形成一个标志（图 10-81a）。

线性组合最大的特点就是它具有极强的灵活性和适应性，它能容易、方便地适应场地各种条件的要求，可以因地制宜，随地形而变化，它具有下述特点和用途（图 10-82）：

（1）线性构成作为一个完整的母体，沿着它的长度方向联系和组织其他形式的子空间，如图 10-82 所示。

（2）线性构成作为一个分割空间的载体，起着墙和栏杆的作用，它把空间分割成两个不同的区域，或作为一个限定空间的边界线（图 10-83）。

（3）线性构成用于围绕式包围空间，它可以是封闭的或半封闭的，其封闭程度根据设计需要，可采用不同线性构成的不同分布方式，如图 10-84 所示。

（4）线性构成中具有重要性的空间单元，除以其形式与尺寸之特殊表示其重要性外，也

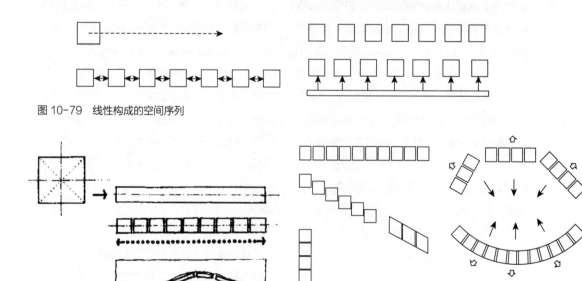

图 10-79 线性构成的空间序列

图 10-80 线性构成方式

图 10-81 柔性线性构成方式

（a）　　　　（b）

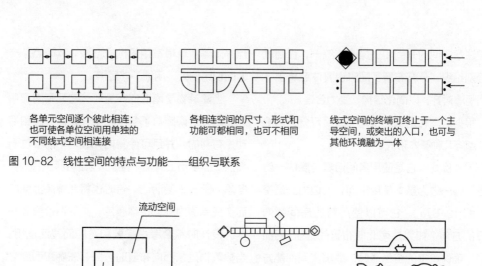

各单元空间逐个彼此相连；
也可使各单位空间用单独的
不同线式空间相连接

各相连空间的尺寸、形式和
功能可都相同，也可不相同

线式空间的终端可终止于一个主
导空间，或突出的入口，也可与
其他环境融为一体

图 10-82　线性空间的特点与功能——组织与联系

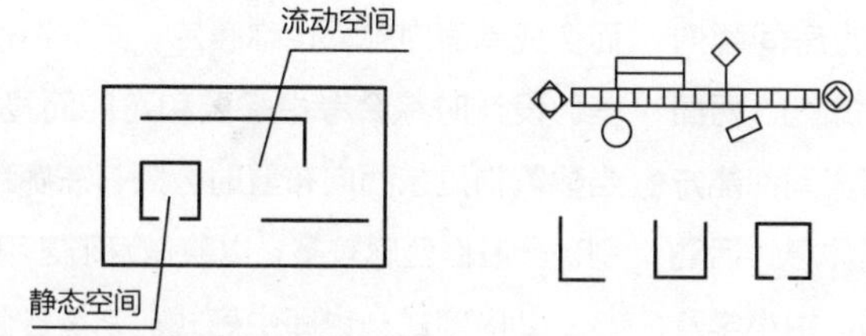

流动空间

静态空间

图 10-83　线性空间的特点与功能——分割空间

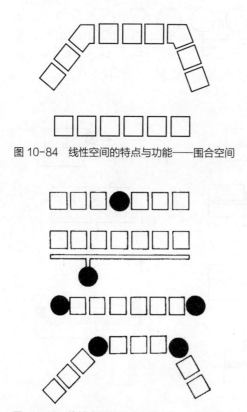

图 10-84　线性空间的特点与功能——围合空间

图 10-85　线性空间的特点与功能——突出重点

可以以其位置强调，位于序列中央、端部，偏移序列之外或在序列之转折处，如图 10-85 所示。

线性组合中除了组织联系一系列的同质重复空间外，也可以联系和组织非同质的其他形式的子体空间于一体；线性组合可以作为室外空间分割的"载体"，也可作为限定室外环境的界面，用于围合空间。在具体设计时，线性空间组织又有以下几种不同的组织方式。

● 并联的空间构成

这种空间组合形式就是各使用空间沿着固定的线性并列布置，彼此以走廊相连。各个空间既能独立使用，又能互相联系。它是学校、医院、办公楼、宾馆等建筑通常用的平面构成方法。这种方式的优点是：平面布局简单，房间使用灵活，隔离效果较好；房间有直接的自然采光和通风，结构简单经济；同时也容易结合地形组织多种形式。在组织这类空间时，一般需注意房间的开间和进深应该统一，否则就宜分别组织，分开布置。同时也要注意将上下空间隔墙对齐，以简化结构，受力合理。

根据房间和走廊的布局关系又可分为内廊和外廊等几种基本形式。

①外廊式：它是使用房间沿着走廊的一侧布置，即一边为基本使用空间，一边为交通空间（图 10-87a）。它可以使所有的房间朝向较好的方向（如果是南北向布置的话）。两面开窗，确保直接的自然通风。底层房间都能方便地与室外空间相联系，也可兼作休息、活动及遮阳之用。它是托儿所、幼儿园、中小学及

疗养院等建筑最常用的构成方法。其缺点是交通面积比例大，用地不够经济。

当建筑物是南北向布置时，它又有南廊和北廊之分。南廊对于冬季和雨天兼作休息和活动是有利的，并且可使室内光线均匀而不过于强烈，但使用上有些干扰；北廊易受风雨影响，冬季、雨天不便活动。有时也将北廊装上窗户而变成单面内廊，也称暖廊。这样造价要高一些。设计时综合考虑需要和可能而灵活选用。当建筑物是东西向布置时，则有东廊和西廊之别。一般作西廊较多，以兼作遮阳之用。

②内廊式：也即中廊式。它是各使用房间

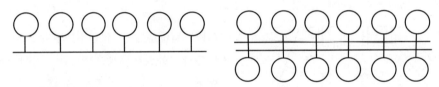

图 10-86　并联空间的构成

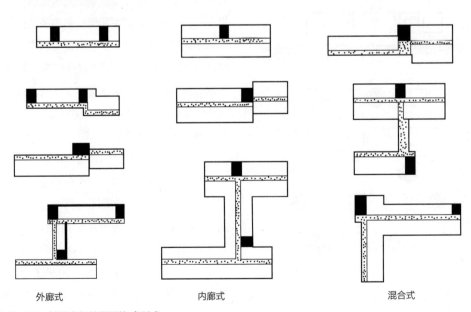

外廊式　　　　　内廊式　　　　　混合式

图 10-87　并联空间的平面构成形式

沿着走廊的两侧布置（如图 10-87b）。此时，一般尽量把主要使用房间布置在朝向较好的一面，而将次要的辅助房间（如厕所及楼梯间等）布置在朝向差的一面。通常是南面为主，北面为次，东面较西面好一些。这种方式它较外廊式布置要紧凑、结构简单、外墙少、经济、节省交通面积、内部联系路线缩短、冬季供暖较为有利，故北方用得多。但有部分房间朝向不好，通风不够直接。

采用这种空间构成方式，要防止在体形转角处形成暗的房间，也要避免中间走廊光线不足，通风不良及因走廊过长而产生的空间单调感。为了避免上述弊病，可以把通长的走廊通过设计划分为几段较短的空间。其具体手法可以在走廊的中部设置开敞的空间，如楼梯间、交通厅、休息室、楼层服务台、病房的护士站等；也可以采用曲尺形走廊，在曲尺转折处形成"过厅"；也可将部分走廊扩大加宽，打破单一的方向感。甚至走廊两侧墙面贴玻璃镜，在视觉上扩大空间。

③内外廊混合式：它是上述内廊和外廊两种方式的结合，即部分使用房间沿着走廊的两侧布置，部分使用房间沿走廊一侧布置（10-87c）。它较外廊式节省过道，较内廊式则大大改善了房间通风和走道的采光。在医院、疗养院、中小学常采用这种方式。一般都是将辅助用房置于北面，如医院病房楼中的厕所、衣物贮藏、护士站、医疗室等。

④复廊式：即使用房间沿着两条中间走道成三列或四列布置，常以四列居多，如轮船客舱式的布置。采用这种方式一般将主要使用房间布置在外侧，辅助用房和交通枢纽布置在内侧，并采用人工照明和机械通风。其优点是布置紧凑、集中，进深大，对结构有利，多采用于高层办公楼、宾馆、医院等建筑中。南京金陵饭店及上海扬子江酒店也都采用了这种复廊式的平面空间构成形式（图 10-88）。

● 串联式的空间构成

各主要使用房间按使用程序彼此串联，相互穿套，无需廊联系（图 10-89）。这种构成方式房间联系直接方便，具有连贯性，可满足一定路线的功能要求。同时交通面积小，使用面积大。它一般应用于有连贯程序且流线要明确简捷的某些类型的建筑，如车站、展览馆、

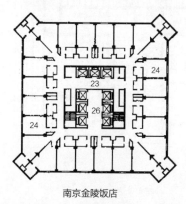

南京金陵饭店

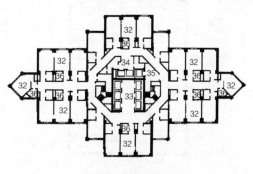

上海扬子江大酒店

图 10-88 复廊式的平面空间构成形式实例

博物馆、浴室、室内游泳池等。如用于历史博物馆可使流线紧凑、方向单一，可以自然地引导观众由一个陈列室通向另一个陈列室，以解决参观顺序问题。同时又使参观路线较短、不重复、不交叉。用于浴室或游泳池也可以保证更衣—淋浴—游泳最短的流程和私密性的要求，如图 10-89 为串联式的空间构成实例。

这种组合方式同走廊式一样，所有使用房间都可以较容易地解决自然采光和通风。也容易结合不同的地形环境而有多样化的布置形式。它的缺点是房间使用不灵活，各间只宜连贯使用而不能独立使用。

此外，由于房间相套，使用有干扰，因此不是功能上要求连贯的用房最好不要采用串联式，即使采用套间式，也宜小套大而不宜大套小。如在图书馆中，读者不应通过研究室到达阅览室，但不得已时，读者可以通过阅览室到达研究室。因为对前者干扰大、对后者干扰小一些。

线性构成设计方式广泛地应用于大量均质小空间的建筑中，如办公、宾馆、医院、学校等建筑中，并且常将线性构成的不同方式综合应用于一体。

德国 HUK 科隆保险公司总部采用多条线性构成（图 10-90），总体布局采用"双梳形"平面空间组织方式，分东西两部分，入口空间处于"双梳"之间，东部包括三个分支，西部包括五个分支，两大部分均为 5 层高，共享大厅将不同功能用房有机地组合在一起，成为交通枢纽，既是接待处，又是东西两大部的连接点。东区有办公室、职工区、培训中心和会议室，首层和二层局部安置了一些公共用房，包括职工食堂、咖啡厅、培训中心和会议室，其余各层皆为办公室，西区全部为办公室。

图 10-91 为一个矿务学校的设计，建筑面积 35000m²，整个学校设计成 4 栋教学楼和一条纵向的线性空间构成，在纵向的建筑空间中安排了一部分教学的辅助用房和班级教

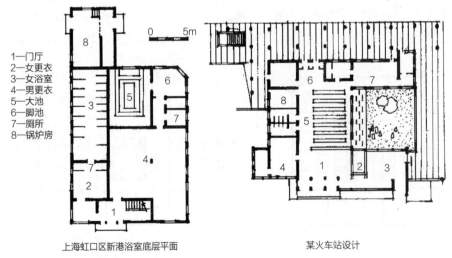

1—门厅
2—女更衣
3—女浴室
4—男更衣
5—大池
6—脚池
7—厕所
8—锅炉房

上海虹口区新港浴室底层平面   某火车站设计

图 10-89 串联式的空间构成实例

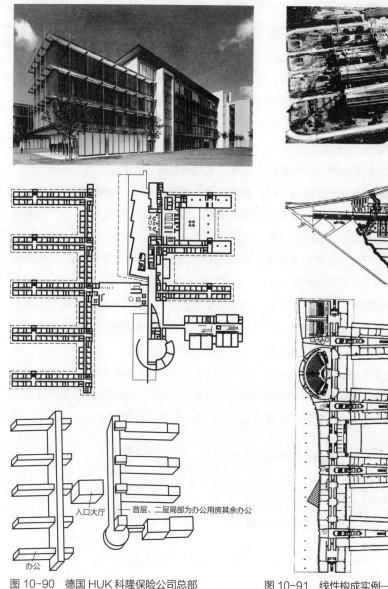

图 10-90　德国 HUK 科隆保险公司总部

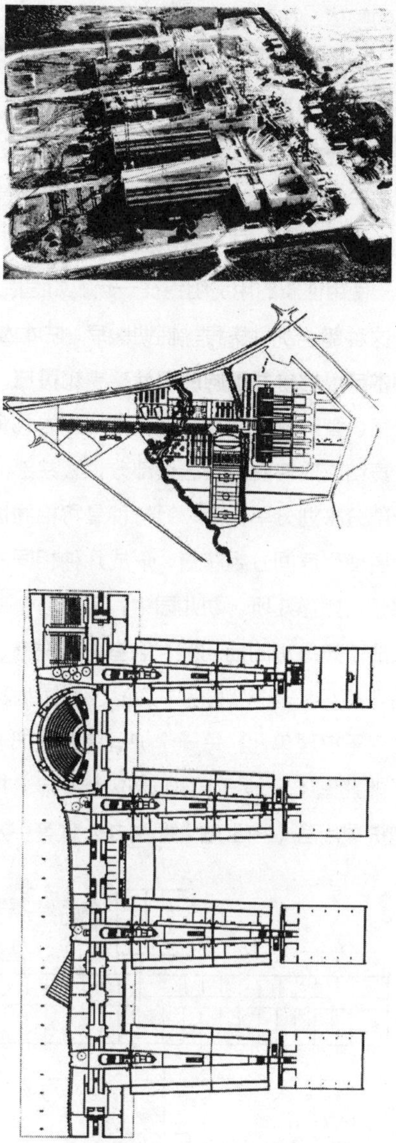

入口大厅　——　首层、二层局部为办公用房其余办公

办公

图 10-91　线性构成实例——某矿务学校

室，在纵横交叉点处，则安排了竖向的交通间（楼梯等）。整个建筑的空间安排较为开放，形成了从小型匀质的办公空间到大的集合场所的平滑过渡，由于采用了一维并列式的线性组合构成，整个学校出现高效和清晰的教学流程。

2）单元式的空间构成（Unit Organization）

单元式空间构成是将建筑物各种不同的使用功能划分为若干个不同的使用单元，并按照它们的相互联系要求，将这些独立的单元以一定的方式（连接体）组织起来，最终构成一个有机的整体，在我国庙宇和宫殿建筑中，广泛应用这种单元式的空间构成方式，可以说，这里考虑更多的是各个部分聚合在一起的方式，而不是聚合之后的形状。

单元的划分一般有两种方式：一是按建筑物内不同性质的使用部分组成不同的单元，即将同一使用性质的用房组织在一起。如医院中，可按门诊部、各科病房、辅助医疗、中心供应及手术部等划分为不同的单元；学校可按一般的教室、音乐教室及行政办公室划分为几个单元；宾馆或招待所可按居住部分，公共部分及服务部分来划分单元等；另一种是将相同性质的主要使用房间分组布置，形成几种相同的使用单元。如托儿所、幼儿园中，可按各个班级的组成（如每班的活动室、卧室、盥洗室、贮藏室等组织单元）；医院中病房也可按病科划分为若干护理单元，每一个护理单元就把一定数量的病室（一般30~40床位）及与之相适应的护理用房（护士站、医生办公室等）及服务辅助用房等组织起来；中小学可按不同的年级划分若干教室单元，每一单元就将同年级的几个班及相应的辅助用房、厕所等组成一个单元；宾馆及招待所中也可将一定数量的客房及其服务用房（服务台、盥洗室、厕所、电话间及贮藏室、开水间等）划为一个个单元。各个单元根据功能上联系或分隔的需要进行组合。这种平面组合功能分区明确，各部分干扰少；能有较好的朝向和通风；布局灵活；可适应不同的地形；同时也便于分期建筑；便于按不同大小，不同高低的空间合理组织，区别对待。因此它较广泛地应用于许多类型的公共建筑中（图10-92）。其中图10-92（a）为一个中小型综合医院，它将不同的功能用房组成不同的单元，利用走廊和放射科单元（它与门诊单元和病室单元均有联系）连成一个整体；图10-92（b）为一个大型幼儿园，它将相同的单元（卧室＋活动室＋服务房间）通过纵向走廊把它们组织联系成一个整体。

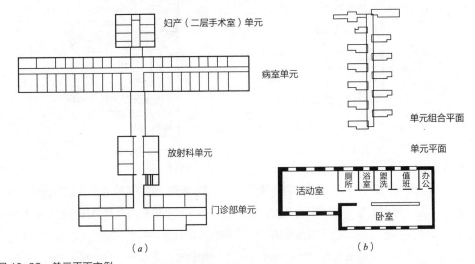

图10-92　单元平面实例
（a）不同用途单元的平面组织——广东某综合医院（150床）；（b）相同用途单元的平面组织——北京幸福村幼儿园

在进行组合时要注意单元之间要保证必要的联系，尤其是不同性质的单元彼此之联系是必不可少的。根据具体情况，单元的组合可有图 10-93 所示几种方式：

（1）利用廊子把各个不同性质的单元连接起来，形成一个组合式的平面，见图 10-94（a）（b）；这种方式组合灵活，室内外结合好，各部分彼此分隔好，干扰少，但占地大，廊子多，联系稍远。

（2）利用单元本身作连接体，将不同性质的各个单元组合成一个整体，见图 10-93（c）。这种连接体单元与各个部分都有内在联系，较好地解决了既方便联系又能适当分隔的要求。它广泛应用于医院、宾馆、招待所、图书馆等建筑中。在医院建筑中，利用与门诊部和病房都需要联系的辅助医疗部分作为连接体单元，将三者连接起来组合成有机的整体；在宾馆建筑中，利用与居住单元和厨房服务单元均有联系的餐厅等作为连接体单元，把三者连接起来，组合成有机的整体；在图书馆建筑中，传统布局一般都按藏、借、阅（即书库、借书厅、阅览室）划分单元，通常利用借书厅（目录室及出纳台）作为连接体单元，将书库和阅览室各个部分联系起来，组合成有机的整体。其中"工"字形的平面就是图书馆建筑沿袭百来年最典型的平面形式。一般书库单元在后，阅览单元在前，二者之间为借书单元，出纳台扼守书库总出入口。这种方式的布局较好地满足了传统图书馆建筑中藏、借、阅流线组织的要求。

（3）有的单元也可独立的布置，见图 10-93（d），或用楼梯将不同的单元连接起来，见图 10-93（e）。

单元式空间构成方式在近代大空间的建筑中广为采用，并进一步把功能单元与结构单元结合起来，创造了多种多样的现代化大空间建筑形象，例如图 10-94 为澳大利亚室内运动中心，包括了 2 个室内游泳池、2 个室内运动场和一些附属用房，这几个部分作为功能单元，通过一个线性的公共交通空间，连接组织成一个整体。几个功能单元分别置于线性空间的两侧，彼此都有扩展性和延伸性，每一个功能单元也就是一个独立的结构单元，每一个结构单元就是一个拱形屋顶，每一个拱形屋顶下都是一个独立的功能体系，通过交通组织将几个不同的功能单元用统一的拱形顶棚结合，并使用张拉体系将中间的两个棚顶紧密相连，这种结构体系使建筑在统一中又富于变化。

从这个实例分析中，我们可以找到功能单元或结构单元组合中一定的原则和方法，它们是：

● 用体量较小的功能或结构单元连接重复的组合方式可以构成大空间的建筑体系

现代建构大空间的一个典型方式就是组合同一类型的功能单元或结构单元，从而获得较大的使用空间。这种结构单元可以由一个或一组垂直独立支柱和一个屋盖单元构成，平面的方形或六边形等最为常见，如意大利都灵展览馆，就是由 16 个单元组合成为一个 160m×160m 的大空间建筑，而每一个功能结构单元就是一个 40m×40m 的方形平面的屋盖，用一根独立支柱支撑，被称为"一把伞"结构，见图 10-95。

● 单元组合灵活，可以适应建筑物使用功能的变化

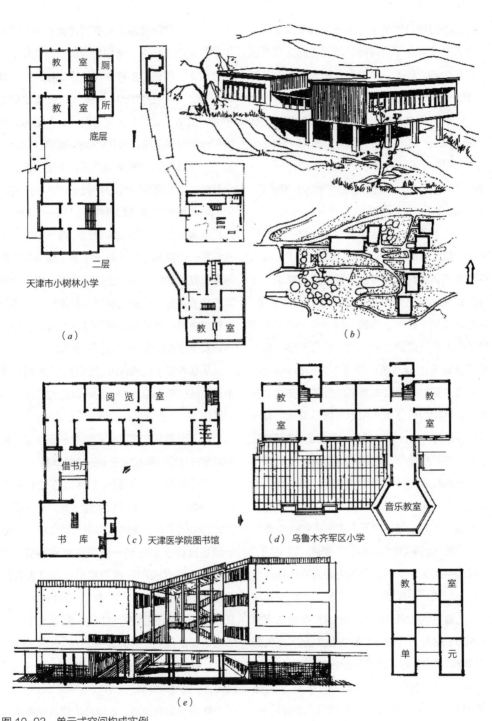

图 10-93　单元式空间构成实例

（a）以廊相连；（b）独立布置；（c）不同内容的单元直接拼连；（d）利用连接体拼连；（e）利用楼梯间拼连——国外某中学

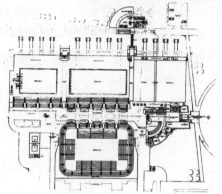

图 10-94 澳大利亚室内运动中心

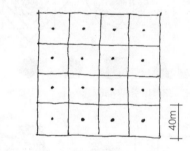

平面示意图

空间示意图

图 10-95 意大利都灵展览馆

内景

单元空间合理的结合体形和组合变化，能妥善地解决建筑使用中诸如采光、通风、照明、排水、扩展等问题，如结构单元的交错组合可以采用高低跨或锯齿形排列等方式，从而形成高低窗或顶部采光。

● 空间单元结构一体标准化，定型化

20世纪60年代以后，在国外建筑工业化的实践过程中，逐渐形成了"建筑体系"的新概念，建筑物的构配件生产和该建筑物的施工方法要求结构单元的构件趋向标准化、定型化，结构生成方式也朝着"体系化"与"单元化"方向发展，因此建筑设计也走向规模化。

3）集聚型空间构成（Centralized Organization）

集聚构成是一种稳定的构成形式，它由一定数量的从属空间围绕着一个大的主要的中心空间所组成。

集聚构成的空间组织形式表现出一种内在的凝聚力，虽然构成中的中心空间在形状上是可以多种多样的，但在空间尺度上必须足够大，能聚集成百上千的人，以至于它能聚集一定数量附属于它的从属空间（图10-96）。

平面形式的几何规律性是聚集构成的一种明显的特点，无论围绕着中心空间的从属空间的尺寸和形状是否相同，集聚构成总是沿着两条或者更多的轴线对称展开。集聚构成有两种形式，如图10-97所示：

（1）图10-97（a），规则且完全对称的形式。构成中的从属空间围绕着中心空间规则且完全对称地组织，在功能形式和尺度上完全等量。

（2）图10-97（b），规则而不完全对称的形式。构成中的从属空间围绕着中心空间规则但不完全对称地组织，形式和尺度是不完全等量的，反映出它们各自功能的特殊要求和彼此之间不同的重要性。

集聚型空间组织也可称为大厅式的空间组织。它是由一定数量的从属空间围绕着一个中心大空间所组成。它表现出一种内在的向心凝聚力。其中心大厅的形式可以多种多样，尺度都是比较大的，有足够的界面与从属空间相连，见图10-98。

在电影院、礼堂、剧院、体育馆、室内游泳池等建筑中，都有一个主体的大空间（观众厅、比赛厅）和其他一些辅助用房。对于这类建筑的空间组合一般都是以大厅为中心，将辅

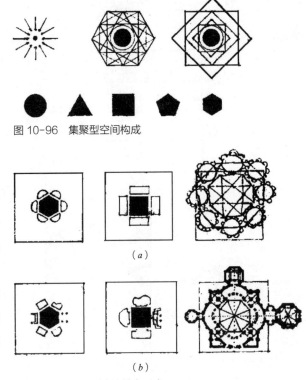

图10-96　集聚型空间构成

图10-97　集聚构成的基本形式

助用房围其四周布置。常常利用层高的差别，空间互相穿插，充分利用看台等结构空间。大空间的观众厅，基本上是封闭的大厅，采用人工照明，甚至机械通风。大空间内穿插布置挑楼，在看台下又穿插布置门厅，休息厅及其他辅助空间。这种空间组合，内部交通线常围成环形，具有紧凑、集中的布置特点。具体平面空间布局有以下几种方式：

①小空间围以大空间四周布置。如在影剧院中，将观众休息、小卖、厕所及楼梯间等布置于观众厅之两侧，门厅、舞台围以前后，这种空间组织平面紧凑，联系方便，也增加主体大厅结构之刚性（图10-99左）。

②小空间用房围绕主体大空间底层和看台下布置。这种方式多用于体育馆建筑较多，它能充分利用空间、平面紧凑、经济，主体大空间在外部造型中能得到充分的表现（图10-99中）。

③主体大空间与小空间用房脱开布置。平面布局和空间组织都较灵活，一般用于中小型的电影院、剧院、体育馆、练习馆等。如南宁广西体育馆，贵宾及首长休息室、运动员及裁判休息室、办公室、卫生间等小空间的辅助用房均布置在比赛大厅外的平房内，二者之间设以庭园，使大空间暴露在外，并采取半开敞式，利用看台踏步板的垂直面开洞，通风良好，适于亚热带气候（图10-99右）。

图10-100为江苏南京五台山体育馆。平面布局以长八角形的比赛大厅为中心，将运动员及观众的辅助用房、外宾首长接待用房、办公管理用房等围绕比赛大厅布置，利用底层和二层的环形交通线将各辅助用房联系起来。大厅采用人工照明与自然采光相结合。

图10-101为上海大剧院。平面布局采取中国建筑传统布局方法，以观众为中心，组织门厅、前厅、舞台及两侧休息廊及庭园。环绕的观众厅和看台组成"#"字形划分，前部布置宽敞、华丽的门厅，后部为表演及专业技术

圆厅别墅　圣依沃教堂　孟加拉会议大厦

图10-98　集聚型空间范例

小围大　上大下小　大小脱开

图10-99　集聚型空间的几种类型

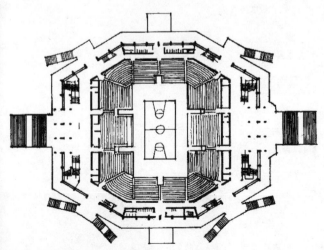

图10-100　南京五台山体育馆

活动场地，大剧院包括 1800 座大剧场，600 座及 300 座中、小剧场。

当然，规模不同，辅助房间的数量及面积也不一样。规模较小者，一般辅助用房有限，因此不一定四周都有房间将大厅包围起来，但是布局的中心还是一个大厅，布局的基本方式是一样的。图 10-102 及图 10-103 为一般体育馆及中小型影剧院几种基本的组合形式。

4）放射型的空间构成（Radial Organization）

放射型空间组织是线性构成，从一个中心空间起始，以放射的方式向外伸展所形成的。

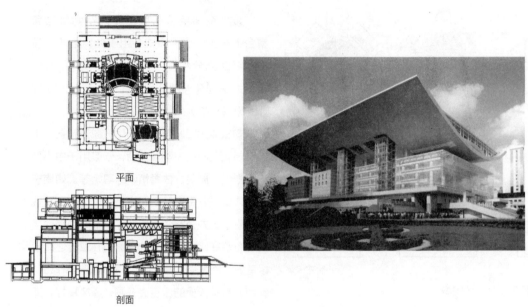

平面

剖面

图 10-101　上海大剧院

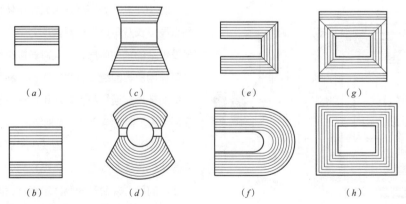

图 10-102　一般体育馆几种基本组合形式

（*a*）大厅一面布置看台及其他房间；（*b*）大厅两面对称布置看台及其他房间；（*c*），（*d*）大厅两面不对称布置看台及其他房间；（*e*），（*f*）大厅三面布置看台及其他房间；（*g*）大厅四面布置看台及其他房间；（*h*）大厅四面均等布置看台及其他房间

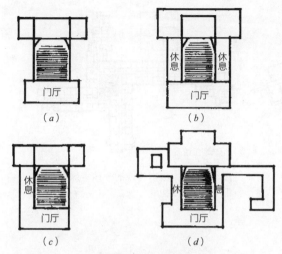

图 10-103　中小型影剧院几种基本组合形式
（a）前后接式观众厅，前后布置进厅及舞台；
（b）全包式观众厅，四周布置进厅、休息台及舞台；
（c）半包式；（d）庭院式

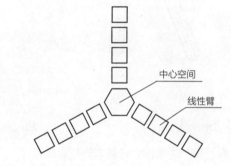

图 10-104　放射性空间构成

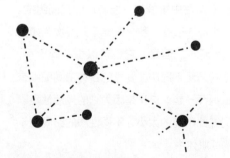

图 10-105　网络式放射型空间

也可以说，放射型的构成是由一个放射核心（中心空间）和线性臂（线性构成）两种元素所组成。它把中心空间和线性构成组合成为一个整体的构成形式，见图 10-104。

放射构成可以扩展成网络，这时构成中心的若干中心由线性形式连接起来，每一部分又自成一个放射系统（图 10-105）。

这种放射型的空间组织与集聚构成空间组织形式一样，放射核心——中心空间在形状上也是多种多样的，并在整个构成中起着统治的作用。

构成中的线性臂具有线性构成相同的性质，在完全对称的放射构成中，线性臂的形式和长短是相同的，而在不完全对称的放射构成中，线性臂也可以根据各自功能的特殊要求和场地条件而不尽相同。如果说前述集聚型空间组织形式是一种内向的构成系统，具有朝向中心空间的向心凝聚力，那么放射型空间组织则是一种既内向又外向的构成系统。当放射型的线性臂较短时，则产生向心的凝聚力；当线性臂较长时，则产生向外的离心力，见图 10-106。

图 10-107 为向心式与离心式放射构成空间组织的两个实例。

放射构成的一种特殊空间组织方式是风车式构成的，其中线性臂是从中心空间的边缘伸

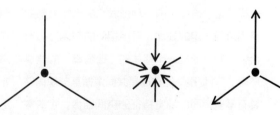

图 10-106　放射构成的离心与向心

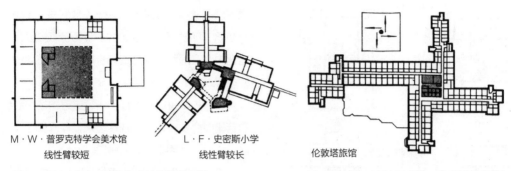

M·W·普罗克特学会美术馆　　　L·F·史密斯小学　　　　伦敦塔旅馆
线性臂较短　　　　　　　　　线性臂较长

图 10-107　向心式与离心式放射构成实例　　　图 10-108　放射构成的一种特殊空间组织——风车式构成

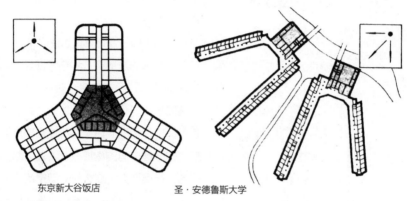

东京新大谷饭店　　　　　圣·安德鲁斯大学

图 10-109　放射型组织空间实例

展出来，表现出围绕着中心空间具有旋转运动动态感，见图 10-108。

图 10-109 是两个放射型组织空间的实例。

5）葡萄串型空间构成（Clustered Organization）

这种空间组织形式就像植物中的"葡萄串"一样，是"仿生"的一种形式。建筑物内部的空间遵循一定的规律，采用相同的空间形态聚合在一起，形成一个整体的"葡萄串"的建筑形态。"葡萄串"的构成是共同遵循某些规律并具有某些相同的视觉特征的空间结合，它的构成具有很强的灵活性，不需生硬地套用某一几

何模式，见图 10-110。

"葡萄串"型空间组合最大的特点是具有很大的灵活性。它可以与上述任何一种形式结合来组织复杂的空间。典型的"葡萄串"型空间组织常常是由重复的、细胞似的空间组成。它们的大小、形态一致，彼此不分层次，如图 10-111 所示。但是，它也可以由不同大小，不同形式乃至不同功能要求的各种空间细胞有效地组织在一起。这正是因为它的灵活性足以把它们彼此不同的大小、不同性质的空间融于它的构成肌体中。

"葡萄串"型空间组织有以下的构成方式：

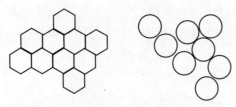

图 10-110 "葡萄串"的空间构成形式

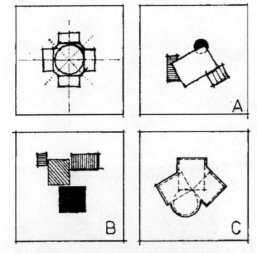

图 10-111 "葡萄串"的空间构成平面实例

（1）单"枝"葡萄串：它是沿着一条轴线将不同大小的"葡萄"（空间细胞）串起来。可以是对称式也可以是非对称的；这条轴线可以是直线，也可以是曲线、弧线甚至是环形，见图 10-112。这条单枝轴线其实就是沿着一条动线去组织的。

（2）多"枝"葡萄串：不同大小、不同性质的空间细胞是沿着多条轴线串联起来而形成一个建筑整体，它可以是对称的，也可以是非对称的，见图 10-113。

（3）围绕一个"节点"的葡萄串：不同大小和不同性质的空间细胞围绕着一个"节点"彼此串联起来。这个"节点"大多是入口空间，也有的是围绕着一个中心空间而组织起来的，见图 10-114。

（4）树型葡萄串：各个空间细胞沿着一条竖向轴线彼此串联起来，形成一座树状的建筑形态——高层建筑，如图 10-115（a）。著名

图 10-112 单支葡萄串形式

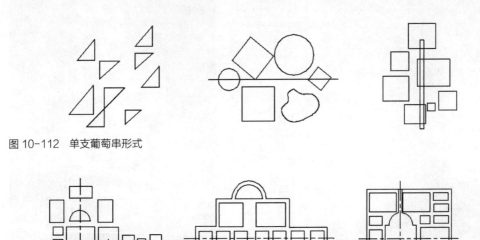

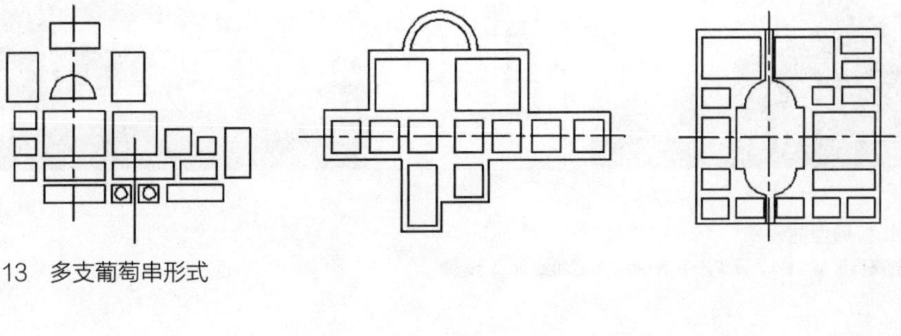

图 10-113 多支葡萄串形式

日本设计师黑川先生设计的日本东京 Nakagin Capsule Towel 就是这种典型的树型葡萄串。它把个体单位作为一个个细胞，设计成尺寸大小形式都相同的模块化的盒子单元，将这些盒子堆叠在一起，见图 10-115（b）。

（5）堆叠式葡萄串：不同的或相同的空间体相互堆叠交叉并融合在一起成为建筑体表面多样化的单一形式。图 10-116 为 1967 年加拿大蒙特利尔世界博览会上的 67'堆叠式住宅。

（6）网状式的建筑空间组织（Grid Organization）

建筑空间组织借助于一定形式的网格，如正方形网格、三角形网格或菱形网格等来部署各个空间。网格就是由两组或更多的有固定间

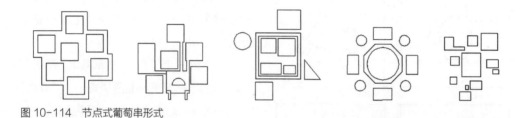

图 10-114　节点式葡萄串形式

（a）

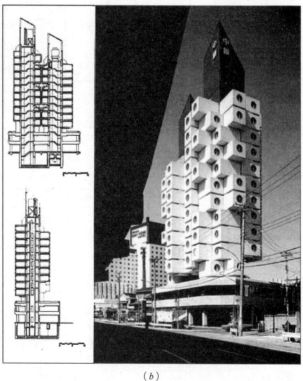

（b）

图 10-115　树型葡萄串
（a）树状的高层建筑；（b）日本东京 Nakagin Capsule Towel

图 10-116　67' 堆叠式住宅

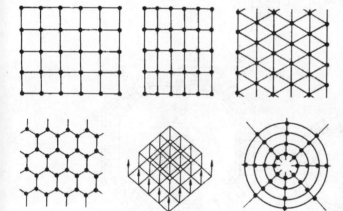

图 10-117　常见网格形式

隔的比例线段交叉而构成的。网格在线段交叉处形成了有规律的间隔点图案，并形成了由网格线索限定的区域（图 10-117）。

最普通的网格是根据正方形的几何性质建立起来的，因为正方形的尺寸相等和双侧面的对称性，所以正方形的网格本质上是不偏不倚的，不分层次没有方向。利用网格组织空间的方式是最普遍使用的，一般有单向扩展、双向扩展、放射形扩展和环状扩展四种线性构成（图 10-118~ 图 10-121）。

这种网状构成在我们规划和建筑设计中是最经常和最普遍运用的。如：意大利早期方格网式的城市规划（图 10-122），以及前述我国的沈阳建筑大学校园规划都是利用方格形网络规划设计的，它使复杂的群体变得非常有秩序感。

在建筑设计中，利用网格法进行设计更是设计者应该掌握的一个基本的设计方法。因为建筑设计要考虑结构，一定要安排好柱网，力求把结构的柱网和建筑空间的设计协调一致。这样，不仅能使建筑结构系统简明，而且也使建筑设计本身做到空间明晰，具有秩序感。一般采用矩形柱网和方形柱网较多。如果在柱网设计上有所变化，如旋转 45°，或采用三角形

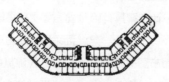

大阪城市宾馆（608套）

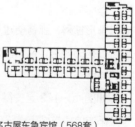

大阪新大谷宾馆（610套）　　　　名古屋东急宾馆（568套）

图 10-118　单方向扩展的线性构成

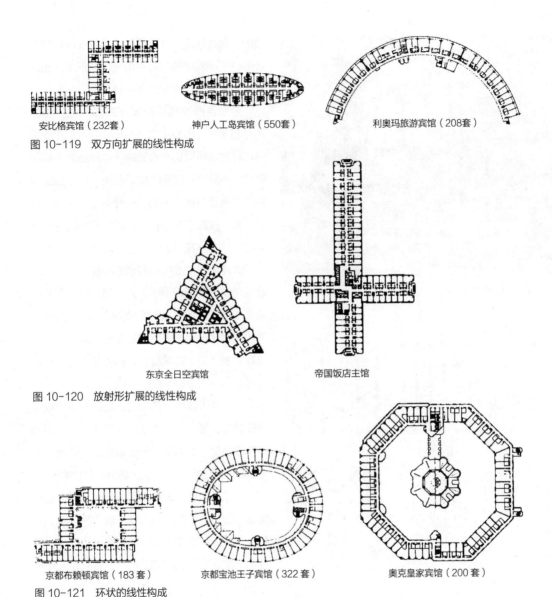

安比格宾馆（232套）　　　神户人工岛宾馆（550套）　　　利奥玛旅游宾馆（208套）

图 10-119　双方向扩展的线性构成

东京全日空宾馆　　　帝国饭店主馆

图 10-120　放射形扩展的线性构成

京都布赖顿宾馆（183套）　　京都宝池王子宾馆（322套）　　奥克皇家宾馆（200套）

图 10-121　环状的线性构成

或六角形柱网，那将使建筑布局更能适应地形或方位角的要求，从而使建筑设计方案具有自己的特色。

如图 10-123 是安徽省铜陵市图书馆，由于太阳方位角与城市道路有近 40° 的夹角，为了使图书馆正面平行于城市道路，以获得较好

的城市街景，同时又使图书馆主要使用空间（阅览室等）获得较好的南向日照和常年主要风向，而采用了三角形的网格设计法。

近代建筑中，需要将主要使用部分集中于一个开敞的大统间内，这种空间形态特别适合应用网格方法进行设计，它可使内部空间使用

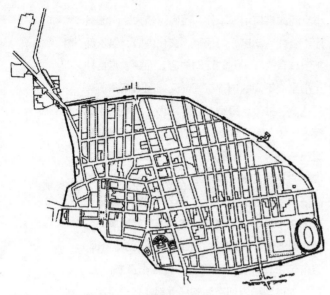

图 10-122　意大利早期方格网式的城市规划

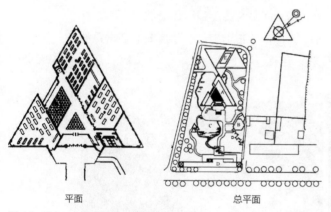

平面　　　　　　　　　　　总平面

图 10-123　安徽省铜陵市图书馆的设计

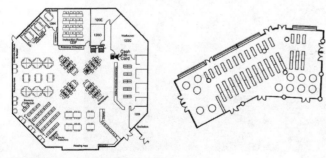

图 10-124　大空间网格分隔实例

极为灵活。根据实际需要利用家具、屏风设备等分隔组织内部空间。如百货商店、商场、购物中心、超市是以商品陈列柜分隔成各个营业空间；展览馆、美术馆是以陈列屏风、陈列柜分隔成不同的陈列空间；图书馆则是以书架、屏风等分隔阅览空间；车站则是以座椅或屏风划分为不同的候车区，等等。如图 10-124 所示为这种平面组合的两个实例。

采用方格网格进行的这种开敞式大统间平面，空间不一定都很高，但面积往往很大，因此不能全靠侧面采光，而需采用人工照明与自然采光相结合的方式，也可采用内天井多层布置。在结构上，柱网跨度并不是很大的。

这种开敞大统间的空间组合，布局紧凑，占地经济，容易获得简洁开朗的造型效果。采用这种方式时，附属用房的布置必须与大统间的构思相适应，力求外形简洁。通常可把它置于大统间内，如设于底层或夹层。此外，为了争取大的完整的内部空间，服务管道，楼梯等附属用房也要集中布置。为了避免空间单调压抑，可以利用空间的穿插来丰富它，以增加空间的动态感。

在高低复杂的地形（如山地、坡地）也可利用规整的网格进行平面空间构成设计，经典实例如日本建筑师安藤忠雄设计的日本六甲集合住宅，整个建筑以 5.2m×5.2m 的网格为基础，构成三个正方形平面，边长为基本网格的 5 倍，整个住宅由三个这样的建筑组成，三组建筑顺坡而上、垂直发展，使建筑空间层次丰富、几何构图充满秩序感。顺坡而上的中央楼梯，成为整个建筑的中轴线，三幢二组建筑有 27° 的夹角，因此二者形成一个三角形的绿地，作为建筑物和自然之间的缓冲地带，见图10-125。

7）综合建筑空间构成

（1）综合建筑空间组合原则

上述6种建筑空间组织方式是建筑空间组织的基本构成方式，各有自身特点，但相互之间又有着千丝万缕的联系。在设计时，选择什么样的空间组织方式，答案不是唯一的。一般情况下，特别是在一些比较复杂、使用空间形态要求不一的建筑中，常常是几种方式结合而灵活运用，这就是综合的建筑空间组织方式。

某些建筑物尤其是近代的综合楼，由于内部功能要求复杂，建筑物由许多大小不同的使用空间所构成。常见的如车站、旅馆、文化中心、俱乐部及各种各样的综合楼等。在车站建筑中，它有很大的候车室，较大的售票房，行李房，还有一般小空间的办公室等；宾馆除了由许多小空间的客房组成以外，还需有较大大空间的餐厅、公共活动室、门厅等；文化中心、俱乐部则因其有各种不同的活动内容，而要求有各种大小高低不同的内部空间；又如图书馆建筑有阅览室、书库、采编办公等用房，层高要求也很不一致，阅览室要求较好的自然采光和通风，层高一般4~5m，而书库为了提高收藏能力，取用方便，层高只需2.2~2.5m，这样空间的高低就有明显的差别。对于这种内部空间形式和大小多种多样的建筑，就要求很好地解决内部空间组合协调问题，以使用方便、结构合理、造价经济，并使建筑空间布局在垂直方向上，在外部造型和内部空间布局上都能在水平和垂直方向上取得全面的协调和统一，以解决建筑物内部空间要求复杂与建筑体形力求简单的矛盾。为此，在进行内部空间组织时，通常要考虑以下问题。

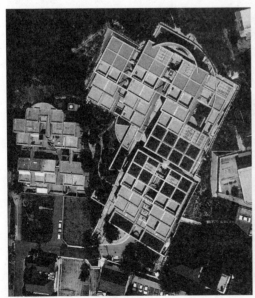

图10-125　日本六甲集合住宅

● 空间的大小、形状和高低要符合功能的要求，包括使用功能和精神功能两个方面。如剧院的门厅空间，有的较高并设有夹层，这在观众厅有楼座的剧院中是合理的，反之，如果没有楼座，规模不大，门厅空间过高，就显得并不必要。

● 结构围合的空间要尽量与功能所要求的空间在大小、高低和形状上相吻合，以最大限度地节省空间。这在较大的空间组织中尤为重要。因为在满足使用要求的情况下，缩小空间

体积对空调、音响的处理都有利。如前述杭州浙江体育馆马鞍形的空间，中间低，两边高，与两边看台逐步升高的使用空间相一致。湖南长沙游泳馆，由于有 3m、5m 和 10m 高的三种跳水台，且其上空要求有 5m 的净空，这样使用上要求的空间是中间高、两边低，因此采用了抛物线性的钢丝网折板拱屋顶，它所围合的结构空间也较好地与使用空间相吻合。

● 大小、高低不同的空间应合理组织，区别对待，进行有比较的排列。根据它们不同的性质、不同的大小及不同高低各种空间分组进行布局，将同一性质和相同大小的空间分组排列，避免不同性质、不同高低的大小空间混杂置于同一高度的结构框架内。这种不同性质、不同大小的空间分组后，通常是借助于水平或垂直的排列使它们成为一个有机的整体，见图10-126。当采用垂直排列时，通常是将较大的空间置于较小空间之上，以免上部空间的分隔墙给结构带来累赘，否则要采用轻质材料。

● 最大限度地利用各种"剩余"空间，达到空间使用的经济性。例如通常大厅中的夹层空间、屋顶内的空间及看台下结构空间，楼梯间的上部和下部空间等，可利用它们作使用空间和设备空间。例如图 10-127 为建筑空间的利用及实例。图中杭州黄龙洞游泳池结构围合的空间与使用一致，看台上下空间被利用作为观众入口门厅、服务辅助用房及观众休息空间。

（2）不同建筑空间组合方法

在进行平面布局和空间组合时，还要注意空间的类型及其差异。对待不同空间类型的建筑，就需采用不同的组织方式。

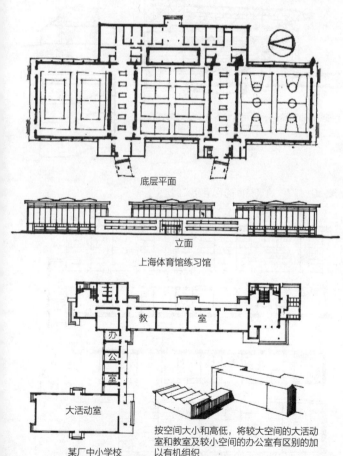

底层平面

立面

上海体育馆练习馆

按空间大小和高低，将较大空间的大活动室和教室及较小空间的办公室有区别的加以有机组织

某厂中小学校

图 10-126　不同大小高低的空间组织方式实例

● 对于重复小空间如办公室、病房、客房及教室等，这些空间一般使用人数不多，面积不大，高度不高，要求有较好的朝向、自然采光和通风条件。它们的组织通常总是采用线性的组织方式，以走廊和楼梯把它们在水平和垂直方向排列组织起来。但在组织这类空间时，一般要注意以下几个问题：

①房间的开间和进深应尽量统一。否则宜分别组织，分开布置。如医院的病房楼，一般3~6人，病房进深较大，单人病房面积小，进深浅，通常就不与进深大的病房并联布置，而是与护士站等辅助空间布置在一起，这样进深尺度比较合理，见图10-128。

②上下空间隔墙（尤其是承重墙）要尽量对齐，以简化结构，受力合理。

③高低不同的空间要分开组织，如学校中的教室和办公室，二者面积大小、空间高度都有差异，办公室面积小，高度也低一些，二者分开布置就会更经济、合理一些。

● 在某些建筑物中，其空间的构成是以小面积的空间为主，但又附设有一二个大厅式的用房，如办公楼中的大会堂，宾馆中的餐厅、大休息厅，文化中心的电影厅等等。对于这类建筑物空间的组织通常采用附建式的方式；将大厅与主要使用房间（也就是小空间的用房）分开组合，置于小空间组合体之外，与小空间组合体相邻或完全脱开。这种空间组织灵活、二者层高不受牵制，且便于大量人流集散，结构也较简单。有时也将这种大空间设于顶层，将大厅置于小空间组合体的上部，可以不受结构柱网的限制。但在人流量大，又无电梯设备的条件下，会带来人流上下的不便。一般人流

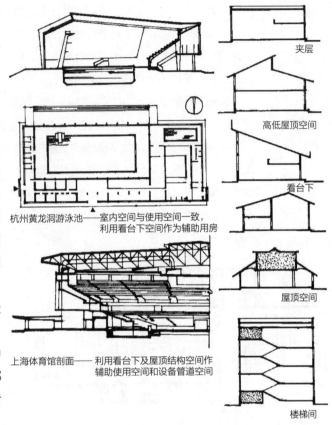

夹层

高低屋顶空间

看台下

屋顶空间

楼梯间

杭州黄龙洞游泳池——室内空间与使用空间一致，利用看台下空间作为辅助用房

上海体育馆剖面——利用看台下及屋顶结构空间作辅助使用空间和设备管道空间

图 10-127　建筑空间的利用及实例

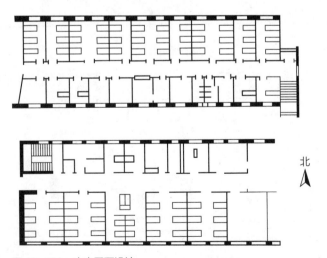

北

图 10-128　病房平面设计

不大、不经常使用的大厅，或者在多层有电梯设备时可以采用这种方式。如办公楼中的大会议室或礼堂，宾馆中的大会议厅，图书馆中的报告厅等。

因为主体大厅通常都是中间无柱子的，因此放在底层附建式较多，而少放在多层或高层建筑下的底层，因为柱子多，层高也都受到限定。如果是开敞的大厅，采用框架结构时是可以放在底层的或高层的裙房中，为营业厅、展厅等。

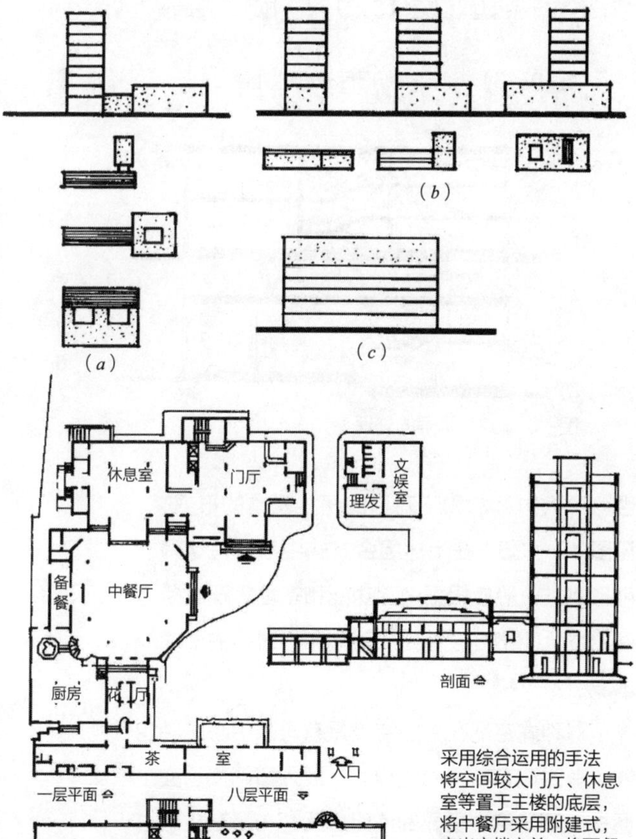

采用综合运用的手法将空间较大门厅、休息室等置于主楼的底层，将中餐厅采用附建式，突出主楼之前，将西餐厅置于顶层。

图 10-129 附有大厅的空间组织形式及实例

在实际建设中往往是将它们互相结合，综合运用。如图 10-129 所示，为附有大厅的空间组织形式及实例，其中图中（d）所示是北京和平宾馆。设计者利用综合手法，将空间较大的门厅、休息室置于主楼底层，将较大的中餐厅采用附建式，凸出主楼之前，将西餐厅置于顶层。

通常在很多类型的建筑中（为车站、图书馆等）都采用综合的空间组织方式，见图 10-130。

● 此外，建筑中的各种使用房间除了大小差别外，空间高度常常要求不一，在设计时，如果不仔细分析、区别对待，采用简单的统一高度，势必造成某些房间室内空间高度的失调，或造成空间浪费，或造成空间的压迫感。如何使高低要求不同的空间都能设计得合适得体，通常可考虑以下的方法：

①踏步式错层的方式：即利用房间本身的层高差在高低空间连接处用踏步式错层的方式取得空间的和谐统一。当层高差较小时利用踏步解决；当层高差较大时，利用错层的方式。前者如不少旅馆中门厅部分的处理，因为门厅要比客房层高高一些，而高差又不大，往往就借助于加 3~5 步踏步来解决，见图 10-131 及图 10-132，后者在图书馆中采用较多，可借助于错层布局协调书库与阅览室的层高差。

错层的处理一般常利用楼梯梯段的关系把不同的标高层连接起来。它可以采用两等跑梯段，各相错半层；也可采用不等跑的梯段或三等跑的梯段，构成不等的错层空间组织，根据空间的高度及层高差的大小而选择之。

②结合地形使不同层高的空间协调统一起来，见图 10-133。根据地形高差的大小，可

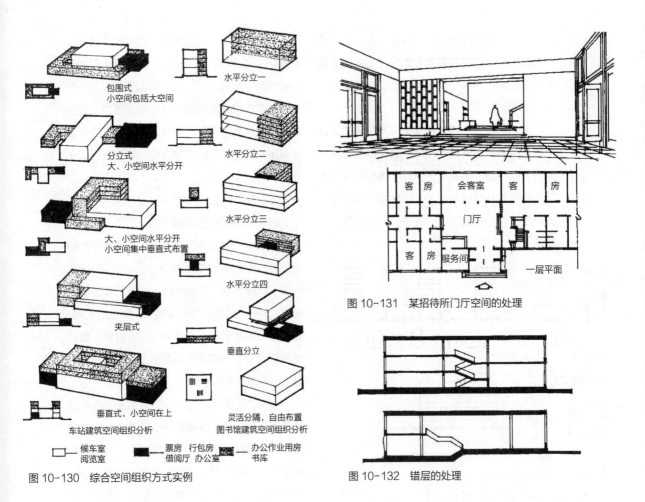

图 10-130　综合空间组织方式实例

图 10-131　某招待所门厅空间的处理

图 10-132　错层的处理

采用踏步形式或错层的方式。

③利用夹层取得高低空间的和谐统一，即是将两层低空间与一层高空间取齐，组合在一个空间内。多用于展览厅、飞机场的候机室、图书馆的阅览室、商店的营业厅以及大型门厅、休息厅等处，见图 10-134。这种空间利用方式比较经济，同时空间感觉也较丰富，但这种夹层的处理，一定要以实际的功能需要为前提，否则单从空间形式出发，反而不经济。

以上是根据功能联系的关系分析了几种基本的平面空间构成方式。除此之外，空间组合也可分为对称的和不对称的两种基本的形式，见图 10-135。在上述组合方式中都可有这两种形式。一般应根据内部功能和基地等现实条件出发，而不应该首先从对称和不对称的形式出发。

对称式空间布局的特点是有一条中心主轴线，有时还有若干副轴线。一般入口门厅、交通枢纽及建筑中重要的使用房间都布置在主轴线上，如办公楼中的会议大厅，展览建筑中的纪念厅或中央陈列厅、火车站中的广厅等，而将其他的房间对称地布置在主轴线的两侧。两

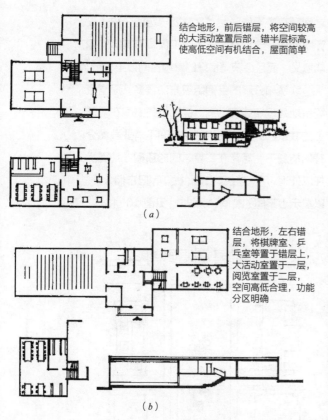

结合地形，前后错层，将空间较高的大活动室置后部，错半层标高，使高低空间有机结合，屋面简单

（a）

结合地形，左右错层，将棋牌室、乒乓室等置于错层上，大活动室置于一层，阅览室置于二层，空间高低合理，功能分区明确

（b）

图 10-133　结合地形高低使不同层高空间协调之例——两个俱乐部设计

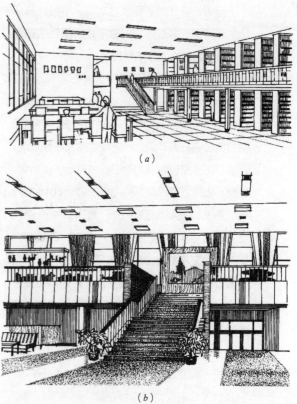

（a）

（b）

图 10-134　利用夹层取得高低空间的统一
（a）某大学图书馆阅览室；（b）杭州机场候机大厅

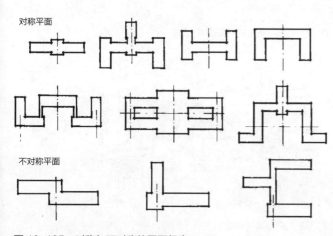

对称平面

不对称平面

图 10-135　对称与不对称的平面组合

侧开间的数量，空间的高低大小都应互相一致，因而也具有严整对称的立面。要避免对称的布局而作出不对称的立面，或者是不对称的平面而做成对称的立面。

这种对称的空间布局比较庄重严肃，内部交通直接方便，外形简洁完整，是一般比较习惯采用的形式，通常用于会堂、办公楼、博物馆等政治性强的建筑中，以体现它们庄重的性格。如北京人民大会堂、中国国家博物馆等都采用这种布局方式，构成了天安门广场雄伟、庄严的整体效果。

但是，设计时不要牺牲功能、不顾地形环境的特点，一味以追求对称形式。牵强生硬地采取这种组织方法是不宜提倡的。

不对称的建筑布局也有一条主轴线，但它不是中轴线。门厅等交通枢纽仍布置在主轴线上，形成空间组合的中心和重点所在。轴线两侧自由灵活布置。因此，它较对称式布局灵活、活泼，可适应较复杂的地形。一般用于中小学、医院、旅馆、疗养院、文化娱乐等建筑中较多。

当然，在某些复杂的公共建筑中，建筑物的性质要求重庄严肃的对称外形，而建筑内部各部分又不能完全对称布局时，也可以采用平面外形对称而内部空间局部不对称的布局方法。较典型的如北京人民大会堂，它包括人民大会堂、宴会厅及人大办公楼三个主要部分，三者在面积和空间高低上相距很大，完全采用对称式布局较为困难。但是，从建筑性质来讲，它是我国最高权力机构所在地，适于采用对称的形式。因此采取以中心主轴线上的人民大会堂为中心，两侧分别布置办公楼和宴会厅的对称布局。因宴会厅面积大，空间高，为使二侧外部体形对称，将办公楼围以内院布置，争取较大体形。结果，两侧"一空""一实"，并不对称，但取得了较好的效果，见图10-136。

10.6 建筑空间组织中的联系与分隔方法

建筑是由若干不同功能的空间所构成，它们之间存在着必要的联系和分隔。如食堂中的餐厅和备餐间，备餐间与厨房；客房中的居室与盥洗室；图书馆的借书厅与阅览室等。它们

之间既有密切的联系，又需要一定的分隔。设计中处理好这种空间关系，不仅具有实际的功能意义，而且会获得良好的室内空间效果。

联系和分隔的空间组织方法很多，通常最简单地是设墙或开门洞。保证相邻空间在功能上的联系和分隔，在相邻两空间不需要截然分开的情况下，常常在二者之间的顶棚或地面上加以处理，用一些柱、台阶、栏杆等把它们分开，以显示出不同的空间"领域"，见图10-137。

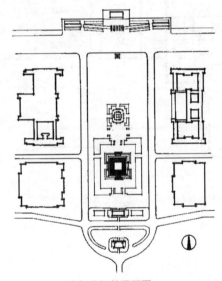

图 10-136　天安门广场总平面图

图 10-137　某图书馆利用柱、台阶、栏杆、书架等划分空间

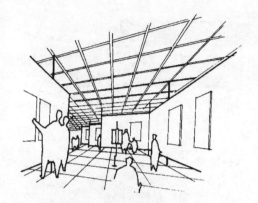

图 10-138 陈列室内空间分隔实例

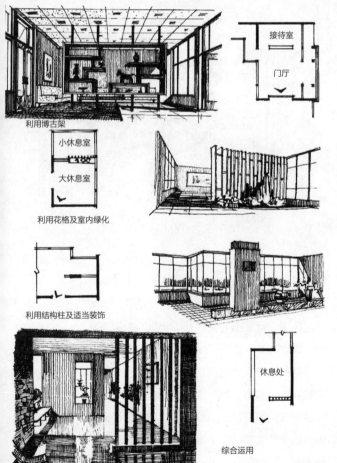

利用博古架

小休息室

大休息室

利用花格及室内绿化

利用结构柱及适当装饰

综合运用

接待室

门厅

休息处

图 10-139 休息室、接待室空间分隔实例

有时在同一室内，需要分成若干部分，可以利用家具、屏风、帷幕、镂空隔断等，使得各部分之间既有联系又有分隔，而又显示不同的空间"领域"。如食堂，可以利用售饭菜台把餐厅与备餐间分开；利用屏风、帷幕、隔断把餐厅分成若干餐区。在图书馆中，可以利用出纳台将出纳室和目录厅分开；利用书架将阅览室划分为若干个较安静的小阅览区。在百货商店利用柜台将营业员和顾客的使用空间分开；利用商品货架将小仓库和大营业厅分开。在陈列室利用陈列屏风、陈列柜把它分成若干陈列区。如图 10-138 所示；在休息室和接待室，也常用传统的落地罩、屏风或博古架等来分隔空间，使空间既分又合，见图 10-139。

此外，在两个室内空间之间，也常以另一空间作为过渡而取得既分隔又联系的效果。如在影剧院中，常常利用川堂作为门厅通向观众厅的过渡空间，它不仅在功能上具有隔声、隔光的作用，而且能取得一定的空间艺术效果。

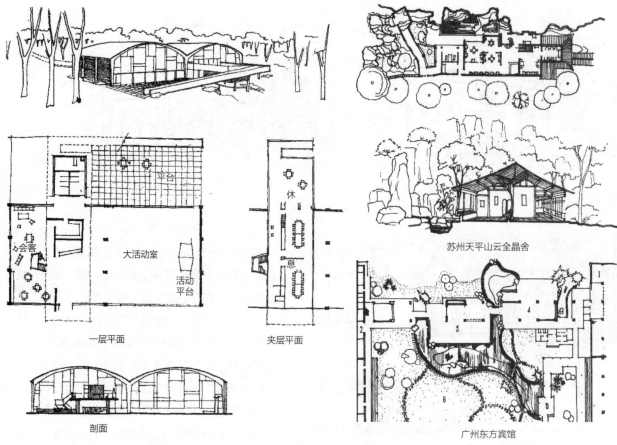

一层平面　　　　　　　　夹层平面

剖面

苏州天平山云全晶舍

广州东方宾馆

图 10-140　垂直方向空间联系和分隔实例——某俱乐部设计竞赛方案　　　图 10-141　室内外空间联系与分隔实例

　　在垂直方向空间联系和分隔的手段主要是依靠楼梯和开敞的楼层（包括夹层）处理。楼梯是联系上下空间必要的手段，在设计中适当处理，能得到很好的空间联系效果。为了取得这种联系，公共建筑中的主要楼梯常用开敞式。图 10-140 是一个俱乐部的设计，它利用夹层穿插于大空间中，使主次空间明确划分，又互相流动；利用开敞的楼梯将会客室和休息室分开，同时上下空间既分隔又联系。

　　公共建筑设计不仅要合理地组织建筑物内部的使用空间，还必须考虑室内外空间的有机结合。有些建筑要求与室外有密切的联系，如幼儿园中的活动室与室外活动场地；公园茶室中的餐厅和露天茶座；展览建筑中的陈列室和室外陈列场地等。它们都是室内使用空间的延伸和补充，具有实际的使用功能，必然要求内外空间既分隔又联系。此外，室内外空间联系也有助于扩大空间、丰富空间，使建筑与环境结合起来。中国传统的院落空间是室内外空间融合一体的经典的方式。它既是室内与室外空

图 10-142　苏州新博物馆

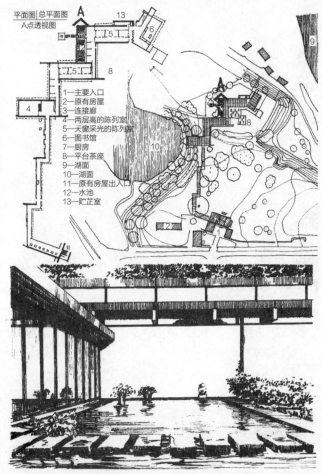

平面图 | 总平面图
A点透视图

1—主要入口
2—原有房屋
3—连接廊
4—两层高的陈列室
5—大窗采光的陈列室
6—图书馆
7—厨房
8—平台茶座
9—湖面
10—湖面
11—原有房屋出入
12—水池
13—贮茁室

图 10-143　路易斯安那现代艺术博物馆

间的和谐统一，也为人与自然的和谐统一创造了条件。室外空间是室内空间不可少的一部分，二者是一个有机的整体。建筑设计不单是室内空间的安排，而且也要将室外空间（院落，广场，水体，绿地等）作为整体统一进行设计。如图 10-141 和图 10-142 的实例都充分体现了这样的设计理念。

室内外空间联系和分隔的手法很多。通常将室内空间直接对外开门，这是最简单的联系和分隔手段；或者利用平台、廊子等处理，把内外空间串通一起；或者把室内空间引入外部庭院；或者把室外的水池、绿化等引入室内，把室内与庭院融合在一起；也有的把室外庭院引入室内。这种手法在现代建筑中应用更多，图 10-143 是路易斯安那现代艺术博物馆，整个建筑布局紧密结合室外自然环境布置，开敞玻璃把陈列室和室外水池、庭院交织在一起。

此外，可运用建筑本身的构件，如屋顶、顶棚、墙面、台阶、栏杆等，作为内外空间延伸的手段，使其与室外有机联系起来。如南京五台山体育馆主要入口门厅的大雨篷与室内顶棚连成一体，并用方向性强的条形灯槽内外相连，在夜晚灯光效果下，构成一条条的白色光带，增加了内外空间的连贯效果，扩大了室内空间的深度感，见图 10-144。

楼梯是联系上下空间的媒介，室外楼梯也可起着室内外空间的联系作用，它与平台、廊子结合运用可以取得较好的效果。杭州花港观鱼茶室设计方案利用平台、雨廊、楼梯、花墙、错层、开敞平面、穿插空间等多种手法使上下空间，室内外空间融为一体，见图 10-145。

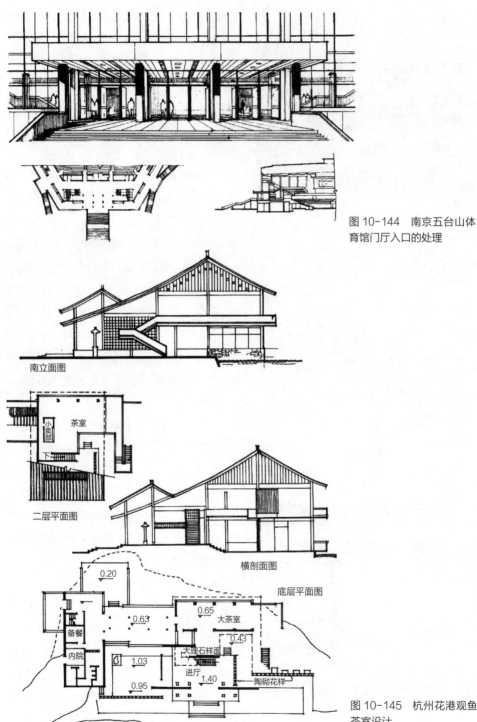

图 10-144　南京五台山体育馆门厅入口的处理

南立面图

二层平面图

横剖面图

底层平面图

小卖部

茶室

下

0.20

0.63

0.65　大茶室

0.43

备餐

内院

1.03

大理石样面

进厅

1.40

0.95

陶砌花样

图 10-145　杭州花港观鱼茶室设计

第11章

垂直的空间组织——高层建筑的设计
Vertical Spatial Organization —— Tall Building Design

11.1　何谓高层建筑

高层建筑最早被人们称为摩天大楼（skyscrapers），是描述高耸建筑物的形容词，这个词是描述当时美国芝加哥与纽约市中心所建造的多层办公楼的。摩天大楼产生于美国，就像大型电影院和快餐厅一样是美国生活方式的实物，它是国家经济发展成就的象征。高层建筑顾名思义，是因其"高"，层数多，所以用高字来称呼它。英文中高层建筑叫"High-Rise"或称"Tall Building"，但究竟多少层、多高才能称高层建筑呢？世界各国的认定标准是不一致的。国际高层建筑设计研究权威机构——1969年成立的高层建筑与城市住房委员会（The Council On Tall Building and Urban Habitat），后来演变为高层建筑委员会，在1972年对高层建筑做过高度上的划分，共分四级标准：

（1）1~16层（最高到50m）；

（2）17~25层（最高到75m）；

（3）26~40层（最高到100m）；

（4）超高层（40层以上或100m以上），有时也称摩天大楼。

这种划分的标准主要是出于结构体系的考虑，但是随着科学技术的发展，这种标准也在改变。后来就有人建议将高层建筑分为三级，即40层152m以下的称为低高层建筑，152~365m者称为高层建筑，超过100层及365m以上者为超高层建筑，但是对高层建筑起始高度划分标准并未形成一致的意见。于是，许多国家根据本国的具体情况，视经济、技术特别是消防装备条件，各国政府相继制定了国内执行的统一标准，见表11-1：

我国《建筑设计防火规范》GB 50016—

表11-1

国别	起始高度
中国	高度大于27.0m的住宅；大于24.0m的非单层公共建筑；
德国	大于22m（至底层室内地板面）；
法国	住宅大于50m，其他建筑大于28m；
比利时	25m（至室外地面）；
英国	24.3m；
美国	22~25m或7层以上

2014，把"建筑高度大于 27m 的住宅建筑和建筑高度大于 24m 的非单层厂房、仓库和其他民用建筑"称为高层建筑（High-rise Building）。《民用建筑设计统一标准》GB 50532—2019 也明确规定："建筑高度大于 27.0m 的住宅建筑和建筑高度大于 24.0m 的非单层公共建筑，且高度不大于 100.0m 的，为高层民用建筑"，"建筑高度大于 100.0m 为超高层建筑"（Super High-rise Building）。

11.2 高层建筑的起源与发展

人类早期，以猎为生，以地为床，以穴为居，与自然万物共生；随着农业社会发展，逐渐形成聚落、村庄，人们过着以乡村聚落为主的生活，住房都是低层的，空间是向水平方向发展；但是随着人类文明的演进，工业兴起，大批人口集中到城市，逐渐造成用地紧张，地价高涨，城市范围不断扩大仍感不足，人类在城市中的生存空间受到挑战。可以说，20 世纪以前，城市的发展主要为水平方向的发展，20 世纪以后，为了在有限的城市用地内获得更多的城市人的生存空间，人们在思考和尝试建筑物是否能够垂直向上发展，让人能生活在高空，这就导致建筑物向高层发展。现代建筑开创大师勒·柯布西耶（Le Corbusier）和格罗皮乌斯（Gropius）等都曾倡议过建造高层建筑以增加建筑空间，使人的生活能获得更充足的日照、采光和自然通风。早在 1922 年，勒·柯布西耶在巴黎中心改建的工程项目中就曾提出过高层建筑群的规划，称之为"光明城市"（图 11-1），这也反映了当时的社会需要。

高层建筑对传统的低层和多层建筑来讲是建筑观念和建筑技术的一次革命性的变革，它不仅意味着人的社会生活方式要发生巨大的变化——脱离土地，远离自然进入高空工作和生活，而且也预示着建筑材料、结构体系及建筑技术一次革命性的变革，催生新的物质技术手段来适应新的社会生活方式的功能需要。传统的砖、木、石材料及其结构体系远远不能适应新的要求，因此它一定要伴随着新材料、新设备、新技术的发展而发展。

19 世纪后期，钢铁生产大量增加，建筑物开始应用钢铁建造，它为建筑物向高层或大跨发展创造了条件。1883 年芝加哥建造了第一幢全部用钢框架建造的 11 层楼的保险公司大厦（图 11-2）；时隔几年，芝加哥的工程师们又提出了垂直剪力墙的结构概念，并据此设计出 20 层的芝加哥麦松尼斯大厦（Masonis Temple），为了抵抗空中水平风荷载，在立面上使用了斜风撑，创建了竖向桁架的结构体系。

高层建筑的产生和发展与垂直交通运输工具的发明和发展是分不开的。1853 年奥蒂斯（Otis）发明了升降机，1870 年纽约人寿保险公司大楼第一次使用了安全电梯，电梯的出现

图 11-1 光明城市

图 11-2　保险公司大厦

图 11-3　帝国大厦

图 11-4　约翰·汉考克大厦

与不断的改进为高层建筑的发展提供了重要的条件。

　　1821 年芝加哥遭受严重火灾，城市需要重建，进一步促使了芝加哥高层建筑的发展，使其成为美国高层建筑的故乡，成为其他大城市的榜样。

　　20 世纪初，随着高层建筑结构体系与建筑技术的逐渐成熟，高层建筑就向更高的层数和更大规模的方向发展。1905 年纽约建造了 50 层的 Metrop Litan 大厦；1908 年第一次世界大战结束以后，高层建筑在美国又获得进一步发展，高层建筑的中心逐渐由芝加哥向东部转移到新兴的商业贸易中心——纽约。1913 年纽约就建造了 60 层、总高为 244m 的 Wool worth 大楼；1931 年又兴建了 102 层、381m 高的帝国大厦（Empire state Building），内有 65 部电梯，是一幢集办公、商店、金融、休闲为一体的综合性大楼。其规

模相当于一座垂直的小城市，成为当时世界上最高的建筑物（图 11-3），它维持世界第一高楼的头衔超过 40 年之久。

　　1945 年第二次世界大战结束以后，出现了筒体结构理论，不仅使高层建筑的刚度有了技术保障，同时也大幅度节省钢材达一半左右，促使高层建筑在美国又向更大规模和更高层数发展，即向超高层建筑发展。1968 年建成了 100 层、高 344m 的纽约约翰·汉考克大厦（图 11-4）；1972 年两幢同样大小的 110 层、高 412m 的世界贸易中心（World Trade Center）大楼在纽约建成，它的高度超过帝国大厦，成为当时世界最高的建筑物（2001 年，在"9·11"事件中被毁）（图 11-5）；隔几年（1974 年）芝加哥又建造了 110 层、高达 442m 的西尔斯（Sears）大楼，它的高度超过纽约世贸中心而一跃成为当时世界最高的建筑物（图 11-6）。

20世纪后半叶,高层建筑不仅在美国获得了巨大发展,而且迅速地向美国以外的世界各地发展。1974年在多伦多又建造了高285m、72层的第一银行大厦;1978年澳大利亚悉尼也建造了65层、229m高的M.L.C大厦(图11-7)。岛国日本是地震区,又是台风侵袭地区,二次大战前建筑法规是不允许建造高层建筑的。20世纪60年代,他们在结构体系上效仿"竹子"的生态肌理,以柔克刚,解决了高层建筑的抗震抗风灾问题,废除了旧法规,开始建造高层建筑,1964年建成了日本第一幢17层的新大谷旅馆高层建筑(图11-8)。20世纪70年代后,东京新宿47层的京王旅馆建成;1974年,55层、高228m的东京新宿三井大厦建成;1978年,60层、高240m的阳光60大厦又在东京建成(图11-9)。

图11-5 世界贸易中心

图11-6 西尔斯(现Willis Tower)大楼

图11-7 M.L.C大厦

图11-8 新大谷旅馆高层建筑

图11-9 日本阳光60大厦

20 世纪 70 年代中期，美国发生了全国性的经济危机，高层建筑在美国大城市中陷于停滞状态。由于高层建筑的发展是经济的繁荣促进的，也自然随经济衰退而衰减。在 1973 年以前，全球 100 幢最高的建筑物除了苏联的莫斯科大学（1953 年，204m 高）和波兰文化科学大楼（1955 年，231m 高）外，全部都建在北美。20 世纪 70 年代，亚洲出现"四小龙"——新加坡、韩国、中国香港和台湾地区，因而高层建筑的活动中心开始由美国转向亚洲，1990 年代，亚洲发展中国家又一次掀起了高层建筑高度的比赛。兴建高层建筑的目的完全是出于地价或有效利用城市土地资源的考虑，而重要的是建造者希望借此表现城市的蓬勃发展和国家的经济实力，作为该城市、该地区经济发达的象征。1998 年完工的马来西亚吉隆坡"石油双塔"（Petronas Towers）（图 11-10b），原来设计的高度为 88 层，比美国西尔斯塔低 5m，最后盖成高 452m，超过了西尔斯塔，使其失去了第一高楼的头衔。后来，西尔斯塔采用加高天线的方式，使天线的高度超过了"石油双塔"。根据 1997 年 7 月世界高层建筑与城市住房委员会（CTBQH）确定的高层建筑评定标准，共有 4 项，即建筑物结构体顶部高度、最高的使用楼层的高度、屋顶高度及天线高度，在最高使用层高度和天线高度上西尔斯塔还是当时世界最高的。但是时隔 5 年，2003 年建成的台北 101 大厦，它的建筑顶部总共高度为 508m，屋顶高度 448m，都为世界最高（图 11-11）。20 世纪 90 年代，随着我国经济的崛起，高层建筑活动又以更快的速度转向了我国，使我国成为当今世界高层建筑建造活动最频繁最集中的国家。可以说，中国已成为当今高层建筑活动的中心。在当时世界十大摩天楼中（图 11-10a），我国（包括香港和台湾）已囊括六栋，它们是：台北 101 大楼，2003 年建成，508m 高，超越马来西亚吉隆坡的双子星大楼，是当时世界第一高楼；上海金茂大厦，高 420m，地上 88 层，建成于 1997 年；香港国际金融中心，高 412m，88 层，建成于 2003 年；广州中信广场，高 391m，80 层，建成于 1996 年；深圳信兴广场（地王大厦），高 321.9m，69 层，建成于 1996 年；香港中环广场，高 374m，78 层，建成于 1992 年（图 11-12～图 11-16）。

台北101　佩重那斯　西尔斯　金茂大厦　金融中心　中信广场　地王大厦　帝国大厦　中环广场　中国银行

图 11-10（a）　世界最高的前十座高层建筑（《台湾建筑》2003.12）

图 11-10（b）　马来西亚吉隆坡"石油双塔"

图 11-11 台北 101 大厦

图 11-12 上海金茂大厦

图 11-13 香港国际金融中心

图 11-14 广州中信广场

图 11-15 深圳信兴广场大厦

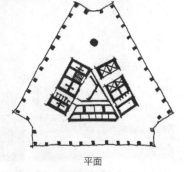
俯瞰

平面
图 11-16 香港中环广场

　　近 20 年来。全球高层建筑又有新的发展，超高层建筑越来越多，越来越高了。20 年前台北 101 大楼突破 500m（508m 高），曾获当时的世界第一高楼美称，此后，在世界包括中国一些城市似乎在开展争夺高层建筑"第一"的比赛，一个要比一个建的高，以争夺"全球第一""全国第一"或"全区第一"等桂冠，城市的当权者和投资者期盼以建造标志性的超高层建筑为竞争手段，彰显自己的实力，展现自己的形象，标榜自己的政绩，增强城市的吸引力，从而促进城市和地区的发展。目前，已建成的全球最高的高层建筑是耗时 5 年于 2009 年建成的阿联酋迪拜的哈利法塔（Buri KHaLifa Tower）（图 11-17），又称迪拜塔，高度为 828m。这座塔的设计者以当地的沙漠之花蜘蛛兰（Hymenocalis）的花瓣与花茎的结构形态为灵感，设计具有伊斯兰文化和宗教色彩的建筑风格。目前仅次于它的是 2011 年建成并投入使用的我国上海中心大厦，高 632m（图 11-18）；其次是 2012 年建成的麦加皇家钟塔饭店，高 601m（图 11-19）；2013 年建成的深圳平安大厦，高 600m（图 11-20）；2017 年建成的韩国首尔乐天世界大厦，高 555m（图 11-21）；还有美国纽约世界贸易中心一号楼（1World Trade Center），原称为自由塔（Freedom Tower），高 541.3m 即英制 1776 尺，对应美国独立宣言发布的年份 1776 年。此塔地上 82 层，地下 4 层，2014 年 11 月 3 日，在纽约著名的原世贸双子塔在 2001 年 911 恐怖袭击中被摧毁的 13 年后建成投入使用（图 11-22）；2014 年建成的广州东塔，高 530m（图 11-23）以及 2018 年建成的北京中信大厦，高 528m（图 11-24）。

除了上述已建成的这些超过台北 101 大楼 508m 的超高层建筑之外，还有不少仍在建设或待建的超高层建筑。首当其冲的是期盼再创全球最高的沙特阿拉伯吉达的王国大厦（Kindom Tower），高 1007m（原设计高 1600m）（图 11-25）；其次是 2015 年开工建设的苏州中南中心，设计高度 729m，地上 138 层，地下 5 层 2020 年方案修改，建筑高度改为 499 米 109 层，总建筑面积 50.8 万平方米（图 11-26）；2010 年开工建设的武汉绿地中心，设计高度 636m，125 层，（图 11-27）由于航空限高，修改建设高度为 455 米；2008 年开工建设的天津高银 117 大厦，设计

图 11-17　迪拜哈利法塔

图 11-18　上海中心大厦

图 11-19　麦加皇家钟楼饭店

图 11-20　深圳平安大厦

图 11-21　首尔乐天世界大厦

图 11-22　纽约世贸中心

图 11-23　广州东塔

图 11-24　北京中信大厦

图 11-25　沙特王国大厦

高度为 597m，地上 117 层（图 11-28）；以及 2003 年开工建设的沈阳宝能环球金融中心，又称北方明珠，设计高度 568m，111 层（图 11-29），以上工程均在建设中，有的即将完成。此外，还有待建的，如成都一带一路大厦，设计高度 677m 及泰国曼谷水晶塔，设计高度 615m，125 层，试图建为东南亚第一高度。

新世纪已建或在建的和拟建的高于 500m 的超高层建筑见表 11-2 及表 11-3 所示。

我国高层建筑始建于 20 世纪二三十年代，1921 年在上海出现了 10 层的字林西报大楼，1923 年建造了 10 层的沙逊大厦，1923 年建

图 11-26 苏州中南中心　　图 11-27 武汉绿地中心　　图 11-28 天津高银 117 大厦　图 11-29 沈阳宝能环球金融中心

建成的 500m 高以上的世界高楼　　表 11-2

序号	建筑物名称	建筑高度（m）	建筑层数		建筑面积（万 m²）	建成时间（年）
1	迪拜哈利法塔	828	地上	162		2010
			地下			
2	上海中心大厦	632	地上	128	43.4	2011
			地下			
3	麦加皇家钟塔饭店	601	地上	120	150.0	2012
			地下			
4	深圳平安大厦	600	地上	118	46.0	2013
			地下	5		
5	首尔乐天世界大厦	555	地上	123	30.4	2017
			地下			
6	纽约世界贸易中心一号楼	541.3（1776 尺）	地上	104		2014
			地下			
7	广州 东塔（周大福金融中心）	530	地上	111	40.3	2014
			地下			
8	北京中国尊（中信大厦）	528	地上	108	43.7	2018
			地下	7		

世界在建拟建 500m 以上高楼　　表 11-3

序号	建筑物名称	建筑设计高度（m）	建筑层数	建筑面积（万 m²）	建设状况
1	沙特吉达王国大厦（吉达塔）	1007	205		待建
2	苏州中南中心	729（后改为 455m）	138	50.80	2015 年升工在建
3	成都一带一路大厦	677（后改为 488m）	157		待建
4	吉隆坡 118 大厦	644	118		待建
5	武汉绿地中心	636（后改为 455m）	125	32.14	2010.12 开工 2019.1.28 结构封顶
6	曼谷水晶塔（超级塔）	615	125		待建
7	天津高银 117 大厦	597	117	84.70	2008 年开工在建
8	沈阳宝能环球金融中心	568	111		2013 年开工在建

图 11-30 上海国际饭店

造了 13 层的华懋饭店（锦江饭店），1929 年建造了百老汇大厦（上海大厦），1930 年建造了 17 层的中国银行大厦，1931 年建造 24 层的国际饭店，高 84.49m（图 11-30），成为 20 世纪 70 年代前我国大陆上最高的建筑物。

除上海外，广州、天津等地也有少量高层建筑出现，如 1936 年广州建造了局部 13 层的爱尔华大厦等。20 世纪 80 年代以来，随着我国改革开放的深入，城市建设跨越式发展，高层建筑在我国城市建设中越来越多，已由大城市向中小城市发展。人们乐意建造高层建筑，一方面是由于高层建筑能节省土地，提高建筑容积率，获取利润大，有利可图；同时也可提高单位的企业形象，作为城市的地标性建筑，成为城市的名片，提高城市的形象，显示单位、企业、城市乃至国家的经济实力和经济繁荣的象征。因此，不少国家、地区都相继竞建第一高建筑。

建设高层建筑历来就有不同的意见。有的认为高层建筑适合于大城市中的办公建筑，宾馆建筑及金融性建筑（如银行，保险公司等），不适合于住宅；有的认为高层建筑用于建造住宅时其高度不宜超过 50m。但是，高层建筑的发展是不以人的意志为转换的。随着城市化的加速，城市人口大量的集聚，加上地球人满为患的趋势越来越重，建筑向空中发展，开辟人类更多新生存空间已是大势所趋。尤其是在人口多，土地资源有限的中国，建造高层建筑已成为我国大中城市必然选择的一条城市建设发展之路，高层建筑林立之势已成为这些城市中不争的现实。

11.3 高层建筑总体布局

由于高层建筑体形高大，对城市形象有着至关重要的作用，它既可以对城市形象起积极的作用，同样也可给城市形象带来负面的影响。这在一定程度上就取决于高层建筑在城市中的布局及其设计水平。如果缺乏城市设计，缺乏统一规划，结果可能就会造成高层建筑星罗棋布，各自为政，或者就是过度集中，相互遮挡，给城市的交通、日照、小气候及城市形象等都带来许多不利的影响。

因此，高层建筑在城市中的布局应在统一规划下进行设计和建设，一般应注意以下几点问题：

1）在城市中的布点

高层建筑在城市中布点，应根据生产、生活的需要以及城市发展的可能，合理地选点。高层的居住建筑应该靠近居住者工作的地段。高层宾馆应该方便旅客，布置于车站、码头及城市主要干道和广场上，或选在交通方便而环境优美的地方，尽可能布置于新区或新的干道上，以便不拆或少拆民房，形成新的城市面貌，有的也可结合旧城改造，在老的市区建造。在城市中心尤其在城市商业中心比较集中地布置金融性建筑，如银行大厦、保险公司大厦以及高级宾馆和高档写字楼等。

2）地段方位的选择

地段方位的选择对于建筑物本身及周围建筑物的日照、通风以及对节约用地均有很大的影响，在选点时必须仔细研究。由于高层建筑对阳光的遮挡较大，会造成大片的阴影区，在此区内的建筑物之间，必须留有适当的间距，通常是其高度的 1.2~1.5 倍，有的地区要达 2 倍，这样就使高层建筑在总体布置时产生了矛盾，既要节约城市用地，又要满足建筑群体的日照和通风要求。为了解决这个矛盾，在总体布局时，必须尽量合理地利用阴影区的空地。因此就需从城市规划的角度，通盘考虑、权衡节约用地、日照通风、使用功能、城市面貌与经济效益等各方面问题的得失了。有时可以将某些高层建筑置于干道的南面，坐南朝北使大片阴影投入干道上，或者将停车场、辅助设施及裙房布置于阴影区内，这对节约土地是有利的。

但是，在一条街上，不能南边都是高层建筑，特别是不能都是板式高层建筑，否则在冬季城市中的这条街全是在大片阴影里，见不到阳光，变成一条"阴街"，在寒风逼人的冬季是令人难受的。

3）布点密度问题

高层建筑在城市中布局不宜过于集中，而应相对分散于各区段或主要干道上，可以采用点、群（分散与集中）相结合的布局方式。这样对方便群众，简化市内交通，改善日照、通风条件，美化市容与环境，丰富城市的立体轮廓线都是有益的。同时，相对分散还有利于结合旧城改造，从而可以提高城市的改造水平。过去城市建筑层数较低，城市轮廓平淡，若有规划地建造一些高层建筑，将能显著地改变城市轮廓线的效果。与此相反，如果高层建筑过分集中，弄得楼高路窄，阳光稀少，对城市环境与城市艺术均有损害。

4）体形的选择

高层建筑的体形选择除了考虑内在的功能要求外，也应从城市设计的角度选择合适该基地条件的体形。

一般认为采用高层与低层相结合，板式与塔式相结合以及在总体布置上有前有后、有长有短的办法，可以使建筑群与整个城市面貌都能取得较好的效果。不宜采用低层行列式的办法或单一的方式来组织高层建筑群体。

高与低是相对的，二者相辅相成，没有低也就没有高的概念。可以设想，如果一条街道的两边都建造一样高的建筑，看上去一定像两道围墙，给人单调与呆板的感觉。有时虽是八层十层，也难使人获得真实的尺度感，因为它高度一样，没有高低比较，也就难以鉴别。反之，如果高低错落，则可相得益彰。

所以，高层建筑群的布局采用点群结合，高低结合，板塔结合，前后有致，高中有低，低板高塔的手法是能获得较好效果的。

11.4 高层建筑中结构的要求

高层建筑与低层、多层的平面布局也有较大的不同。在低层建筑的设计中，结构受力系统主要为垂直荷载，而高层建筑除了考虑垂直荷载外，还需要考虑侧力——水平风力及地震力的影响。因为竖向荷载及其引起的结构内力，随建筑层数增加按线性比例增加；而水平侧向荷载，如风荷载和地震荷载，则沿高度越往上越大，其结构内力与高度的平方成正比。因此，随着建筑层数的增加，水平侧向荷载的影响比竖向荷载的影响增加得快。此外，任何材料都在承受纯拉或纯压时最能充分发挥其强度效益，受弯时则不能全部发挥材料的潜力。层数越高，弯剪内力越大，结构的材料性能越难以充分发挥。因此随着建筑层数的增加，水平荷载的影响将迅速增大，以致在高层结构设计中起着控制作用。正确认识这一特性，对设计好高层建筑颇有影响。可以说，在高层建筑设计中结构工程师起着重要的作用。通常的风力是随地面高度而增加的，建筑物越高，水平风力越大，建筑物底部所受的弯矩也就越大。高层建筑就像屹立在地面上的一根悬臂梁或悬臂板，高度越高，悬臂越大，在水平风力作用下建筑物底部产生的弯矩及为了克服它所需要的"高度消耗"也就越大，这就对建筑物的刚度提出了更高的要求，因此其结构对建筑设计起着比在低层建筑中更大的制约作用。这样也就不能将低层的平面布局方式简单地应用于高层建筑中，否则就成为用低层建筑的平面简单地叠加，从而造成"低层的平面，高层的体量"，这必然带来结构的不合理和材料的巨大消耗。因此，要达到高层建筑设计上的经济合理，就必须考虑建筑体形与结构的合理，使其有利于抵抗水平力的影响。

高层建筑平面在体形设计中，除了受到城市规划、使用功能、经济技术及地质条件等因素制约外，从结构、力学上考虑要满足以下的基本要求：

1）刚度要求

由于高层建筑结构的特性，随着建筑高度的增加，侧向水平力的作用急剧增长，以致高层建筑往往以结构的刚度而不是以材料的强度来控制设计。而刚度的大小主要取决于结构体系的选择，高层建筑在满足强度要求的前提下，它应具有适当的刚度。

2）变形要求

高层建筑在水平荷载作用下将会产生较大的侧向位移，如果这种位移过大，将会影响建筑物结构的强度、稳定性及使用条件。因此，对高层建筑的变形位移必须加以限制，使其具有足够的刚度。建筑物顶点水平位移与建筑物总高度之比，在风荷载作用下是1/500~1/1000，在地震荷载作用下是1/300~1/600，它因结构形式而异。

3）倾覆要求

高层建筑结构的底部固定在地基上，顶部为自由端，就像一根竖着的悬臂梁，在水平荷载作用下将产生倾覆弯矩，弯矩的大小与建筑高度的平方成正比。

为此，在进行高层建筑设计时，从建筑结构的角度必须考虑以下问题：

（1）选用合理的结构体系

每种结构体系适应于一定的建筑高度，不

同的建筑高度宜选用不同的结构体系。目前高层建筑都采用不同形式的钢和钢筋混凝土结构体系，对于重力荷载，结构的重量几乎与层数线性增加。图 11-31 表明了钢和钢筋混凝土不同结构体系所适应的不同建筑高度。

在高层建筑中水平荷载起着决定性的作用。选用合理的结构体系是减少高层建筑侧移的有效手段，可以通过刚性水平带形桁架增加建筑物的刚度。增加这种带形桁架后，一般能使整个结构的刚度提高 30%，从而大大节省结构材料的投资。澳大利亚墨尔本的 BHP 总部大楼使用了这种带状桁架，共用两层，一层设在建筑物中部，另一层设在楼顶（图 11-32）。

（2）控制建筑物的高宽比

高层建筑物的高宽比是衡量建筑物的刚度和控制侧移的一项主要指标。为了抵抗倾覆，除了依靠高层建筑的自重起稳定作用外，在设计时还必须使建筑物的高度与其宽度成一定的比例（即建筑物的高宽比），一般以小于 1∶6 为佳，否则建筑物弯矩和水平位移过大，就将导致建筑物倾覆倒塌。因此，高层建筑的高宽比值是一个十分重要的问题，在进行方案设计，决定层数和平面、立面设计时须考虑这个问题。

经验表明：对于钢筋混凝土结构体系来讲，建筑的高宽比 $H/B \leq 3$ 是较好的；对于刚度大的简体和剪力墙体系，$H/B<6$，一般宜小于 5；对于刚度较小的框架和框剪体系，H/B 应小于 5，一般宜小于 4。在强地震区域、风荷载较大的地区，H/B 值还应适当减少，如果采用钢结构体系，则 H/B 值可以放大，但为了保证必要的刚度，H/B 值也应尽量减少。如美

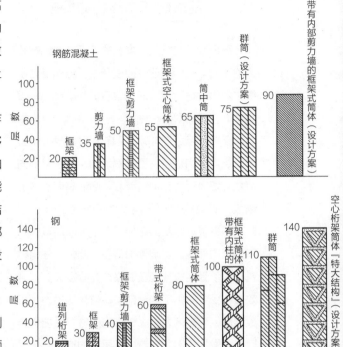

图 11-31　结构体系与建筑高度关系

国 110 层高的世界贸易中心大楼（2001 年，在 9·11 事件中被毁）H=412m，B=63.5m，H/B=6.5，它是刚度很大的钢结构简体。

目前，我国高层建筑多为矩形棱柱体，此体形对侧移是颇为敏感的。如何设计，使结构更为有效，造价更低，也可能使房屋建得更高，是值得研究的。如芝加哥约翰·汉考克大厦（图 11-33），将建筑物外柱倾斜设置，由棱柱体变成截椎体楔形塔身，塔身由基底处的 4 万平方英尺（3716.1m²）面积收缩到顶部的 1.8 万平方英尺（1672.24m²）。这种造型不仅有利于结构稳定性，还有利于空间的有效使用。由于外柱倾斜设置，它就能大大地增加其刚度，

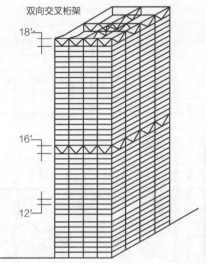

双向交叉桁架

图 11-32　墨尔本 BHP 总部大楼结构体系　　图 11-33　约翰·汉考克大厦　　图 11-34　芝加哥第一国家银行

侧移减少 10%~50%。同时，外墙柱又与桁架构成一个钢筒，并由在外立面上清晰可见的斜撑以及与这些斜撑和角柱相连接的结构楼板所加强，其结构非常简洁，并且十分有效。这项创造性的结构体系十分经济，节省一半用钢量。研究表明，外柱只要倾斜 8%，就能使一座 40 层楼的高层建筑侧移减少 50%。

同理，若将建筑的外部框架设计成下宽上窄，也能减少建筑物的侧移。如芝加哥 60 层的第一国家银行（First National Bank）就是这样（图 11-34）。

11.5　高层建筑体形设计要领

在借鉴国外大多数高层建筑的平面和体形设计的实践后，可以看出比较理想的高层建筑体形。在高层建筑设计中，为了使设计的体形有利抗风和抗震，设计要注意以下几点。

1）平面对称，外形简单

从结构受力分析，高层建筑平面采用对称布置较为有利，这样可保证平面质量中心就是刚度中心，从而避免水平力作用下产生的扭矩。否则采用不对称的平面，就会产生扭的问题，使结构复杂，材料浪费。如 20 世纪 70 年代上海建造的大名饭店（图 11-35），18 层，由于当时缺少高层建筑设计经验，原设计平面采用一字形，但考虑沿街立面，山墙过窄，因而改用了"L"形，将原来的对称平面改为不对称的了。结果使结构设计复杂化，为了解决"扭"的问题，增加了钢筋混凝土剪力墙。平面形式这样的改变，在低层建筑设计中是司空见惯的，但在高层建筑中就不能那样自由灵活了，必须更多地考虑结构的要求。当然，并非不对称的平面在高层建筑中不能采用，而是应该注意尽可能使平面质量中心与刚度中心相接近，以减少水平力作用下产生的扭矩。

2）平面形体方整，长宽接近

在低层或多层建筑中，长条形平面是组织建筑空间最常见的一种形式，它对功能与结构均较有利，既使用方便，又经济合理。但是，这种办法就不宜简单地运用于高层建筑布置，因为这种条形平面一般是面宽较长，进深较浅，应用它于高层则会使整个体形成为一块长而高的薄悬臂板。它迎风面大，抗风性差，建筑的刚度较弱。因此，为了提高建筑的刚性，必须把条形建筑的平面进深加大。这样，低层建筑中常用的只在走廊的一面布置房间的外廊式布置方式，因其进深过浅在高层建筑中也就不太适合了，那种中间过道两面房间的中廊式布置也必须加大其进深，缩短其长度。广州、北京的高层宾馆进深都达 18m 左右；广州白云宾馆的长度就控制在 70m 之内，使高层部分不设缝而成为一个整体；北京饭店（东楼）为了考虑街景采用"山"形平面，体形复杂，面宽120 余米，只得将高层部分划分为三个单元，其间以缝隔开（图 11-36）。

同样，在高层建筑平面布置时，采用复廊式的平面（图 11-37）更为有利。它将交通系统和辅助房间夹于两条走道之间，靠走道外侧布置主要使用房间，这样可加大房屋进深，有利增大建筑物的深度。如北京外贸谈判楼（图 11-38）即属此例，该建筑物共 10 层，高40.7m，平面长 32.25m，进深 21.75m，长宽比为 1：1.48。办公室布置在复廊外圈，内圈则为交通枢纽和辅助用房。若要求中部房间亦有自然采光和通风，则可设置内天井，这样能够扩大进深，增加建筑物的刚度。在宾馆、办公楼等建筑中均可采用，但要处理好消防问题。

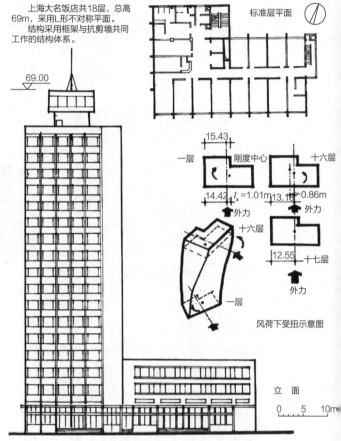

上海大名饭店共18层，总高69m，采用L形不对称平面。结构采用框架与抗剪墙共同工作的结构体系。

标准层平面

69.00

15.43 一层 刚度中心 十六层

14.42 l_x=1.01m 13.1 0.86m

外力 十六层

十六层 外力

12.55 十七层

外力

风荷下受扭示意图

立 面

0 5 10m

图 11-35 上海大名饭店

图 11-36 北京饭店（东楼）

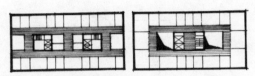

图 11-37 高层复廊式平面

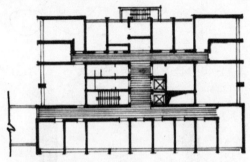

图 11-38 北京外贸谈判楼平面

更为理想的是建筑物的进深和面宽之比接近 1：1~1：1.5，构成塔形则更为合理，故超高层建筑（100m 以上者）都采用塔形。一般平面是正方形，或接近正方形的矩形、三角形、"Y"形、圆形、椭圆形等对称的几何形体，并且将垂直交通、管道、服务设施等集中布置在几何体的中心部位，主要用房置于外圈。南京金陵饭店 37 层，采用正方形平面，尺寸

为 30.5m×30.5m，外圈为客房，每层 24 间，中心筒体则为垂直交通及服务设施，属典型的塔式平面（图 11-39）。

3）建筑方位与体形有利于抗风

处于风流场中的高层建筑，会受到迎风面的压力；由于建筑物一般是非流线型的，在背风面、屋面和侧面等部位都会形成一定的漩涡，从而产生吸力。外伸的水平构件如阳台、挑檐等都会受到上浮力。这些压力和吸力，在建筑物表面的分布是不均匀的，它随建筑物的体形、高度，基地位置的风向、风速及附近建筑物的影响而变化。

风力对建筑物的作用除了风压和风速外，还有风向，即风与建筑物形成的角度，所以高层建筑除了使建筑物本身具有足够的刚度外，还应对建筑物的方位与体形进行分析，以缩小建筑物的迎风面，减小风压。如图 11-40 建筑处理上，一方面可以缩小建筑物迎风面长度，另一方面通过体形的处理改变风的投射角，减少风力的体形系数，以减弱风强。例如矩形平面正面迎风布置，主风向与建筑物成 90°，此时风强最大，这种

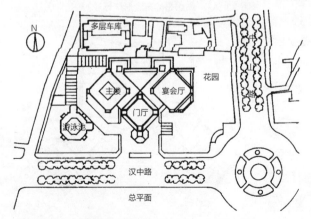

图 11-39 南京金陵饭店平面

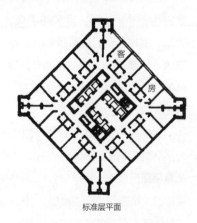

方位与体形对抗风都是不利的，如果改变方位，加大进深，缩短迎风面，则较有利。其他各种体形都是为了抗风作用而设计的，这些体形不仅对抗风抗震有利，也能改善群体的日照、通风条件，并可丰富城市艺术面貌。

国外不少高层建筑的体形正是这一原则的实践。典型的例子如：

纽约哥伦布圆形广场 10 号的设计就充分考虑了这些因素，该塔楼设计平面采用直径和尺度都变化的十边形棱柱体，其尺寸的关系由 $\phi=1.618$（黄金分割比）来支配。塔楼的"生长"是依形态学规律，类似于自然界的许多生长形式。十边形与支配的尺度规则是从塔楼的结构系统来的。这种系统以五边形棱柱体作为其模数，形成一种三维空间桁架，它具有多重的黄金分割关系。这种独特的高层建筑体形，使它给环境提供了最大量的光线和空气，比纽约任何现有的建筑都要多，尺度变化和随高度的普遍缩进，使风力在达到街面之前就消散，排除向下气流。作为最高的建筑物（137 层），将投下最长的阴影，但因太阳运动及塔楼身瘦，一天之内其阴影在某一点的停留时间不超过 8 分钟（图 11-41）。建筑物下大上小，下粗上细，底部最宽，风荷载最小，建筑物稳定性最大；顶部最细，由于结构外形接近圆柱形，风的压力与吸力也进一步降低了，比矩形的建筑物大约降低了 50%。

苏联 1969 年建于莫斯科的"经互会"办公楼，共 31 层，主体塔楼采用"X"形平面，每翼平面尺寸 12m×41m。二者以电梯厅为连接部分，电梯厅为现浇楼板，组成空间刚性体，这种体形也有利抗风（图 11-42）。

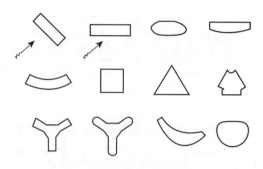

图 11-40　风与高层建筑平面的形式

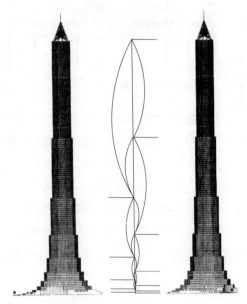

图 11-41　纽约哥伦布圆形广场 10 号

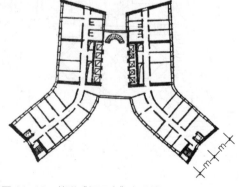

图 11-42　苏联"经互会"办公楼

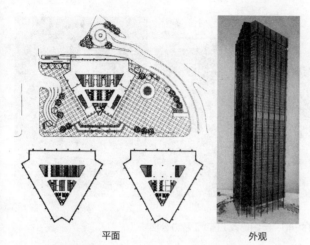

平面　　　　　外观

图 11-43　美国钢铁公司大厦（USX Tower）

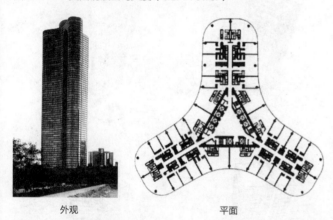

外观　　　　　平面

图 11-44　芝加哥湖滨公寓

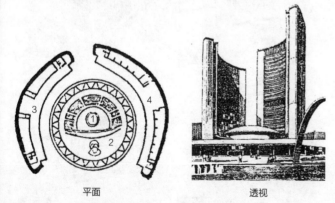

平面　　　　　透视

图 11-45　加拿大多伦多市政厅
1—议会大厅；2—议员休息厅；3—西办公楼；4—东办公楼

美国钢铁公司大厦，1967 年兴建，共 64 层，整个平面为一等边三角形，三角形内环为垂直交通和服务房间，外侧为办公用房。三角形的三个角均切成直角，以缩短迎风面，减少风压，并避免平面中难以布置的尖角（图 11-43）。其他如：芝加哥密歇根湖畔一公寓（Lakepoint）平面为曲线 "Y" 形（图 11-44）；前述芝加哥玛利娜双塔为多瓣圆形平面；加拿大多伦多市政厅则为两座新月形平面（图 11-45）。这些高层建筑的平面体形，都是为了减少风力对建筑的影响。

有的高层建筑设计是通过风洞试验来决定它的体形的，这是最科学的决策，如图 11-46。它是英国伦敦 ZED 工程办公楼，是 "零耗散开发计划"（Zone Emission Development）的一部分。该设计中利用计算机模拟气流分析，使它能充分地适应基地独特的局部气候，使建筑形态直接反映伦敦当地的环境特征，最大限度地利用主导风向，最后选用了蝴蝶形的平面形式，平面中间留有一个开口风道，开口内装有两个垂直的风力滑轮机，两道弧形混凝土墙的核心筒增大了建筑物的刚性。

4）以交通枢纽、管理系统及服务用房为核心筒组织平面

高层建筑中的垂直交通系统不仅担负着上下交通联系的任务，而且它与管井、服务用房组合在一起可以形成建筑平面的 "核心"。将这个核心布置在中心部位，就可构成 "中心筒" 的结构体系，能发挥它在高层建筑中的稳定作用。这个 "核心" 部分可以采用人工照明，主要房屋布置在外圈以便获得自然采光与通风。

高层建筑的体形基本有两种，即板式与塔

式。板式平面多为条形的组合；塔形平面则多
为对称的几何形体。在塔形平面中，都把垂直
交通系统及附属用房——"核心筒"集中在中
心部位，主要使用空间则置于外圈，以利自然
采光、通风和观赏，形成一个以垂直交通系统
为核心的紧凑的布局。对于板式条形平面来讲，
这种"核心筒"可以是一个或多个。如果是一
个核心体，则多布置在平面的中心；如果采用
两个或两个以上的"核心筒"，最好是对称的布
置，这可充分发挥"核心筒"对高层建筑可起
的稳定作用。一般均将它们放在平面的中间部
位，但有时为了争取内部较大的使用空间，避
免因"核心筒"置于中间部位而使空间分隔过
小，也可将它们置于两端，或对称地置于外侧
（图 11-47、图 11-48 ）。

前面已介绍的香港温索尔大厦，采用"梯
形"平面，垂直交通系统也分设两处置于两端，
提供了中间完整的使用空间；南京电信大楼的
设计，共 11 层，开始设计是将电梯、楼梯、
卫生间、设备管井等用房组织成为一个"核心
筒"，偏置于一边，并与主体脱开，二者以走
廊相连，这种布局关系没有充分发挥"核心筒"
对结构的稳定作用，充其量只起着扶撑的作用，
最后改设两组"核心筒"，对称布置于两端，
以此争得最大的内部空间，显然后者较为合理
（图 11-49 ）。

一般高层办公建筑核心区的布置位置可参
见图 11-50。

5）复合功能，综合空间的组织

高层建筑功能的特点是常常把多种使用
功能综合在一起。一般来讲，可能包括商店、
办公、旅馆、居住以及会议等公共用房，摩

气流模拟　　　　　外观

图 11-46　英国伦敦 ZED 工程办公楼

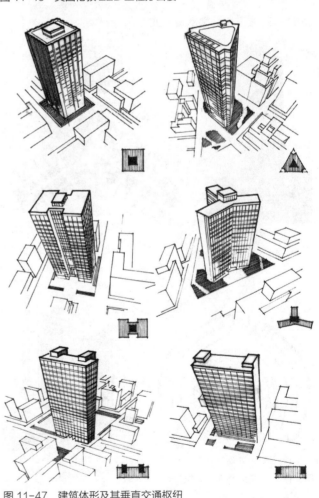

图 11-47　建筑体形及其垂直交通枢纽

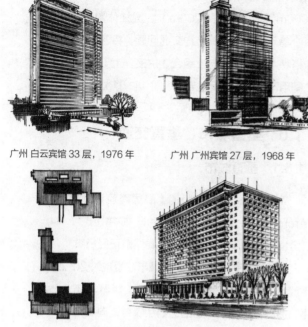

广州 白云宾馆 33 层，1976 年　　广州 广州宾馆 27 层，1968 年

北京 北京饭店 20 层，1974 年

图 11-48　国内板式高层实例

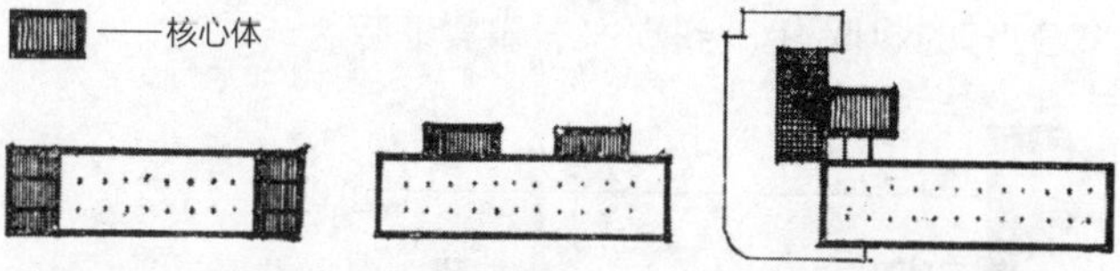

■——核心体

核心筒置于两端为最后　核心筒对称置于后部　核心筒与主体脱开与走廊
方案　　　　　　　　　　　　　　　　　　　相连只起支撑作用

图 11-49　南京电信大楼设计方案的演变

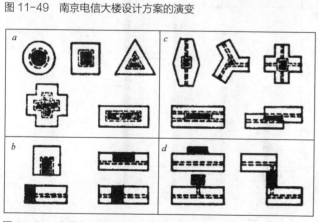

图 11-50　高层办公建筑核心区的布置

天楼式的超高层建筑有时就似如一个垂直的城市，如原美国世界贸易中心，110 层，可容 4 万~5 万人使用。特别是国外的高层建筑，是出租使用，各层用途并不很固定。因此，要求使用空间具有很大的灵活性，以便灵活分隔，适应不同用户的要求。高层建筑的布局常将所有垂直交通系统、垂直管道尽可能地集中布置成一个或数个核心筒，以提供较大的使用空间，便于布置大厅的房间或灵活分隔，满足不同部门的使用要求，而且各层的楼面荷载应考虑最大的适应性。

对于复合功能的高层建筑，总是采用垂直方向的功能分区。通常把公共的开敞的大空间的房间布置在底部（一层或数层），工作房间或居住房间作为标准层来布置，顶层往往又是布置公共休息空间或观赏空间，并与屋顶花园结合起来，地下一层或地下数层作车库及设备机器用房，甚至是地下商场。

高层建筑平面及结构方案，不仅要保证结构、材料的合理与经济，而且要能建立大一点的平面结构，以提供内部无柱的较大的空间。如前述美国芝加哥西尔斯塔，采用 9 个 23.5m × 23.5m 的方形平面，保证了各个使用空间最大的灵活性，参见图 11-6。目前在美国最广泛采用的是方形和矩形平面，其平面大小是 40m × 40m，70m × 70m 或更大的尺寸，以争取房间有较大的进深（20m 左右），便于布置大厅或灵活分隔。而在我国，目前高层建筑较多限于小空间，一般较大的空间都脱开高层主体布置，这可使布局灵活，结构简化，较为经济。今后为了减轻建筑物总荷重，便于多功能的使用，随着结构体系的改进和轻质隔墙的运用，高层建筑内部使用空间应向大而灵活的方向发展。

　　由于复合功能越来越多，综合空间越来越大，高层建筑正向超高层建筑发展。高层建筑空间组合方式要借鉴低层建筑常用的单元式的组合方式，将水平方向的组合方式改为垂直方向的组织。1990 年日本组织的 DIB-200 大厦设计就探索过这种高层建筑的空间组织方式。该大厦为综合性建筑，包括办公、宾馆、住宅及娱乐商业等公共服务设施。总高 800m，地上 200 层，地下 7 层，总建筑面积 15 万 m²。

该设计将大厦分解为 12 个直径为 50m（每层 2000m²），50 层高（200m）的圆柱体单元，每个单元自身解决其结构交通问题，将各单元像搭积木一样在竖向上组合、拼接，上下单元之间用作空间庭院设避难层（图 11-51）。

11.6　垂直城市、垂直交通

11.6.1　垂直城市

　　美国在 1995 年出版的《高层建筑设计》（Architecture of Tall Buildings）一书中指出：在全世界的发展中国家里，主要城市正经历着惊人的增长与变化。许多这种城市在短短的 20 年或 30 年间，变为"巨型城市"。随着城市化的加深，世界人口正迅速地从农村走向城市（图 11-52）。预计 2025 年，农村人口将由 1950 年的 70% 减少到 38%，城市人口则由 1950 年的 30% 上升到 68%，事实证明这一

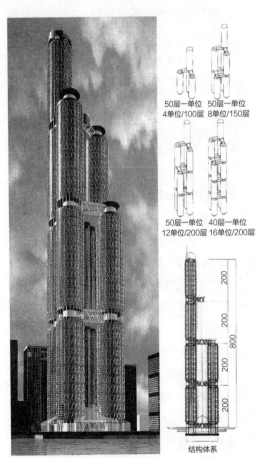

图 11-51　DIB-200 大厦

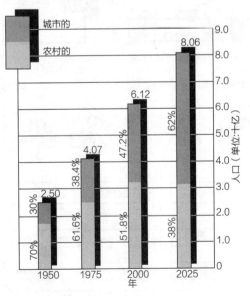

图 11-52　世界人口：农村与城市比较

预测是正确的。美国北卡罗来纳州立大学和佐治亚大学研究人员统计显示，2007年5月23日这一天，世界城市人口为33亿399万2533人，农村人口为33亿386万6404人。他们将这一天列为"分水岭"，标志着城市人口有史以来首次超过农村人口。这一趋势的逆转折射出一系列社会问题，其中包括城市的发展问题、无限制的城市蔓延、侵占大量的农耕用地等。伴随着世界城市化的快速发展，伴随着城市人口的激增，土地减少，如何解决在拥挤的都市中的居住问题和与之配套的公共服务设施问题，是21世纪我们面临的一个迫切而巨大的挑战。可以预计，500万人口以上的"巨型城市"将快速增长，尤其在发展中国家（图11-53）。

尽管人们对高层建筑的认可还有争议，但是城市发展的这一挑战将会引发人们对高层建筑发展的反思，它将不以人们意志为转移，促使高层建筑向更大规模、更高层次和更综合化方向发展，巨型城市将促使"巨型建筑"——垂直城市的发展。美国和日本也开始对此进行新的探索，为了解决更多人的居住、工作、休息、活动的空间场所问题，探索在垂直方向建筑空间组织的新途径。过去的建筑与城市都是向水平方向发展，新的空间挑战促使人们反其道而行，思考城市能否向垂直方向发展，产生了"垂直城市"的构想。这里介绍几个探索的实例。

1）美国共生大厦设计

共生大厦选址于美国纽约，由美国未来设计公司设计，该方案为一个个概念设计，探索一幢建筑物内解决多种功能的"共生"概念。因为随着21世纪信息与通信的革命，城市中心逐渐改变了仅作为商业区的作用。随着新城市主义的兴起，人们又希望居住在文化、生活服务设施齐全完善、高质量生活环境的新的市区，因此发展超高层综合体被认为是最佳的方案。该方案对此要求提出了一个解决思路，在一个庞大的人造物体中解决人类的多种活动。大楼下部设有商业步行街、娱乐场、车库、宾馆，中部为教育与行政设施，上部为办公及住宅。各单元内均有空中庭园，引入自然的光和景色。该超高层摩天楼共150层，可住672户。

大楼造型奇特，类似叠起的一串碗。该形态是由功能决定的，没有直射阳光，但更有利于俯瞰美妙的大地景观。相反的住宅上则有阳光射进来，可以看到绿树成荫的"空中庭院"，游泳池及多种多样的休息娱乐设施，就放于"空中庭院"内（图11-54）。

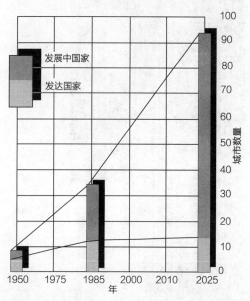

图11-53　500万人口以上的城市分布：发达国家与发展中国家比较

2）日本 Step Over 大厦

Step Over 大厦也是一个概念设计，目的是提出在铁路、江河或已有建筑物的地方建设超高层建筑的一个构想，以探讨充分地开发城市土地资源，开发"Air Right"之路。

本思路是四周设计巨型支撑体，以跨越下部障碍物。支撑体内为垂直交通体和附属设备用房，中央为功能用房，上部的功能用房可根据形势及社会需要而随时增加。

该方案垂直方向设计三个单元，每个单元 200m 高，单元之间设置空中庭院，大楼共 160 层，总高 800m，也是一个垂直的城市（图 11-55）。

3）迪拜"吉古拉特"金字塔

在迪拜附近的沙漠或绿洲之上计划建设一座高 250m，可住 100 万人的自给自足的垂直生态城，它规划占地 2.3km²，基底周长为 1500m。"吉古拉特"金字塔设计为钢筋混凝土结构，中间是一个犹如火箭发射塔式的柱状结构，即高层建筑中的"核心筒"。塔内所有的垂直交通枢纽、管道和电缆都从此穿过，金字塔外表面都留有许多空隙，以创造自然采光和自然通风的条件，将新鲜空气引入金字塔内部。

金字塔城是一座垂直的城市，它将建造数十万套公寓，商业中心，溜冰场，户外剧场，网球场，多个公共广场，学校和医院，设计纵横交错的道路和运输管道系统，有超常效率的公共运输系统，组成了一个 360°的交通网络，数百部电梯可以同时在垂直方向和水平方向自由运行，使居民能方便快捷地从金字塔内的一

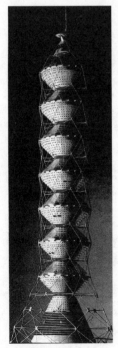
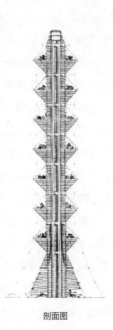

剖面图

图 11-54　美国共生大厦

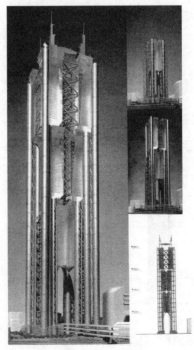

图 11-55　Step Over 大厦

个"社区"运送到另一个"社区"。而不需小汽车。"吉古拉特"金字塔将是一座自给自足的环保智能型的生态城市，它利用太阳能、蒸汽、风力和其他自然资源提供主要能源，可以最大限度减少二氧化碳的排放量；同时，金字塔内的水和垃圾都将可以回收，循环再利用，减少对环境的污染。金字塔内还将设计大量的公共和私有的绿色空间，可以用来修建花园、植物园、公园，且为居民提供充分的休闲场所，而且还可作为灌溉农业用地，用来种植蔬菜、水果，为居民提供丰盛的食物（图11-56）。

11.6.2　垂直交通

高层建筑采用竖向空间组合，垂直交通尤为重要，而且又多为复合功能，上下联系更趋复杂。高层建筑中不同用户都要求有各自的出入口，分别设立垂直交通设备直达各自的楼层，因此，高层建筑的垂直交通一竖向运输就要完全依赖它的电梯系统。该系统的选择在高层建筑设计中是一个非常重要、要求非常严格的问题。设计一个电梯系统，包括使用方式、乘客人数、计算电梯数量及服务面积等的考虑。初步设计时，先估计所需要的电梯数量，通常根据经验法则确定，在高层办公建筑中，大约每

图11-56　迪拜"吉古拉特"金字塔城设计图

$4500\sim5000m^2$需配置一部电梯。计算电梯的实际需要时，则需考虑建筑物内的综合人口密度及运行高峰时期电梯系统的运载能力。它们依次决定等候电梯的间隔，电梯大小和速度。

人口密度是建筑物内每人占有的净使用面积。每个电梯区和每一个楼面的净使用面积都是不同的，其平均值可取建筑物总建筑面积的80%~85%，人口密度可按每人占有$13\sim15m^2$估计。

运载能力是指一个电梯系统在5分钟间隔内单间可运载人数占整个建筑总人数的百分比。它与建筑物所在位置，与大容量运载系统的距离以及建筑物内承担单位类别相关。

等候间隔是指在向上运输高峰时，人员在底层等候大厅里的平均等候时间。可接受的等候间隔因建筑类型和建筑所在位置而异，等候间隔直接取决于来回行程时间，并与电梯数量是成反比。

对于超高层建筑来讲，解决垂直交通的速度问题更显重要。因此，在一些超高层建筑中，仿城市交通和铁路运输的方法，设特快电梯和区间电梯，并在中层设立高空大厅——"中转厅"，特快电梯在低层区不停，直达高层的"转换厅"——"中转厅"（空中门厅）。上了"中转厅"转乘"区间梯"，如图11-57。这样可加快垂直交通速度，上下区段电梯间对齐（即同用一井），节省电梯井数量。如原美国纽约世界贸易中心，110层，分成三个分区，每个区段有4排电梯，每排6部电梯，分别在41层和74层设立了"空中门厅"，利用11部高速电梯连接主要的楼层；芝加哥西尔斯塔，110层，分别在33~34层和66~67层设立了"空中门厅"。

"空中门厅"的概念是利用高速电梯从底层直接运送乘客至建筑中的某个高处大厅，再来往各区间的电梯区。这种概念相当于把两个或多个建筑系统在竖向连接起来，每个系统都必不可少地有它自己独立的区域电梯系统。"空中门厅"可以减少电梯井和底层大厅的面积，还可以在多用途建筑中成为另一类功能用房的起点。

此外，为提高垂直交通的速度，有的采用"双层电梯"，把两部电梯上下相叠在一起，分上下两层同时为上下两层顾客服务。其优点是在不增加电梯井和电梯厅的条件下，可使交通量增加一倍。这是最经济的一种新的发展方式，但它要求层高要一致，并实行新的上下交通规则——按奇数或偶数层上下，设置双层入口大厅，两层入口大厅之间以自动扶梯相连。这种方式一般适用于 50 层以上的高层建筑。

在高层建筑竖向空间组织中，除了组织各种使用空间以外，还需设置设备层空间，根据层数和设备的要求决定设备层的数量，均匀地分布在垂直方向上。

高层建筑的防火特别重要，建筑布局必须严格按高层建筑有关防火规范进行设计。有时要设置避难层，顶层还要放置直升飞机停机坪。

11.6.3 高层与裙楼

上述复合功能的高层建筑常常出现裙楼与高楼两个建筑体量，二者如何布置也是高层建筑设计中构思阶段就该考虑的一个重要问题。

1）布置方式

裙楼与高楼关系有以下几种方式。

（1）裙楼在高楼的下部，高楼直接落地，周边全部暴露在外。这种方式有利于结构，登

高面大，有利于消防扑救，可以说它是没有裙房的高层建筑设计。

（2）裙楼在高楼之一侧。高楼结构也可直接落地，但与裙楼结构要脱开，这种布置高楼有三面外露，有利于消防扑救。

（3）裙楼包围着高楼，即裙楼有 3~4 个方向突出在高楼之外，并与高楼紧紧相连，这时要特别注意保证高楼至少有 1/4 的外露面，有利消防扑救。

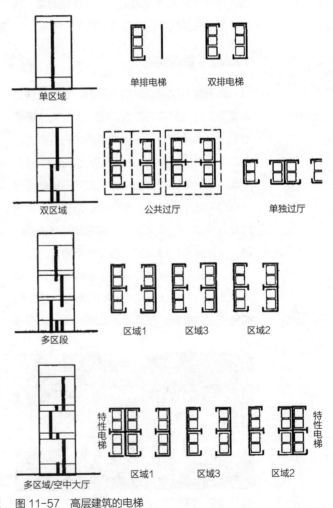

图 11-57 高层建筑的电梯

（4）裙楼四面都包围着高楼，但裙楼与高楼之间有一定的露天院落，要保证消防车能开进院落且高楼至少有 1/4 的外露面。

2）裙楼与高楼布局原则

裙楼与高楼布局基本应根据建筑内容、功能要求及基地条件来决定，具体原则有以下几点：

（1）有利于高层建筑结构体系的完整

高层建筑一般都采用框架结构、剪力墙结构或框筒结构乃至束筒式的大型支撑体系（图 11-58），它们都是完整独立的体系。高楼应能直接落地与基础相接，不要因裙楼的布置而破坏高层结构体系自上而下的完整性。如果裙楼就设在高楼的下部，应将其功能空间安排在它的结构体系围合的空间内，不要破坏它的结

构体系。如果功能要求有较大的无柱空间，就需与结构工程师好好商量，能否考虑提供较大的无柱空间的结构体系。如前述美国芝加哥西尔斯塔结构设计就创造了较大的无柱空间，设计了一个束筒的结构体系，每一个筒就是一个无柱的大空间。否则就要设置裙楼，把这种大厅独立设置，与高楼分开，或者就把它放在高楼的顶上，但人流量大的娱乐性用房不能放在顶层。

（2）有利于消防扑救

从消防考虑，裙楼不能全包围高楼，必须给高楼留出其 1/4 周长的外露面，以利消防扑救。

高层建筑的周围应有消防通道，当建筑（含裙楼）的沿街长度超过 150m 或周长超过 220m 时，在平面设计中应在适当的位置设置穿过建筑的消防通道；如有封闭的内院或天井的高层建筑沿街时，要视天井高度的大小设置人行通道或消防通道；人流量大的娱乐性用房（如歌舞厅、夜总会等）一般宜放置在裙楼或高层建筑的下部，以便于紧急情况下的疏散。

11.7 标准层设计

11.7.1 标准层的构成

1）标准层构成

高层建筑标准层平面包括两个部分，通俗形象地说就是由"核"和"壳"两部分空间构成。所谓"核"就是包括高层建筑的垂直交通空间、市政设备管道空间以及楼层公共性服务设施，又称为"服务核"。正如前述，它们常常集中布置于平面的中心部位，故称为"核"，又

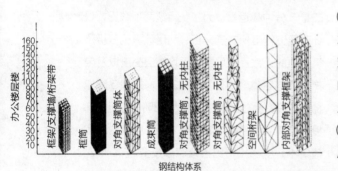

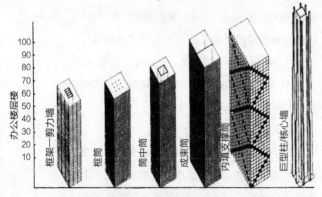

图 11-58 高层建筑结构体系

因它多为封闭的，在结构上起着"脊骨梁"的作用，又称为筒。壳就是核的外围空间，即核为之服务的各种类型的功能使用空间，如宾馆中的客房，办公楼中的办公室等，壳的空间也就称为"被服务空间"。将高层建筑标准层看成是"核"与"壳"两部分组成具有重要的设计意义，这就是从 20 世纪 60 年代以来世界流行的一种开放建筑的设计观。所谓开放建筑就是任何建筑的设计都应充分考虑时间因素，在建筑物的使用过程中，使用者及其功能都是在变化的。不同的使用者，不同时期的使用对空间的利用方式是不同的，这种"变"是绝对的，只有能随时间的推移适时满足不同使用者要求的建筑才具有长期的良好效益。为此，建筑的灵活性、可变性、适应性是当今建筑物的生命。建筑设计必须走向开放、走向弹性设计，要由终极性产品的设计观走向过程的设计观，使设计的建筑空间具有最大的包容性和可变性，为使用者，为公众参与设计创造条件。高层建筑标准层中的"壳"是被服务空间，就应是弹性空间，它应是可变的部分，以适应租赁者或使用者的需要，而"核"是服务空间，一般来讲它是不变的空间。

2）"核"的构成

在高层建筑标准层构成中，"核"是固定不变的空间要素，它在标准层设计中占有重要地位。"核"的空间构成包括三部分，即垂直交通空间，市政管道空间以及公共服务设施空间，它们的设计以下简述之。

（1）垂直交通空间的设计

高层建筑垂直交通枢纽是筒体的核心部分，它将上下各层有机联系成一个整体。它包括客梯、消防电梯、货梯、消防疏散楼梯及其交通厅。它们不仅要满足人流使用数量的要求，而且还要满足高层建筑消防规范要求。电梯的数量和选型根据建筑物不同的规模（与服务的总人数、建筑物的层数、高度有关）和使用性质而有不同的要求，已于前述。

● 电梯配置与形式

高层建筑电梯的设计，是根据建筑物的使用标准而选择的。它须考虑电梯数量、电梯类型及电梯安排方面的问题，最适宜的电梯系统应满足两方面的要求，既要满足所需的使用标准，同时还要尽量降低成本。电梯使用标准（成效标准）一般考虑两项基本的使用效率标准，如前所述，一是平均的等候间隔（以秒计之），二是 5 分钟载运量。为了获得这两项数据，设计时要进行电梯交通分析，利用计算机分析建筑物内的人数、楼层数、平均楼层高度以及电梯速度与容量。广州宾馆 22 层，共享 5 部电梯，其投资为总土建造价的 13.3%，可见电梯投资昂贵，经验数字表明，在 25 层高的高层建筑中，电梯投资约占建筑总投资的 10% 左右。因此，确定电梯的数量要同时考虑时间标准和经济标准，如表 11-4。在宾馆建筑设计中，对于电梯数量的计算，日本人推荐了一种近似方法，即电梯数 $=2+\dfrac{客房数}{100}$，式中 2 为货梯数，即以 100 间客房需设置一部载人电梯。电梯数量可参照表 11-5。

● 电梯的速度

缩短等候电梯的时间，提高输送能力，需确定恰当的速度和额定速度，速度高、站间时间短的电梯输送能力大，日本推荐的服务层数与额定速度见表 11-2，可作设计时参考。

层数与电梯速度   表 11-4

最高服务层	<15F	15~25F	20~30F	30~40F
推荐速度（m/s）	2.5	3.5	4	5

国内宾馆电梯数量调查表   表 11-5

规模	北京饭店（东楼）	白云宾馆	东方宾馆	上海宾馆	锦江饭店
客梯数（部/100间）	1.7	1.2	0.75	1	1.33
货梯（服务梯）部/100间	0.4	0.14	0.13	0.66	0.33

（2）设备管道空间

设备管道空间是核心筒中的组成部分之一。它包括强电管道间、弱电管道间、给水排水管道间（包括上水、下水、饮用水、杂排水、热水、蒸汽、瓦斯、污水、雨水及透气管线等）、进气管道间、排烟管道、空调透风管及回风管道，空调冰水、回水、冷凝水管道，消防管道间以及空调废气、新鲜空气管道等。

（3）公共性服务空间

包括开水间、卫生间、设备机械房及工作服务用房。

11.7.2 标准层平面规模

标准层面积的大小关系着建筑设计的经济性，关系到建筑面积的使用率。究竟标准层面积多大比较经济，标准层有效使用面积与核心体所占的面积是怎样一种比例关系较为经济合理？这是一个比较复杂的涉及面很广的问题，它涉及不同类型使用功能（如宾馆、办公）、不同规模的确定，同时还与城市规划、场地因素有关，此外还有经济因素，业主及行政官员的个人意愿等。我们撇开一些人为的限定因素，仅仅从标准层平面或空间的有效利用率的原则来分析，从国内外高层建筑标准层规模的归纳和分析中可以找出合适的标准层平面规模的原则。就以办公建筑为例，高层办公建筑的平面形状可以比较灵活，尤其是时尚的景观办公空间，布局方式灵活多变，业主有权参与自身办公环境的设计，提高了建筑面积利用率，提高了标准层有效使用面积与核心体的比率。一般来讲，要提高平面的有效使用率就需要增大标准层面积，但也不能无限增大，它的增大又将导致核心筒的增大，而且标准层使用空间还受到建筑物进深、防火间距及防火分区的限制。因此，标准层平面规模必然有所限定，并在一定范围内产生"最佳平面有效率"。一般经验表明，核心筒与公共走道空间与该楼层地板面积之比在 25%~30% 是较为经济的，日本建筑师曾提出了两者关系图可作参考（图 11-59、图 11-60）。从图 11-46 中看出，当标准层面积为 2000m^2 左右时，平面有效率可接近 78%；标准层面积小于 1500m^2 或大于 3000m^2 时，平面有效率下降较快。从图 11-47 中也可看出，随着建筑层数增加，面积有效率也会下降。因为随着层数增加，核心筒也要相应增加。如 20 层建筑的面积有效

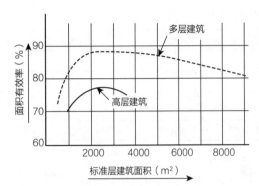

图 11-59　平面面积与平面有效率

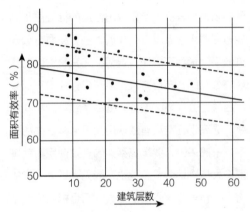

图 11-60　层数与平面有效率

率为 77%，当建筑升到 40 层时，面积有效率降到 75%，说明层数越多，核心筒所占标准层面积越大。根据美国人科泰拉（Korela）的研究和经验，建议办公用房最佳楼层总面积为 1000m²，宾馆标准层至少有 20 间客房（一般 20~28 间较为合适）。我国标准层面积一般比国外高层标准层面积要小，如表 11-6 所示。

11.7.3　标准层柱网设计——平面开间与进深的确定

高层建筑由于其功能相同的房间大量重复，所以统一房间模数，合理选择标准层的柱网——开间和进深，对于建筑面积使用的经济性有重要意义，特别是高层建筑往往又是多功能的，上下楼层使用性质不一，甚至地下室还要做停车库，这样更要特别注意柱网的设计。目前一般高层建筑采用框架式"筒 + 框"的结构方式，常采用大开间，一般是 7.5~8.7m，甚至更大一些，进深根据使用性质来确定，一般柱网为方形或矩形，进深可以大到 12m。

中国（深圳）——日本办公楼标准层面积规模比较表　　　　表 11-6

深圳			日本		
建筑名称	层数	标准层面积	建筑名称	层数	标准层面积
深圳国贸大厦	50	1322	日本世界贸易中心	40	2458
深圳金融中心财税楼	31	780	霞关大厦	36	3510
深圳发展中心	31	1392	朝日东海大厦	29	1254
北方大厦（深圳）	25	860	神户商业贸易中心	26	1380
长安大厦（深圳）	21	715	新 IBM 大厦	22	1460
统建办公楼（深圳）	20	650	第一生命馆	18	2750
附：北京国际大厦	29	1190	DIC 大厦	18	1050
北京彩电中心	27	1010	住友商事大厦	16	1666
北京金融大厦	22	842			

注：标准层面积单位为 m²。

标准层柱网涉及建筑的经济性，即它涉及不同功能空间使用的有效性。例如在开间方向，它要适合于办公空间的布置或宾馆客房的布置，总地下室停车库，还要适合最多的停车位的安排。两柱净距离不能出现这样的情况，即停放3辆车不够大，停放2辆车空间又浪费。在跨度（进深）方向也是如此，它更关系到房间租赁的频率。在美国有一个专用名词叫"租赁跨度"，即标准层中，建筑"核心区"至外表墙面的距离，它是真正的有效使用空间。租赁跨度随功能空间的不同（办公、居住、宾馆、商业等）在尺度上有所差异，它是标准层设计的一个重要的问题，也是好的室内设计的一个很重要的条件。租赁跨度决定着办公空间环境的布置，宾馆客房的标准，也决定着住宅室内阳光和空气的环境。通常一般办公场所租赁跨度（进深）宜在10~14m之间，更大空间要求的用房（如大会堂、报告厅等）除外，宾馆和住宅合适的租赁跨度宜在6~9m之间，见图11-61。

11.7.4 标准层平面形式

高层建筑平面形式尽管千变万化，归纳起来就是两大基本类型，即塔形平面和板形平面两种。除此之外，就是它们的变体，但是非主流的，以下分述之：

1）塔形平面

塔形平面是一种很规整的平面，当标准层平面长度和宽度等同或相差不多，而建筑高度又远大于平面的长度和宽度时，一般称为塔形（Tower）楼。它是高层建筑和超高层建筑普遍采用的一种形式，因为它能用比较有限的建筑面积塑造出高矗挺拔的形象，占地少，节约用地，在有限的基础上能获得较多的建筑空间；在结构上，它比板式高楼更能发挥抗风能力和结构材料的优越性。每层使用空间围绕垂直核心筒能获得开放、连贯又灵活和适应性强的使用大空间，能分能合，管理也方便，它所形成的细窄阴影对周围建筑的遮挡影响相对较小。塔楼的标准层平面基本都采用几何图形，

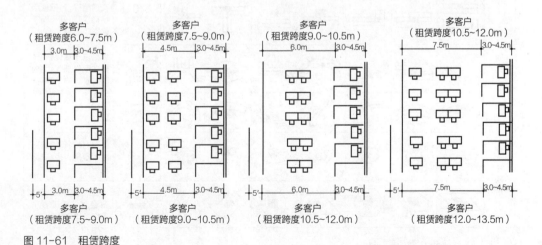

图11-61 租赁跨度

如方形、圆形、三角形、正多边形及其变体或组合体，而又以方形、矩形为多，一般都将"核心筒"布置在平面的几何中心，有利于结构受力及交通组织（图 11-62）。

（1）方形与矩形平面

正方形平面长宽相等，矩形平面长宽比不大于 1：1.5。其特点是空间方整好用，平面利用系数高，用地节省，四边可以对外自然采光，平面对称布置，如图 11-63。平面尺度长宽接近，结构刚度好，抵风性能强。结构简易，施工方便，体形简洁朴实，严谨庄重；因其经济实惠，技术合理，世界高层建筑中采用方形和矩形平面的塔楼占了绝大多数。例如已

被毁的前美国纽约世界贸易中心，为双塔形高层建筑，塔形平面就是边长为 63.8m 的正方形；我国深圳国际贸易大厦，也为塔形高楼，平面为边长 34.6m 的正方形，共 50 层，总高 160m；广东广州国际大厦为矩形塔楼，平面边长为 37m 和 35.10m，地上 63 层，建筑高度 199m。

（2）三角形平面

塔楼平面为三角形，并多为等边三角形和直角等腰三角形，也有的采用由它们派生而来的三叉形及三翼风车形等。核心筒居三角形中心，使用空间围绕三角形核心筒布置。在结构受力上，三角形平面比较稳定，刚度均匀，唯

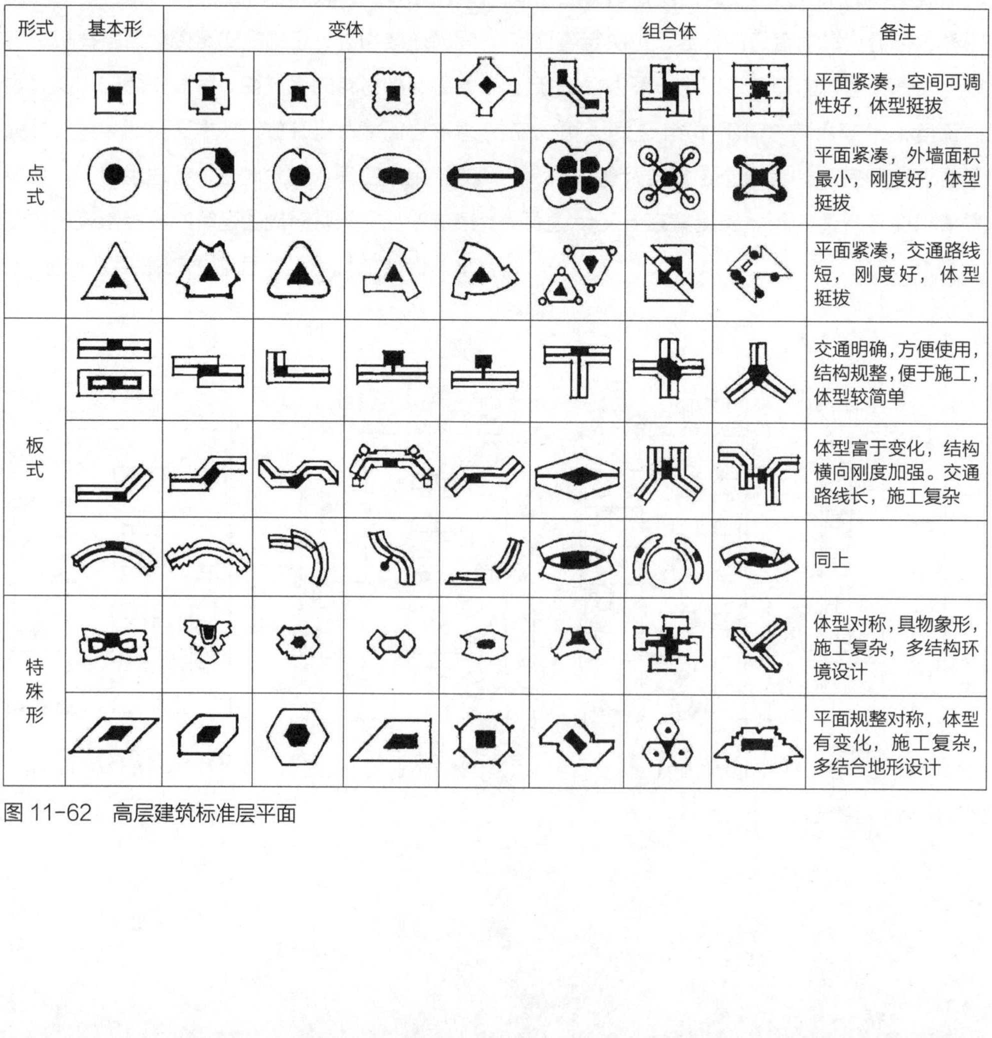

形式	基本形	变体				组合体			备注
点式									平面紧凑，空间可调性好，体型挺拔
									平面紧凑，外墙面积最小，刚度好，体型挺拔
									平面紧凑，交通路线短，刚度好，体型挺拔
板式									交通明确，方便使用，结构规整，便于施工，体型较简单
									体型富于变化，结构横向刚度加强。交通路线长，施工复杂
									同上
特殊形									体型对称，具物象形，施工复杂，多结构环境设计
									平面规整对称，体型有变化，施工复杂，多结合地形设计

图 11-62　高层建筑标准层平面

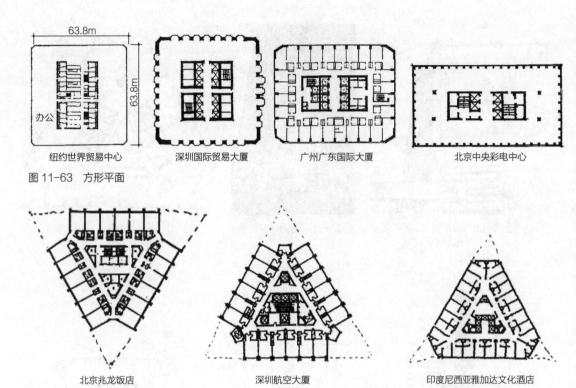

图 11-63 方形平面

图 11-64 三角形平面实例

三角形三个锐角形成的内部空间不好利用，设计时常采用切角的方式。如北京兆龙饭店、深圳航空大厦及印度尼西亚雅加达文华酒店等平面就采用这一手法（图 11-64）。也有的保持锋利锐角，产生有力的几何感，多用在高层写字楼中。如新加坡 33 层哥尔多黑尔中心大楼（图 11-65），香港中环广场大厦为 78 层、高 378m，也是三角形平面（图 11-66）。

三角形平面也可采取组合的方式，往往能产生富有激情的建筑形象，有力的体积感。如德国慕尼黑海波大厦、广州世界贸易中心大厦及深圳金融大厦等（图 11-67）。

（3）圆形平面

圆形比同面积的方形平面周长约少 10%，走廊长度减到最短，是比较经济的一种平面。它所受的风力要比类似矩形和方形面积约少 30%，结构受力性能较优越，它适合用于办公、宾馆及公寓。如香港的 66 层高的合和中心圆形塔楼，标准层面积 1750m²，总高度为 215.8m，它是香港 20 世纪 70~80 年代最高的建筑；深圳发展中心大厦，43 层，也是采用圆形平面（图 11-68）。

圆形平面可为单体也可以多个组合的形式出现，从而形成丰富的建筑形象。如前述美国芝加哥玛丽娜双塔，它在圆形平面周边加圆弧形阳台，整幢高楼像两根"玉米棒"，参见图 7-11。又如美国洛杉矶好运宾馆则是由中间五个圆形平面构成五个圆柱体组织在一起

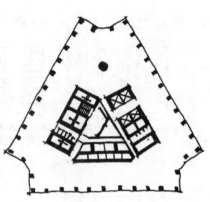

图 11-65　新加坡 33 层哥尔多　　图 11-66　香港中环广场
　　　　　黑尔中心大楼

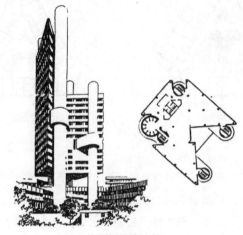

德国慕尼黑海波大厦

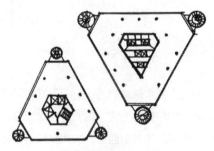

广州世界贸易中心

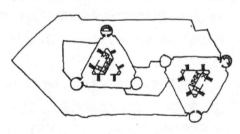

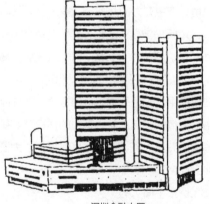

深圳金融大厦

图 11-67　组合的三角形平面实例

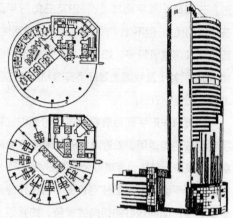

香港合和中心

深圳发展中心

图 11-68 圆形平面

（图11-69左）；德国慕尼黑 BMW 公司办公楼
也是由圆形组成的花瓣形的平面（图11-69中）。

（4）基本几何形的变体

高层建筑平面将上述基本几何形作适当的
变形，既可保持其基本形原来所具有的优点，
同时又能大大丰富建筑造型，使其与周围环境
有机统一。高层建筑的基本形及其变体参见
图11-49所示。

基本形可应用一般的理性规则进行组合，
以达到某种创作的意图，一般用两种形式较
多：一种是物像形，一种是字像形平面。

● 物像形平面

顾名思义，物像形平面就是利用基本形组
成的平面形式，看起来像一个具体的物像。常
见的如"风车形"平面、"蝶形"平面及"哑铃形"
平面等。风车形平面有三翼风车形和小翼风车

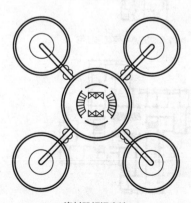

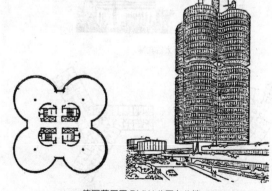

洛杉矶好运宾馆

德国慕尼黑 BMW 公司办公楼

图 11-69 圆形组合平面

形，三翼风车形平面与"Y"形及三角形平面有相似的优点，但不比"Y"形有更多的灵活性。应用于宾馆建筑较多，如日本新太谷宾馆的旧楼（17层如）及我国上海虹桥宾馆和广州花园酒店（图11-70）。

四翼风车形平面每层容有更多的面积，写字楼与住宅均适用。如香港沙田穗禾苑9幢高层住宅及瑞士苏黎世泽斑办公楼（图11-71）。

蝶形平面用于高层住宅较多，它往往能使更多的住户面向较好的朝向或景象。如我国深圳的海景花园，湖南长沙22层的蝴蝶大厦，莫斯科互经会大厦（图11-72）。

● 字像形平面

即应用多个基本形组成的组合平面呈某些拉丁字母或中文字形，这些几何图形的共同特征点：以若干方形、矩形等功能单元对中心核

筒以双向对称，单向对称或逆行对称进行拼接而组成，这类平面主要适用于高层住宅建筑，为住户获取更有利的自然采光、通风条件和较好的景观，字像形平面又有两种：

①拉丁字母平面，多设计呈E、H、L、T、V、X、Y及Z等形式，其特点大多是采用对称型的字母，以利结构设计。它们大多适用于宾馆建筑及办公建筑。在这些字形中尤以"Y"形应用最多，因为"Y"形平面适用性、灵活性最好，同时结构又较稳定，三叉翼长度也可长可短，在各国高层建筑中广为采用。如上海物资贸易中心大厦（33层，115.25m高），深圳亚洲湾大酒店（38层，114.4m高），美国芝加哥密歇根湖滨大厦（70层），日本东京新大谷旅馆新楼（43层）等（图11-73）。

②中文文字形平面，多设计呈"十""廿"

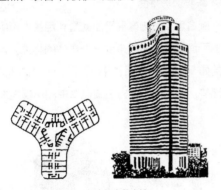

日本新太谷宾馆

上海虹桥宾馆

广州花园酒店

图11-70　物像形平面实例

香港沙田穗禾苑高层住宅

瑞士苏黎世泽斑办公楼

图11-71　四翼风车形平面实例

"井""口""王"及"主"等形。其中"十"字形、"井"字形用得较多,它适用于办公和住宅建筑。"井"字形或"艹"字形平面多用于高层住宅,其外伸的臂(六臂或八臂)可调性好,且能满足自然通风和采光的要求,适用于南方亚热带地区,如我国的香港、广东等地。这种平面形式首先在香港应用于高层住宅中,可以说是香港最有代表性的高层住宅平面。它能容纳住户多,节省用地,特别适合人多地少,冬天不冷的香港。深圳、广州也深受其影响,如深圳湖心花园(图 11-74)。但这种平面形式不适合于北方,因其外墙周边长,凹口在冬季可形成

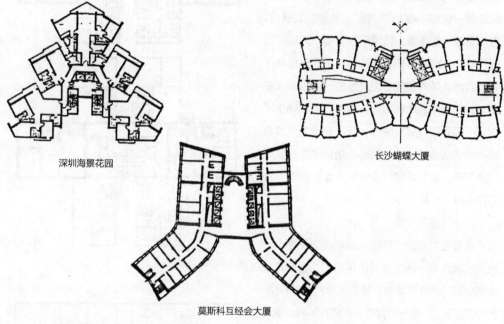

深圳海景花园

长沙蝴蝶大厦

莫斯科互经会大厦

图 11-72 蝶形平面实例

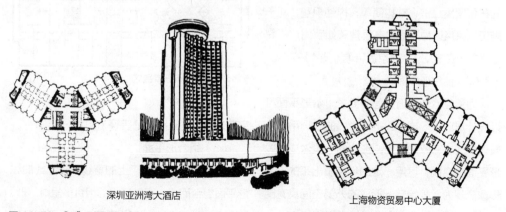

深圳亚洲湾大酒店

上海物资贸易中心大厦

图 11-73 "Y"形平面实例

风口，不利于节能。同时此种平面有一半住宅朝向不好，甚至有 2 户根本没有阳光。但这种平面中的凹槽不宜太深，否则影响通风排气，卫生条件不佳。

2）板形平面

标准层采用板形平面（条形平面），其纵轴长度比横向进深尺度大得多，造成的高层体积感像一块竖在地上的"板"，故称板式高层。它具有较大的体量，适用于办公楼、宾馆和高层住宅，它比塔形标准层具有更多对外自然采光和自然通风的空间。但是板楼一般占地面积较大，因其受风面积很大，纵、横两轴刚度不均，结构受力有其局限性，所能建造的高度有限。板楼所造成的建筑阴影，遮挡周围建筑或街道阳光，在北纬地区是受到一定限制的，条形标准层平面有三种：

（1）直线形平面

这是最常用的一种板式高层建筑平面，一般是中间走廊，两边布置使用房间，也可是一字形中廊，也可是复廊。单面走廊式用得较少，因为它进深浅，像一片薄板，对结构不利。这种平面的特点是交通路线简单、明确、便捷，房间布置紧凑经济，结构简单，构件规整，利于施工。采用这种平面的高层建筑如我国广州宾馆、白云宾馆及北京燕京饭店等（图 11-75）。

（2）曲线形平面

为适应地形及造型等的要求，条形平面可以设计成曲线形或多段折线形。曲线形平面一般为弧线，它取圆或椭圆形中的一段做成曲线形平面的弧线，可用一定的半径画出来的。其形象表现为柔美婉转，形成的外部空间具有围合感。如上海虹桥 20 层高的太平洋饭店，北

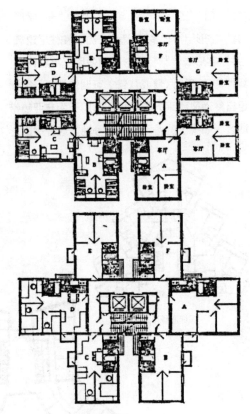

图 11-74　深圳湖心花园

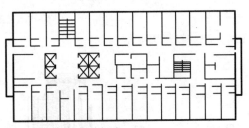

图 11-75　北京燕京饭店

京亚运中心的五洲大酒店等（图 11-76）。

（3）组合形平面

它是两个或两个以上的直线形平面或曲线形平面组合而成。直线形平面组合多呈"L"形、"T"形、十字形及"Y"形等。其平面交叉处

多布置为交通服务核，能够提高平面的使用效率，如北京长城饭店（图 11-77）。

应用两个或两个以上的曲线形平面组合而成的组合平面，可以形成优美动人的建筑形象，能更好地结合地形环境或整体城市设计的要求。如北京中国人民银行总行大楼就采用弧形平面与圆形平面围合的平面，隐喻银行是"聚宝"场所之意（图 11-78）。

深圳西丽大厦、深圳宝丰大厦及上海华亭宾馆等也都是用两个弧形平面单元组合的平面，都创造了丰富的有个性的建筑形象（图 11-79）。

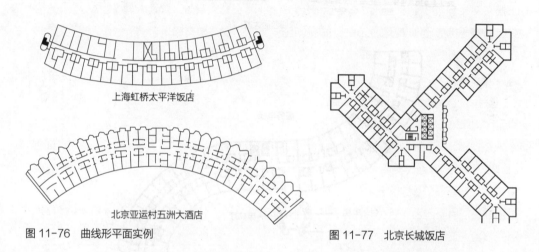

上海虹桥太平洋饭店

北京亚运村五洲大酒店

图 11-76　曲线形平面实例

图 11-77　北京长城饭店

图 11-78　中国人民银行暨金融中心

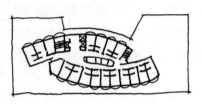

深圳西丽大厦

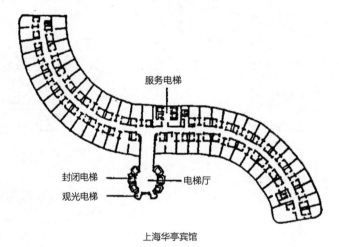

服务电梯

封闭电梯 —— —— 电梯厅
观光电梯 ——

上海华亭宾馆

图 11-79　组合型平面

第12章

结合地形的建筑规划与设计
Architectural Planning and Design with Topography

12.1　规划设计的一个出发点——研究基地

建筑设计构思时有两个基本出发点，一是业主的要求，即建筑建造的目的，业主的意图，建筑使用功能、规模、建设标准和投资数量等要求，二是对建设基地的认知。因此，在研究了业主要求之后，还必须研究基地地形的特点，包括其地形、地貌、地上、地下等情况及基地周围道路交通、市政工程建筑环境及自然要素等情况。当地形具有明显起伏变化时，应该在满足功能要求的基础上，合理地利用地形，巧妙地把建筑物与地形有机地结合起来，而不使建筑物完全被动地受地形的约束，也不是把起伏的地形铲平而服从于建筑物的布置，这在山地、丘陵地带设计时尤为重要。只有充分地结合地形进行规划设计，才能使建筑与周围环境密切结合，才有它自己的个性，同时也能节约投资。

基地表面的起伏形状是千变万化的，尤其在山地和丘陵。为了更容易方便地认知地形，通常是借助于等高线、坡度、山位等概念来描述或图示其特征。它们是规划设计时必须考虑的基本要素，为了最佳地利用土地，合理地结合地形，设计时必须对基地的基本情况进行充分的认识和分析，做到了如指掌，心中有数。

12.2　山地地形要素

12.2.1　等高线

它是将所有相同高度的点（对某一基准面和点而言）连接而成的线，是用以表现地表形态的基本图示方法。通过由等高线而绘制出的地形图，我们可以从等高线排列的疏密程度判断地形的坡度大小（一般相邻等高线的高差是一致的，而以相差 1m 为多，并且是每隔 5 根线画一根粗一点的线，以示两根粗线之间高差为 5m）。我们可以从等高线分布的开闭、围合情况确定基地不同位置的特征。

12.2.2　坡度

坡度是指地表任意两点之间因高差大小而形成的倾斜角度。它可以用比例，百分比和角度三种方式来表述，而通常是以百分比的形式为多。

12.2.3　山位

山位是对山地基本地形的描述，它作为山地地形的三个要素之一，是能直观识别的。根据地貌的特征和位置，山位具体又分别称为山顶、山脊、山腰、山崖、山谷、山麓和盆地几种（图 12-1），这些不同的山位对建筑的选址、

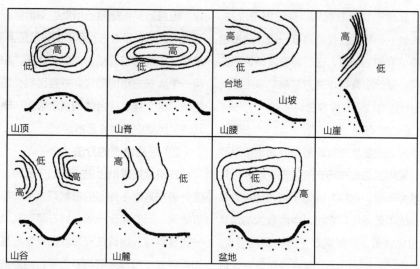

图 12-1　山位分类图

规划与设计都有直接的影响。

　　从可持续发展的战略高度来看，我们进行建筑规划与设计时，应该尽可能多地利用山地进行开发建设，扭转城市发展不断蚕食良田的习惯做法。因为人口爆炸，城市的发展，良田被逐步蚕食，越来越少，人类必须不断地拓展生存空间寻求新的聚居地。因此，开发山地，利用山地应是我们面临的一个必然的选择。山地蕴含着巨大的发展空间，包括山的外表及山的内部实体。开发山体空间既是人类生存的需要，也是可能甚至比较容易开拓的人类生存空间，因为山地占地球陆地面积的 70%，至今仍然很少被人类利用。比起人类向水中开拓生存空间，向地下开拓和向空中开拓空间要简单得多。加之，当今的人类，已开始感到整天高节奏，高竞争，高压力的生活给精神和健康带来的负面影响，渴望亲近自然，回归自然，寄情山水，享受自然的、清静的休闲生活。开发山地，在山地中开辟人类生存空间，有利于满足人类回归自然的愿望。但是，在山地开发人居环境时，必须清楚地了解该地域的地质资料，确保定居选址的安全性，避免选在地震断裂带，易山体滑坡，易产生泥石流、山洪暴发的易生自然灾害的地区。

12.3　结合地形设计的途径与方法

　　建筑布局结合地形有两种基本途径，一种是水平方向的结合，即在基地平坦，但基地条件相当苛刻，此时如何结合基地形状及周边的环境、条件进行设计；另一种是基地不平坦，甚至高差很大，位于丘陵或山地。在这种情况下，结合地形高差进行建筑规划和设计可以采取不同的方法，以下分别进行讨论：

12.3.1　水平方向的结合

　　水平方向结合地形进行规划设计主要是根据基地大小、形状及其内在和外部周边条件进行设计。基地形状有时规则，有时很不规则，前者一般较易布局，后者相对难一些，但是也正是它的不规则的地形，往往能激发建筑师的创作火花，设计出有特点的方案来。水平方向结合地形一般有以下几种方法。

1）沿边式布局

在不规则的基地进行规划布局通常可以顺其自然，采用沿边式布局方法，使平面外形与基地形状相一致。这种方式适于城市拥挤、基地面积小的市区地段，它可以争取较大的建筑面积和建筑体量，较易满足干道街景的要求。如图 12-2，是法国历史上获得普利兹克建筑奖的最年轻的建筑师克里斯蒂安·德·包赞巴克（Christian de Portzamparc）设计的巴黎音乐花园（1994~1995 年）。音乐花园位于拉维拉特公园南出入口附近，由两个互为补充但又有很大不同的建筑组成，两座建筑面对面布

置，但各自又根据自己所处的基地状况，采用了沿边式的布局方法。西边的建筑是音乐学院，采用了曲线和直线结合的建筑体形，东楼则采用一个大长方形的形式，并且面向公园，二者构成了这个建筑综合体的音乐氛围，建筑在这儿成了运动中的声音艺术。

2）呼应协调的方法

在不规则基地上进行规划布局时，建筑平面外形与基地不规则的形状可以彼此呼应，相互协调，而非完全一致。如在某些基地上，有一边是斜边，建筑布局采用曲尺形与基地的斜边相呼应，而非采取与斜边平行的办法，不仅能彼此协调，而且造型也较活泼，可以创造出一种强烈的建筑造型的韵律感，图 12-3 为福建省武夷山庄，该山庄位于武夷山风景区的门户——武夷宫的北端。结合山地不规则的自然地形，山庄建筑平面采取自由式的曲尺变化形式，高低结合，形成多变的空间形态，浓郁的乡土气息和时代特征。

3）超然的方法

建筑采用集中式布局，将建筑置于基地中心或一隅，将零星的边角地集零为整，组织外向的室外空间，如作绿地或供停车之用。如图 12-4 所示是上海虹桥新区扬子江大酒店总平面，这是一块四条彼此不完全垂直的干道会交处，形成了一块不完全规则的长方形的建筑基地。在这个地段上需布置一座近 5 万 m^2 的宾馆，基地面积 15900m^2，基地东南有地铁线通过。该宾馆设计将客房楼设计成十字形，高 36 层，与 3 层的裙房集中布置于基地的西北侧，留出东南空地为宾馆前广场、停车场和其他空间，宾馆主要出入口与服务出入口设在

图 12-2　巴黎音乐花园

福建武夷山庄外观

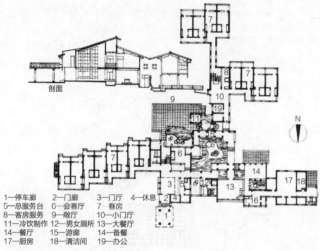

剖面

N

1—停车廊 2—门廊 3—门厅 4—休息
5—总服务台 6—会客厅 7—客房
8—客房服务 9—敞厅 10—小门厅
11—冷饮制作 12—男女厕所 13—大餐厅
14—餐厅 15—游廊 14—备餐
17—厨房 18—清洁间 19—办公

福建武夷山庄一层平面

图12-3 福建省武夷山庄

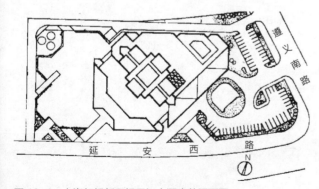

遵义南路

延安西路

N

图12-4 上海虹桥新区扬子江大酒店总平面图

东侧的遵义路上，较好满足了城市设计的要求。

水平方向结合地形进行平面布局不仅要考虑基地形状，而且要考虑基地周边的上下左右的邻里关系及各个方向的观感，争取做一个"好邻居"。它们都直接影响着平面的外形及体量的大小、高低，有时甚至成为建筑布局的主要矛盾所在。例如20世纪70年代上海火车站北站的设计，站房基地一面临铁路，一面临城市干道，二者不是平行的，而是形成近30°的夹角（28.8°）。根据铁路工作的需要，站房必须平行于铁道，而城市又要求站房正面一定要平行于城市干道，这对于矩形的规整基地来说是很容易解决的，但在这块基地上却成为布局构思的一个焦点。围绕这一焦点，不同的建筑师寻求了不同的解决方式，因而构成了不同的平面布局。如图12-5所示，有的采用圆形、弧形、"Y"形及三角形等，其中方案一，采用六角形的几何母体，作为平面空间布局的一个基本细胞，相互拼联，组合后的平面外形呈三角形，与基地外形一致，满足了业主的要求。

12.3.2 垂直方向的结合

建筑物坐落在山地或丘陵地带时，建筑的布局必须考虑"依山就势"，充分利用地势的变化，减少土石方工程。由于山地的地形与地质比较复杂，有的地方土质不好，必须挖到一定的深度，才能修建房屋，而且由于新填土方会有自然沉陷，因此房屋基础不能做在填方上，必须挖到老土或石层的深度。填方多了，基础加深，造价也不经济，因此山地建筑最好以挖方为主，挖出的土可填平场地，扩大室外活动面积。

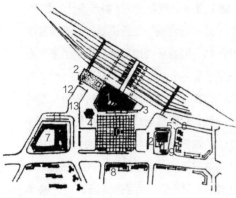

1—站房
2—行李房
3—售票房
4—小件寄存
5—预留售票房
6—预留行李房
7—邮政大楼
8—旅馆
9—地铁出入口
10—纪念性建筑
11—公交站场
12—出租汽车场
13—停车场

总平面

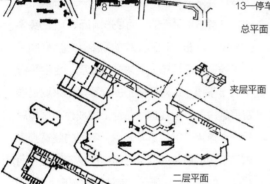

夹层平面

二层平面

夹层平面

设计方案一：利用六角形拼接结合地形布局

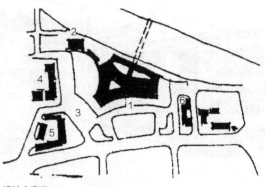

设计方案三：
利用Y形平面考虑地形布局
1—站房；2—行包房；3—公交；4—小件寄存处；
5—邮政大楼；6—服务

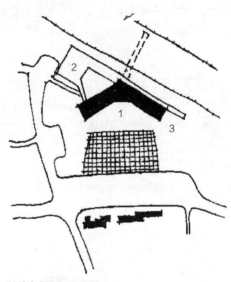

设计方案四：
采用八字形平面考虑地形布局
1—站房主楼；2—行包房；3—售票处

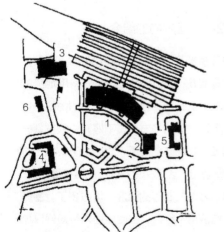

设计方案二：
利用弧形线的错觉
考虑地形布局
1—站房；
2—售票处；
3—行包房；
4—邮政大楼；
5—商店；
6—小件寄存处

图12-5 上海火车北站设计（1974年）

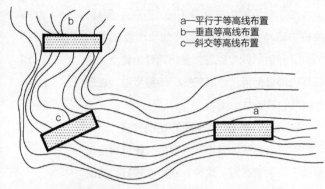

a—平行于等高线布置
b—垂直等高线布置
c—斜交等高线布置

图 12-6　建筑物与等高线关系

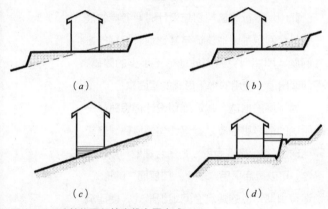

图 12-7　建筑物平行等高线布置方式
（a）（b）一房置同一地坪、基地稍作平整；
（c）提高房屋勒脚；（d）利用坡坎高差上下层布置

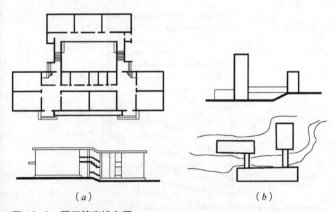

图 12-8　平行等高线布置
（a）贵阳市南昌路小学；（b）长沙桥头饭店

地形的起伏影响着建筑物总体与平面的空间组织。在复杂地形上，建筑物的布置方式可分为三种类型，即建筑平行于等高线布置、垂直于等高线布置及斜交等高线的布置（图 12-6）。

1）建筑物平行等高线时的处理方法

建筑物平行等高线布置适应于 1：4 以下的坡度。这种布置形式土方量少，通风较差，排水需作处理。基础工程较省，地形越平缓越有利。反之，坡度越大，土石方挡土墙等室外工程量就越大，造价增大。

当坡度大于 1：4 时，平行等高线的布置方式问题更多，采光、通风很受影响，排水更为困难，室外工程更大，室外平整的场地更少，前后没有缓冲余地。这时，房屋需离开坡坎一段布置，利用坡坎高差作上下层布置（图 12-7）。

这种平行于等高线布置的实例如贵阳市南昌路小学（图 12-8a），它位于一个小山头上，利用不同高程的两块平地，分别建造了两幢教学楼，两者用踏步雨廊连接起来。结合地形较好，也很简单，长沙桥头饭店也采用了同样手法（图 12-8b）。

2）建筑物垂直等高线的处理方法

建筑物垂直等高线布置适用于坡度为 1：4 以上的较均匀的坡地。它是将建筑物横跨等高线布置。较平行于等高线布置的建筑，这种方式下的采光、通风、排水等问题容易解决，土方量也比较少。但是，如果坡度过大，基础也较复杂，道路不好布置，室外市政管道布置也不经济。

由赖特设计的著名的"流水别墅"，就是横跨多根等高线，采用悬挑与架空的手法，将建筑插入自然植被与山石之中，使山石、流水、

图 12-9　流水别墅

树木成了建筑的组成部分（图 12-9）。同样，由日本矶崎新设计的日本北九州市立美术馆（图 12-10），两个巨型体量横跨在山脊上，与等高线垂直相置，也以悬挑、架空手法，表现出超凡的震撼力。

3）建筑物斜交等高线的处理方法

除了上述两种基本方法以外，建筑物也可斜交于等高线布置。这种方式排水较好，道路及阶梯容易处理，土方工程量较小，可以根据日照、通风及景向的要求，调整建筑方位。

在山地进行建筑规划与设计时要考虑的最主要一个问题是山地建筑与基地地表相接的方式问题，即如何克服山地地形不平整的障碍，而创造出适合使用的水平形态的层面来。

为了保护地球，建筑规划设计构思时，一个明确的指导思想应是提倡让建筑尽量"轻轻碰地球"，减少接地面积；为了合理地利用地形高差，可以灵活采用"多个入口层面"的形式，创造有山地特色的建筑空间组织形式，使建筑形体与基地山体环境相融一体（图 12-11）。

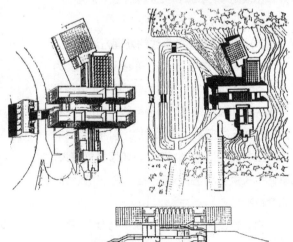

图 12-10　日本北九州美术馆

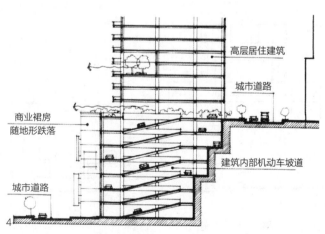

图 12-11　多个入口的山地建筑

为了在非平地的山地环境中合理地选择建筑的接地方式，根据地形高差、山地坡度陡缓程度，在处理山地建筑与山地地表的基本关系上，通常有两种基本的方式：一是对地形进行改造，借助挖土机，把倾斜的山地推为平地，采用"筑台"方式，如同平地建筑的方式，如图 12-12 所示；二是在尽量保持基地原有地形地貌的基础上考虑建筑布局，通常有几种处理手法，如图 12-13 所示。

（1）悬挑式

基地平地有限，为了获得更大的水平使用面，就将建筑物局部向外悬挑以扩大建筑面积和建筑空间。这种方式地形改造较小，适用于较复杂的地形，如图 12-13（a）。

（2）踏步式

为了获得水平使用面，建筑物根据地形高差，将建筑物的全部或局部分成踏步形布置，此时建筑物完全横跨等高线，如图 12-13（b）。此种方式地形改造较大，挡土墙多，内部交通也较复杂，处理不当，山体环境可能遭到一定的破坏，故设计要特别谨慎。这种台阶状的布置方式，其前后体量是彼此相互贴靠，因此前后通风受阻，在南方地区要注意解决这个不利之处。

（3）架空式

地形坡度较徒时，将建筑物抬高建于立柱上，似井干式建筑，如图 12-13（c）所示。它能较好地保持地形地貌，接地面积最小，是较好地保护山地环境的一种方式。

（4）错层式

建筑物横跨地形等高线布置于不同的标高上，建筑空间相互交错穿插，根据地形高程的差距，可采取错半层错一层甚至错几层的方法，如图 12-13（d）所示。这种方式地形改造较少，土方量小，内部空间也较丰富有趣，它也是结合地形较好的一种方式。

错层手法的运用，既适应了地形高差变化，又丰富了建筑的空间组织。它主要依靠垂直交

全填　　　　半挖半填　　　　全挖

图 12-12　筑台的方法

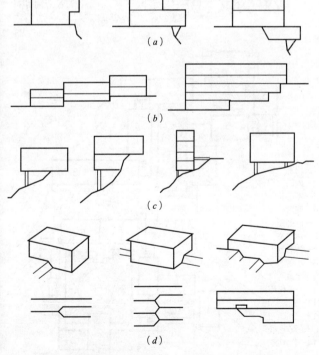

（a）

（b）

（c）

（d）

图 12-13　结合地形的具体方法

（a）悬挑式；（b）踏步式；（c）架空式；（d）错层式

通——楼梯的设置与组织，可随地形坡度的缓陡程度采用两跑、三跑、四跑或不等跑的楼梯，做出不同高度的错层的设计。这种错层的设计在某种意义上可以说是把水平交通和垂直交通结合了起来，楼梯利用率提高，它既是垂直交通，又有水平交通的职能，可以减少公共走廊的面积。

12.4　实例分析

1）韶山毛泽东同志故居陈列馆

湖南韶山是伟人毛泽东出生之地。20世纪60年代开始建造毛泽东同志故居陈列馆，它是结合地形设计的一个很好的例子，如图12-14所示。该陈列馆位于山坡上，设计者将各个陈列室按陈列内容分为一组一组的，每一组陈列室又围绕着一个院落布置，根据地形地势坡度采用半错层平面布局，把各个陈列室组团分别布置在不同的标高上，平面顺着山势自由灵活，延伸展开。这种设计既巧妙地结合地形，又较好地解决了展览建筑中参观路线组织的功能问题，使其既有参观路线组织的连贯性，又有参观路线组织的灵活性，同时也较好地把建筑室内空间与室外庭园空间有机结合起来，有利观众休息，减少疲劳。

2）武昌黄鹤楼剧场

武汉黄鹤楼剧场20世纪60年代建于武汉长江大桥南端副桥的坡地上。该剧场设计将有视线要求（即地面有升起坡度要求）的观众厅依势顺坡布置，平面布局结合地形较为独特，观众由低向高经观众厅的前方进入，观众厅看台依坡地而建，如图12-15所示。这是借鉴

了古希腊露天剧场结合地形建造的经验应用于现代室内剧院建筑中。由此可见，在设有观众席的建筑如体育场、体育馆、游泳馆、剧院等建筑中，由于有视线和地面升起的要求，都可效仿这种方式，结合地形进行平面布局，也可较好地解决功能问题。

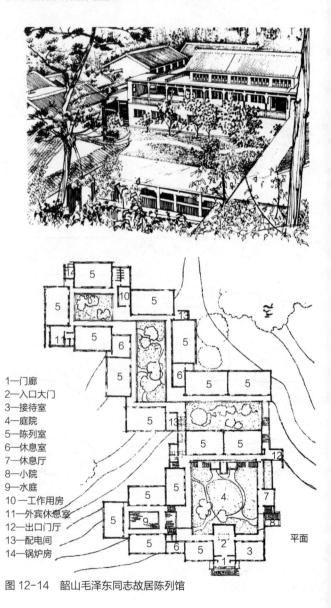

1—门廊
2—入口大门
3—接待室
4—庭院
5—陈列室
6—休息室
7—休息厅
8—小院
9—水庭
10—工作用房
11—外宾休息室
12—出口门厅
13—配电间
14—锅炉房

平面

图12-14　韶山毛泽东同志故居陈列馆

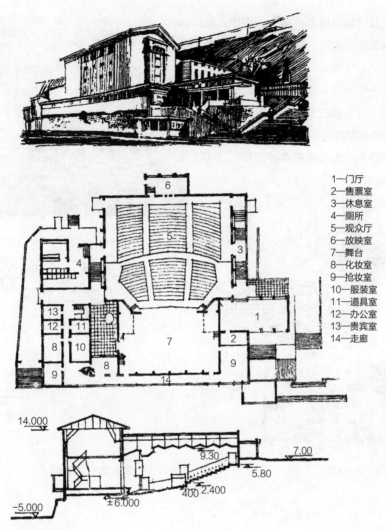

1—门厅
2—售票室
3—休息室
4—厕所
5—观众厅
6—放映室
7—舞台
8—化妆室
9—抢妆室
10—服装室
11—道具室
12—办公室
13—贵宾室
14—走廊

图 12-15　武汉黄鹤楼剧场

3）澳门东亚大学

澳门东亚大学建在山地，它采取四方院落的单元，将它们架空布置在山脊上。依随地形，层层跌落，彼此连接，形成了强烈的空间序列。这种结合地形的布局方式，较少地破坏地形，既适应了建筑群体分期发展的需要，又保持了各个阶段的完整性，如图 12-16 所示。

4）重庆望龙门高层住宅

重庆是一个山城，建筑建于山地上是一个普遍的现象，在这一地区积累了丰富的山地建筑的设计经验，重庆望龙门高层住宅的设计就是一个经典之作。它建成于 1992 年，由重庆大学建筑学院设计。该设计巧妙利用基地内 38m 的高差，提出了"空中通道层""多

标高入口"及"变高层为多层"的构想。设
计中就根据地形的高差，在多个不同的标高
处设置住宅入口，将25层的高层住宅分为
几段，每段一个独立入口，每段视为一个多
层，不同的入口不同的多层体垂直叠加在一
起，巧妙地将高层变为多层，实现了25层的
高层住宅不使用一部电梯的奇妙的构想，如
图12-17所示。

外观

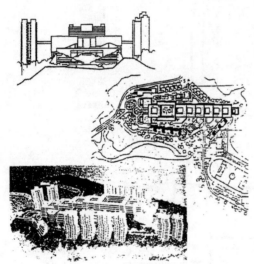

图 12-16　澳门东亚大学

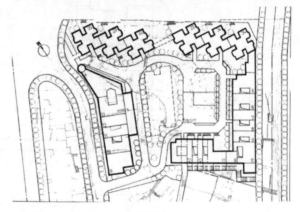

总平面

图 12-17　重庆望龙门高层住宅

第13章

厅堂设计
Auditorium Design

会堂、剧院、电影院、体育馆、音乐厅、阶梯教室等类型的公共建筑都具有能容纳较多人数的室内大空间——观众厅或讲堂，它们的主要功能是看表演或听音乐和讲演。在这样的大空间里，如何使全部观众（听众）能看得清、听得见，又能迅速而安全地疏散，是这类建筑设计中的共同课题。本章对这些类型建筑中厅、堂部分的视线、音质、疏散等设计作简要叙述。由于类型较多，主要叙述共性，同时也选择一些比较典型及常见的影剧院、体育馆、会堂等说明它们的个性。

13.1　疏散设计

13.1.1　引言

疏散设计是指建筑物内部与外部交通联系的设计。合理的疏散设计可以保证聚集在厅、堂里的成千上万的观众在一旦发生意外紧急情况时能够安全而又迅速地离开建筑物。

疏散设计与建筑物内部交通设计有联系又有区别。内部交通设计主要是解决建筑物内各部分之间的相互联系，组织不同使用人流的交通路线，疏散设计则是解决聚集有大量观众的厅、堂与室外的交通联系问题，合理的内部交通设计将为疏散设计创造良好条件。

厅、堂的疏散一般有两种情况：

（1）正常疏散：在正常情况下，大量观众退场的过程。

（2）紧急疏散：当发生火灾或其他意外事件时，观众紧急退出建筑物的过程。

紧急疏散是关系到观众人身安全的严重问题，所以，厅、堂的疏散设计应以紧急疏散作为出发点。满足了紧急疏散，正常疏散必然比较理想。

13.1.2　疏散设计的要求

厅、堂人流疏散的特点是人流集中，方向一致，行动迟缓，作为疏散设计出发点的紧急疏散的要求是安全、迅速。根据这些特点和要求，对疏散设计提出的要求是：

1）符合各类建筑物控制的疏散时间

控制疏散时间是指在紧急疏散情况下，全部观众安全离开建筑物外门所需的极限时间，它是由建筑物的性质、规模及建筑物的耐火等级决定的。我国厅堂类公共建筑的控制疏散时间，按我国《建筑设计防火规范》GB 50016—2014 的条文说明，各类厅堂建筑控制的疏散时间如下：

（1）剧院、电影院、礼堂、观众厅

在一、二级耐火等级建筑中，观众出观众

厅控制疏散时间是按 2min 考虑的；

在三级耐火等级的剧院、电影院等观众厅的控制疏散时间是按 1.5min 考虑的。

关于控制疏散时间各国规定不尽一致，设计时可参见表 13-1：

（2）体育馆观众厅

在一、二级耐火等级的体育馆中，观众退出观众厅的控制疏散时间是按 3~4min 考虑的。

这主要是通过实际调查为依据而确定的，参见表 13-2。

2）简捷、通畅的疏散路线

疏散路线必须简捷，通畅，一目了然，避免曲折、隐蔽以至影响人流速度、增加疏散路程。一般情况下观众席区的疏散通道应直接与疏散口相通。在多层看台的厅堂中，上下层疏散楼梯应尽可能垂直布置在同一位置；在容纳人数较多的厅堂中，可以采用分区疏散的办法，避免人流交叉。观众厅内疏散走道宽度应按其通过人数每 100 人不小于 0.6m 计算，中间走道一段为 1.2m，边走道宽不小于 0.8m。简捷、通畅的疏散路线是保证控制疏散时间的有效措施。

3）合适的疏散口大小及分布

为了保证厅、堂内全部观众在控制疏散时间内安全离开建筑物，疏散口必须有足够的数量和宽度。剧院中每 250 人必须设一个安全疏散口；体育馆中每 400~700 人须设一个安全疏散口。疏散口的分布应使各疏散口的人流负荷大致均匀，每个疏散口的宽度最好是单股人流宽度（55~60cm）的倍数，且一般 1.5~1.8m。为了避免人流的聚集，下一道疏散口和疏散通道的宽度应不小于上一道疏散口及通道

不同容量观众厅疏散时间　　　　　　　　　　　　　　　表 13-1

观众厅容量（座）	Ⅰ、Ⅱ级耐火等级	Ⅲ耐火等级
<1200	4min	<3min
1201—2000	5min	—
2001—5000	6min	—

摘自：中华人民共和国行业标准《剧院建筑设计规范》JGJ 57—2000

部分体育馆观众厅疏散时间调查　　　　　　　　　　　　表 13-2

馆名	座位数（个）	疏散时间（min）	馆名	座位数（个）	疏散时间（min）
首都体育馆	18000	4.6	天津体育馆	5300	4.0
上海体育馆	18000	4.0	福建体育馆	6200	3.0
辽宁体育馆	12000	3.3	河南体育馆	4900	4.1
南京体育馆	10000	3.2	无锡体育馆	5043	5.7
河北体育馆	10000	3.2	浙江体育馆	5420	3.2
山东体育馆	8000	4.2	广东韶关体育馆	5000	5.9
内蒙古体育馆	5300	3.0	景德镇体育馆	3400	4.2

摘自：中华人民共和国行业标准《体育建筑设计规范》JGJ 31—2003，J 265—2003

的宽度。当外门的疏散能力小于内门的疏散能力时，会引起人流的聚集，因此需要考虑外门以内人流聚集的停留面积。门厅和侧厅通常就是这种人流聚集的缓冲停留地。

一般根据防火的要求，当厅堂的耐火等级为一、二级时，疏散口的宽度每100人按0.9m计算。对中小型厅堂来说，它已能满足疏散设计的要求，只需核算疏散时间即可；在规模较大的厅堂中，就需根据规定的控制疏散时间来计算疏散口的总通行能力，以确定疏散口总宽度，具体要根据防火规范进行设计（附录13-1）。

4）安全

紧急疏散不仅要求观众在控制疏散时间以内离开建筑物，而且要保证在疏散过程中的安全，避免因人流拥挤混乱产生不测事故。所以，在疏散设计中，除了疏散通道、座位的排距及宽度应保证有一定的尺寸外，还需考虑以下问题：

（1）太平门必须顺着人流疏散的方向开启，应装有自动开门推棍，不得设置门槛或突出物，不得采用两侧推拉门、旋转门及升降式门。

（2）疏散口与通道地面如有高差，应作斜坡，避免作踏步。

（3）太平门及主要疏散通道应设置紧急事故照明。

13.1.3 观众入场及疏散系统的几种处理方式

厅堂类建筑的疏散设计原则及要求都是一样的，但由于不同类型厅堂使用功能上的一些差别，也导致入场及疏散处理方式上的一些不同。下面简述之：

1）剧院

剧院的演出一般都是单场次的，在演出过程中，都安排有幕间休息，因此，在观众厅的两侧及前部通常都布置有休息厅。它的疏散特点是：

（1）入口同时可兼作疏散口用；

（2）观众厅疏散口一般不是直接通到室外，观众要经过两侧休息厅及门厅才到达室外，因此通常它有两道疏散口。

根据这些特点，在典型的剧院中，观众一般可以向三个方向疏散（图13-1）。当第二道疏散口（外门）的通行能力小于第一道疏散口（观众厅太平门）时，休息厅和门厅可作为人流聚集的停留地。在规模较大的剧院中，它的面积应根据人流聚集数进行核算。

观众厅内座位的布置与排列方法对疏散也有影响。

当采用短排法时，整个观众席位被纵横过道分为几个区域，通常也称为岛式布置。当座位两侧为通道时，每排座位数不超过22座，

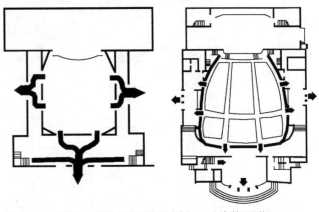

图13-1 剧院观众疏散方向示意及实例——上海徐汇剧场

排距可以略小（约80~65cm），若前后排距大于90cm，可增到50个，疏散口最好与纵横过道直接连通（图13-2）。这种排列方法，疏散通道多，便于观众分区疏散，而且观众可以自动调节各疏散口的人流密度，使各疏散口的负荷比较均匀，但从视线角度上看，却损失了不少视线良好的座位。纵横过道的数量应视剧院的规模及观众厅尺寸而定，过道的宽度规定见附录13-3。

采用长排法时，在观众席区以内不设纵横过道，所以又称大陆式布置，每排的座位数不超过50座，排距要略大些（90~115cm）。这种排列方式，观众集中在两侧纵过道疏散（图13-3）。它与短排法比较，争取了一些视线良好的座位，但观众进出座位比较不便，影响疏散速度。由于每排座位数的限制，它比较适宜于规模不大的剧院。

当观众厅地面坡度较陡时，池座后部常采用台阶式升起，近似于楼座。它的疏散通常有两种情况：一种是池座部分与台阶式看台之间在纵过道上设踏步连通，疏散时，池座部分观众从观众厅两侧出口疏散，台阶式看台部分可从观众厅后墙经斜坡或楼梯出口，或从两侧出口疏散（图13-4）；另一种是台阶式看台与池座部分完全隔离，采用分区疏散的办法，如德国科伦剧院，把台阶式看台分成几个相互隔离的区，观众分区从斜隔墙间的出口疏散，利用斜隔墙间的踏步解决每个出口与休息厅的不同高差问题（图13-5）。

当观众厅采用挑台式楼座时，楼座的观众由专用楼梯或斜坡疏散到每层的休息廊，然后经大楼梯集中到门厅出口，或者由专用疏散楼

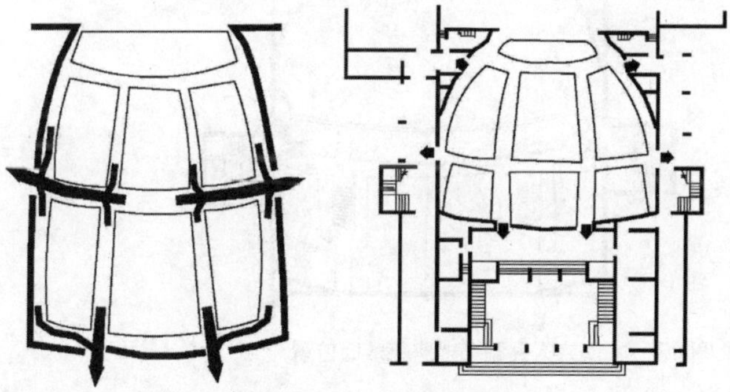

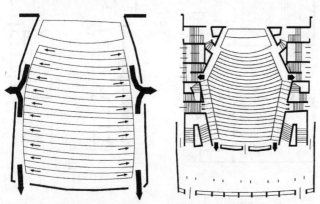

图13-2 短排法观众疏散示意——南京人民剧场

图13-3 长排法观众疏散示意——汉堡剧院

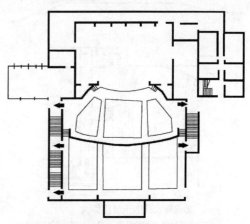

图13-4 台阶式看台观众疏散方式之一
——武昌黄鹤楼剧院

梯，直接通达室外（图 13-6）。楼座观众在散场时，一般很自然向下走，楼座的疏散口多设在挑台的前部两侧，并相应设置纵横过道，把人流引向各疏散口和楼梯出口（图 13-7）。

2）电影院

电影院放映电影一般是连续多场次，间歇时间很短，在每场放映过程中没有场间休息，因此在疏散处理上与剧院有不同之处：

（1）等候入场人流与散场人流必须分开，因此入口与疏散口也必须分开；

（2）观众厅疏散口直接通室外，仅有一道疏散口，因此，不存在人流聚集问题，可以大大减少门厅、侧厅的面积。

电影院观众厅入口的布置影响着疏散口的方向及位置，一般有下列几种情况：

● 入口面对银幕。这是我国电影院最常采用的方式，疏散口设在一侧或两侧（图 13-8）。

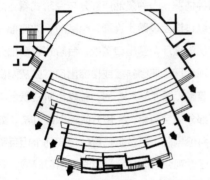

图 13-5　台阶式看台观众疏散方式之二——德国科伦剧院

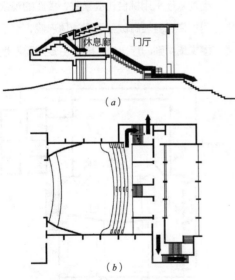

图 13-6　楼座观众疏散示意及实例
（a）广州友谊剧院楼座观众疏散示意——楼座观众经休息廊集中于门厅出口；
（b）常州金星剧院楼座观众经直通室外的楼梯出口

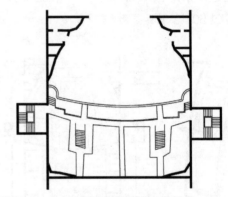

图 13-7　南京人民剧场楼座疏散口位置

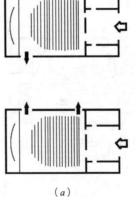
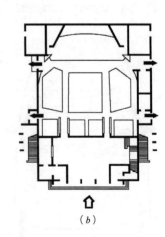

图 13-8　入口面对银幕
（a）疏散口布置方式；（b）实例：南京曙光电影院

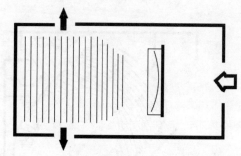

图 13-9 入口在银幕一端

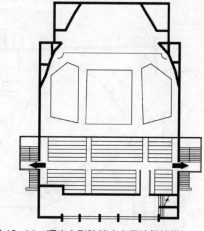

图 13-11 曙光电影院楼座专用疏散楼梯

● 入口在银幕一端。由于习惯，在我国这种方式采用得不多。疏散口也设在一侧或两侧（图 13-9）。

● 入口在侧墙。这往往是受地段等条件的限制而采取的方式，疏散口设在另一侧墙。当观众席位采取长排法时，这种入口与疏散口的布置比较适合（图 13-10）。

在设有挑台式楼座的观众厅中，楼座的观众是通过直通室外的专用疏散楼梯疏散的（图 13-11）。有时，楼座两侧前部降落到池座地面，楼座观众顺坡下来到银幕两侧出口，疏散方向明确。为了不使前伸的两侧楼座阻挡池座观众的视线，楼座两侧墙面要后退一些（图 13-12）。

3）阶梯形教室的疏散

高等院校常设有合班阶梯教室，它容纳的人数比普通教室多。一般在 90~150 人之间为小型，180~270 人为中型，300 人以上为大型。它的使用是连续性的，而且更换班级的时间仅是课间休息的十分钟，因此要求人流出入必须通畅，并希望出入口能与大楼的门厅或侧厅结合，使人流有缓冲地，也便于课间休息。从平面布局上说，多个阶梯形教室最好是分散设置，以利于疏散（图 13-13）；应该避免将多个阶梯形教室集中在同一层及大楼的同一端，使人

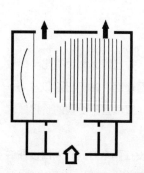

图 13-10 入口在侧墙之例

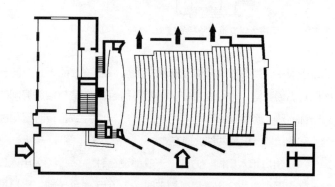

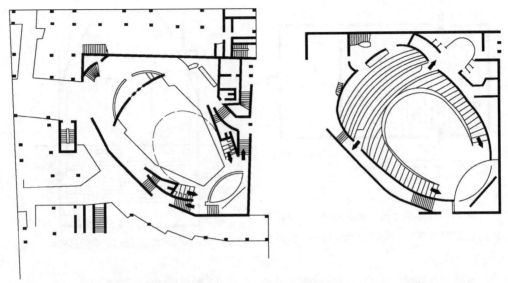

图 13-12　楼座前伸降落至池座地面（德国努连堡"大西洋宫"电影院）

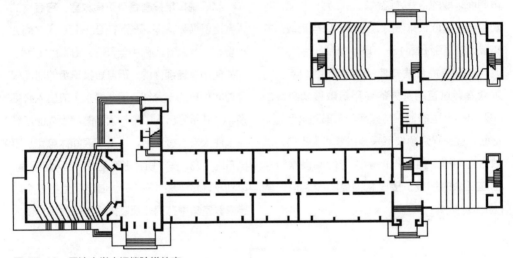

图 13-13　同济大学文远楼阶梯教室

流过于集中。如将阶梯形教室布置在顶层，或间隔在普通教室、办公室当中，则容易引起相互干扰，对人流集散也不利。

它的疏散一般有两种处理方式：

（1）出口和入口同一方向，一般都设在讲台一端。但需有两个出入口，疏散时，人流自上而下，方向一致，并且因此大大简化阶梯教室与相邻房间的平面处理。由于出入口方向一致，有时显得拥挤，只适宜于小型的阶梯教室（图 13-14）。

（2）出入口分设在两个方向，入口设在讲台一端，出口设在后墙或侧墙。人流经楼梯或踏步疏散，教室内相应设置纵横过道，与疏散口相通。此种方式，人流干扰少，疏散方便，不致产生拥挤或混乱现象（图13-15）。

当阶梯教室地面升起较高时，可以充分利用下部空间布置出入口（图13-16）。

4）体育馆

通常情况下，体育馆容纳的观众人数远较影剧院为多，往往是后者的几倍或十几倍。大型体育馆一般要容纳1万~2万名观众，疏散问题比较突出。它在使用功能方面有如下特点：

（1）比赛场次不是连续的，入口与疏散口可以合用，并应在观众厅周围设置一定面积的休息厅。

（2）观众席位一般沿比赛场地四周布置，因此，观众可以向四个方向疏散。当规模较大时，可以分区入场，分区疏散，分区出口。

观众厅看台的形式有一坡式和楼座式之分。在一坡式看台中，观众出入口可以布置在看台的前部、中部及后部（图13-17），一般以中部为多，以保证观众入场和疏散时的路程最短。当规模较大时，也可分两层或三层设置。出入口设在看台后部，虽然可以争取较多视线良好的座位，但增加观众登高路程，对疏散不利，一般在小型体育馆或利用地形的条件下可以采用。

在楼座式看台中，楼座观众经专用楼梯疏散到休息厅后集中出入。它虽然增加了部分观众的登高路程，但便于组织有秩序的疏散。加上楼座式看台可以争取更多视线良好的座位，有利于看台下部空间的利用，与同规模的一坡式看台比较，可以缩短最远视距，减小结构跨度，所以近年来，一些大型体育馆多采用这种

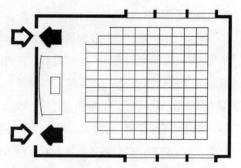

图13-14　出入口合一的阶梯教室疏散

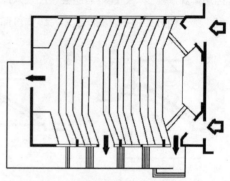

图13-15　出入口分设的阶梯教室疏散

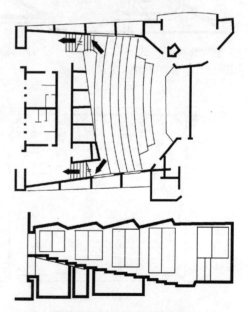

图13-16　利用阶梯下部空间作疏散出口

看台方式（图 13-18）。

观众厅内座位的排列及交通组织对疏散影响很大。一般有两种方式：一种是观众席内设置纵横过道（图 13-19 左）。横过道是同一水平高度疏散口之间的联系通道，设了横向过道，纵向过道就不受疏散口的限制，可以根据需要任意设置。这种方式对场内疏散有利，但因此而损失不少席位，横向过道上观众的走动会阻挡后排观众视线，处理不当还会增加观众厅高度。第二种方式是不设横向过道，纵向过道直

接连通各个疏散口，由于每排相邻座位数不得超过 26 个（当前后排间距大于 90cm 时，可以增到 50 个），疏散口相应增加，也会损失一些席位（图 13-19 右）。这种方式的疏散口不如上一种方式通畅，但面积和高度的利用率有时较高。在规模较小的某些平面形式中，不设横向过道也不会导致疏散口的增加，就比较经济。目前的倾向是，一般大中型体育馆采用第一种方式较多，因为横过道不仅使疏散口通畅，也便于观众寻找座位，有时横向过道还作为观

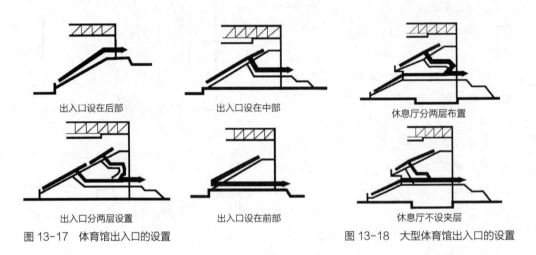

出入口设在后部　　　　　　出入口设在中部　　　　　　休息厅分两层布置

出入口分两层设置　　　　　　出入口设在前部　　　　　　休息厅不设夹层

图 13-17　体育馆出入口的设置　　　　　　图 13-18　大型体育馆出入口的设置

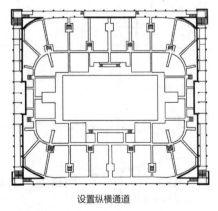

设置纵横通道

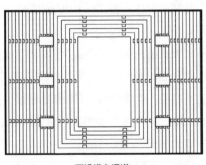

不设横向通道

图 13-19　体育馆座位排列与交通疏散组织

众使用服务设施的通道，但要尽量避免视线的遮挡。因此，一般说采用横向过道是利多弊少。

5）体育场

体育场的疏散情况与体育馆基本相似，但疏散的人数更多。与体育馆一样，它从看台的剖面设计和平面上的席位排列及交通组织两个方面来考虑疏散。

体育场通常的剖面形式也分为一坡式和多层看台两种。在一坡式看台中，出入口可设在前部、中部和后部（图 13-20）。出入口设在前部，疏散时人流下行利于疏散，由于出口的标高与比赛场地接近，可以不设楼梯，但疏散的水平距离较长，一般适用于小型体育场。出入口设在后部，它的优点是出入口不占看台面积，水平疏散路线最短，但退场时，观众需上行登高，疏散速度缓慢。它比较适宜于利用地形建造的体育场，如依盆地建造的南京五台山体育场（图 13-21），依山建造的广州越秀山体育场，出入口都设在后部。出入口设在中部，疏散的路程较短，分区明确，便于组织有秩序疏散，适宜于在一般地形上建造的规模较大的体育场。

多层看台是大型体育场采用的看台形式。我国北京工人体育场就是两层看台（图 13-22）。它的疏散方式实际上是以上几种方式的混合，一层看台的观众向后上行登高疏散，二层看台观众从中部出入口疏散。这种方式疏散路线较短，两层看台之间形成一个环形通道，可以减少人流，便于疏散，上下层分区疏散，集中出口，可以加快疏散速度。多层式看台可缩短视距，还给看台下部空间的利用创造有利条件，但二层以上看台的坡度较大，对于大型体育场来说，这种方式是可取的。

平面上座位的排列及交通组织基本上也是两种方式。一种是放射形纵向过道疏散系统，疏散口顺着每条纵向过道设置（图 13-23），

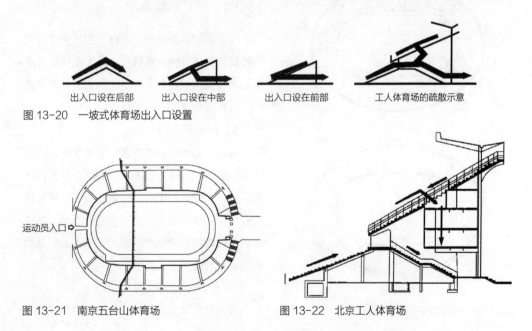

出入口设在后部　　出入口设在中部　　出入口设在前部　　工人体育场的疏散示意

图 13-20　一坡式体育场出入口设置

运动员入口

图 13-21　南京五台山体育场

图 13-22　北京工人体育场

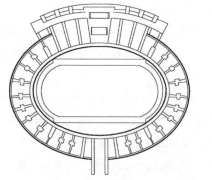

图 13-23　放射型纵向过道疏散系统重庆人民体育场

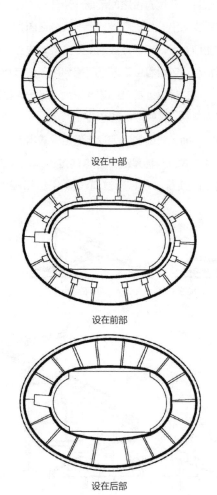

设在中部

设在前部

设在后部

图 13-24　体育场环形通道系统

它的优点是看台面积利用比较经济，交通面积最小，观众分区入场，分区疏散，便于管理。重庆人民体育场就采用这种系统。另一种是在放射形疏散系统中加设环形通道，可设在前部、中部及后部（图 13-24）。这种方式使纵向过道自由设置，可使出入口的数目减至最少，以争取设置更多座位，但环形过道本身所占看台有益面积就很大，而且使部分甚至全部观众的视距加长，增加人流横穿及遮挡视线的机会。如果采用两层看台，则用两层看台之间空间作为环形通道，如上述北京工人体育场的处理办法，就可以避免这些问题。如果环形通道设在看台后部，观众通过放射型纵向通道至环形通道疏散，观众席内不设置出入口，如前述南京五台山体育场，也可避免以上问题。

13.2　视线设计

13.2.1　视觉的要求

　　厅堂类建筑都要求有良好的视觉条件。视觉的基本要求是观众能够舒适而无遮挡地看清楚表演或竞技的对象，这里实质上包含了下述四个方面的要求：

1）视线无遮挡

　　视线无遮挡是看清对象的基本条件，这是所有以表演或竞技为主要功能的厅堂首先应该满足的，如剧院、电影院、体育馆等。在单纯进行音乐演奏的音乐厅和讲演的会堂里，视线无遮挡要求可以略低些，因为观众不必老是看着演奏者或讲演者，主要是听。

2）对象不变形失真

　　表演对象不变形失真，主要是避免过偏或

过高的座位。过偏会使电影银幕中的画面变形，过高会使演员脸部表情及布景道具失真。

3）适宜的视距

适宜的视距是看清表演对象的重要条件，过远的视距就使人无法看清对象。由于表演对象的不同，适宜的视距也相应不同。如剧院，观众主要是观看演员的表演动作及脸部表情；在电影院，观众主要看垂直的银幕；在体育馆，观众主要是观看运动员抢球、运球、传球、击球的动作以及球的来回运动等。而人眼要不费力地看清这些动作或表情，就有一个明视的距离范围。所谓适宜的视距就是人眼与对象的距离不超过最远的明视距离。

4）舒适的姿态

舒适的姿态，是指观众坐在座位上能以比较自然的姿态观看表演，主要是避免不断地摆动头部，或长时间仰视、斜坐等不自然的姿态。这些不自然的姿态都容易使观众疲劳。

除了这四个基本要求外，各种不同的表演还会有其特殊的要求。例如体育表演要求有良好的方位，还希望能辨别运动员的跳跃动作以及前后的距离等。有些要求随着比赛项目不同而有变化，有些要求甚至会相互矛盾，这些都应根据具体情况分析比较后妥善处理。

13.2.2 影响视觉质量的主要因素及其设计

在以"表演"为主要功能的厅堂里，视觉质量的优劣很大程度上影响着厅堂的使用效果。从上面的要求可以看出，影响视觉质量的因素是很多的，而且这些因素都直接影响着厅堂的平面布局及剖面形式，影响着建筑的经济性。

如何综合处理这些因素是一件复杂的工作。下面对影响视觉质量的主要因素作一简要叙述：

1）视线上障碍物问题

一般说，视线上的障碍物主要是前排观众对后排观众的遮挡；其次是楼座栏板或横过道栏板对后面观众的遮挡。室内梁、柱的遮挡是不应该出现的。

为了使后排观众的视线不被前排观众或栏板遮挡，必须将后排座位提高，因此，观众厅的地面逐步升起，或呈曲面，或呈阶梯形。地面升起会提高建筑物的空间高度，从而增加建筑造价，所以，无遮挡视觉的要求是和建筑的经济性直接矛盾的。一般不同类型、不同规模的厅堂，在视觉质量的标准上可以有高低不同的处理。一种是，后排观众的视线从前排观众头顶擦过落到设计视点（图13-25），视线完全没有遮挡，但地面升起较大；另一种后排观众的视线从前面隔一排或隔两排观众头顶擦过落到设计视点（图13-26），此种方式，视线会有遮挡，但地面升起较缓和。这些视线遮挡可借助后排观众移动头部来改善，但一般是通过前后排座位相互错开布置来改善。第一种方式，标准较高，如果厅堂的规模较大，座位排数很多，势必使地面升高过大，造成建筑投资增加。因此，在大中型观众厅（堂）的池座设

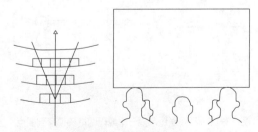

图13-25 视线通过前排头顶落到视点

计中很少采用。一般厅堂的池座部分多采用隔一排的方式，兼顾了视觉质量和建筑的经济性，隔两排的标准又偏低，有时仅在规模很大或对视觉质量要求不高时（如音乐厅）采用。

视觉上的障碍物除上述几项外，当楼座挑台进深过大时，挑台本身也会遮挡池座后排观众的视线，使后排观众看不到台口上沿。根据一般演出的要求，希望后排观众至少要看到台口下的沿幕，这是采用大挑台式楼座时要注意的。

2）视距

视距就是观众的眼睛到设计视点的直线距离。从后排最远座位上观众的眼睛到设计视点

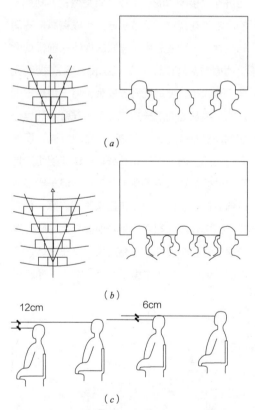

图 13-26　视线通过前隔一排或隔两排头顶落到视点
（a）隔一排；（b）隔两排；（c）隔一排时值为 6cm

的直线距离叫最远视距，根据观看对象的不同，对最远视距的限制也不同。根据实测结果，一般剧院最远视距以不超过 30m 为宜，大型歌舞剧院可以远一些，话剧院观众要看清细腻的演员脸部表情，以不超过 25m 为宜，一般球类比赛的体育馆，以不超过 42m 为宜（观众眼睛到比赛场地中心的距离）。电影院由于银幕大小不同，最远视距也不同：一般普通银幕电影院后墙面表面与银幕水平距离为 5~6 倍银幕宽，即最远视距离为 30m 左右；宽银幕电影院为 2~2.5 倍，最远视距约 35m 左右。如果超过上述最远视距时，观众要看清对象就比较吃力，眼睛容易疲劳，影响观赏效果。在电影院就需加宽银幕，增强放映光线，这是不经济的。当厅堂作多功能使用时，如剧院兼放映电影，会堂兼演出、集会等，应分清主次，全面衡量，争取兼顾。

3）视角

主要研究观众在观看对象时，眼睛与对象所构成的各种角度，它们与视觉质量密切相关。视角包括水平视角、垂直视角及俯角等。

（1）水平视角：它是指观众眼睛到舞台两侧或银幕两侧边缘的夹角。当人眼看见舞台或银幕全貌时的最大水平夹角大约是 40°。如果增大水平视角，可以看得更清晰，但观众需要转动头部才能看见舞台及银幕的全貌，使人容易疲劳。实际上要完全保证这样的水平视角是不经济也是不尽合理的。对剧院来说，一般希望水平视角不大于 90°。但许多观众宁愿转动头部也希望坐在前排，因为看得清晰是主要矛盾。所以实际上，在乐池后面留出一定宽度的通道（约 1m 左右），就可安排第一排座位了。

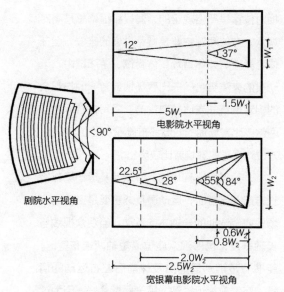

图 13-27 水平视角

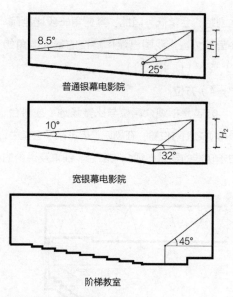

图 13-28 垂直视角

在普通银幕电影院中，一般要保证第一排观众的水平视角在 40° 以内。在宽银幕电影院中，为了求得全景的效果，需要加大水平视角，通常第一排水平视角约在 84° 左右，水平视角在 55° 时全景感最好，小于 25° 时全景感已很微弱（图 13-27）。

（2）垂直视角：它是指观众眼睛到银幕上下边缘的垂直夹角。垂直视角过大，会使银幕画面变形。一般电影院要求垂角视角小于 25°，宽银幕电影院要求小于 32°。阶梯形教室，学生看黑板的垂直视角要求小于 45°（图 13-28）。

（3）俯角：它也是一种垂直视角。在剧院中，它是观众眼睛到设计视点连线与舞台面之夹角。对剧院来说，当观众与演员的眼睛处于同一水平高度时，看到的演出最为逼真。俯角过大，演出都成俯视图景，演员表情失真。对某些大型歌舞节目来说，俯角大可以欣赏舞蹈队变化的优美图案，但这不是一个经常性的

因素。实践表明，一般剧院应控制楼座后排最大俯角小于 25°，侧排最大俯角小于 35°。我国已建剧院的最大俯角约在 10°~20° 之间（图 13-29）。体育馆的俯角通常指观众眼睛与比赛场地中心连线与场地之夹角，它的要求又与剧院不同。由于运动员动作及球的速度都比较快，俯角过小就不易辨别运动员及球的前后运动幅度，俯角过大又降低了观众辨别运动员及球上下运动幅度的能力。因此，体育馆的视觉要求有适宜的俯角。由于体育馆的设计视点

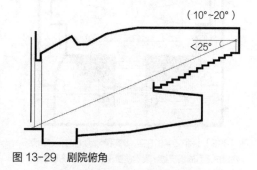

图 13-29 剧院俯角

比剧院、会堂低，因此，其俯角一般比剧院、会堂等大些，我国已建体育馆的最大俯角约18°~25°（图13-30）。

4）方位

方位是指观众席位与比赛场地（或舞台、银幕）之相对位置。在剧院、电影院及会堂中，由于功能的要求，观众与舞台、银幕及讲台的

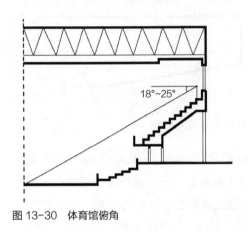

图 13-30　体育馆俯角

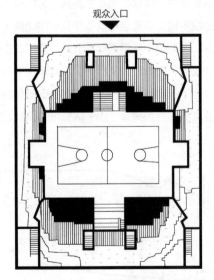

图 13-31　南京中山东路体育馆观众自由入席情况
观众自由入席的情况显示视觉质量呈椭圆向外逐渐降低

相对位置是严格规定的，演员和银幕总是面对观众。方位问题主要是避免过偏的座位。但在体育类建筑如体育场、体育馆、游泳馆中，运动员的表演舞台——比赛场地或游泳池与观众的相对位置却是比较自由的。通常在游泳池的两侧或比赛场地的四周都布置观众席位。因此，方位对视觉的影响就比较突出。

一般球类比赛场地、游泳池及运动场都呈长方形。比赛时，运动员及球主要是沿着比赛场地或游泳池的长轴方向运动。当观众视线与长轴垂直，也即观众座位沿短轴两端布置时，能够清楚辨别运动员及球前后左右运动的情景。座位愈靠近短轴，视觉质量愈好。因为这里与经常出现精彩夺球场面的场地两端（指篮球比赛）的视距均等，可以兼顾全场可能出现的精彩场面。沿长轴方向布置的观众席，由于视线与运动员及球的主要运动方向平行，就不易辨别运动员和球前后运动的距离、速度及相互间关系（在游泳馆，这种情况尤甚）。所以，一般游泳池长轴两端是不布置观众席位的，而且视线会被球架等所遮挡，座位愈靠近长轴，遮挡愈厉害。看比赛场两端时视距差别也很大，其中看较远一端的视距往往超过最远视距，视觉质量最低。一般观众厅内视觉质量均等座位的连线往往呈椭圆形，这个椭圆形的长轴就是比赛场地的短轴（图13-31）。这是对一般球类及游泳等比赛项目而言是如此，在另一些项目如体操、武术的表演中，方位对视觉质量的影响就不如上述那样明显了。

以上诸因素中，视线无遮挡及控制最远视距是关键的因素，其他因素都必须在视线无遮挡及有足够清晰度的情况下才有实际意义。

13.2.3　视线设计

视线设计包含观众厅剖面设计和平面设计两个方面，剖面设计解决视线有无遮挡和垂直视角和俯角等问题，平面设计是选择平面形式，解决视距和方位等问题。主要选择良好的设计视点及合适的视线升高差，这个视线升高差我们通常称它为"C"值。

1）设计视点的选择

进行视线设计时，通常是选择一个或几个特殊点定出观众的视野极限，作为视线设计的依据，这些特殊点称为"设计视点"。在设计视点以上是观众视野所及的范围。设计视点和观众眼睛的连线称为"设计视线"，可以检验观众在观看对象的视线通路上有无障碍物存在。设计视点的高低是衡量视觉质量的一个标准。设计视点定得愈低，观众的视野范围愈大，但观众厅地面升起也愈陡；设计视点定得愈高，观众视野范围愈小，地面升起也就越平缓。可见设计视点的选择，在很大程度上影响着视觉质量的好坏，也影响着观众厅的地面升起坡度，升起坡度愈大，观众厅空间高度愈高，从而直接影响着建筑物的经济性。因此，在选择设计视点时，既要照顾到必要的视觉质量标准，又要考虑建筑的经济性。

各类厅堂由于功能不同，观看对象的性质不一样，设计视点的选择也不同（图 13-32）。在电影院，观众观看的是一个垂直的画面——银幕，通常选择银幕底边中点作为设计视点。这样就可以保证观众看见银幕的全部，因此，银幕位置的高低对地面升起坡度有决定性影响。一般电影院的银幕距第一排地面高度约为 1.5~1.8m。

在剧院，由于演出在水平的舞台面上，一般选择大幕在舞台面投影的中点作为设计视点，保证观众可以看到表演区的舞台面。标准稍低的可以选大幕投影中点的上空 30~50cm 处。音乐厅主要是听演奏，设计视点标准可以更低一些。体育馆的设计视点，由于一般球类比赛中，以篮球场为最大，通常选择在篮球场边线上，或在边线上空 30~50cm 处。体育场的设计视点，标准高一些的可选在转弯跑道外缘地面以上 50cm，其次也可以选在短轴直跑道外缘地面或地面上空 50cm。游泳池的设计视点可选在最外分道线上或以外。阶梯形教室根据使用要求，可以分为一般讲课、示范表演及幻灯和电影辅导教室等，它们的视线要求也有差别。在实践中，最好是兼顾这些不同的使用要求，设计视点可选择在教师的讲桌面上。在以上各类厅堂的设计视点中，以体育类建筑的设计视点为最低，因此，体育馆、体育场的剖面特征是具有较陡的阶梯形看台（见附录 13-4）。

2）C 值的确定

后排与前排观众的视线升高差"C"值，它与人眼到头顶的高度及视觉标准有关。一般人眼到头顶的高度为 11.5~12cm。如视觉标准定为后排观众的视线从前排观众头顶擦过落到设计视点，C 值即为 12cm；如后排观众视线从前面隔一排观众头顶擦过，C 值即为 6cm。根据实践证明，C 值取 6cm 时，已经可以满足视线无遮挡的要求，因为人借助头部的转动，和前后排座位错开布置，即可消除前排观众头部对后排观众视线的遮挡，而且不致使地面升起坡度过陡。如果过分提高 C 值，除增加看台高度，给疏散带来不利及不经济外，只能产生实际视点的降低或外移，造成视线范围不必要的扩大，并不能在视觉质量上增加实际效益。在楼座，由于视点相对地降低以及固定栏板的遮挡，C 值要适当提高，一般多取 12cm。体育场由于多是露天的，应考虑观众戴帽子对 C 值的影响，C 值的增加值可取 2.0~3.0cm。

3）第一排观众视线的高度

第一排观众视线的高度与设计视点的高差也直接影响观众厅的地面升起坡度。剧院的设计视点在舞台面上，要求第一排观众视线能略高于舞台面。池座第一排观众的视线高度一般取 1.1m，舞台面越低，高差越大，前几排座位的观众看到的台面就越广，可以看清演出的前后层次与深度，但地面总升高加大了。舞台面高了，高差越小，虽可以降低地面总升起高度，但失去上述满意的视觉条件。当第一排观众视线低于舞台面时，演出芭蕾舞台剧，观众就看不到演员的脚尖。在一般规模不大或不带楼座的剧院中，为了争取更理想的视觉条件，歌舞剧院舞台面可取 0.6~0.9m，话剧及其他戏曲可取 0.8~0.9m；规模较大，有多层楼座的剧院，当总高度受到限制时，歌舞剧院可取 0.9~1.1m，话剧及其他戏曲可取 1.0~1.2m。楼座的第一排观众视线高度对楼座看台的坡度影响很大，一般应尽可能降低，其限度是保证池座最后排观众能看到台口上沿或台口的沿幕，同时也应满足音质设计对楼座进深的要求（图 13-33）。

在电影院，设计视点在银幕下缘，距地面的高度通常比池座第一排观众的视线高出 40~70cm（即 150~180cm）。因此，一般说

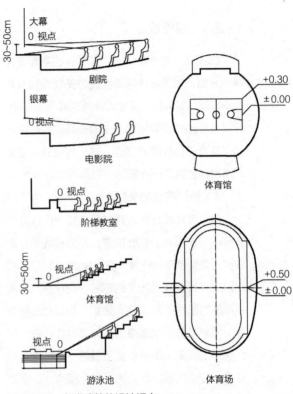

图 13-32　各类建筑的设计视点

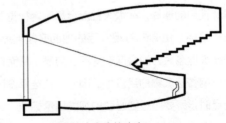

图 13-33　剧院楼座高度的决定

电影院的地面坡度要比剧院平缓得多。但银幕的高度也不是可以任意提高的，过高会使前排观众长时间仰视，极易疲劳，也会影响观众厅高度。楼座情况与剧院接近。

在体育馆，情况又不同，设计视点在比赛场地上，第一排观众的视线始终大大高于设计

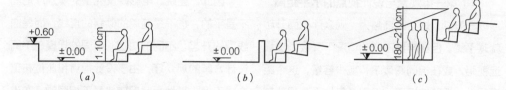

图 13-34 体育馆第一排观众放线高度
（a）低于 110cm（武汉体育馆）；（b）等于 110cm（天津体育馆）；（c）大于 110cm（180~210cm 为宜）

视点，看台坡度一般较陡，究竟高多少才合适呢？以往的设计有三种处理办法：

（1）第一排观众席位地面低于比赛场地，即第一排观众视线低于 1.1m。如图 13-34 为原武汉体育馆，这对降低观众厅地面升起坡度及提高某些比赛项目（如体操、举重）的视觉条件是有利的，但往往很不安全，运动员容易冲入观众席位，发生事故，而且观众可以很容易地进入比赛场地，不便于管理。替换运动员及记者的来往走动又会遮挡观众视线，所以一般很少采用。武汉体育馆也已作了调整，调整后第一排观众视线高度与比赛场地高差约为 1.4m。

（2）第一排观众席位地面与场地基本持平，即视线与场地高差为 1.1m，上述缺点有改善，如天津体育馆。南京奥林匹克体育中心体育馆也采用这种方式，如图 13-35。

（3）第一排观众视线与比赛场地的高差超过一人高，主要是保证替换运动员时不遮挡观众视线，不使看台升起坡度过分增大，又为看台下部空间的利用创造有利条件，还可提高前排观众俯角，改善视觉条件。通常这个高差以 1.8~2.1m 为佳。这种方式采用较多，如河南省三门峡体育馆就采用这种方式，见图 13-36。

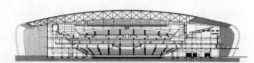

图 13-35 南京奥林匹克中心体育馆剖面及内景

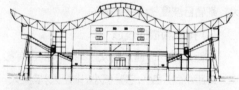

图 13-36 河南省三门峡市体育馆剖面及室内透视

4）第一排观众与设计视点的水平距离

一般说，这个距离越大，观众厅地面升起就越平缓。但在容量不变的情况下又会增加最远视距，或在相同跨度下，减少容量，这个距离越小，视距缩短了，但观众厅地面升起就越陡。在剧院和电影院中，这个距离通常由水平视角决定。前面曾提到剧院的第一排观众席位，通常与乐池之间仅留出 1m 左右走道，与设计视点的水平距离不大，一般约 5~6m 左右；而普通电影院，根据水平视角的控制，这个距离一般在 7~9m 左右；宽银幕电影院也在 8m 左右。因此，这也是形成剧院比电影院具有较大地面坡度的原因之一。在体育馆、体育场，由于规模大，观众座位排数多，这个距离对看台坡度的影响就更明显。它通常根据比赛场地的大小而定。场地小，这个距离也小，看台就陡；场地大，距离也大，看台坡度就平缓。因此，小型体育馆由于比赛场地小，看台的坡度常常比较大一些。大型体育馆中，如果比赛场地也大，则看台坡度就会平缓得多。

5）排距和横向过道

排距及横向通道对观众厅地面坡度也有影响。排距小，坡度小，总升值小，排距大，坡度大，总升高值也增加。但排距主要还是根据交通疏散的要求来决定，也和使用要求、标准及座椅材料有关。一般剧院、会堂等标准稍高，采用软席时，排距一般 80~85cm（短排法），体育馆等用硬席时，一般为 75~80cm。横向通道主要影响地面总升高值，因为它比一般排距要宽，所以横向通道后面一排升高值会增加。但处理得当，如横向通道后面座位排数不多，不致产生很大影响。

因此，剧院、电影院及礼堂的观众厅地面不是平的，也不是简单的倾斜的直线，而是曲线型的升起。不同的功能、不同的规模、不同设计方案的观众厅，由于设计视点和座位布置方式不同，其地面升起曲线是不相同的。在设计时，观众厅地面曲线的设计与绘制可参考附录 13-5。

6）观众厅席位的布置

观众厅的座位布置，应保证全部观众都有良好的视觉体验，避免过偏过远的座位，因此，应把观众座位控制在一定的范围以内。一般过偏座位由水平控制角控制，过远座位由最远视距控制。

水平控制角在剧院中是指舞台口两侧与前排边座观众眼睛连线的夹角（图 13-37）。观众座位应布置在这个夹角的范围以内，以保证一定的视觉质量。这个夹角随着不同深度和宽度的舞台是不一样的。对于一般舞台来说，水平控制角小于 45° 时，边座观众仍可看到一半以上天幕宽度；当小于 23° 时，可以看到 2/3 天幕宽度。设计时应根据演出的要求及规模的大小来确定水平控制角的大小标准，通常约 35° 左右。在电影院，水平控制角是指前排

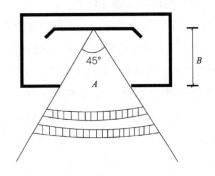

图 13-37　剧院水平控制角

边座观众视线与银幕的最小水平夹角（图13-38），一般要求不小于45°，因为在45°时，观众看到的银幕画面为原画面的0.7倍，变形失真现象虽有，但仍可允许。一般在水平控制角外不设观众座位，但有时为了经济起见，或是由于演出与集会多功能使用，为了增加座位，也可在水平控制角范围外，设置少量座位。专用会堂、讲堂、阶梯教室的水平控制角标准可略为低些，阶梯教室的水平控制角大于25°即可（图13-39）。在体育类建筑中，观众座位常沿比赛场地两侧或四周布置，不存在水平控制角问题，主要是方位问题，如同前述。

过远座位由最远视距控制。最远视距根据演出剧种或比赛项目的要求而定。但在实践中由于规模不同，差别可以很大。因为规模过大，常常不可能在允许最远视距范围内安排所有观众座位，或在多功能使用时，不可能照顾到所有使用项目的要求，而最远视距的控制在视线设计中是重要的一个因素。失去了一定的视觉清晰度，其他影响视觉质量的因素都会失去实际意义。因此，厅堂使用功能对视觉质量的要求往往限制其规模在某一适宜范围内。在目前条件下，剧院的规模一般控制在2000人以下；

进行一般球类比赛的体育馆，规模宜控制在10000人以下，在这样规模内，视线、音响及结构等方面的尚易满足要求，5000人以下的体育馆则更为理想。

在座位的排列上，一般是直线行列式。当规模较大时，最好呈一定弧度，使观众看演出时的坐姿都是正对舞台表演区中心，以减少观众疲劳。弧度的曲率半径一般大于$2S$（S为最远视距）（图13-40）。为了简化施工，也可采用折线排列。

7）不同平面形式观众厅视觉质量的分析

选择合适的平面形式是视线设计与剖面设计中同样重要的一个方面。下面就对剧院几种基本平面形式的视觉质量作一简略分析、比较，便于设计时考虑选择。由于电影院与剧院的视线要求近似，为了便于比较，仅以剧院的水平控制角作为分析比较的依据。

（1）矩形观众厅

根据水平控制角，矩形观众厅前部两侧角不宜设置观众座位（图13-41）。观众厅跨度越大，两侧角不宜设置座位的面积越大。而观众厅后部，又未充分利用水平控制角范围，面积利用不大经济。它与相同容量的扇形观众厅

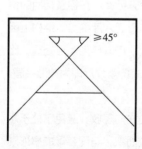

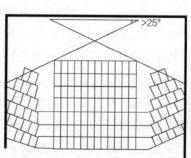

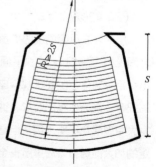

图13-38 电影院水平控制角　图13-39 阶梯教室水平控制角　　　图13-40 剧院座位的排列曲率

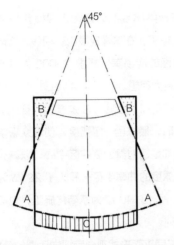

图 13-41　矩形和扇形观众厅视觉质量分析
A—水平控制角范围内未能利用区；B—不宜设置座位区；C—比同容量扇形观众厅视距远的座位区

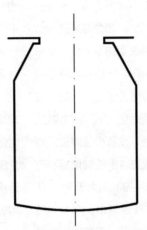

图 13-42　改进后的矩形平面

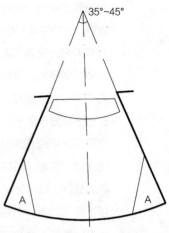

图 13-43　扇形观众厅视觉质量分析
A—又偏又远座位区

相比，最远视距显然加长，但是矩形平面结构施工比较简单，中小型矩形平面的声场分析比较均匀，规模较大的矩形平面则需采取措施，防止产生回声。从以上分析来看，矩形平面对中小型规模的影剧院是较为适宜的。在实践中，常常把矩形平面前部两侧角切去，做成斜侧墙构成声音反射面。利用其上部空间作耳光室，既提高了观众厅面积的利用率，又保留了矩形平面形式的优点。这是目前许多剧院、电影院采用较多的平面形式（图 13-42）。

（2）扇形观众厅

扇形观众厅两侧墙的夹角一般在 35°~45° 之间（图 13-43）。这种平面形式可以充分利用水平控制角范围安排观众座位，在容量相同情况下，最远视距比矩形、钟形平面要近，常为大中型观众厅所采用。但是每排观众数随视距的加大而增多，后排所占全部座位的比例较大，如果规模很大，则后排两角的座位又偏又远，视觉质量较差。因此，在满足容量要求的前提下，可以切去两个后角。两侧墙夹角大于 45° 的扇形观众厅会出现过偏座位，实践中较少采用。由于扇形观众厅的跨度是变化不等的，结构和施工都比较复杂。与之近似的有六角形观众厅（图 13-44）。

（3）钟形观众厅

钟形观众厅的两侧墙为曲面，后墙结合座位的排列，也为弧形，曲率半径与座位排列曲率相同（图 13-45）。这种平面形式接近扇形，但后部两角偏座较少，因此，在容量相同的情况下，最远视距比扇形观众厅要大。结构上因为前后跨度变化不大，可以作为矩形处理，比较经济。北京天桥剧院的观众厅即为钟形平面。

（4）卵形观众厅

由于它的前部曲线向里收，避免了处于水平控制角以外的无效面积，与同容量的扇形观众厅比较，没有过偏过远的座位；与同容量的矩形观众厅比较，它以近而稍偏的座位代替了矩形观众厅中远而正的座位。可以说，卵形观众厅的视觉质量比较均匀。马蹄形及椭圆形观众厅与卵形观众厅相似（图13-46）。这类平面形式的结构与施工都比较复杂。

（5）圆形观众厅

和同容量的卵形观众厅相比，圆形观众厅偏座较多，但最远视距近（图13-47）。

剧院观众厅平面、剖面形式及其尺度大小实例可参见附录13-6。

体育馆在体育建筑中是数量最多的，它的平面形式对视觉质量的影响更明显。参见体育馆视觉质量分区图（图13-48）。现就几种常见平面形式作分析比较：

（1）矩形平面

矩形平面可以有三种布置方式：

● 仅在比赛场地的短轴两端布置座位（图13-49）。全部座位的方位都比较好，在小型（约3000人左右）体育馆中，它的最远视距可控制在一般球类比赛馆的最远视距42m以内。Ⅰ、Ⅱ区席位最多，视觉质量优良。如规模超过5000人，最远视距就会增加至45m以上，而且视线不良座位的比例相对增加，显示不出这种平面的优越性了。因此，这种布置方式的矩形平面适用于小型体育馆。

● 观众座位沿场地四周均等布置（图13-50）。与相同容量的上述布置方式比较，最远视距缩短，跨度略大，部分座位虽然方位差一些，但视距近，全部座位基本上属于Ⅰ、Ⅱ、Ⅲ区，视觉质量良好。在中型（5000人左右）体育馆中，它的最远视距仍可控制在42m以内，但出现部分较差座位。由于座位沿场地均等布置，对看台下空间利用及观众疏散均有利，为中型体育馆较宜采用的一种形式。

● 观众席位沿场地四周不均等布置，短轴两端多些，长轴两端少些，席位的排列符合视觉质量分区（图13-51）。当规模较小时，与上述布置方式比较，跨度略大，视觉质量更好。

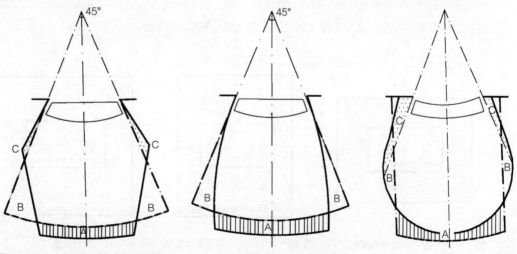

图13-44 六角形观众厅视觉质量分析　图13-45 钟形观众厅视觉质量分析　图13-46 卵形观众厅视觉质量分析

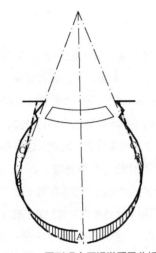

图 13-47　圆形观众厅视觉质量分析
图 13-44~图 13-47：A—远而正的座位区；
B—近而偏的座位区；C—水平控制角外座位区

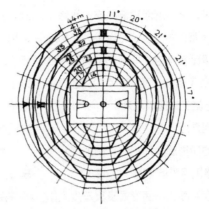
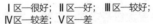

图 13-48　体育馆视觉质量分区图
Ⅰ区—很好；Ⅱ区—好；Ⅲ区—较好；
Ⅳ区—较差；Ⅴ区—差

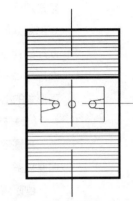

图 13-49　两侧布置座位的
矩形比赛厅

当规模在 5000 人左右时视觉质量较上述布置方式为好，它还可适应规模更大一些的体育馆。

（2）方形平面

观众席位沿比赛场地四周不均等布置（图 13-52）。它与矩形平面比较，最远视距近，但跨度大，可适应规模更大些的体育馆。

（3）椭圆形（长八角形）平面

观众座位的排列与视觉质量分区图吻合，视觉质量最好，但结构及看台下空间处理比较复杂，适宜于大中型体育馆（图 13-53）。杭州人民体育馆是椭圆形平面，南京五台山体育馆是长八角平面。

（4）圆形平面

规模较大时，圆形平面具有明显优点。它的视觉质量比较平均，在相同容量下比其他平面形式的最远视距近。它的疏散口布置均匀，对人流疏散有利，材料和结构都比较经济。但圆形平面与矩形比赛场地不协调，音响处理复杂（图 13-54）。上海体育馆和北京工人体育馆都采用圆形平面。

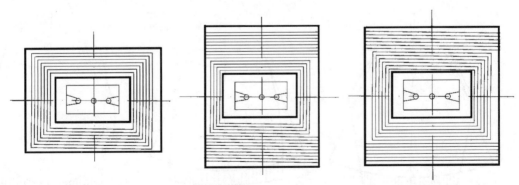

图 13-50　四周布置等排座位的矩
形比赛厅

图 13-51　四周布置不等排座位
的矩形比赛厅

图 13-52　方形比赛厅

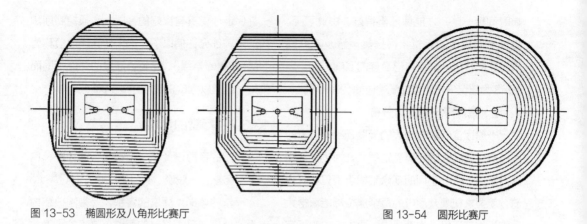

图 13-53　椭圆形及八角形比赛厅　　　　　　　　　　　　　图 13-54　圆形比赛厅

13.3　音质设计

厅堂类建筑的使用功能都要求有良好的听觉，听觉和视觉是评价厅堂设计优劣的两项重要标准。在实践中，由于音质设计不良或建筑设计中没有考虑音质问题，严重影响建筑物使用的情况是常见的。因为音质设计涉及专门的学科——建筑声学，而许多设计工作者由于不重视或是对建筑声学了解不多，在设计中对厅堂音质缺少认真研究，待建筑竣工使用后，发现音质不良，再采取补救措施，往往造成很大浪费。现代的社会活动对厅堂的音质提出更高的要求，设计人员必须具备有关建筑声学的基本知识，并在建筑设计过程中，努力把建筑设计与声学处理有机结合起来。

13.3.1　听觉的要求

观众对厅堂听觉的要求通俗讲是听得见、听得清、听得好。听得见就是各区观众都能听到表演者的讲演或对话的语音，不因听距太远而听不见；听得清就是观众厅内每个座位上的观众可以听清楚音乐的每个音节和讲演、对白的语言；听得好就是音乐的音色不失真，声音丰满，没有回声、轰鸣、干涩等不良现象。当然，观众在听音乐或听讲演及话剧对白时，对声音的要求是有差别的。目前我国的厅堂多数是多功能的，既演出音乐、歌舞、戏剧，也兼集会，所以对音质的要求更复杂一些。一般说它们的基本要求是：

1）最佳的混响时间

房间中声源停止后声场持续的现象，称为混响。混响时间是指室内某一稳态声，当声源停止后，其声强降低到原来值的百万分之一所花的时间。它是厅堂音质设计的一项主要指标。由于厅堂的功能不同，声源的特点不同，观众对混响时间的要求是不同的。一般说，混响时间过短，使声音听起来干涩，过长又会使声音浑浊不清。对以语言为主要对象的厅堂来说，不希望太长的混响时间，否则会影响语言的清晰度；对以音乐为主要对象的厅堂来说，过短的混响时间会影响声音的丰满度。在电影院中，因为影片的配音中已经有了混响，所以要求混响时间短一些，才能保证听得好。由此可见，各种不同用途的厅堂，根据其声源及观众观赏对象的特点，都有自己最佳的混响时间。表13-3为建议采用的最佳混响时间（指满场时）。

2）室内声场的均匀分布

一般厅堂都具有较大的尺度，不同位置的座位与声源之间的距离差别很大。为了保证距离声源远近距离不同的观众都能听得见、听得清，就要求在观众厅内的每个座位上能获得大致相近的声压级。也就是说，要求室内声场有一定程度的扩散，扩散能促进声音在室内的均匀分布。

3）较高的清晰度

不论语言或音乐都要求声音清晰，但语言对清晰度的要求更高。清晰度是观众对厅堂音质的基本要求，它与观众厅的混响时间有关，也取决于传到人耳的直达声（包括50毫秒以内的前次反射声）与混响（包括噪声）声能之比。传到人耳的直达声的有效声能越大，声音越清晰。在50毫秒以内传到人耳的反射声对加强直达声有利，时差超过50毫秒的反射声，容易形成回声，它会严重影响厅堂的音质，设计中必须注意避免。

4）室内噪声的控制

噪声是损害厅堂听觉条件的重要因素之一。保证厅堂具有良好的音质，必须控制厅堂内的噪声在允许值以下，这个允许噪声值称为"允许背景噪声级"。它随着厅堂的功能不同而不同，通常以NC曲线表示，见表13-4。

13.3.2　厅堂的音质

厅堂的音质设计是一个很复杂的课题，包括许多因素，一般说，有以下几个方面：

厅堂的体形；厅堂的容积；厅堂围护结构表面的处理与吸声材料的配置；噪声的隔绝；电声系统的布置。

下面分别简述：

1）厅堂的体形

厅堂的体形在很大程度上决定着厅堂音质条件的好坏。许多厅堂往往由于体形设计不当而造成声学上的缺陷。如东南大学大礼堂（图13-55）是正八角形平面，由于声音沿边反射，观众厅中部缺少前次反射声，致使声场分布不匀。一个音质良好的厅堂不是靠吸声材料的堆砌，而主要靠体形的合理得当。从音质设计角度讲，厅堂体形设计的目的应该是组织有益的反射声，使室内的声场分布均匀，避免有害的反射声所造成的回声，聚焦等音质缺陷。下面就平面形式的选择和剖面形式的设计分别简述：

最佳混响时间一览表　　表 13-3

厅堂用途	混响时间 500Hz
电影	0.8~1.2s
讲演	1.0~1.4s
戏剧	1.0~1.4s
歌舞	1.5~1.8s
体育	2.0~2.1s

允许背景噪声级一览表　　表 13-4

厅堂用途	允许的 NC 曲线
电影院	30
剧院（无扩声）	20~25
音乐厅	20
会堂（有扩声）	25~30

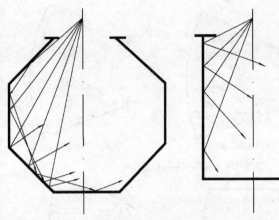

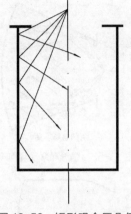

图 13-55　东南大学大礼堂几何
声学分析（正八角形的沿边反射）

图 13-56　矩形观众厅几何
声学分析（反射声空白区最小）

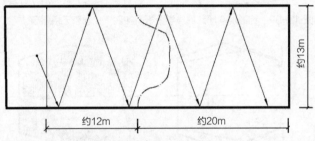

图 13-57　广州南关电影院观众厅

长宽应有合适的比例，如近似于 5：3 是可取的。良好的长宽比有利于声场的均匀分布，如长宽比例与上述比例相差大，就须预防出现声场不均匀等音质缺陷。有的电影院长宽比为 3.4：1，致使前后排声压级相差达 10dB（图 13-57），该观众厅音质不良，主要原因是观众厅长宽比不当，致使形成多次反射声。

● 扇形平面

扇形平面由于两侧墙向后斜展，有利于声音的反射。当两侧墙的斜展角度较小时，能使前次反射声分布均匀。角度越大，池座前排和中部的反射声就越小。但这个斜展角度的限制是与发挥扇形平面容量大、视距短的特点相矛盾的。如果容量及视距的要求采用较大的角度，应采取其他措施解决声场均匀分布问题。扇形观众厅的后墙面积很大，为了避免产生回声，一般可作吸声处理，但容易因声能损失过多而使混响时间太短，影响声音的丰满度。因此也可作向前倾斜的反射面，使反射声加强后排的声强，这时这个后墙面最好避免做成大曲面，使声能能更均匀反射。在大中型扇形观众厅中，后面两角偏远座位，由于直达声和前次反射声的音程都比较远，声强降低较多，往往听觉条件不良。从音质角度看，也希望切去后面两角。图 13-58 左图表明：两侧墙的水平夹角愈小，反射声能区域愈大而均匀，Q 角愈小，则反之。图 13-58 右图为苏州开明剧场，其 Q 角约 45°，声响效果尚好。

● 钟形平面

钟形平面介于矩形和扇形平面之间，去掉了扇形平面中听觉条件不良的后部两角偏远座位。声场分布比较均匀（图 13-59）。

（1）平面形式的选择

厅堂典型的平面形式有矩形、钟形、扇形、六角形、卵形、椭圆形及圆形等。

● 矩形平面

矩形平面（图 13-56）是中小型厅堂常常采用的一种形式。一般说，矩形观众厅声场分布较均匀，池座前部能接受侧墙前次反射声区域比其他平面形式大。当观众厅容量及跨度较小时，由于音程短，这一部分能接受的前次反射声衰弱很小。当跨度及容量增加时，就需设置特殊反射面。在大型的矩形观众厅内，由于直达声和反射声的音程相差大，有产生回声的可能，需加以适当的吸声处理。矩形平面的

● 六角形（八角形）平面

六角形、八角形平面是比较新颖的形式。以往采用的正六角、正八角形平面往往产生声音沿边反射，使声场分布不匀，参见图 13-55。现在采用长六角、长八角形平面较多，可以避免声音的沿边反射。前排和中部的反射声借助于台口侧墙及台口顶棚的反射面来加强，后排的前次反射声是各个互不平行的侧墙反射的总和。从视觉和听觉两方面来看，这两种平面形式对中小型厅堂来讲是可取的。图 13-60 侧墙前部短后部长，声能反射区域大而均匀，侧墙前长后短则相反。

● 卵形、圆形平面

卵形和圆形观众厅从声学角度讲是不良的平面形式（图 13-61）。它会产生声音的聚焦、沿边反射、声场分布极不均匀等缺陷，一般在电影院、剧院、会堂中采用不多。在大型体育馆中，由于圆形平面在视线和疏散等方面的优点，是常被采用的平面形式之一。

（2）观众厅剖面设计

在观众厅剖面设计中主要考虑顶棚、后墙的形状以及楼座的形式、地面的升起等问题。

● 顶棚的高度及形状

顶棚高度应根据厅堂的容积来决定，同时观众厅的长宽应有合适的比例，长宽高的比例由于厅堂性质的不同也有区别。良好的长宽高比例有利于声场的均匀分布。过高的顶棚既使厅堂的容积过大，影响混响时间的控制，又会增加声音反射的距离，以致产生回声，无论从结构、设备和声学方面讲都是不经济的。

顶棚是产生前次反射声的重要反射面，它的形状要使大厅各部位都能得到有利的反射

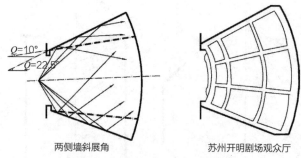

图 13-58　扇形观众厅几何声学分析及实例

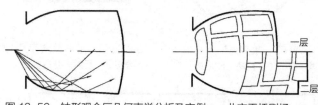

图 13-59　钟形观众厅几何声学分析及实例——北京天桥剧场

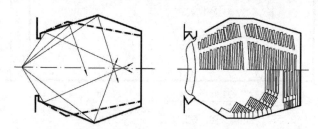

图 13-60　六角形及八角形观众厅几何声学分析及实例——天津干部俱乐部

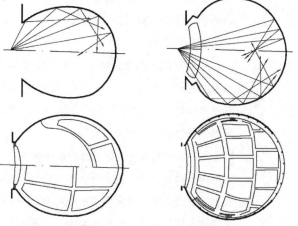

图 13-61　圆形、卵形观众厅几何声学分析及实例——沈阳工人文化宫剧场和北京展览馆剧场

声。一般说后排座位的声压总是比较低的，顶棚的反射声就可以加强这部分的声压级。因此，顶棚的形状通常是向舞台倾斜（图 13-62）。在某些平面形式的观众厅中，池座中部和楼座前部由于侧墙的前次反射声少，往往声压级不足，这时也需利用顶棚的反射，特别是利用台口上部顶棚的反射来加强。台口上部的顶棚反射面是很重要的。在有些剧院中，由于面光灯槽下垂过多，妨碍了台口上部的反射；或是反射面形状不当（如凹曲面）使反射声分布不匀（图 13-63）。在音乐厅中，有的在演奏台上部设置特殊的反射面，以将声音反射到大厅的后部（图 13-64）。在剧院，台口上部或台口两侧也可设置特殊反射面，如上海中兴剧院（图 13-65）。根据声的不同特点，可以自由调节反射面的角度，则效果更佳。台口上部特殊反射面的高度应使前次反射声与直达声的时差尽量缩短（小于 50 毫秒），也就是说要靠近声源。

顶棚与墙面（侧墙及后墙）之交界处是容易产生回声的地方（图 13-66）。因为入射和反射声波的声线相互平行，声音反射回原地，引起回声，只要在顶棚及墙面之间加一倾斜面，就可以避免回声，如南京和平电影院（图 13-67）就采用这种处理方式。

顶棚的形状应避免凹曲面及拱顶等形状，以免产生声音的聚焦及回声。如因建筑造型或其他原因需要采用这些不利的形状时，则凹曲面、拱顶或圆顶的曲率半径应大于顶棚高度的两倍，使声音的聚焦不发生在观众座位区。也可采用经过设计的吊顶使声音扩散或吸收的办法来避免可能产生的音质缺陷，但这

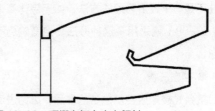

图 13-62 顶棚向舞台方向倾斜

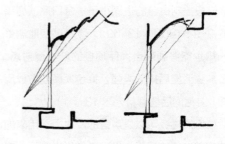

图 13-63 台口上部顶棚及面光设置不妥——声能过多损失在面光口以至反射不匀

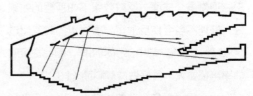

图 13-64 伦敦皇家音乐厅

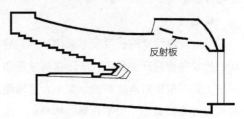

图 13-65 上海中兴剧院的特殊反射板

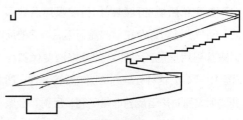

图 13-66 顶棚与墙面交界处易产生回声

往往不是一个经济合理的方法，如无锡体育馆（图 13-68）就采用了这种办法，但音响仍不理想。

● 楼座形状

挑台式楼座应控制挑台的进深，因为进深过大，会使池座后排的声强减弱，影响听觉条件。一般控制挑台的进深小于挑台口底顶棚高度的 2~2.5 倍（图 13-69），最好是使池座最后一排也能得到来自大厅顶棚的前次反射声。为了加强池座后排的声强，挑台顶棚应做成反射面，并略向后墙倾斜（图 13-70）。

楼座的栏板可以是声音的反射面，用来加强池座前中部的声强，也可以作为吸收面，应根据具体情况而定。当作为反射面处理时，由于它通常是个曲面，反射效果不如顶棚的效果好，处理不当会使反射声与直达声的时差超过50 毫秒，在池座前中部引起回声，因此栏板的曲率半径要大，最好做成倾斜面（图 13-71）。有时也利用栏板作声音的扩散面，以利于声场的均匀分布（图 13-72）。

● 后墙

因为一般厅堂的长度尺寸都比较大，后墙的反射很容易产生回声，所以在要求音质较好，又需布置吸声材料的厅堂中，后墙面经常做成高吸收面。如不布置吸声材料，也可设计成扩散面（图 13-73），但这个处理办法不能避免后墙的反射。如侧墙吸声系数很低，回声危险依然存在。如需利用后墙面的反射来加强后座的声强时，则最好做成倾斜面（图 13-74）。这种处理办法比较经济合理，凹曲的后墙面对声音反射非常不利，反射声会聚焦在厅堂内某一小范围，并且产生回声，即使

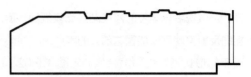

图 13-67　南京和平电影院

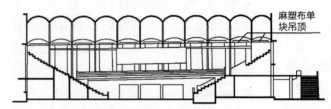

麻塑布单块吊顶

图 13-68　无锡体育馆的吊顶吸声吊顶装置后，音响仍不理想

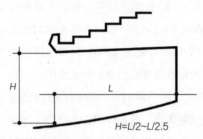

$H=L/2\sim L/2.5$

图 13-69　楼座挑台的高度与进深的关系

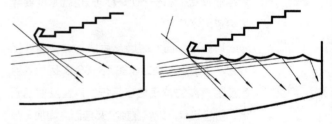

图 13-70　挑台顶棚向后倾斜的两种处理方式
挑台顶棚的倾斜，应使其反射声线与大厅顶棚的反射声线重合

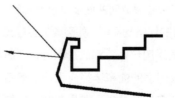

图 13-71　挑台栏板做成倾斜以避免回声
将反射声线折至空中

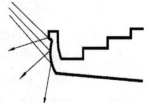

图 13-72　挑台栏板做成扩散面避免回声
扩散面利于声场均匀分布

后墙的凹面曲率中心远在舞台后面，仍有回声可能（图 13-75）。

● 地面

厅堂里的观众是很好的吸声体，当声音掠过观众头顶传播时，声能被大量吸收。如果观众处在水平的地面上，直达声产生的声压级由于前排观众的吸收，在后面大部分座位区就很低。为了有效地利用声源的声能，加强室内各处的直达声，就必须使观众座位逐级升高，避

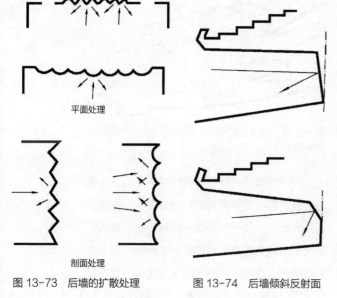

平面处理

剖面处理

图 13-73 后墙的扩散处理　　　图 13-74 后墙倾斜反射面

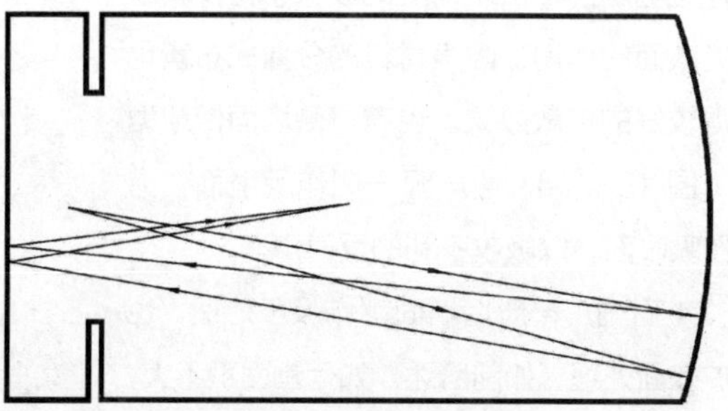

图 13-75 后墙曲率中心在舞台后面仍可能产生回声

免遮挡。如能提高声源的位置，也可以有效地避免遮挡吸收。如在音乐厅的设计中，不但观众座位是逐级升高的，演奏者的座位也逐级升高，以保证后排乐器的声音不被前排演奏者遮挡，参见图 13-64。在影剧院，会堂等厅堂中，声学上的这种要求和视线要求是一致的，如果前后排错开排列，对加强直达声更有好处。观众厅的地面升起可由视线设计决定，它一般都可以满足音质设计的要求。

2）厅堂的容积

一般说厅堂的容积会直接影响混响时间及室内的声压级分布。由于电声技术的进步，厅堂容积对声学的限制已越来越小，但在某些场合（如话剧和音乐演出），人们并不喜欢电声装置，因此，容积的声学设计仍有必要。确定厅堂容积大小的依据有两个方面：

（1）保证室内有最佳混响时间：因厅堂混响时间与厅堂的容积直接成正比例（附录 13-7），而且厅堂内的总吸声单位中，观众的吸声往往占主要比例（约占全厅的 2/3 以上），如果每个观众平均所占容积设计恰当，可以不用或少用额外吸声处理而获得满意的混响时间，这从结构、设计及声学几个方面讲都是一个经济合理的办法。

下表所列不同用途厅堂每座的合适容积可作设计时参考（表 13-5）。

厅堂的容积参照表　　　表 13-5

厅堂的用途	每座容积（m³/座）
讲演、话剧、电影	3.5~4.5
音乐、歌舞	6~8
多功能大厅	4.5~5.5

（2）保证厅堂内各处有足够的自然声压级：一般讲演者的语言声功率平均值约为50微瓦。演员和乐器的声功率虽要大些，但声能仍是有限的，而且室内各处的接收声压级必须高出环境噪声15~20dB时，听众才不致受到环境噪声的干扰。因此，如此有限的声能要使室内各处有足够的自然声压级，就必须有适宜的容积。过大的容积无法保持各处都有足够的自然声压级，只有依靠电声系统来解决。如果室内音质设计良好，声源发出的声能得到充分利用，则表13-6所列一些厅堂最大容积可供参考。超过这些容积，必须考虑扩声系统装置。

厅堂最大容积表　　　表13-6

厅堂的声源种类	厅堂的最大容积（m³）
讲演	2000~3000
戏曲对白	6000
乐器独奏或独唱	10000
大交响乐队	20000

3）厅堂围护结构表面的处理与吸声材料的配置

　　厅堂围护结构表面包括侧墙、后墙、顶棚等部分，这些部分的表面形式和材料的处理对于取得良好的音质起着很重要的作用。吸声材料的配置则应根据最佳混响时间及混响频率特性设计，计算厅堂的总吸声量，确定选择吸声材料的类型和数量。一般说，厅堂里最大的吸收量是观众，因此体形良好的厅堂，所用吸声材料很少。在音乐厅中，由于要求有较长的混响时间，不希望声音被过多吸收，有时吸声材料主要用来防止回声。

　　（1）顶棚：顶棚一般作为声音反射面以便使厅内获得均匀的前次反射声。为了加强后座的声强，顶棚可以做成许多个不规则的折面（图13-76），利用硬板局部反射面，可以加强指定区域的反射声，因此，顶棚不布置吸声材料，如果厅堂内吸声材料用得较多，可适当分散布置一些低吸声材料，以利于声音扩散。在顶棚与侧墙、后墙交界处，由于容易引起回声，一般要作高吸声处理。

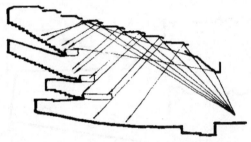

图13-76　大厅顶棚的反射面处理（美国芝加哥市立剧院）

　　（2）侧墙面：侧墙面在声源高度的下部是池座获得前次反射声的良好反射面，可做成光滑的表面，一般不布置吸声材料，在声源高度的上部应根据需要或作扩散面或作吸收面。作扩散面时，表面凹凸形状的尺度应与声波的波长接近，如果比波长小很多，则扩散效果很小。如各种拉毛墙面，由于尺度比波长小得多，起不到扩散面的作用。吸声材料的分散式布置也可获得较好的扩散效果。也有将侧墙面做成锯齿形（图13-77），迎声源一侧作反射面，另一侧作吸收面，以吸收不利的反射声。

　　（3）后墙：一般后墙面都作吸声处理，也可作扩散面处理，如前所述。如厅堂面积不大，不足以引起回声，可不作吸声处理。

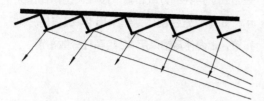

图 13-77　侧墙面锯齿形处理（吸收面和反射面）

4）噪声的隔绝

厅堂噪声来源于建筑物外部环境，如飞机及各种机动车辆的噪声、建筑物内部通风机械设备的噪声和门厅、休息厅的喧闹声等。由于噪声的种类和传递途径不同，有的是空气传声，有的是固体传声，因此，降低厅堂噪声应从几个方面采取措施：

（1）合理选址：选址应考虑有较安静的周围环境，不要太靠近道路、厂房等地段。

（2）合理的平面布局：如果建筑是面临道路，周围有噪声源，这时在平面布局时，应使观众厅后退干道红线，并布置适当绿化隔离。观众厅周围可设置门厅、休息厅等用房以隔绝噪声。门厅至观众厅的入口可设置门斗，起声锁作用，也利于隔光。

（3）产生固体传声的设备用房如鼓风机房、水泵房等不要紧贴观众厅布置。风机设备及风道、风口应作消声处理，设备基础应减震处理。管道与大厅墙壁的联结应用软接，避免刚接。电影院中的放映室除放映孔外，不直接对观众厅开设门窗，放映室内墙面最好作吸声处理。

5）电声系统的布置

厅堂内电声系统主要用来提高声源的功率，以提高室内的声级，并补救室内音质的某些缺陷。但使用不当，会起不良后果。因此，在选用和布置扩声设置时要注意几点：

（1）使室内各处声压级保持在 70~80dB 为最合适，通常只要比环境噪声高出 10dB 就满足了，过高的声压级反而使人感到刺耳难受。

（2）保证厅内声场均匀，要求室内各处声压级差别小于 8dB，这就要求选择合适的辐射性能的扬声器，适当布置扬声器的位置。

（3）要求扩声后音色清晰而不失真，即要求扩声系统有相当宽的频率响应范围。

（4）不反馈。所谓反馈现象是指声音从喇叭发出后，被话筒接收，经扩音机放大后从喇叭再发出，又被话筒接收，这样迅速"循环"，就产生刺耳的啸叫，严重影响室内听觉条件。产生反馈的原因主要是喇叭和话筒的位置不适当，解决办法是合理布置话筒和喇叭的相互位置，选择适宜指向性的话筒。

（5）保持声音有良好真实感，即使观众听到的声音和真实声源来自一个方位，取得视觉和听觉的一致。一般人耳对高频声和左右方位容易辨别，对低频声和上下方位不易辨别。所以，扬声器的位置应尽量接近实际声源，而且在它的上面比左右为佳。

扬声器的布置方法有集中式和分散式两种。集中式可以采用单只扬声器，也可以采用声柱（图 13-78）。采用单只扬声器方位感好，但易产生反馈，清晰度略差，适宜于吸声处理较多的厅堂。采用声柱时，声能分布合理，垂直方向指向性强。分散式，可以是单只扬声器分散布置，也可以是声柱分散布置（图 13-79）。单只扬声器的布置，声场均匀，直达声声级较大，清晰度高，但完全分散时听觉和视觉的方向不一致，因此适宜于讲演为主的大型厅堂，如北京人民大会堂即采用这种布

置方式。声柱的分散布置一般在大型体育馆采用，如南京五台山体育馆采用 24 组声柱分散布置，上海体育馆采用 42 组声柱分散布置。

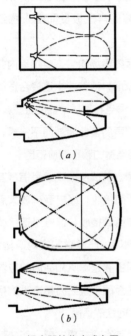

图 13-78　扬声器的集中式布置
（a）单只扬声器的集中式布置；
（b）声柱的集中式布置

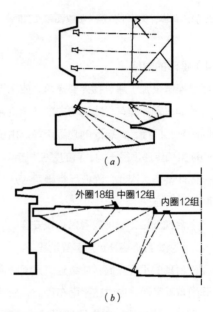

图 13-79　扬声器的分散式布置
（a）单只扬声器的分散式布置；
（b）声柱的分散式布置（上海体育馆）

第14章

建筑形式的生成与创作
Generation and Creation of Architectural Form

14.1　建筑形式创作的基本理念

14.1.1　建筑的双重性

在人类社会发展的原始时期，所谓建筑只具有实用的意义，建筑功能就是躲避风雨的一个暂时栖身之处。而后，随着人类社会的发展，人们对建筑不仅要求实用，而且要求好看、美观。这样建筑就具有物质与精神、实用与美观的双重价值，即建筑既是物质产品，又是精神产品，既是工程设计，也是一种艺术创作。它首先要满足人们的物质生活需要（生产、生活和精神文化的需要），同时又要满足人们一定的审美要求。它是实用功能和美观的统一，也是科学技术与艺术创作的统一。建筑不能离开物质功能单独存在，失去了功能价值，它就变成了纯"艺术品"，除了纪念碑以外，人们不会这样花钱去建造它的；也不能脱离美观要求而纯功能使用，建筑失去了美观，同样也不能被人喜爱，最终也将会被弃。

建筑具有物质产品和艺术创作的双重性，二者既是矛盾的也是统一的。建筑物要实用与美感兼顾，二者统一才是一件好的作品，只满足了实用而没有美感，充其量是一幢可用的房子，而非美的建筑。建筑设计不仅要考虑科学和工程问题，也要考虑建筑艺术的创作。建筑艺术与一般的艺术如绘画、音乐、文学等既有相同的美感要素，又有很大的不同。至少有三点是不相同的，这是建筑的本质特性所决定的。其一是建筑的物质性，它是物质、技术手段建造起来的，受到社会、经济、技术等各方面的制约。建筑师的创作不如画家、音乐家和文学家那样自由——利用笔和纸抒发创作者的种种感受，建筑师的创作不能是纸上谈兵，他要考虑实用性，建造的经济性，合理性，并且还要得到投资者、决策者和业主的认可。因此建筑师要创作出一幅好作品难度很大。其二是建筑的空间性，建筑艺术是空间的艺术，任何建筑都要具有供人们使用的空间。创作的作品不只为看，更重要的是要用，人要能身临其境；建筑创作的内涵不仅是建筑的形式，更是空间造型的创造，不仅外形美观，而且内部空间也要舒适美观。人们在创造的空间中活动，并处于动态的观赏之中，给人一种综合的效果。其三是建筑的场地性，任何建筑都建造于一个固定的场所，始终与大地与周围的环境联系在一起。因此，欣赏一座建筑，最好亲临现场，从周围环境、背景的总体感受中进行鉴赏评价，其他艺术就不是这样的。

建筑虽然具有物质产品和艺术创作的双重性，它是创造建筑形式美的主要依据。在一般情况下，物质实用性的要求应处于首要地位，任何一项建筑设计作品都有现实的功能要求，忠实地达到这些实用的基本要求，则是任何设计作品成功的先决条件，任何创意都要以满足它的功能为基本条件。建筑的艺术创作是在适用的基础上进行的，这是基本的原则。但在实际生活中，建筑的双重性也会因不同类型的建筑而有不同程度的考虑。建筑双重性的表现是不平衡的，这种不平衡性，产生了建筑艺术创作不同的要求。例如：为生产服务的厂房、仓库等建筑物，它的物质功能是首要的，建筑艺术加工处于次要地位；如政治、文化、经济等活动的建筑物，不但有切实的使用要求，而且要鲜明地表现出业主（政府、企业及单位等）形象，显示其政治、经济的实力及意识形态上的要求。所以，虽然建筑功能是首要的，艺术性要求却居于不能忽视的地位。还有一些特殊的公共建筑，如纪念碑、烈士塔等纪念物，实际空间使用功能很少，但艺术性要求很高，精神功能成为首要的了。

可知，不同用途的建筑，在对建筑艺术的要求上是存在着差别的，反映着艺术创作中的考量也是不一样的。对于大量性的建筑如办公楼、中小学校、医院等，在建筑造型处理上做到简洁、明快、朴实大方就可以了；而对于一些重点大型公共建筑如博物馆、歌剧院、文化中心、体育中心及宾馆等，不仅功能复杂，在建筑造型处理上就更高了。形式创作常常要有一定的创意及强烈的艺术感染力，能给观众留下一种难忘的印象，或给人一种思考或启迪。因此，创作时应根据不同的对象，根据具体情况进行具体分析，区别对待。

建筑的艺术加工是受到物质技术、使用和经济条件及场地环境的制约，但是设计者又有相对的自由，可以充分发挥自己的主观能动性，在建筑平面和空间布局，在建筑造型及材料使用，在结构选择与表现上都是大有可为的。

14.1.2　适用经济美观与绿色

"适用、经济，在可能条件下注意美观"是 20 世纪 50 年代我国政府制定的指导设计工作的方针。它适应于当时的社会经济发展状况，对当时国家建设和设计工作起着积极的指导作用。今天我国社会经济发生了巨大的变化，人们对适用、美观都有了更多、更高的要求，经济条件也得到了改善，有一定能力满足这些要求。但是，今天，我们已开始步入绿色文明时代，建筑创作不仅要遵循适用、经济、美观的原则，还必须考虑绿色生态的要求，任何建筑工程的建设都不应对环境产生负面的影响，因此适用、经济、绿色、美观的要求就成为今天建筑创作中必须遵循的四项基本原则。并且要正确地摆好它们的位置。适用（坚固、安全、功能合理）是创作建筑美的基础。如前所述，任何建筑作品首先就要满足建筑物现实的功能要求，它是任何设计作品成功的先决条件。绿色也是不可回避的，它甚至享有一票否决权。

建筑要好用也要好看，但是都不能不顾国情，不考虑投资效益，不惜工本地去追求它。现代建筑主张把追求最大的经济效益视为重要的理性目标，把建筑创作的经济性提到重要的高度，主张努力用最少的人力、物力和财力建造合用的房子。不要盲目地追求高大，提倡合理的功能流程，合理的逻辑结构，表里一致的形式，使功能（适用）、结构（经济）、生态（绿色）和形式（美观）四者统一起来。

14.1.3 继承与创新

在建筑美的创作中，正确地认识和处理继承和创新的关系也是一个非常重要的问题，设计者有时下笔踌躇，莫知所识，有时追求新奇，竞新赛美，时而抄洋，时而复古。如何继承和创新难以操作，下面提示几点：

1）充分认识建筑所在地的地域文化背景，尤其是建筑文化及其特点，在此基础上进行传承与创新。

全球经济一体化，在文化广泛交流的基础上，一定要保护和发扬各自的文化特点。建筑师就要尊重设计对象所在国、所在民族、所在地域的文化及其建筑特色。例如，一些著名国际建筑大师为我国的项目进行建筑创作时，就非常注意这一点，其作品就体现了大师的水平。如美国建筑师波特曼 20 世纪 80 年代在上海设计的上海商城，可以看出他从中国建筑文化中汲取的营养，进行东西方建筑文化与技术交融的有益探索（图 14-1）。美籍华人建筑师贝聿铭先生在 21 世纪初为其故乡设计的苏州博物馆，其平面空间、建筑造型和色彩的处理都与其相邻的拙政园是一脉相承的，但不是简单的模仿，而是有不同时代的风韵（图 14-2）。

我国是一个具有丰富文化遗产的国家，我们应当重视这份宝贵的中华民族文化遗产，研究它、学习它，有选择地继承它，并在传承的基础上不断探索创新，以达到古为今用，创造出新时期新的现代中国建筑文化。

继承与创新有两种途径，一种是"形似"，另一种是"神似"。"形似"，即在形式上采用传统的建筑形式、传统的建筑语言及建筑处理手法，它可以运用传统的材料、传统的形式，也可以用新的建筑材料来模仿传统的建筑形式。我国在 20 世纪 20 年代，很多公共建筑就用现代钢筋混凝土材料模仿木结构进行建造，如南京中山陵就是最早的用钢筋混凝土建造木式构架。今日各地建造的"假古董"，基本上也都是钢筋混凝土造的假木柱，假木梁。"神似"，它不是简单的仅在形式上的模仿，不是简单地运用传统建筑造型的某些物质要素，而是极力发掘传统建筑内在的精神内涵，发掘建筑及其形

图 14-1 上海商城

图 14-2 苏州博物馆

式的生成、演变和发展的内在规律、内在要素和外在要素的影响，即发掘传统建筑文化内在的"基因"，发掘其不变的"基因"，结合新建筑的新功能要求，新的社会生活方式，新的材料及新的建筑技术手段进行再创造。因此，它不是模仿旧的，而是在创造新的形式，但这种新形式是在老根上长出来的。例如上海的金茂大厦，这是当时上海最高的一幢塔式高层建筑，它结合层级的处理，建筑外部造型就像一个中国传统的密檐塔（图14-3）。它未采用中国塔的任何传统要素、传统的空间或立面形式，但看起来就有中国塔的韵味，就能让人联想到"中国塔"的形象。

又如贝聿铭先生在设计香山饭店时，发掘传统的建筑文脉，基于这样的想法："我想看看能否找一种建筑语言，一种仍然立足传统的，仍能为中国人所感受的并且仍是他们生活中一部分的建筑语言。"为此，他想到："在中国人的观念中，窗户的作用和意义与世界其他地方大不相同。在西方，窗子就是为了让光线、空气和阳光等进入室内，是非常讲究实效的。在中国，窗户却是一幅图画。一个窗户构成一个景色，而这个景色则是由宅主来设计的。从这些窗户中，人们可以看到自然世界的一个缩影，这就是中国人的生活方式。因此，在设计香山饭店时就广泛地采用了这类形式的窗户"（图14-4）。

2）充分地尊重新的功能，充分尊重新的社会生活方式的需要，并为此进行建筑空间形式的创作与创新。

上述的"形似"或"神似"都还是着眼于形式的创新，但建筑的创新不应该只是外部立面形式的创新，而更应该着力于建筑空间形式的创新。继承也不仅仅是传统建筑外部形式的继承，而更应该是传统建筑空间形态和空间肌理的继承。因此研究传统建筑不应只研究其外部建筑形式，更应该研究传统建筑空间形态及空间肌理的形式及发展。

新的建筑空间的创造首先是要适应和满足新的社会生活方式的需要，即新的功能需要。

图14-3　上海金茂大厦

图14-4　北京香山饭店

传统建筑适应当时社会生活方式需要，建筑类型比较少，很多今天的社会功能，当时还没有，更没有这样的建筑，有的功能虽然过去是有的，但今天又有发展和变化。就以居住功能来讲，中国过去是大家庭，后来三代同堂的大家庭的模式逐渐解体，现在都是小家庭为主了。过去人口少，住的都是独门独户，现在人口多了，住的大多是集合型住宅。由于生活方式变化，居住模式改变，居住空间构成及组织就不一样了，传统的水平伸展的院落住宅就逐渐被多层乃至高层的垂直发展的公寓式住宅所代替。但是，传统的院落式空间组织模式也不是完全失去了它存在的价值，它仍然是值得学习、研究、继承和发展的一种建筑空间组织方式，对组织新的居住空间仍然是值得借鉴的。正因此，近20多年来，建筑师和学者一直都在探索这个问题。如吴良镛教授在北京旧城改造中规划设计的北京菊儿胡同住宅，就运用了"四合院"的空间组织方式（图14-5）。作者本人也于20世纪80年代初在无锡惠峰山庄支撑体住宅设计中探索了院落式的住宅设计。它不是低层的院落，而是适应现代生活需要的多层住宅的院落，并且是退台式的四合院式的院落。这种院落空间与传统的院落空间形态是相似的，但功能改变了，它不是私家的，而是公共的交往空间。可以说，它是利用传统的形式适应了现代社会生活方式的需要，这就是"旧的形式赋予新的内容"（图14-6）。

3）继承与创新的目的在于创新，充分利用新材料、新工艺、新技术作为创作手段进行建筑创新，以创造富有时代感的新建筑。

新材料、新工艺、新技术是进行建筑创作

的支撑体系，它们的发展进步，对建筑创作产生直接或间接的影响，甚至开辟造型创意的新途径。例如20世纪下半叶产生的空间结构技

图 14-5　北京菊儿胡同住宅

（a）

（b）

图 14-6　无锡惠峰山庄支撑体住宅
（a）外观；（b）院落

术为大跨度建筑形式的创造提供了灵活、自由又可靠的技术手段，产生了五花八门的新的建筑形式（图14-7）。更值得注意的是，随着计算机技术在建筑领域中的广泛应用，随着计算机辅助设计和模拟技术的发展普及，计算机已不仅是一种绘图工具和艺术表现手段，而且将导致产生新的设计方法和新的设计观念。传统建筑观念指导下的建筑设计创作，多从美学的角度出发，去考虑建筑造型。但是，现在随着计算机的介入，人们已开始从科学技术中获取创作灵感，通过捕捉结构、设备等专业技术与建筑造型之间的内在联系，去寻求一种全新的创意构思。

如大跨度屋盖设计利用计算机生成张力曲向，不但使屋盖结构符合力学原理，而且也为建筑设计开辟了新的思路，使建筑结构设计、建筑设备设计与建筑造型创作更完美地结合起来。这样的例子已越来越多，例如：

（1）日本大阪关西国际机场设计

日本大阪关西机场是由意大利建筑师伦佐·皮阿诺设计的，该设计借助计算机模拟气流的走向来确定屋盖曲面造型，使建筑室内空间形态有利于室内空气的循环流动（图14-8）。

（2）日本岩手县花卷市综合体育馆设计

这个体育馆设计，利用计算机模拟、寻找最有利的空调送风方式和建筑处理方法，使空调的设计与建筑造型的设计紧密结合（图14-9）。这座体育馆不仅造型有特点，而且不论在有空调的情况下，还是在自然通风的情况下，室内的气温和空气流速都能达到理想的数值。

使用现代计算机进行建筑设计与创作将导致建筑设计的革命，将导致传统设计观念、设

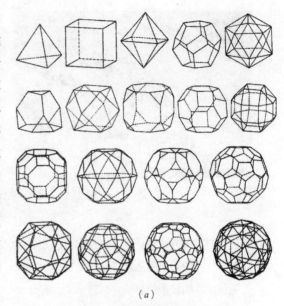

(a)

(b)

图 14-7 空间结构与建筑造型创作
(a) 多面体结构的基本形态；
(b) 加拿大蒙特利尔世界博览会美国馆

图 14-8 日本大阪关西机场

图 14-9　日本岩手县花卷市综合体育馆设计

计程序与设计方法的更新。在观念上，它表明建筑创作将由传统的主观意念和经验的思维走上更加科学和技术的思维；在方法上，将促使建筑设计与创作由粗放型的定性走向科学化的定量；同时还将使建筑设计与创作能更多、更方便地与其他学科结合，将其综合应用于建筑创作中，促使建筑设计更科学化，更综合化。

14.2　建筑形式创作的美学法则

建筑是综合的应用学科，建筑形式创作就要受到各方面的约束。在创作中要遵循的美学法则就有多种，它们是：

14.2.1　力学法则

建筑结构是建筑形式创作的基本要素，建筑结构体系及构件的大小都是根据力学法则科学分析和计算出来的。因此建筑形式就要满足结构上作用力的传递，在设计时就要考虑用材的强度，而非视角上形式。例如，在进行建筑造型设计时，大到高层建筑立面的高宽比，小到柱子的大小，梁的高低等都首先要适应和满足结构的要求。所以，根据力学法则，建筑都是垂直于地面的，而且常常是下大上小，它符合引力定律，同时材料垂直受力也能最大限度发挥材料的强度。如果反之，建筑物倾斜于地面或上大下小就违反了力学法则，在视觉上也给人产生不稳定感。20 世纪公认的结构大师奈尔维（P.L Nervi，1891~1979 年），他做结构设计总是寻求最经济的方案。所谓经济的方案，就是用最少的材料把各种荷载直截了当地传到基础上去。奈尔维在 1960 年设计的罗马体育馆（图 14-10）就是一个经典的符合力学法则的作品。这个体育馆可容纳 5000 人，是设计成一个直径为 66m 的圆形的体育馆。它由 36 根现场浇筑的 "Y" 形支柱，把垂直荷载传到埋在地下的钢筋混凝土梁上，将结构与形式，建筑技术与艺术完美地结合起来。现在，有的人为了所谓的 "创新"，违背力学法则进行建筑形式创造，在今天的技术条件下是有可能实现的，但是付出的经济代价将是昂贵的，它必然违背了建筑经济性的原则。我国中央电视台（CCTV）的设计就是一例（图 14-11）。

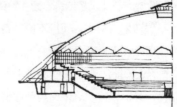

图 14-10　罗马小体育馆

图 14-11　CCTV 大楼

14.2.2　视觉法则

建筑是艺术，它是空间艺术，也是一个视觉的艺术。人们天天用它，也天天看它，所以它不仅要好用，还要好看。其空间和形式都非常引人关注，新房落成后总会引起人们的评鉴和议论，难免有仁者见仁、智者见智的现象，这是由人的审美观念和价值取向的差异造成的。但是建筑形式美的视觉法则，即形式美的规律还是客观存在的，不能把审美观念和视觉法则混为一谈。在我们进行建筑形式创造时就应该遵循建筑形式美的视觉法则。

古今中外的建筑，尽管形式各不相同，但是共识的优秀作品，都必然遵循一个共同的法则——多样与统一的法则，也就是建筑形式的创作要处理好多样与统一的关系，要在统一中求变化，在变化中求统一。因为建筑形式的创作与造型艺术一样，都是由若干不同的要素组成的，这些构成要素之间既有联系又有区别。我们在进行造型设计时就是要把这些部分按照一定的规律组合成一个有机的整体。如果缺乏变化，必然流于单调；如果缺乏统一，缺乏和谐与秩序或章法，必然就显得杂乱、无序；它们都不能塑造出美的形式。如何达到多样统一，详见后述。

14.2.3　社会法则

建筑作品与一切文学、音乐、艺术作品一样常常是备受社会关注的作品，常常面临市场严格的审视与挑战。20 世纪下半叶，西方国家不少新建筑因无视使用者的行为需求，导致社区崩溃，建筑拆毁之例层出不穷。因此，建筑师应有社会责任感，建筑创作要遵循相关的方针政策、社会法则与社会约定，重视公众审美情感的反应。公众对城市景观及新建筑都会评头论足，甚至概括用极简练、鲜明、形象又带有某种寓意的语言予以表述，进而被谣传。例如，在某市人们对该市某行政办公大厦的外部形象就评价为："歪门邪道""两面三刀""挖空心思"等（图 14-12），它不仅是对建筑形象的评定，而且也隐射一些社会问题；在另一城市，也有对城市中的某些大型建筑物形象的评论，有人说这个建筑像一座坟，这幢大厦像一座碑，甚至说像一件卫生洁具。这都说明城市的景观和建筑形象会使公众产生与审美相关的情感反应，有的令人愉悦，有的令人激动，有的令人反感，这不能不引起建筑师的重视。

当然，由于审美观念的差异，建筑师与公众对城市建筑的喜好存在相当大的差异，这个差异因人的社会和文化经历，因人的心理和生

图 14-12　某市政府大楼

原方案　　　　　　　　　　　修改后方案

图 14-13　上海环球金融中心

理等因素而不同。20 世纪 80 年代北京进行建筑评选时，北京国家图书馆是市民公认最喜爱的建筑之一，而建筑师们的评选却与公众意见不一，因此如何创作公众喜闻乐见的又能雅俗共赏的建筑是建筑师面临的挑战。国外的经验表明，在规划设计中，尤其在从事大规模的工程规划设计时，必须提倡公众参与。美国法院已裁定，建筑美观应作为由公众控制的、单独的基本要求。这表明，设计的指导原则及设计外观的评估必须重视大众参与和相应的法律基础。同时，也必须对公众的情感反应，包括其偏爱进行研究。近几年来，我国一些大型设计项目公开招标后，最后大多单位都将这些方案（中奖的和非中奖的）公开展览，它对业主的最后决策起着很大的作用。深圳文化中心图书馆的设计是国际招标的，最后采用了日本建筑师矶崎新的设计方案，该方案采用了大面积的黑色墙面，公众与领导都极力反对这面墙，最后把它改了；又如上海环球金融中心，建成后高于上海金茂大厦，成为上海最高建筑，它的塔体顶部采用一圆形的造型，看上去像日本的"太阳旗"，这就引起强烈的民族情感反应，人民自然不能接受，最后不得不将上部重新设计（图 14-13）。

14.2.4　自然法则

大自然是物质来源，也是我们设计构思的创意源头。自然界中生物的形态不仅伴随功能而生，也遵循自然演进的法则。我们从事建筑设计除了依循地球引力的力学法则外，也应效仿自然生物生命演化的自然法则来进行设计和创作。生物遵循的自然法则是：一种生物的排泄物可能为另一种生物所食用，从而进入一定的生物循环系统。因此，遵循自然法则的建筑创作时，就要让自己去体验基地的生活，了解那里的自然与文化，研究当地的风土人情，观察当地的乡土建筑，研究当地的资源及自然条件。

建筑活动始终围绕着"自然与人"这一主题。自然因素对建筑创作的能动作用是毋庸置疑的，建筑造型的生成与创造都要效仿自然。建筑创作受到气候、地质、地貌、地形的限制，必然影响到建筑的空间组合及围护结构的材料和形式。我国传统民居中，合院式最具典型性。其院落的大小对应纬度变化由北至南逐步减小，体现了不同气候地区对阳光获取和辐射热的控制。北方四合院南北向距离与南房高度之比平均值为 10：3，四周墙壁紧闭，以求在寒冷的冬季获取较多的太阳辐射热量；而南方天井平面尺度小，建筑物进深较大，南北距离与房子的高度之比平均为 5：3 左右，顶部仅留小开口，以求夏天降低辐射热。

在我国南方及新疆、川南、滇西等炎热地区，建筑多采用大进深、大出挑，并设置遮阳、隔热、通风的设施，避免阳光直射，利于自然通风，建筑造型显得宽敞，高大、明亮、通透；在比较典型的湿热气候地带，如广东、滇南等地，遮阳构件、透空开敞、架空高台等成为建筑外部形态的基本特征。图 14-14 为我国著名建筑师、工程院院士莫伯治先生 1974 年设计建成的广州矿泉别墅，是典型之例，充分体现了亚热带气候的条件。此设计 1981 年获全国优秀建筑设计一等奖。

20 世纪 60 年代起，人们开始思考建筑作为改造自然的人造物对自然环境所造成的破坏，从而唤醒建筑创作中要尊重自然的思想，建立人与自然的对话，维护自然生态的健康取向，提倡设计结合自然、结合气候、结合生态。印度建筑师查尔斯·柯里亚（Charles M.Correa）更提出了"形式追随气候"的

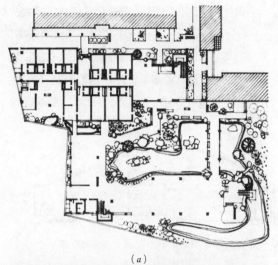

（a）

（b）

（c）

图 14-14 广州矿泉别墅设计
（a）底层平面；（b）开敞的架空层；（c）通透的院落

设计观（图 14-15）。马来西亚建筑师杨经文（Ken Yeang）也提出了"生物气候摩天楼"的高层建筑设计理论和实践（图 14-16）。马来西亚汉沙与杨事务所对高层建筑进行的"生物气候设计"（bioclimatic design）研究，成

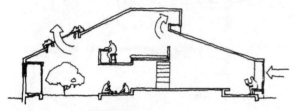

图 14-15 柯里亚气候住宅

图 14-16 商业机器大楼

果却体现在"商业机器大楼"这栋作品上。所有朝东朝西的窗户都装设了室外百叶以减少太阳辐射热，南北两面则使用无遮蔽窗户以增加自然采光。电梯间采用自然采光与通风，屋顶则为未来加装光电板的可能性。"垂直造景"更是这幢楼最有代表性的设计手法。在该楼设计中，采用了交错式、螺旋状的旋转模式，让植物接受最多的阳光与雨水。植物可用来冷却建筑，也可让使用者接触户外，感受大自然。

1974 年美国建筑师西姆·范·德·莱恩（Sim Vam cler Ryn）设计建造的全美第一所完全自给型的城市住宅——Qraboros 住宅，是与环境共生，自给自足的住宅。它利用覆土、温室及自然通风技术提供稳定、舒适的室内环境；风能、太阳能装置提供建筑基本能源；粪便、废弃食物等垃圾用作沼气燃料及肥料；温室种植花木提供富氧环境；收集雨水净化后用作生活用水；污水经处理后变为中水利用，用以养鱼及植物灌溉……这样房子就造成了新的构件如风塔、拔风烟囱、遮阳设施、太阳能利用设施等，这些都将成为建筑造型的新的物质要素，把它与建筑组合一体化就会产生新的建筑形式和新的美感。英国 BRE 办公楼的设计就是一很好的实例（图 14-17）。

立面

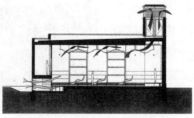

说明自然通风措施的讲演厅剖面图

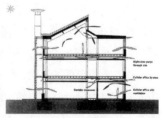

办公室空气对流

图 14-17 英国 BRE 办公楼

14.3 建筑形式美的规律

建筑的美观是客观存在的,一幢新建筑落成以后总给人们一定的印象,产生美或不美的感觉。人们也自然给予一定的评价,一个设计方案的出现,同样如此。

建筑造型美的处理绝不是只能意会,不可言传的。它有其本身内在的规律。人们在长期的建筑实践中对这些规律给予一定的总结,如一般构图原理所讲的对比、韵律、比例、尺度等。这些虽然反映了一定的构图现象,但是有的也比较牵强,有的已不能适应现代建筑了,因此不拟作深入地讨论。在本节中只是根据人们在评价一些新建筑或设计方案时,就形式问题常常讨论的一些问题加以总结,作为我们在学习设计时一般应思考的问题。通常可有以下几方面:

(1)建筑造型的整体性的问题;

(2)建筑造型的统一与变化的问题;

(3)良好的比例与合适的尺度问题;

(4)表现不同的内容与性格问题;

(5)表现材料结构的特点及规律问题。

以上问题既反映了建筑构图形式的某些规律,也反映了功能、材料、结构与形式的关系,既是一般的原则要求,也包含着技法和手段。在设计中,如果反复推敲这些问题,就可以使建筑造型逐渐趋于完善。当然,建筑造型首先是与环境统一和谐问题,这在第3章已论述,这方面仅就单体建筑本身的形象问题进行一些探讨。

14.3.1 建筑造型整体性问题

一幢建筑物是由不同体量和不同材料组成的实体,组成建筑物的各个部分既有区别而又有其内在的联系,它们通过一定的规律,有机地组成一个完整的整体。因此,一幢建筑物是否形成一个完整的整体,又成为人们评论的一个习惯法则。建筑物的整体性主要是包括以下三方面的内容:一是建筑物体形各部分彼此是否均衡,二是建筑物的整体是否稳定,三是主从关系的处理。因为建筑物的各个体量都表现出不同的重量感,所以几个不同的体量组合在一起的时候必然产生一种轻重关系。均衡是前后、左右轻重关系问题,稳定则是上下轻重关系问题。建筑造型的处理就要求建筑物的体量关系符合人们在日常生活中形成的平衡稳定的概念。

1)均衡

建筑物的均衡包括多方面的内容,从群体、总体、体形组合、平面布局至室内设计、细部装饰等都有均衡的问题。

（1）总体布局的均衡

总体布局的均衡问题不只是构图上的要求,也有实际功能的意义。一个车站广场的建筑群布局,除了考虑构图上完整均衡外,还要考虑车流、人流交通组织的均衡。

总体中采用对称的布局都是均衡的,但在建筑群中绝对对称是很少见的,往往只能是大体的对称。在大体对称的前提下,可以有不对称的处理。这样既能满足建筑群整体之要求,也使单体建筑的布局较易满足功能的要求。北京天安门广场建筑群的布置是以天安门和人民英雄纪念碑为中轴线,两侧的人民大会堂和中国革命历史博物馆,二者位置和体量的大小是对称的,但两幢建筑的内部空间布局、立面和细部处理都有很大的不同。人民大会堂是由会堂、宴会厅及人大常委会办公楼三部分组成，革命历史博物馆是由中国革命博物馆和中国历史博物馆两部分组成。由于二者组成、功能及空间大小要求不一，除保证整体上的均衡外，分别采用了不同的平面及空间布局。

在不对称的整体布局中应有整体的均衡感，它可以利用周围的建筑甚至通过绿化的处理达到不对称的整体均衡。

平面布局主要应满足功能的要求，在此基础上考虑平面构图的均衡。对称的平面自然是均衡的，它们都有明确的中轴线，轴线两侧布置的内容应基本一致（图14-18）。

不对称的平面，布局比较灵活，但也有一个构图中心，并以此作为平衡的轴线（但不是中轴线），使整个平面外形大致均衡。平面构图中心一般也是主要入口所在处，它要与体形的均衡同时综合考虑。如南京医科大学图书馆，从解决使用功能出发，满足各部分朝向的要求，并使人流分布均匀，同时考虑到平面和体形的均衡，采用了这种不对称的平面布局（图14-19），将外国留学生阅览室布置在入口的左侧，并向前伸出，加重入口左侧的构图分量，也使入口更突出。

（2）体量组合的均衡

体量的组合可以采用对称的均衡和不对称的均衡。一般说对称的构图都是均衡的，也易取得完整的效果，采用较多。这种对称的建筑,常给人以端庄、严整的感觉，如前述图14-17所示，为几种对称式的体量处理方式。这种建

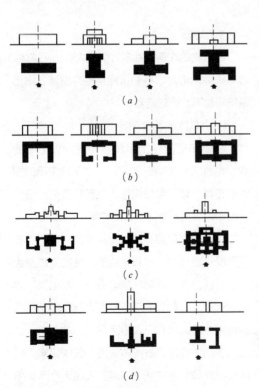

图 14-18 对称布局与体形处理
（a）简单体量对称组合；（b）院落式对称组合；
（c）复杂体量对称组合；（d）外形对称平面不对称组合

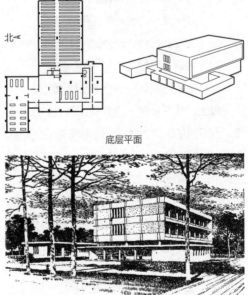

底层平面

北

图 14-19 不对称的实例——南京医科大学图书馆

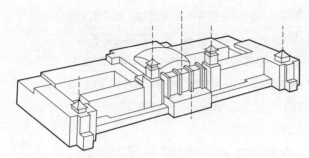

图 14-20　北京火车站

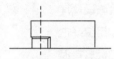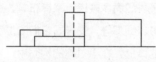

以入口为轴线两侧体量不等，重量感不一，产生不均衡，不完整之感。

突出入口轴线大体量，但入口偏于左侧，左侧采用两个小的体量与右侧一个大的体量匀称。

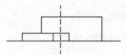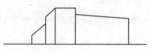

入口轴线向中移，左侧增加一小体量，轴线两侧均衡感有所改善，构图较完整。

转角处理，从透视看入口轴线两侧是均称、完整的。

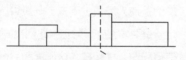

入口轴线不变，左侧增加高低不等的两个体量，使轴线两侧更匀称，构图更完整。

左边一个体量过大、过重，反使两侧不平衡了，不对称的轴线两侧长度相同似乎对称又不对称，是不常用的。

图 14-21　不对称的均衡处理

图 14-22　南京丁山宾馆

筑物都有明确的中轴线，轴线两侧完全对称，建筑物的整个体形均衡、完整。某些重要的建筑物，还常常借助于加强轴线两侧及端部的处理，突出中心轴线来加强建筑物庄重、严整的气氛。北京火车站两侧两个竖向钟楼和两端角楼及上述中国革命历史博物馆入口两侧的处理，都使中心更加突出，从而更加强了对称均衡的感觉（图 14-20）。

但是，建筑物总是受到功能、结构、地形等各种具体条件的限制，不可能都采用对称的形式。这时，必须采用不对称的布局，因而平衡的处理就较困难，处理不好，建筑物就显得不够完整。如图 14-21 所示，以入口为轴线的两侧体量不等，重量感不一，给人产生不均衡、不完整的感觉。

在不对称的组合中，要求的均衡一般是根据力学的原理，采取杠杆的原理，以入口处作为平衡的中心，利用体量的大小、高低，材料的质感，色彩的深浅，虚实的变化等技法求得两侧体量大体的均衡（图 14-22），即利用一边的竖向高起的体量与另一边横向低矮的体量，相互均衡，或者是利用几个较小的体量与一个大体量相均衡。

为了取得不均衡的平衡，还有其他一些手法：

● 利用材料质感的轻重取得大体的均衡。两边体量虽有大小差异而不均衡，但通过墙面材料的处理，即小体量的墙面采用质感较重的材料（如石材等），增加它的分量，体量较大的墙面采用一般清水墙和玻璃窗，使二者大体均衡。又因它们都是采用当地地方材料，本身也是较统一的。

图 14-23 为勒·柯布西耶设计的法国朗香教堂（1950~1955 年）就是比例的经典之作。它以教堂的入口为构图中心，平面和立面都是不对称的，但却是均衡的。其造型处理手法就是利用杠杆原理，构图中心的左侧体量单一高耸，右侧则是由三个低小体量构成，并在原来较大实体块上通过开窗和曲面的处理将它们软化，从而减轻分量，达到与左侧体量的均衡。

● 利用虚实处理而取得大体的均衡。一般在体量不均衡的情况下，可以将小体做得实一些，窗户开小一点，甚至做成不开窗的实体，而将较大的体量开设较大的窗户，做得轻快、空透一些。

● 可利用色彩深浅产生不同的轻重感觉而求得大体的均衡。一般认为深的色彩较重实，浅的色彩较轻快，因此在小面积上采用较深的色彩，大面积利用较浅的色彩，可以取得感觉上的平衡。

当然，在设计时各种手法往往是综合运用的，不能孤立地看待。

（3）内部空间组织均衡

很多大厅和一些主要厅室一般都采用对称式的布置方式，以取得自然的均衡。但是在某些条件下，它们本身并不完全对称，如单面开窗的休息厅，两侧墙面不对称，如果为了设计的要求，必须采用对称的构图，以得到端庄、严谨的气氛，可采用对称的柱廊、顶棚、地面、灯具和对称的家具陈设等，构成对称的形式，达到设计的意图。

在不对称的室内空间组织中，要取得均衡的效果，就必须妥善地安排和处理室内墙面、柱子、门窗、楼梯、家具布置，室内陈设及其色彩、细部等，安排好它们的位置，组织好它们的体形。在不对称的构图中，它们都具有很大的表现力。

2）稳定

建筑物整体性的另一方面就是稳定。因为建筑物是永久固定在一个地方，建筑物的形式要给人以稳定感，才能使人感到美。头重脚轻、摇摇欲坠的建筑难以使人产生美的感觉，相反的倒是使人恐惧、不安。一般讲，建筑物的稳定感是要求整齐、匀称，比例良好的外部形式，使窗和窗，柱和柱，这一层和另一层，这一构件和另一构件等之间保证一定的比例关系，这是保持建筑稳定感的必要条件。稳定也就成为衡量建筑是否美观的基本要求之一。

根据人对自然的认识，要获得稳定的概念，物体须具备一定的条件：必须是底面积大，重心较低，下部大而重，上部小而轻。如自然界的山、树、土坡等都包含着这个规律，山是下部大、上部下，树，是下部粗、上部细，并且向四周均衡的生枝长叶。因此，研究建筑物的稳定，也就是研究建筑物上下大小之间的轻重关系，它也必须遵循这种自然的法则。但是建筑的处理手法却是多种多样的。可以简述如下：

图 14-23　朗香教堂

（1）利用体量和体形的组合（变化）求得稳定

一般是通过建筑体量的下面大、上面小，由底部向上逐渐缩小，使重心尽可能降低的方法求得稳定感。如有名的埃及金字塔，天坛的祈年殿，莫斯科红场的列宁墓等中外有名的建筑都给以下大上小的体量处理手法给人以安详、结实和稳定感觉（图14-24）。

在近代不少多层和高层的建筑中，采用依层向上收缩的手法，不仅可以获得稳定感，而且丰富了建筑的轮廓线，更有力地表现建筑的特定性格，取得更加宏伟的效果。北京民族文化宫、北京中央美术馆都是运用这种手法而获得较好效果的实例，如图14-25所示。

现代高层建筑造型更是从结构稳定性的要求出发，体形常常是上小下大，把建筑结构与建筑造型有机统一起来。如图14-26为香港中环广场，楼高78层，总高373.9m，平面呈三角形，三段式，顶部收进，呈金字塔状高高耸立，成为全港标志性建筑。

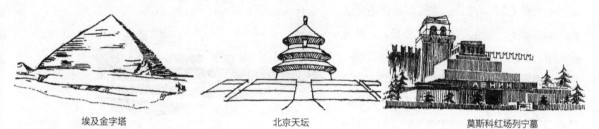

埃及金字塔　　　　　北京天坛　　　　　莫斯科红场列宁墓

图14-24　利用体量和体形的组合（变化）求得稳定之例

北京民族文化宫

北京美术馆

北京长话大楼

北京广播大厦

图14-25　近代建筑造型稳定性之例

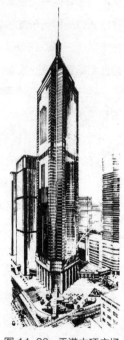

图14-26　香港中环广场

结合功能的要求，利用空间的布局，求得稳定感。这种手法通常是将建筑的底部作成"基座"或"底盘"以获得稳定感。例如，南京五台山体育馆，为了合理组织观众、运动员、工作人员等不同的人流，采用各层功能分区的办法，将底层作为工作人员、运动员及首长、贵宾接待用房，并使它向四周突出，构成建筑物整体较结实的"基座"和露天平台，承托着主体空间，使建筑造型具有完整、稳定及雄伟的效果；上海体育馆也采用同样的手法，获得了同样的效果（图14-27）。当今，很多高层建筑下部做裙楼，也给人稳定感。但是，在某些建筑中，由于新材料、新技术、新结构的发展，常常将两层以上的部分悬挑出来，形成上大下小的方盒体形，与上述一些手法相反，但也能异曲同工。它在光影效果的作用下，使得第一层看过去好像一个结实整体的支架或底盘，同样给人以一种新形式的稳定感，像一个盒子放在支架上一样，它可以表明建筑的尺度，产生雄伟而新颖的造型效果。

（2）利用材料的质地、色彩给人以不同的重量感来求得稳定

上海外滩的很多建筑，下部砌筑粗重石块，给人以坚固、稳定感。现今，在某些公共建筑中也常常借用这种手法，用上下墙面材料，色彩的变化如用色调较深的贴面材料来处理勒脚，或者做成建筑的基座等。利用材料这种三段式手法在传统建筑中使用很普遍。如图14-28底层墙面采用水泥粉刷，划分为较大的块，似石块之感，构成建筑之基座，二层以上采用清水墙。它以轻重质感的对比，加强了整个建筑体形的稳定感。

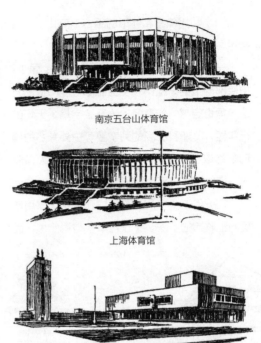

南京五台山体育馆

上海体育馆

乌里扬诺夫斯克列宁纪念中心

图14-27　利用底盘的稳定之例

图14-28　利用不同材料求得稳定感
三段式设计，底层采用水泥粉刷划分较大，二层以上用清水墙

除了材料质地产生的轻重感以外，虚实的关系也构成某种轻重的感觉。一般讲，实的有重感，虚则有轻感，虚实关系处理不当，也就会产生轻重关系不妥的感觉。

（3）动态的稳定

在某些建筑物中，为了使建筑形象具有强

烈的表现力，常常在整体稳定的基础上，又表现某种动态，给人以更加生动的形象。例如，香港中国银行大厦，总高 367.4m，大厦平面为正方形，由对角线分为 4 个三角形，每个三角形在不同的高度向内收进，而且顶部倾斜，使建筑造型像一个有变化的多面体，节节升高，隐喻银行事业不断兴旺发达。外观配合向内收进的三角形体块，用 45° 钢斜撑，又在外观构成了三角形的外表，建筑形象独特，上小下大，稳定又有动感，在香港中环建筑群天际线中独树一帜（图 14-29）。

又如大连银帆宾馆设计中，建筑师的设计构思从"山""海"环境特点出发，寓意"帆"的形象，以两个高低错接的三角形造型和台阶式跌落平台塑造了帆的动态感（图 14-30）。

在现代新建筑中，很多公共建筑在造型创作中也常常追求动态感，尤其是在体育建筑、文化建筑、休闲性建筑的创作中，更是建筑师刻意摹画的一笔。图 14-31 为美国耶鲁大学冰球馆，其屋顶与馆身的曲线，像一只大鹏鸟，极具动态感。

图 14-30　大连银帆宾馆

外观

剖面

平面

图 14-31　耶鲁大学冰球馆

图 14-29　香港中国银行大厦

3）主从关系

建筑的整体性还在于搞好建筑组合中的主从关系及体量之联系。在建筑的组合中，一般包括主要部分和从属部分，主要体量和次要体量。适当地把二者加以处理，可以加强表现力，取得完整统一的效果。可以说，建筑组合中主从关系的处理是取得完整统一的重要方面。

建筑组合中的主与从，一般都是由功能使用要求决定的。主要部分在总体及单体平面布置中总是体形组合的主体，位于主要位置上。如天安门是天安门广场的主体，车站旅客站房则是车站广场建筑群的主体。在单体建筑中，如体育馆的比赛大厅，车站的候车大厅等，在使用上是主要部分，空间大，外形突出，也自然成为外部造型的主体。但是在某些情况下，也有不把使用上的主要部分表现为体形组合的主体而是平面组合的中心，如大型车站的广场、展览馆、博物馆的门厅、旅馆的门厅等。长沙火车站的设计，两侧的候车大厅在使用上和内部空间的体量上都是主要部分，但是在体形的组合中，主体不表现候车大厅，而是表现中央广场及其上部的火炬（图14-32）。又如一般影剧院建筑表现的主体是门厅而不是观众厅或舞台，尽管它们的空间体量是高大的。图14-33为苏联海参崴海洋电影院椭圆形大厅，是与门厅一起得到充分表现的，它是20世纪60年代苏联具有代表性的电影院之一。

在建筑组合中，主从关系贯穿在建筑群体、单体及细部设计的各个方面。通常主要运用各部分位置的主次、体量的大小及形象的差异等来表现其主从关系。

为了把有联系的甚至无联系的各个体量有机地组织成一个整体，常常是运用轴线来安排它们的相对位置，形成一定的主从关系，从而构成一个统一的整体。一般是主要部分在主轴线上，从属部分在主轴线的两侧，或在其周围。无论是总体布局或单体设计皆如此。

当出现两个或两个以上彼此独立的体量时，更需要利用一定的轴线安排，把孤立的各部分组织成为一个完整有机的统一体，否则就会"各自为政"，缺乏中心，形成多元性，从而主从不明。

通常，在处理两个或两个以上体量时，采用以下一些方式使其成为一个统一体。

（1）用连接体形成整体的构图。

（2）两个对称的体量通过第三者主体的安排使二者都处于从属地位，使三者构成一个完整的整体。

（3）利用体形大小突出主体求之统一（图14-34）。

图14-32　长沙火车站

图14-33　苏联符拉迪沃斯托克（海参崴）海洋电影院（1969年）

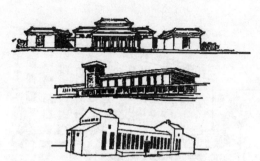

图 14-34 利用体形突出主体之例

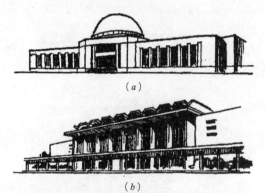

（a）

（b）

图 14-35 利用形象突出主体之例
（a）北京天文馆；（b）某车站设计

图 14-36 某招待所
以门厅、休息厅等公共活动空间为中心，构成构图中心

图 14-37 乌鲁木齐航空港

（4）利用形象的对比突出主体求之统一（图 14-35）。

"主"与"从"是相对的，在突出主体的同时，对于从属的部分也要适当的处理，以使主体与从属部分成为一个有机相称的整体。为此，在运用对比手法突出主体的时候，通常又在体形、色彩、质地等方面采用适当的呼应手法使其与主体相联系，而最基本的又是体形上的呼应。

为了突出主体，建筑处理还必须要有重点。无论是平面布置、空间组织或立面设计乃至细部处理都该如此。无重点，即无区别，也即无主从。重点的选择可以根据以下几点来考虑：

● 根据建筑功能和内容的重要性来决定，以使形式更有力地表达内容。在平面和空间处理上，一般是在平面组合的中心，如门厅或中央大厅常是重点处理之所在，或者是在标准较高的公共活动的场所，如休息厅、宴会厅等（如图 14-36）。在立面的处理上，重点一般是在入口的轴线上，如果有几处入口，则要根据它的内容、部位等不同的重要性做出明确的主次安排，做到主次分明，次要的重点服从于主要的重点。上述北京火车站则是较好的例子。

● 根据建筑造型的特点，重点表现其有特征的部位，如建筑体量的突出部分、转折部分、垂直交通部分和结束部分（如檐部、两端墙面的处理等）等加以重点处理，可以使建筑造型更完整，更富有表现力。例如机场上的瞭望塔，虽然它不在主要入口的位置，但由于它体形突出，具有特征，因而也总是构图的重点所在（图 14-37）。

● 对于整个立面的装饰，应该采用重点装饰的手法，以丰富几个主要部位（如上述所列的部位）。一般对大面积的部位尽量保持其简单、朴素的处理，以便在主次整体协调的配合下取得良好对比的艺术效果。当然在某些情况下，为了打破单调，加强变化或取得一定的装饰效果，也可在大面积的部位上适当地加以重点处理，如旅馆建筑中利用阳台或窗户作重点处理，以打破枯燥感（如图 14-38）。

图 14-38　重点立面处理之例—北京和平宾馆

14.3.2　建筑造型中的统一与变化

　　几千年来，人们在建筑实践中，总结了被认为是足以引起美感的一些本质的因素，其中最重要的一条，也是人们认为美的事物所必须首先具备的，就是所谓"多样统一"的法则。也就是说，凡是多种多样的部分组成的物体，看上去必须是一个统一的整体，建筑的美也自然要符合这一客观法则。实际上，这也是自然法则。建筑的外形，除了现代西方国家某些建筑流派或前卫建筑师所采用的奇怪的形式外，一般都要求建筑物有一个比较整齐的、有规律的、匀称统一的整体，同时也希望有多样的变化。这种"多样统一"的原则是建筑组合中必须遵守的原则。平时，我们常常听到对某些建筑或设计发出的所谓"单调""呆板"等议论，也就是因为过于单一而缺乏变化。缺乏多样的变化则成为单调；反之，过多的变化就会感到杂乱而不统一。

　　例如：图 14-39 为南京某高层写字楼。建筑为 33 层，设计者由于加工过多，一味追求变化，采用不同的材料和大小、形式很不统一的窗子，做了繁多的线条和墙面装饰，结果使整个立面显得很紊乱感到"花哨"。由于变化过多而失去了整体的统一，走向了它的反面。

图 14-39　南京某高层写字楼

如果在立面不改的情况下，将窗子规格统一，简化或去掉繁多的线条和装饰，保留入口的重点处理，这样整个立面就既有变化、而又是统一的，改变了原来紊乱的效果。

　　图 14-40 为一小学校的设计，几种立面设计的比较，其中第一个由于窗户没有很好的组织，整个立面就是一个个孤立的窗洞。虽然比较简洁，但因少变化而嫌单调。如果将每个

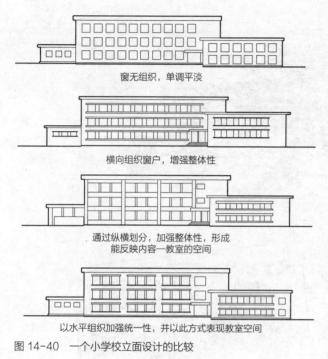

窗无组织，单调平淡

横向组织窗户，增强整体性

通过纵横划分，加强整体性，形成
能反映内容—教室的空间

以水平组织加强统一性，并以此方式表现教室空间

图 14-40 一个小学校立面设计的比较

教室的窗子作为一组组织起来，并加以适当的线脚处理，入口处加以强调，这样既可避免单调的感觉，而又在统一中取得了变化的效果。其具体手法也是多种多样的。

建筑物是由满足不同功能使用要求的各个组成部分和由结构、构造等技术要求的各个构件所组成的，它们的体量大小、形式、材料、色彩及质地等各不相同，互有区别，这就提供了建筑多样变化的客观的物质条件。但是，它们彼此之间又有一定的内在联系，如共同一致的功能要求，共同的材料、结构系统，这又使建筑物具有完整统一的客观可能性。设计者的任务，在研究造型时，就是要有意识地充分考虑及利用建筑功能及结构、技术等方面存在的一致性及差别性的因素，加以有规律的处理，以求得建筑表现上的变化与统一的完美结合。

建筑中统一与变化的规律贯穿于整个建筑群的整体布置、建筑物的平面及空间组织、体形组合、立面设计及细部处理之中，它们都要符合统一中求变化，变化中求统一这一基本原则。也就是要从统一出发，通过变化，达到新的统一。它主要包括以下一些规律性的手法。

1）以对比的手法取得统一与变化

一座建筑其艺术形象的形成，除了受功能、结构技术的影响外，具体的是由体、形、面、线、点、光影、质地、纹理及色彩等多种因素综合运用而产生的千变万化的建筑形式。自觉地运用它们的一致性及其差异性就能产生不同的形象效果。因此在设计中常常在这些方面运用对比的手法，强调各个因素的差别性，使某些特点鲜明突出。而在另一些情况下，则运用它们的微小差异，以取得各部分的联系，得到统一协调的效果。其中，体形的大小、形状、方向是建筑形象表现最基本的形式，是建筑形象主要的组合因素。面的形状、大小、虚实，线的曲直、横竖，是立面组合的主要表现形式；而色彩、质地则是建筑表面的表现形式。光影及通过平面凹凸、立面起伏的变化处理以求得光影明暗的对比，以达到艺术的效果。

（1）总体布局中的对比手法

在我国的古典建筑中，从大的体形到细部处理，从室内到室外，都大量运用了这种既有对比又有差异的处理手法而构成富于变化的统一体。如北京故宫的总体布局中，建筑体量有大有小，有高有低，室外空间有大有小，有深有浅，广泛运用了对比手法。而在构件形式与色彩的处理上，却又是采用了微小差异的手法。如屋顶就有庑殿、重檐歇山、四角攒尖等各种

图 14-41　北京故宫鸟瞰图

形式，而总的效果则是协调统一而又有变化，如图 14-41。

　　统一与变化的规律表现在整体布局中，常常是采用空间大小、方向、开敞与封闭、建筑布置的疏与密等对比手法取得统一变化的效果。上述北京故宫总体布局中层层空间的布置，就是采用了方向对比的手法。空间有横向的，有竖向的；忽而深远，忽而开阔，造成空间组合上的丰富变化。我国的园林布局中，更是广泛采用虚实相映，大小对比，高低相称的手法，使之大中见小，小中见大，虚中有实，实中有虚，或藏或露，或浅或深，疏密得宜，曲折尽致；而最忌堆砌，最忌错杂，最忌一览无余。就以苏州拙政园为例，周围及入口处，回廊曲桥，紧而不挤；正门内的假山，有屏障之妙；远香堂居中，回顾无阻；远香堂北山池开朗，疏中有密，密中有疏，引人入胜，有小中见大，深远不尽之感，如图 14-42。

　　（2）体量和空间的对比

　　在体量组合时，常常是运用体量本身的大小、形状、高低及其方向的对比求得统一与变化的整体效果。因为建筑物的各个部分，由于

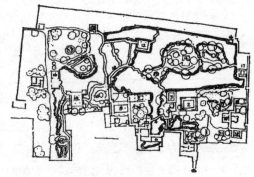

图 14-42　苏州拙政园平面图

功能要求不同或受外界条件的限制，各个体量本身往往就存在着高低、大小之别。我们就可自觉地利用它们作为对比，可以取得主从分明，主体突出的效果，如图 14-43 为在体量组合中采用这种对比之实例。这种体量的组合，决定了建筑物总的外轮廓线，这是建筑造型中最基本的也是最首要的。

　　在室内空间的设计中，常常是利用空间的高低、大小、体形的变化，色彩的冷暖以及材料质地的差异等取得变化的统一的效果。譬如：在两个厅室之间常采用较小的过厅使二者相连，形成空间大小的对比，以小衬大，使空

间富于变化；在门厅或大厅中，常在局部或四周设置较低的夹层，形成空间高低的对比，以低衬高，更加显示大厅的高大（图14-44）。

（3）立面设计中的对比

在立面的设计中，主要是利用形的变换、面的虚实对比、线的方向对比求得统一与变化的整体效果。形的变换和面的虚实对比具有很大的艺术表现力。一般的建筑物立面都是由墙面的门窗、阳台、柱廊等组成，前者为实，后者谓虚。立面虚实的对比通常也就是指墙面与门窗洞、凹廊、柱廊等的对比。在一个面中，虚与实一般不宜均等，根据功能的需要（如采光、日晒等）和结构的可能要以一个为主。运用虚实对比，以虚为主，常能产生造型轻巧、开朗的效果；以实为主，则往往造成封闭、庄重或严肃的气氛。通常文化、体育及社会生活等公共建筑如学校、宾馆、车站等宜以轻快为主，开窗较多，以虚为主；纪念性建筑则以实为主较多。如图14-45，为长春电影宫，以主入口接待大厅为中心，综合运用了直线与曲线，墙面的实与入口的"虚"（玻璃面与阴影）产生了鲜明的对比。

有些建筑由于功能要求，形成大片的实墙面，但在艺术效果上不需要强调实墙面，往往利用平面布局的手法来改变虚实关系。如前述北京中央美术馆，由于陈列室采用天窗和高侧光，形成了大片的墙面，为了改变过实之感，在实墙外加了空廊，形成成片的阴影，取得了虚实对比的效果。一般影剧院由于舞台、观众厅采用人工照明，不开窗户，形成大面积的实体。因此，通常都将门厅、休息厅围着大厅布置，门厅、休息厅则可做得较轻快，这样就可

图14-43　广州白天鹅宾馆

图14-44　南京曙光电影院门厅

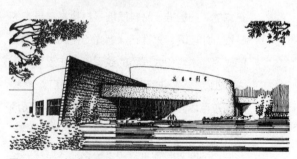

图14-45　长春电影宫

改变虚实关系，避免大面积的实体暴露于街景，因此，影剧院采用门厅—观众厅—舞台纵向布局较多。

此外，改变虚实关系也可通过平面的凹凸处理或在墙面采用不同的色彩和不同质地的表面材料，以减少实墙面沉重、闭塞之感。近代玻璃材料在建筑中广泛应用，不仅用作门窗，

也更多地应用于内、外墙面的处理，它为建筑立面的虚实处理提供了新的手段。

近代建筑，常常运用大片格架或大面积百叶窗作为调整虚实关系，形成虚实对比，突出重点的手段。由于格架本身似虚似实，它可以在虚实之间起着过渡的作用。在以实为主的构图中，采用格构架，它起着虚的作用；而在以虚为主的构图中，采用格构架，则可起着实的作用。

（4）材料、色彩的对比

在建筑表面处理中，常常运用色彩、质地和纹理的变化形成强烈的对比。如采用表面粗糙的石材和光滑的玻璃幕墙形成对比，给人以明快新颖的感觉；采用暖色调用冷的色调的对比，前者造成热烈的欢迎气氛，后者产生安静的感觉。在建筑表面处理中，不同材料的处理和质地的运用可以丰富建筑形象，可以显示建筑物的不同标准。材料质地是材料本身具有的特性，如玻璃、大理石、磨光的花岗石或金属的光泽，木料和大理石的纹理等。它是经过人为加工处理的，如石料表面粗细的加工，各种不同拉毛墙面的处理等。这些不同材料的质地给人不同轻重感和质量感。粗的表面感觉沉重、坚固；细的表面感觉轻巧、精致。根据建筑物的质量标准，选用不同的材料，要求高的公共建筑常用花岗石、大理石、木材、玻璃、塑料板、各种面砖甚至金属等高级材料作室内外的表面材料；一般大量性的公共建筑则采用各种粉刷材料，甚至清水砖墙。如果处理得当，这些普通的材料也可取得较好的效果，有时采用地方材料，并表现自然材料的表面，如毛石墙面的运用，使建筑具有地方的特点。目前一般主张废材利用，低材高用，高材精用以求得既经济又美观的效果。

（5）光影作用下的明暗对比

建筑表面的处理还常常借助于光影的作用而使其富有变化。一座建筑物，如果所有墙面都是平平的，没有光影作用下的明暗对比，则显得单调，平平淡淡。一块处理的墙面，在有光影和无光影的情况下效果是截然不同的。北立面光影很少，一般感到"灰秃秃的"。因此，在设计时，如果自觉地利用墙面的起伏变化以求得光影对比的效果，将使建筑形象具有较大的表现力，从而产生生动活泼而丰富的立面形象。但是，这种立面的起伏，主要是由建筑功能和结构、构造、施工等技术要求决定的。如果出于建筑上的特殊需要，在技术上也必须是可能的，合理的。一般墙面凹凸的变化，阳台、凹廊设置都是由平面决定的，檐口、雨篷、遮阳板等除了功能的要求外，它们出挑的大小要受结构、施工诸因素的制约。光可表现体量，可以界定空间，可以表现材料质感。在某种意义上说，空间的设计也就是光的设计。光能将建筑的体、形、线由亮面、阳面及阴面这三个基本面显示出来，而使建筑的视觉效果表现出来，如图 14-46。其中图 14-46（a）为 1967 年蒙特利尔堆叠式住宅，其光影的效果充分表现了建筑造型的立体感；图 14-46（b）为美国约翰逊制蜡公司办公楼，光通过光影的对比充分表现了顶部的结构。

2）韵律

（1）有规律的重复

有规律的重复是建筑本身客观具备的条件，它是由建筑功能、结构技术决定的，因为

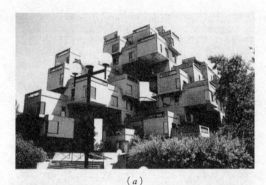

图14-46　光影对比实例
（a）蒙特利尔堆叠式住宅；（b）约翰逊制蜡公司办公楼

构成建筑的体量、空间、面和线以及结构构件都是重复出现的。一个建筑群是由许多重复的单个建筑组成，一座建筑物又是由若干重复的建筑体量、重复的房间等构成，而各个房间又是由重复的门窗、墙面、梁、柱或阳台、栏杆等组成，就是一块墙面也是由重复大小和色彩的表面材料所构成。例如：学校、医院、旅馆等建筑，都是由许多相同大小的小空间所组成。由于使用功能和结构的要求，各个房间又具有相同的层高和开间，因而就出现了许多重复的窗洞和墙面，在一些框架建筑中，自然也就出现了开间相同的柱与梁。这些，就为建筑造型提供了有规律的组织，并加以一定的建筑处理，以创造出完美的建筑形象。古今中外，凡是较

成功的建筑作品，都是充分而巧妙地利用这些条件创造了特定的建筑形象。

（2）有组织的变化

只有有规律的重复还是不够的，还必须要有有组织的变化，二者是对立统一，缺一不可。只有重复，没有变化，必然感到单调、枯燥和平淡；反之，则不统一。设计者必须在有规律重复的客观基础上充分发挥主观的能动作用，进行有组织的变化，即在满足功能和结构要求的同时，应该有意识有目的地利用这些重复因素，一方面保持和发挥它们原已具备的统一性和整体性，另一方面恰当安排和组织它们各自之间的变化和多样性，使之具有丰富的有规律的变化，而不只是单调的重复。

在现代建筑中，由于使用要求和建筑技术水平的发展，不断出现新的建筑类型和结构形式，这就为建筑造型的设计提供了许多新的可能性和新的要求。例如，装配式建筑常因工厂化的生产特点，采用大量相同的构件。某些新的结构形式本身就是呈现出极有规律的几何形象。南京五台山体育馆的比赛大厅顶棚的形式，表现了六角形网架的特点，这是运用我国传统的木结构特点而形成的顶棚藻井的进一步发展。但是，它结合设备技术的需要，中间采用了一部分吊顶，这就在有规律重复的基础上，进行了有组织的变化，取得了更加悦目的建筑效果，如图14-47。

怎样在有规律重复的基础上进行有组织的变化呢？根据实践经验之总结，必须注意以下几点。

● 重复的各部分组织必须具有连续性

因为只有具有连续性，才能形成一定的规

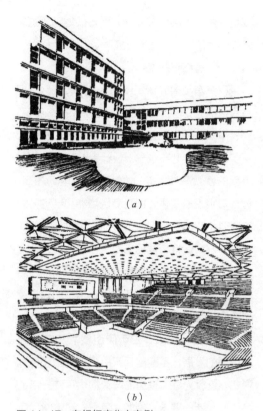

(a)

(b)

图 14-47 有组织变化之实例
(a) 法国某学校窗户有规律的重复与有组织的变化；
(b) 南京五台山体育馆顶棚的组织

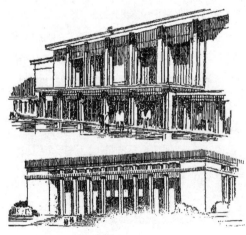

图 14-48 柱廊的组织

律性。比如说，立面门窗的组织，相同性质的并列布置的房间一般应是重复的，但是在组织立面的窗户时，应使窗及窗之间的距离（即窗间墙）保持一定规律的等距，不同的变化规律就可取得各种不同的形式。

又如柱廊的组织，也有同样的道理。如图14-48 所示，一般利用相同的开间，采用等距离排列的柱廊，采用单柱或双柱均可。在一定数量重复的条件下（一般不宜小于三次重复）自然就产生了连续感，也即形成一定的规律。如果柱间有变化，它也应是有规律的，或者大小相同，或者由中间一开间向两侧逐渐缩小，即传统的明间—次间—稍间的方式。有时为了突出入口，仅在入口处将开间加大，但其两侧还是连续的，有规律的。

这种有规律的连续的排列在建筑设计中运用的范围很广。从群体布局，体量的组合，平面设计，墙面划分乃至顶棚、地面的处理等都必须运用这一规律。图 14-49 为法国棱城大学总平面，A、B、C、D、E 各区中的建筑体形都是有规律的重复，而各区之间又是有组织的变化，彼此和谐统一而又生动。

● 有一定规律的起伏变化

建筑组合中常常由于功能及结构等方面存在着复杂的要求，因而各组成部分有不同的大小，体量有不同的高低，较难构成上述完全有规律的连续排列。在这种情况下，可以采用一种起伏的变化规律，即利用其体积的大小，体量的高低，乃至色彩的浓淡冷暖，质感的粗细等作有规律的增减变化，它们相互之间不是简单的重复。这种起伏的变化较多地运用于总体布局、立面的轮廓线的处理，构成高低起伏的

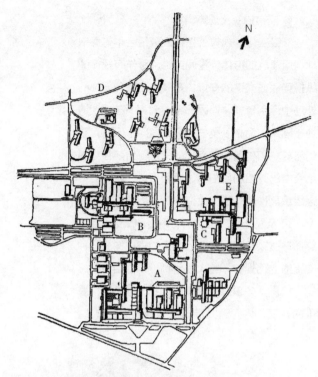

图 14-49　法国棱城大学总平面

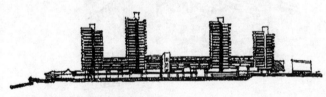

图 14-50　建筑造型起伏变化实例

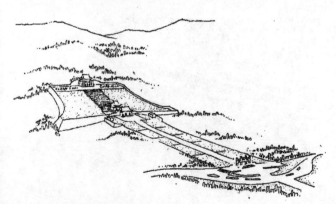

图 14-51　南京中山陵示意图

轮廓线，用以加强整体及城市艺术的表现力（图 14-50）。前述北京火车站、北京中国美术馆都是较为成功的例子，在纪念性建筑设计中，借助于这种起伏的变化加强主题思想的开展，有助于人们感情的培养和气氛的创造，从而取得某种特定的表现力。从古代的陵墓到近代中山陵等，在手法上都有这一条共同的特点。它们在群体布局中，主次建筑物的安排，空间组织，建筑造型等方面都有主次起伏，有高低潮。如图 14-51 为中山陵陵园示意图，平面分墓陵和墓道成警钟形两大部分。总体规划吸取中国古代陵墓的特点，注意结合山坡形势，突出天然屏障，运用了石牌坊、陵门、碑陵等传统陵墓组成要素的形制，整个建筑群体以大片的绿化，特别是宽大满铺的平缓石阶，把孤立的、体量不大的个体建筑连成大尺度的整体。从石牌坊到陵门可谓墓道，依山势采用平缓的斜坡道，距离较长，逐渐培养参观者瞻仰的感情。进入陵门即为序幕，经过碑陵，主体祭堂展现在眼前。随着主体的展开，宽大的踏步也由平缓而变得越来越陡峻，瞻仰者的心情也随之变得越来越肃穆。加之主体建筑祭堂采用重檐歇山琉璃瓦屋顶，赋予建筑以严肃壮观的特色，祭堂内部以黑色花岗石柱和黑大理石护墙，衬托中部汉白玉的孙中山坐像，构成了宁静、肃穆的气氛。

在某些大型的具有纪念性的公共建筑中，平面布局也常常要运用这种起伏变化的规律，以充分地展现建筑的思想内容和空间的层次感。例如北京人民大会堂的平面空间布局（图 14-52），中央大厅具有很强的政治性，应该表现出伟大的中国人民的英雄气概，大厅具有一个宏伟的空间是十分必要的。为此，将中央大厅置于全部建筑的中心，与会者通过宽大的台阶，进入门廊并通过风门厅、衣帽厅再进入中央大厅。大厅深48m，宽75m（中距），四周为10.5~12m宽的走廊。中庭部分为24m×55m，净高达19m，空间体量之大是当时国内少见的，在艺术上它构成空间序列的一个高潮。人们经过风厅、衣帽厅进入中央大厅后，一览壮阔隆重的空间，两排汉白玉的柱子，简洁朴素，五盏具有民族风格的大吊灯照得大厅壮丽辉煌，强烈的感染力顿时把人们卷入波澜壮阔、朝气蓬勃的宏伟境界中。

● 交错的变化规律

交错变化的规律就是在建筑组合中有意识地利用建筑的形体、空间或构件等作有规律的纵横穿插或交错的安排。在装修和各种局部的处理中运用较多，如园林中的漏窗、花墙、铺地、隔扇、窗格及博古架等（图14-53），它们与材料和构造有着密切的关系。目前在立面组合中已开始利用阳台、遮阳板、门窗的安排来组织某种形式的交错变化的立面式样。如图14-54及图14-55就是利用遮阳板及阳台的穿插布置以及阳台栏板上虚实的安排构成一种交错的变化规律，给人以新颖、丰富活泼的感觉。如图14-56是框架建筑中，利用结构提供的方便，将门窗交错布置构成的立面形式。

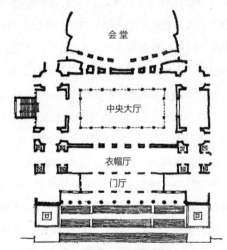

图14-52　北京人民大会堂空间组织

图14-54　交错排列的遮阳板

图14-53　交错变化的大片花格样

图14-55　交错布置阳台之例

图 14-56 框架建筑中阳台与窗户的交错处理

当然，这种手法必须以适用、经济为前提，不能为追求形式而变化，或为变化而变化。

14.3.3 良好的比例与合适的尺度

1）良好的比例

比例和尺度是评鉴建筑造型的又一重要标准。建筑的"比例"包含两方面的意义：一方面是建筑物的整体或者它的局部，或者局部的某个构件本身长、宽、高之间的大小关系；另一方面是建筑物的整体与局部，或者局部与局部之间的大小关系。

一座看上去美观的建筑物都应具有良好的比例和合适的尺度，反之，则感到别扭。影响建筑比例的因素很多。它首先是受建筑功能及建筑物质技术条件所决定，不同类型的建筑物有不同的功能要求，形成不同的空间，不同的体量，因而也就产生了不同的比例，形成不同的建筑性格。譬如宾馆建筑，其基本房间是客房，它空间小，层高低，门窗也较小；而一座学校建筑，它的基本房间是教室，它使用人数多，空间较大，层高较高，需要较开敞的出入口，大片的玻璃窗；而一个体育馆，使用人数更多，空间更加高大，更宽敞的出入口，更高大的窗户。三者无论是整体或者局部都具有全然不同的比例（图 14-57）。

建筑技术和材料是形成一定比例的物质

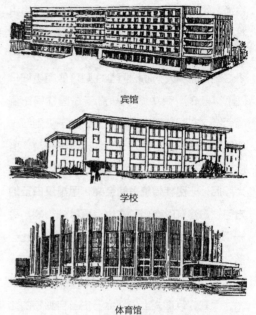

宾馆

学校

体育馆

图 14-57 不同类型建筑不同的比例

基础。技术条件和材料改变了，建筑的比例势必随之改变。处在钢、钢筋混凝土及各种新材料、新结构的今天，不可能也不应该再沿用古希腊神庙鼓状石块所用的粗壮的柱和窄长开间那种特有的比例了；也不同于我国数千年来木构架所形成的开间的比例形式；近代新结构其跨度可达数十米乃至百米以上，柱子的数量可以减少，结构本身趋于轻巧，适应性越来越大，必然产生许多与前迥然不同的比例形式。因此，建筑物的比例必须与其所采用的材料、结构形式相适应。譬如说，砖石结构不可能做成壳体结构或框架结构的比例形式；反过来讲，壳体结构与框架结构的建筑物也不应该再追求砖石结构的比例。如有的建筑采用框架升板结构，甚至框架外挂墙板，而它仍采用一般砖石结构的形式那样的窗间墙比例，这就不太恰当。就以柱子为例，西方古典时代，采用粗壮石鼓柱，柱径与柱高比为 1：6~1：10 为经典比例，我国传统木构柱其比例一般为一与十之比，而今天钢筋混凝土柱则可做得更细一（图 14-58）。其中图 14-58 下左图柱间比例高而窄，右图柱间比例矮而宽，由于受到石过梁跨度的限制，右图开间大，显得柱子小，房屋也小，左图柱间小，显得柱子大，房屋也大。

此外，民族传统，社会文化思想意识及地方习惯对建筑的比例形式也有直接的影响。每一个民族，每一个国家，由于自然条件、社会条件、风俗习惯和文化背景不同，即使处在同一历史时期，运用相近的建筑材料和工程技术，而在建筑形式上依然会产生各自独特的比例。古希腊和古埃及的建筑，同为石料所建，二者比例却不同。埃及神庙柱廊和墙面虚实的比例所造成的严峻的气氛，多少反映了埃及极其神秘化的宗教组织形式和奴隶的最高统治者法老的至高无上权威。如图 14-59，为古代埃及卡纳克孔斯神庙，外形简单，高大稳重，内部石柱粗大而密集，顶棚越到里面越降低，地面则越到里面越升高。光线阴暗，形成"王权神化"的神秘压抑气氛。古希腊神庙开敞的柱廊比例，多少也表现了一些开朗的意味，反映了当时在统治阶级内部实行一定"民主"的奴隶社会的社会思想意识，如图 14-60。我国古建筑，南方和北方的比例形式也各有特点（图 14-61）。

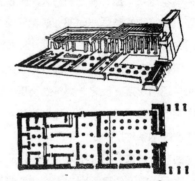

图 14-59 古埃及卡纳克孔斯神庙

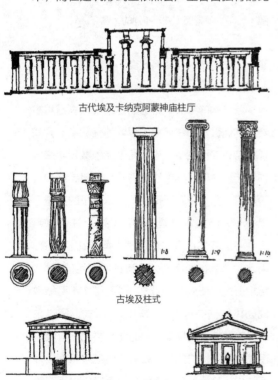

古代埃及卡纳克阿蒙神庙柱厅

古埃及柱式

两种柱间比例的比较

图 14-58 柱与开间的比例

图 14-60 雅典伊瑞克提翁神庙

热河避暑山庄烟雨楼

苏州拙政园听雨轩

图 14-61 中国建筑两例

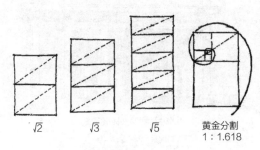

$\sqrt{2}$　　$\sqrt{3}$　　$\sqrt{5}$　　黄金分割
1：1.618

具有明确肯定性的矩形比率

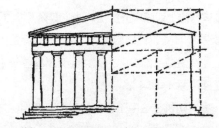

雅典帕提农神庙正立面分析

图 14-62 矩形比率及实例分析

建筑物及其构件一般都是由一定的几何形体所构成（如建筑体量、建筑空间，墙面甚至门窗的外形等），而且大多数是方形或矩形组成。究竟哪种几何形的比例是良好，哪种又是不好的呢？难以统而论之。但是，几何形中的正方形，由四等边四直角组成，非常肯定明确，改变其中任何一边或一角就破坏方形。正方形如果向一边展宽，就变为长方形，但如果仅仅放宽少许，则乍看起来还难以判定它是正方形还是长方形，非驴非马，不够肯定，使观者费解。因此必须展宽到一定限度，使具有充分长方形面貌而且不太狭长以致近似条形，看起来才够理想。人们在历史的长河中发现最耐看的长方形，两边的长度比是 1：1.618，即谓"黄金比"。稍逊一筹的如 1：1.5（即 2：3），至少也要 1：1.4，即正方形的一边和对角线之比（图 14-62 上图）。考古学家推测，埃及金字塔和神庙体形证明，公元前三千年人们已掌握"黄金节"规律。16 世纪，意大利建筑家伯拉的（Andrea palladio）设计厅室平面，长宽比常用 2：3。现今人们一般也较喜欢这样的外形比例或接近于这样的比例。例如世界各国的国旗，一般都是采用近似的黄金比例，两边之比为 1：1.5，我国国旗也是照这比例。而书籍版式普遍为 1：1.4，中文书是 1：1.6，因此在建筑上也较习惯于这样的外形比例。

但是，"黄金比"不过是完美比例中一个最主要的范例，而不是唯一的，也有其他的比例同样是较美观的。如正方形、圆形、等边三角形等都具有肯定的外形，易于吸引人的注意，如果处理得当，也可能产生良好的比例，取得美的效果。

比例的推敲，不能只从图面上来研究，还需进一步考虑到周围环境的影响及实际的透视效果。在实际生活中，往往发现由于周围环境及透视变形的影响，建筑物的实际效果与图面上的形象不尽相同。原来图面上的比例是好的，但实际效果却是不好的；反之，也有反例。因此，在设计工作中必须考虑视觉的误差，预先加以必要的矫正，以求得比例更完美的实际效果。

例如：具有几个相等开间的门廊，有时在背景环境的影响下，相等的开间会有不等的感觉，而常常是中间的开间显得小一些。因此，在有些大型公共建筑门廊的设计中，把中间的开间适当放大，这样就可避免中间开间局促的感觉。如图 14-63 所示，为三个门廊的处理，其中北京展览馆的门廊就是将中间开间适当放大而取得了较好的效果；北京军事博物馆的门廊，采用相等的五开间，由于两进间以实墙作背景，相对地显得中间三开间比较狭窄；而北京民族文化宫的门廊与军事博物馆的门廊不同，它缩小了左右两进间的开间尺寸，显得中间三开间比较突出。但是，由于中间三开间的背景也不相同，两次间的金花彩色玻璃华丽夺目，相应的感到当心间的开间比较局促。因此，有的加大门廊开间的大小，由中间向左右逐渐缩小，往往能取得更完善的实际比例效果。

又如，当你在较近的位置观看一座高大的建筑物时，竖向的各层高和宽度是向上逐渐缩小的，坡屋顶也将比图面上的立面坡度要平缓，都改变了原来图面上的设计比例。因此，设计时就要考虑到这种透视的变形。我国古建筑立面坡顶的坡度都比实际看到的陡，庑殿顶也使

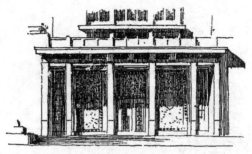

北京民族文化宫门廊

北京展览馆门廊

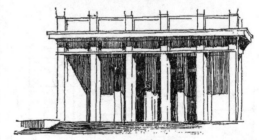

北京中国军事博物馆门廊

图 14-63　门廊的比例

四条屋脊的上段略向外推出一些（即称"推山"的做法）。如果设计略加疏忽，只注意立面的比例，往往建成后的实际效果将会有屋顶过于平缓之感（图 14-64）。

高层建筑往往由于各层体积相互遮挡，常常会使各部分之间的比例关系发生很大的变化或失调。在建筑群的规划布局上也要考虑到它

图 14-64　上海市博物馆设计（1935 年）

图 14-65　上海工业展览馆

们的遮挡问题。上海工业展览馆遮挡问题的考虑细微，透视比例完美，见图 14-65。

2）合适的尺度

尺度是建筑造型的主要特征之一，它与比例有着密切的关系。如果说，比例是建筑整体

和各局部的造型关系问题，或是局部的构件本身长、宽、高之间的相互关系问题，那么尺度则是怎样掌握并处理建筑整体和各局部以及它们同人体或者人所习惯的某些特定标准之间的尺寸关系。

一幢尺度处理适宜的建筑，通常应考虑以下几个基本原则：

（1）处理尺度应反映出建筑物的真实体量的

在进行设计时，力求通过与人的对比或人所熟悉的建筑构件的对比显示出建筑物给人的尺度感与它的真实体量相符合。大型公共建筑的整体和各局部往往是比较高大，如果处理不恰当，看上去就容易感到空旷、笨拙，甚至显得比实际的体量小，使人觉得不舒服。因而，能否大体上表现出建筑的真实体量，是衡量尺度的标准之一。

（2）尺度的处理应该与人体相协调

一些为人们经常接触和使用的建筑部件，如门、窗台、台阶、栏杆等，它们的绝对尺寸应与人体相适应，一般都是较固定的：栏杆和窗台的高度一般为 1.0m 左右，门扇的高度应为 2.0m 左右，踏步的高度一般为 15cm 左右。人们通过将它们与建筑整体相互比较之后，就能获得建筑物体量大小的概念。图 14-66（a）（b）（c）（d）外形比例相同，借助于人习用的建筑构件的对比关系，表现了不同的尺度感。其中（a）没有任何对比，也就得不到任何尺度感；（b）由于门、窗、踏步及栏杆等人们习用的构件组合而得到一层的尺度感；（c）（d）同样的外形比例却又得到二层和四层的尺度感。如果一幢建筑物的这些部件中都有正常的

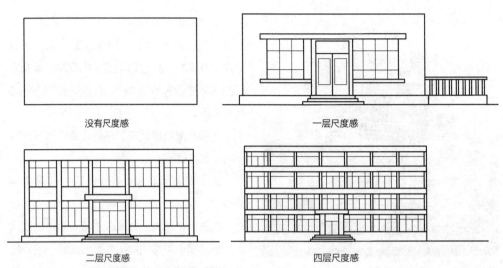

没有尺度感　　　　　　　　　　一层尺度感

二层尺度感　　　　　　　　　　四层尺度感

图 14-66　建筑物的尺度感

尺寸，它给人的大小感觉和它的实际体量就会大致相符，因此尺度也是对的。如果这些部件和人体不相适应，不但使用不便，看上去也不习惯，造成对建筑体量产生过大或过小的错觉，因而尺度也就失真。特别是在室内，人停留的时间长，很多构件容易被人接触到，如果尺度不恰当就会与人体不协调，而使人感到不亲切，不舒服。此外，还要考虑到整体的各部分与人体远近距离的关系，尽管它们在使用上与人体无直接的联系，如高层建筑物上部的线脚装饰、高大厅堂内顶棚的细部处理，由于它们距人较远，线脚装饰可以做得比一般粗大一些，概括一些，否则就会感到纤弱。与此相反，接近人的线脚或其他装饰等，它们的尺寸就应比较细致，否则会使人感到粗笨。

（3）建筑物各部分的尺度应该统一

正确的尺度处理应把各个局部联系成为一个和谐的整体，每个局部以及它们同整体之间都应给人以某种同一比尺的感觉，以求整体尺度协调统一。如果主立面的阳台、窗户、花墙、沿廊的尺度处理，缺乏统一的比尺，将致使整体不够协调统一。

（4）尺度的处理不仅满足上述视觉和谐的要求，而且应该有意识地表现一定的思想内容

否则，建筑就缺乏感染力，甚至可能出现一些同建筑内容格格不入的艺术效果。例如，天安门广场，宽 500m，长 880m，这样大规模的广场在世界上是少有的。它就冲破了西方某些建筑理论和现有一些广场尺度的束缚，大胆地考虑广大群众集会活动所要求的尺度，使广场建设得既雄伟、开阔，而又不空旷。既满足了视觉和谐的要求，又表达了广场的一定的思想内容。

又如广场上新建筑的尺度问题，人民大会堂从使用上要求有高大的体形，其中万人会堂和 5000 人的宴会厅都是寻常的尺度所不能解决的。广场的建筑尺度，不但要满足使用上的要求，同时要和广场及广场上的建筑物互相衬

托，取得均衡的比例。因此，广场两侧的人民大会堂和革命历史博物馆也采用非同寻常的建筑尺度，建筑物长 300m 以上，高 30~40m，这样的尺度与广场的尺度是相称的。

3）影响尺度的因素

建筑尺度是根据建筑物的性质、体形的大小、使用特点及周围环境的关系等情况来决定的。由于使用目的不同，建筑的性格不一，有时要求宏伟、庄严或富于纪念性，有时则希望亲切、轻快。就尺度处理手法的基本形式来讲，大体可以分为大尺度和小尺度两类：大尺度主要表现宏伟、隆重、气魄等效果，常用于办公建筑，政治性、纪念性建筑等。小尺度适宜表现小巧、纤秀、亲切、舒适等气氛，一般用于非纪念性建筑，如旅馆、医院、学院等。

（1）影响建筑尺度的因素首先是空间的体量，它是形成某种尺度效果的首要因素

一般说来，空间体量越大，尺度越大；相反，空间体量越小，尺度便越小。人民大会堂取得目前这样雄伟气魄，首要的还是它那巨大的体量（建筑面积 171800m²，临广场面宽 336m，中部高 40m，两翼为 31.2m，北面临长安街，面宽 174m）。试想，一个中小型的会堂，再高明的处理手法也难以取得那种气势磅礴的效果。同样，上海体育馆造型宏伟壮观，也是由于它体量庞大，而且是圆形柱体，体量得到最充分的表现（比赛厅圆形平面直径 114m，加上外圈单层建筑直径达 136m）。建筑物檐口高度 27m，屋顶采用大出檐形式（挑出 7.5m），又以外圈单层建筑作为基座，并采用四部宽大的室外楼梯，显示了建筑物大尺度的雄伟效果。南京五台山体育馆，可容纳一万名观众，建筑面积近 18000m²，檐口高 25.2m，体量也很巨大，但由于平面采用长八角形，可看到体量受到限制，尽管采用了大尺度的手法（如宽大的室外楼梯，厚实的基座式的挑出平台，浑厚雄大、有力、简洁的檐部和入口门廊的处理），但总体看来尚缺乏大尺度的雄伟效果，给人以一般会堂建筑尺度的感觉，参见 14-27（a）。

一般医院、学校、旅馆等大量性的公共建筑，由于体量有限，有时尽管面积较大，但层高较小，立面层次重叠，构件及其划分都比较小巧、纤细，因而给人小尺度的感觉，表现出亲切、舒适的气氛。

室内空间的尺度感，是隆重还是亲切，主要与顶棚到地面的高度有关。顶棚到地面的高度愈大，就愈具有隆重感。而面积大小的变化对尺度效果的影响较小，加大面积并不易增强尺度的隆重感。例如现今百货商店的营业厅，尽管面积非常大，但顶棚却不高，这种大而扁平的空间并无隆重的效果。相反的，面积不大，但空间高耸，往往给人一种隆重的感觉。当然，也不能忽视空间的比例，如普通走廊，尽管很高，也绝无隆重的感觉。图 14-67 为苏联一宇宙航行博物馆，它体形简洁粗放，大片光墙

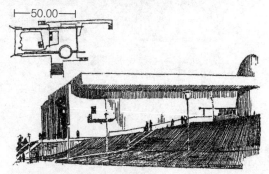

图 14-67 苏联某宇宙航行博物馆

面上的门和阳台起着一把"尺子"的作用，显示出建筑物大尺度的效果。

体量较小的空间，可以采用小尺度的处理手法，令人感到亲切。北京和平宾馆的门厅设计，面积约 200m^2，高度只有 3.2m，从使用出发，使服务、存衣、会客休息及电梯、楼梯等部分联系方便，室内空间处理也很整洁，给人以一种亲切、舒适的（尺度）感觉（图 14-68）。同样，美国达拉斯市郊图书馆也是如此，它体量空间较小较低，令人感到亲切。

空间的尺度对比对空间给人的感觉也有一定的影响。经过体量矮小的过厅后，走入北京火车站的广厅时，高大的空间显得更加雄伟；由宽阔的院子，经过稍高的门廊进入和平宾馆的门厅时，空间的尺度倍加亲切。因此，在考虑空间体量时应适当地考虑到相邻空间的大小和它的比例关系。

（2）空间内部构件的尺寸及其比例划分对尺度也有影响

在大多数情况下，空间内部构件尺寸愈大，比例愈粗壮，就越具有大尺度效果；相反构件的尺寸愈小，比例较纤细，则越偏于小尺度效果。例如，北京民族饭店和人民大会堂的北立面总尺寸差不多，人民大会堂立面构件浑厚雄大，虽然它的高度不及前者，但给人以宏伟的大尺度感觉。民族饭店立面构件较小巧，纤细，尽管显得比人民大会堂还高一些，但却给人以某种小尺度的感觉（图 14-69）。

由于构件的比例划分之影响，某些体量较小的建筑，如果处理得当，也可能取得大尺度的效果。列宁墓的体量并不算大，虽然周围都是很高大的建筑，但它那敦厚、简洁的造型，却给人留下纪念性建筑所具有的强烈的大尺度感，参见图 14-24（c）。

因此，也可以说，在一定空间体量的基础上，大尺度的手法常常需要有简洁的划分，并且适当放大某些构件，甚至采用局部重点夸张的办法。小尺度的处理特点则在于强调构件同人体有比较接近的大小关系。为了增强某种小尺度的效果，常常需要把构件的尺寸减弱，或把尺寸较大的构件作适当的划分。例如，粗大的柱子，可以在柱面的正中作一条明显的装饰带，将柱表面一分为二，使柱子的粗大感觉有所减弱。也有的处理成十字形等，也显得亲切一些。顶棚、墙面、地面的划分，可以削

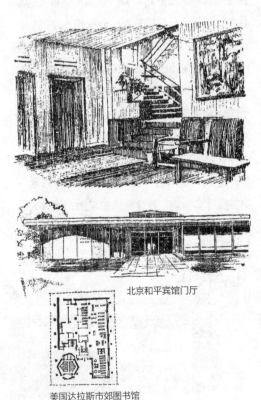

北京和平宾馆门厅

美国达拉斯市郊图书馆

图 14-68 小尺度建筑处理两例

北京民族饭店

北京人民大会场（北立面）

图14-69　构件及其比例对尺度的影响

弱大片完整面的效果，有助于增加小尺度的亲切感。

（3）细部处理对尺度也有影响

接近人体的细部，人看得比较清楚，它的处理及其大小起伏对空间整体效果的精致与粗糙很有影响。细部尺寸处理中，细微尺寸之差别，如线脚的深浅，装饰构件的断面尺寸等对大厅的整体效果起着相当重要的作用。

在细部处理中，要有明确的整体概念，在处理细部尺寸时要胸中有数，要善于分析每一个局部在整体效果中的不同作用，它在整体效果中是主要的还是次要的，在整体中它是"面"的效果出现，还是突出其体积的效果。根据需

要决定强调哪些尺寸，或减弱哪些尺寸。

除了上述三者以外，周围环境对于建筑物的尺度感的影响也必须考虑。位于开阔场地的建筑物和市区沿街建筑的尺度感往往就不尽相同，室内和室外的尺度感也不一样。前者空间开敞，后者拥挤。同样大小的建筑物放在沿街比放在空旷的地段上要显得大一些，同一构件在室内比放在室外感觉要大。因此在室内装饰设计中，就应充分考虑这一情况，室内要比室外做得精细一些。室内布置雕像一般要求与人体相近或者更小，室外的雕像就要比人体大一些。

14.3.4　要表现建筑物的个性

不同类型的公共建筑，由于功能不同，服务对象和使用情况不一，它们无论在平面上还是在外部造型上都具有全然不同的特点，因而形成了不同的建筑内容和性格。也就构成不同类型建筑物的个性。经常听到人们评论"这建筑像……"或"不像……"，不能把一座医院造得像一幢住宅，也不能把一座陈列馆设计得像一座火车站，这就说明建筑要表现不同的内容和性格，表现出它们各自的个性。各类建筑的性格和气质不一，有的要庄严、气派、崇高雄伟，有的要求活泼开朗、轻快、幽默。为了表现这些不同的性格和气质，人们在长期的实践中积累和形成了一定的概念和形式，一般认为采用对称的形式是比较庄严、雄伟，不对称的形式比较自由、活泼，实墙体多则显得沉重，开窗面积较大、虚面较多则较轻快，大尺度的建筑显得雄伟气派，小尺度的建筑则亲切近人。这在我国古建筑中表现得尤为明显，如前述的

北京故宫则属此例，园林建筑则常采用自由错落的平面和体形结合，以取得曲折有致的意境。人们在实践中，就是要自觉地运用这些表现形式来表达种种不同的气质和性格，以赋予建筑物不同的感人力量。一般来讲，对于要求庄严肃穆的纪念性建筑就常采用对称、端庄、轮廓简洁的平立面形式，运用大尺度的手法，采用耐久性较高的建筑材料（如金属、石料、琉璃等），面部质感要粗壮有力，色彩要稳重而不过于华丽；而一些文娱性建筑，如剧院、电影院、俱乐部等则较多的采用较活泼的体形和平面布局，细致丰富的装饰线脚，明朗轻快的色彩，以取得愉快动人的效果。

内容决定形式，建筑物的性格决定于建筑内容，建筑物不同的功能要求在很大程度上形成了它的外形特点。建筑形式就要有意识地表现这些内容决定的外形上的特征。这些特征表现得充分、恰当，建筑物的性格也就容易被人们认识。各类公共建筑可以初步分析如下：

行政办公建筑——此类建筑一般较庄严，常采用对称式布置。根据它的使用功能，建筑内容除了门厅与会议室等面积和空间较大外，大部分房间都是面积不大的办公室，因而在立面上有排列整齐的窗子。为了有规律地加以组合，常常采用整齐的横向或竖向的划分，重点处理一般在入口处，常采用较突出的门廊、台阶，如图 14-70 文化部办公楼通过将排列整齐的窗子有规律地加以组合，突出门廊、台阶，对称布置，体现行政办公建筑较庄严的性格。

文教建筑如中小学建筑——其主要使用房间是教室。它的空间比办公室大，要求充足明亮的光线。立面上常常表现宽大、明亮的窗子，并且常常是以一个教室作单位成组地排列，而一般一个教室都有 2~3 个开间。此外，为了满足大量学生交通和课间休息，在南方较多采用外廊式布置，因而成组连续的宽大明亮的窗户，通畅的外廊和宽敞的出入口就成为它明显的外形特征，常给人以小尺度的亲切感。如图 14-71 为南京人民中学教学楼，它体形简洁而有变化，挑出的外廊虚实对比强烈，以教室为单元组织门窗，形成了一定的韵律感，明快活泼，体现了学校建筑的性格。

医疗建筑——医院建筑由于它复杂的功能要求，常常形成彼此独立而又有联系的高低不

图 14-70　北京文化部办公楼

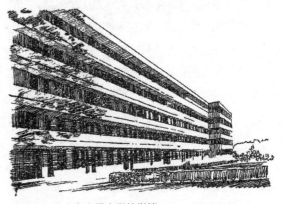

图 14-71　南京人民中学教学楼

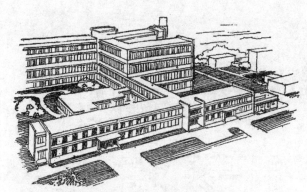

图 14-72　上海闵行医院

图 14-73　南京人民剧场

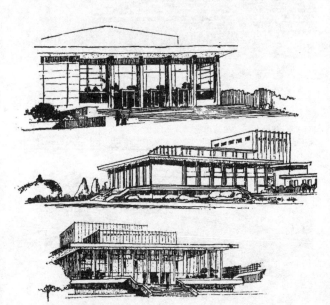

图 14-74　表现了剧院性格的实例

同的较复杂的体量组织。立面一般较朴实，反映一个个诊室、病房等小空间所组成的不同的体量，并多作水平方向的划分，以显示安静的气氛。而疗养院常在病室外设置晒日光的外廊，构成了这类建筑明显的外形特征，甚至在有些医院中用"十"来表现它。图 14-72 为上海闵行医院，立面朴实，采用小尺度的手法，给人亲切安静感。

演出建筑——剧院主要由门厅、观众厅及舞台三大部分组成，形成高低不等的各具特点的三大体量：明朗开敞的入口门厅体量，封闭的观众厅体量及高耸的舞台，构成了它的外貌。加之张贴剧目广告的墙面，观众入口及为等候而设的大雨篷等都是表现这些建筑的外形手段。电影院建筑除了舞台以外，基本上与它相似，由于放映室设在门厅上部，因此立面上一般是上部较实，下部门厅则处理得较为宽敞（图 14-73）。目前的影剧院合一较多，二者基本上统为一体。图 14-74 分别为广州友谊剧院（上）、桂林漓江剧院（中）及浙江杭州剧院（下），它们都通过三大空间体形，明朗开敞的门厅以及宽大的踏步和入口等表现了剧院的性格。

图 14-75 为苏联士拉市话剧院，建于 1970 年，它的观众厅容量可变，可为 620、885、1180 及 1320 四种。采用横向入口，造型较新颖，舞台突出，加上入口装饰性的处理，主题更加突出。

旅馆建筑——它是公共居住建筑，既有小空间的房间，又有较大空间的餐厅、公共活动用房及接待大量人流的门厅。因此，立面常常是表现大量客房整齐排列的窗子、阳台，而重点是门厅，整个体形要较活泼，常采用水平的划分，表现它活泼轻快的性格（图14-76）。

交通建筑——主要是表现宽大明亮的大空间的候车大厅，宽敞的入口、出口、大雨篷及供旅客等候使用的露廊，并且常常以时钟作为立面中引人注意的部分。航空客运站则以指挥瞭望塔作为它特有的外形标志，图14-77为首都国际机场航站楼，它体形简洁，造型明朗，主体空间突出，东南为瞭望塔，通过它与坡道、桥廊表现了这类建筑的性格特征。

体育建筑——体育馆以高大的比赛大厅、看台，供大量人流聚散的门厅、通道、室内外大楼梯及休息回廊作为它的主要外形特征，而最重要的是表现它明朗的大空间，它与影剧院封闭的大空间是不一样的。图14-78为2008年北京奥运会老山自行车馆。

博览建筑——陈列室是它最基本的使用空间，它既要求有充足均匀的光线，又需要大量的墙面，特别是博物馆，常采用高侧窗，甚至要求顶部采光。因此，立面上就形成成排的高窗及大面积的实墙，甚至完全是实墙面就成为它外形的主要特征。图14-79为安徽泾县云岭新四军军部纪念馆，它采用高侧窗，陈列室内部得到了大片陈列墙面，并在立面上得到充分的表现。

展览馆由于展室空间高大，实物模型展品较多，常采用连续的大玻璃窗，为了与新的展品相适应，常常采用新的建筑结构与技术。展览馆一般表现它高大而明亮的陈列空间，表现新的结构形式，适当地运用雕塑进一步突出展览的内容，充分表现展览建筑丰富多彩、热烈

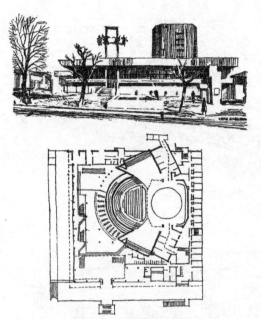

图14-75 苏联士拉市话剧院

图14-76 澳门路环岛威斯汀度假酒店

设计方案之一：中间塔楼，对称布局，雄伟壮观，忽略功能风格混乱

图14-77 首都国际机场航站楼

活泼的气氛。它与博物馆、纪念馆是不一样的。目前，有的陈列馆、纪念馆做得像展览馆一样，不仅没有充分表现它的内容和性格，而且也是很不适用的。立面上开设的大玻璃窗，没有墙面，不好陈列，大多又加了陈列壁把窗户遮挡。图14-80为1958年布鲁塞尔国际博览会日本馆，它平面采用了中间开井的矩形，屋盖为钢筋混凝土，由四根柱支撑，内部空间灵活，造型新颖，表现了结构特点，体现了展览馆的性格。

图14-81和图14-82为两个博物馆之例。图14-81是日本冈山艺术博物馆，它造型简洁朴实，大片墙面表现了陈列空间的特性。图14-82为苏联马特洛索夫纪念馆，它造型简洁，雄壮有力，大片实墙镶以浮雕，主题突出，纪念性强。

上述各类建筑由内容决定而形成的外形特征，如果能有意识地加以表现，将会收到较好的效果。反之，如果设计不当，将会给人以错觉。此外，建筑是多样的，同样类型

图14-78　2008年北京奥运会老山自行车馆

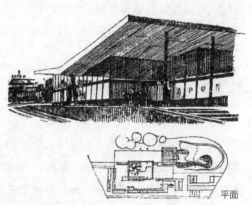

图14-80　1958年布鲁塞尔世界博览会日本馆

图14-79　安徽泾县云岭新四军军部纪念馆

图14-81　日本冈山艺术博物馆
1—入口；2—陈列；3—休息室；4—内院；5—室外陈列；6—办公；7—贮藏室

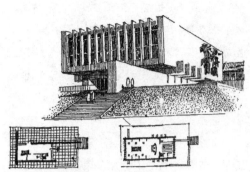

图 14-82　苏联马特洛索夫纪念馆

图 14-83　美国莱茵大学会议中心

的建筑其造型也应该是不同的，建筑物的创作应该有它的与众不同的特点，形成自身的特性。

14.3.5　要反映和表现材料、结构技术的特点

建筑具有物质产品和艺术创作二重性的特征，它绝不是纯粹的艺术品。建筑创作必须受到物质技术条件的限制，必须反映和表现材料、结构技术的特点。特别是现代新材料、新结构、新技术的广泛运用，它给建筑创作提供了更有利的条件，使我们能更大限度地利用它来创造新的建筑形式，以表现当代我国科学技术发展的新水平，表现建筑科学技术的现代化，表现建筑的时代特征。过去，由于材料和结构的限制，加之设计人员墨守成规，仿古崇洋的思想，设计出来的房子往往脱离时代，建筑形式往往是"笨、重、旧"或"洋"，并且要多花钱。今天，我们就不能把笨重的琉璃屋顶，复杂的木结构形象的亭台楼阁放到简单明了的建筑上去，除非是特殊的需要。此外，我们也不能违反结构和构造规律而去追求很多虚假的装饰。充分利用新技术，可以产生新的建筑形式。如图 14-83 所示，美国莱茵大学会议中心就利用结构特点，表现了建筑的美。

日本古河市行政中心及斯里兰卡会堂的设计也充分地表现了结构的特点，如图 14-84 及图 14-85 所示。日本古河市行政中心容有 1056 个座位，由四根钢筋混凝土三角形门柱支撑着正方形的悬索屋顶，使用内部空间布置灵活。

现代建筑的发展正在促使建筑设计的更新，为建筑设计提供了更多的可能性。除了上述结构方式外，建筑材料的应用方式及构造方法对建筑空间和形式的创新有着新的特别的意义。建筑材料及构造的创新应用正促使建筑师在建筑设计中应用"材料"这一过去只是被动应用而现在看作是重要的创作语言。

我们可以发现，一个平面和立面形式都十分简洁，看不出什么特别的设计，往往当使用不同的表面材料质感、特殊的纹理或特殊的构造时，甚至与传统做法反其道而行时，最后可能取得意想不到的视觉冲击效果。2008 年

空有1056个座位的大厅，由四根钢筋混凝土三角形门柱支撑着正方形悬索屋顶，使室内空间布置灵活。

图 14-84 日本古河市行政中心

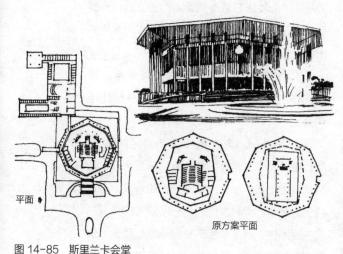

平面

原方案平面

图 14-85 斯里兰卡会堂

图 14-86 2008 年北京奥运会游泳馆——水立方

北京奥运会水立方游泳馆就是这样一个实例（图 14-86）。

近些年来，运用新材料、新技术、新结构，创造了一批新的建筑形式。但是，也有的建筑物其形式与它所采用的技术、结构等条件是不相应的，这有两种不良倾向：其一是为了追求外表形式，不顾结构、材料和技术的可能，结果造成建筑的不经济不合理。另一倾向是，虽然采用新的材料和结构及新的施工技术，但是建筑的处理手法仍然是陈旧繁琐的，因而使建筑不能充分地表现所采用的新技术特点，建筑形式也必然是因袭传统的老一套。

建筑形式要反映和表现物质技术的特点，要体现建筑的现代化，这是建筑的共性。但是，建筑形式表现物质技术的特点，还必须具有一定的民族和地方的特点，也就是说在摸索建筑的现代化同时，也必须摸索建筑的民族化、地方化即建筑文化延续性问题。随着建筑技术的发展及被广泛地采用，这一问题越来越显得重要。如果不予以重视，则较容易形成盲目地抄袭国外的倾向。我们要结合本民族、本地区的建筑、文化、历史特征，创造现代化的中国新文化，创造现代的中国建筑来，这是当代中国建筑师不可推卸的历史责任，是任何外国人也代替不了的。

14.4 建筑造型的新趋向

1）对精神功能的强调

功能，是现代建筑创作思想的灵魂，也是建筑形式创作的主要美学依据。在现代主义设计理论中，物质功能是决定建筑空间相互位置的依据，也把建筑物质功能视为制约建筑形式的主要因素。"形式追随功能"强调物质功能对形式的决定作用。但在当今的建筑创作领域，对精神功能强调的倾向已日益明显，不少建筑借助文脉、象征、隐喻等形形色色的手法来表现建筑形象的精神与文化的内涵，以满足公众的审美心理。用一些直观通俗的形象取代现代主义高雅抽象的审美追求。也有的在建筑形式创作中，极力引进各种艺术因素，运用五彩缤纷的色彩构成，富于动感的立体雕塑，迷人的光影变化，充满阳光和绿色生机的高大共享空间以及垂直动感的景观电梯等新的创作要素来增强人情味和高情感，满足日益增长的公众精神功能的需要。因此，当代的建筑应更多地唤起公众的审美感觉，满足人们的精神需要。

2）多样化的审美标准，多样化的建筑风格，个性化的建筑形式

20世纪60年代以来，西方产生了后现代主义，随之建筑领域产生了各种各样的流派，他们对古典建筑美学和现代建筑设计观念进行了挑战。他们摒弃古典主义的和谐统一的美学法则，追求复杂和矛盾的建筑美学和非和谐的形式美；他们挑战古典建筑和现代建筑的理性精神，推出了追求含混复杂的设计哲学。文丘里则公开表明："我喜欢建筑的杂而不要'纯'，要折中而不要'干净'；宁要曲折而不要'直率'，宁要含糊而不要'分明'……"一句话，复杂性取代了简单明了，"乱糟糟"取代了"概念清晰"。于是断裂的山花，毫无秩序的门窗安排，故意弄得偏斜凌乱的平面，就堂而皇之出现在后现代建筑中。但是，现代建筑追求的

理性精神并没有"死"，现代建筑设计思想的精华是追求理性，讲究真实，明晰。在这种观念支持下，当代不少建筑师仍在遵循这些原则，要求建筑创作在概念表达上要清晰明了，合乎逻辑；在形式和内容上要高度一致，表里统一，避免虚假；在材料使用和结构造型上要讲究合理、经济、高效，并表现其真实感；在形体塑造上符合形式美学规律，注重和谐统一，追求纯洁的外表等。正是由于我们处于多元主义的时代，社会的多元性、文化的多元性以及功能的多元性正日益影响着人们的生活和审美观，多元化将导致建筑创作丰富多彩的风格的出现。

3）新材料、新技术手段支撑体系，建筑创作的自由度更大了，建筑形式从封闭走向开放

自20世纪八九十年代以来，科学技术推动社会发展也为建筑制作开拓了崭新空间。各种新颖的结构体系，以金属结构和玻璃为表现特征的创作思潮异常活跃，一些独特的建筑形式应运而生，给人们带来新的视野和引发人们强烈的情感冲击。新材料、新结构改变了传统的力学体系，悬索、壳体、悬挂、膜结构、空间网架结构，不仅为创造大跨度的大空间提供了现实的可能性，它们与新技术、新材料、新工艺相互交融，通过强调结构建构的节点方式，设备、管理及交通体系的外露，并通常用鲜明的色彩，表现一种现代"彻明造"的建筑风格和现代派的技术美。例如诺曼·罗杰斯设计的英国劳埃德大厦（图14-87）就是这种外露结构与设备的建筑。还有前述法国巴黎蓬皮杜艺术文化中心，它是洪西诺与罗杰斯合作的，也

是这一风格的杰出代表。他们用灵活、夸张和多样化的概念来激发人们的思维领域，使结构与技术成为高雅的"高技艺术"。在这些作品中，结构既是由技术产生出的崭新的形态方法，也是创造建筑形态美的艺术。

此外，面对现代主义建筑视觉单一化的弊端，出现了"非理性"建筑，认为形式是要刻意设计的，形式是建筑最本质的要素而并非功能或结构。因此，追求形式的象征性，形式的历史内涵，甚至采用"错位""叠合""断裂""穿插"和"重组"等方法塑造新的建筑形式，以创造出建筑自身的个性。它们打破了传统的和谐统一的审美法则，使建筑走向非统一的形式建构方式。如荷兰海牙国立舞剧院（图14-88）。它是荷兰建筑师库哈斯设计的，是他早期成名作之一，说明建筑通过块体之间的强烈错动，空间和功能自由而流动的组织，给人产生了强烈的运动感，创造感、建筑自身的个性。

4）建筑形式创作的新要素

（1）自然体系——生态技术的表现

每一个历史时期都有其表现自己历史特点的建筑，反映了历史发展的轨迹。农耕时代产生了古典主义美学，机器时代产生了机械美学，现在是信息时代，人们在高技术的生活中，特别期待能反映情感的生活环境，人们对赖以生存的生活环境破坏之后，在自责和反思之时，开始觉醒要爱护地球，珍惜自然，建筑要与自然共生共存。因此，从20世纪末开始，人们便开始探索如何重新将自然体系列入现代建筑之中，走向回归自然的创作之路。

自然体系包括多方面的内容，例如如何利用当地的自然材料，如何利用自然采光和自然气流的通风，如何利用太阳能、风能，如何注意结构与材料的节能、防污，如何引入自然景观，在布局中将自然环境（植物、水、山、石等自然要素）引入室内，创造人与自然亲近的环境……自然系统引入建筑中，必然影响建筑

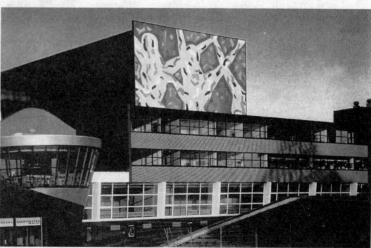

图14-87 英国劳埃德大厦　　图14-88 荷兰海牙国立舞剧院

构成的空间要素和物质要素，影响建筑的体形和造型，以致产生新的建筑形式和特征，而这些形式和特征可能在此前是少见甚至没有的，就不能用老的审美观去鉴赏它。国内很多住宅小区开发商不准装置太阳能热水器，主要理由是不好看，影响美观！其实，我们把太阳能热水器与小区和住宅进行一体化设计，整齐地排列在屋顶上并与屋顶结合成一体，管道都预先设计安装好，屋顶像花玻璃顶一样，反而成为一个亮点（图 14-89）。英国零能耗建筑设计有限公司（ZED Architects）利用铝材制作的屋顶通风罩具有良好的通风、导风结构，同时其形态和色彩斑斓的外表又成为该建筑特别的标志（图 14-90）。

图 14-89　太阳能热水器与建筑一体化设计

图 14-90　英国零能耗建筑设计有限公司

（2）维护结构体系的变革引发新的建筑形象的创造

建筑围护结构包括屋顶和四周外墙面。在砖、石结构时期，屋顶与墙体是分不开的，它们共同作用建构成一个空间实体。它们是建筑结构体系中重要的构成要素，也是围护结构体系不可缺少的组成部分，也都是建筑视觉体系的重要部分，在古典主义的建筑物构图中，成为"三段式"构图的基本内容，因为屋顶和墙体不同的设计处理，而产生了风格更异的建筑，如罗马万神庙（图 14-91）、中世纪的教堂（图 14-92）。

当代的建筑方法采用钢筋混凝土框架结构，内外墙成为围护结构，而不起结构作用，二者功能分离。正因如此，现代建筑的自由平面和自由立面才成为可能。现代建筑大师勒·柯布西耶提出了"新建筑"的五条法则。图 14-93 就是基于这一法则的范例。

图 14-91　罗马万神庙

由于产生新的社会需要生产、环保、节能、节材和新的技术支撑手段（新材料、新结构等），建筑围护体系（屋顶和墙体）更加引人关注。如何增强它们的保温、隔热、防寒的功能成为一个现实的重要问题。因此出现了"墙外墙"和"顶上顶"的所谓时尚的"包裹式"设计方法。将屋顶和墙体都设计成复式的，就像在人体上再穿一件衣服，它们在结构上各自独立，分别赋予不同的功能，内层的屋顶和墙面主要承担主体围护与结构作用，外层的屋顶和墙面主要适应生态设计要求，也要作为视觉体系要素适应建筑造型要求，创作今天需要的"个性化"的建筑。这是当今先锋派建筑师所热心创作的时尚建筑之表现，例如美国弗吉尼亚州汉普顿的弗吉尼亚航空中心（图14-94），就是将屋顶与下部建筑主体完全分开，采用"顶上顶"的方法，在主体建筑上再建一个大屋顶，将三个拱形屋顶作为一个大空间覆盖在其上。屋顶结构独立承重，与原主体结构分开，建筑主体为钢筋混凝土结构，而新屋顶则为钢结构。

我国最早采用这种"顶上顶"方法的是深圳行政中心，更著名的是北京国家大剧院，它们都是采用这样的设计手法，造就自身独特的个性化的建筑形象（图14-95）。这种方法应

图14-94　弗吉尼亚航空中心

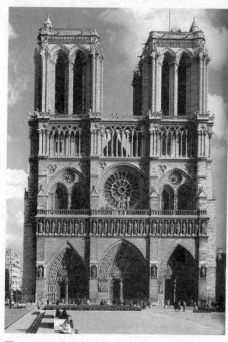

图14-92　中世纪教堂

深圳行政中心

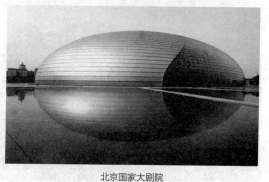

北京国家大剧院

图14-93　萨伏伊别墅

图14-95　"顶上顶"的建筑造型之例

用新的膜结构，也正在影响世界建筑的造型创造。例如建于 1997 年的马来西亚的居特里阁（Guthrie Pavilion），它是集办公、高尔夫球俱乐部及机械和发电机房为一体的综合性建筑，主体为钢筋混凝土框架结构，在其上空又多建了一个用织物创作的充气枕形结构、天篷结构的屋顶，它具有锋利的造型，柔顺的多向的动态，极具吸引力，建成后成为地标性的建筑（图 14-96），满足了业主对膜结构的钟爱。这个奇特的屋顶也成了建筑师"生物气候设计"的一个试验场。又如 1995 年建成的德国慕尼黑的伊萨办公园区，它是由 11 幢办公建筑构成的群体，其中 9 幢规模较小的建筑属多个公司承担，另 2 幢规模较大，属一个公司。每个建筑都有中庭，各幢之间都有通廊连接。在两座规模大的建筑上，建筑师（積文彦（Fumihiko Maki）分别又建了一个平行四边形和一个圆形的大屋顶，这个"顶上顶"的大屋顶被构想成人造的第二天堂。铝质屋面和玻璃屏将屋顶平台下的空间与外部热空气或冷空气隔离，使屋顶不受阳光直射，并不断地反射或透过阳光（图 14-97）。

这种"顶上顶"的做法一般有以下特点（图 14-98）：

● 屋面尺度巨大，通常采用钢结构、玻璃或铝质材料。

● 主体建筑通常为钢筋混凝土结构，有完整的外围护结构，"大屋盖"覆盖其上。

● 采用"顶上顶"构思的出发点一般为：

——从功能出发，贯彻生态理念；

——从造型出发，达到多元整体统一；

——从保护出发，保护历史建筑和历史地段或场所。

墙和柱是建筑形象表达的最重要的造型语

图 14-97　德国慕尼黑的伊萨办公园区（1995 年積文彦设计）

图 14-96　马来西亚的居特里阁

图 14-98　"顶上顶"的构思（大英博物馆）

言，墙从结构体系中解脱以后，可以作为独立的视觉造型要素更加自由灵活地运作。当今，生态建筑就将用墙体作为隔绝外界环境，吸收、呼吸、排泄、挥发、调节和交流自然气流、太阳光和热的载体，以建造一个健康、适宜又节省能源的人居环境。如1991年建成的德国汉堡德日中心（图14-99）。建筑外墙采用双层墙，即"双层表皮"的处理方式，主体采用砖混结构以适应灵活的办公空间，并且和街景相协调，东立面以钢和玻璃的结构体系构筑起一个花园空间，花园整体构架一体的形式附加于主体建筑之上，与砖混结构形成强烈对比，消除了建筑的单调感。

图14-99 德国汉堡德日中心

图14-100 德国慕尼黑联合体住宅

有的采用双层玻璃幕墙，两墙之间形成穿堂风或空气间层，以进行环境控制。它可以安装灵活控制的百叶窗，用以调整自然气流方向，阳光的照射，确保了自然采光、通风、隔热、保温，使自然能源有效化。这种"双层皮"（Double-skin）的做法，形成了复合空间或空气间层，这一技术不论在热带还是寒带都有理想的保温隔热作用。这样外围护体系的墙体就具有多种功能，窗户、百叶、墙身组合成一个体系，作为建构的一部分，直接放在主体建筑之外，发挥透光、遮挡直射阳光、蓄热、通风等多种功能作用。如德国慕尼黑联合体住宅，它是由德国当代著名建筑托马斯·赫尔佐格设计的（图14-100）。他设计的这些住宅本身有独立的结构体系和围护结构体系，但在它的南面设计了一个能获得太阳辐射能量的大面积的、斜的玻璃盒空间，采用钢架结构，45°角的钢架上下两面都装有玻璃，中间放置着太阳能集热器等设备。这个空间可称为"生态核"，成为一个缓冲外界温度的区域。它与住宅之间的空间，则是最好的温度过渡带，同时在建筑造型上也构成了住宅外的独特的立面。

（3）装饰主义再起

现代主义革除了古典主义建筑的装饰，现代主义之后，装饰主义再起，强调装饰可以作为建筑造型的一个重要因素。它可以应用或模仿传统建筑的元素，表现它的历史与文脉；也可与绘画、美术、雕塑等其他艺术相结合；更可以进行新的创造。建筑装饰自古以来就是建筑的一部分，关键是要适当。今天提倡装饰和过去的建筑装饰其形式和内涵都有很大差别。

今天的装饰材料和技术手段是更丰富了，但本质的区别在于传统的建筑装饰都附着在建筑的主体上，即建筑的墙、柱或屋顶上，今天的装饰可以成为独立的建筑装饰体系或视觉体系，可以附着在主体上，更可以独立于建筑主体之外。但也要掌握合适的"度"，过头了就成为"包装"了。把建筑包装起来，这通常是广告公司的做法，作为建筑师还是应用建筑师的方法，利用建筑本身的基本要素把建筑装饰好。南京新建的南京图书馆可称之为现代装饰主义的新作，它在钢筋混凝土主体之外，五个方向——东、南、西、北墙面外和屋顶上都采用了独立钢结构体系的，挂满着各种钢板和玻璃（图14-101）。但除了造型和装饰作用，它没有实际的生态功能的价值。

图14-101　南京图书馆

第15章

建筑技术与建筑设计
Architectural Technology and Design

15.1　建筑结构与建筑设计

15.1.1　建筑结构与建筑设计的关系

建筑材料与结构是构成建筑物的基本物质要素，结构更是建筑物的骨骼。结构形式在很大程度上决定了建筑的体形和形式。如一般混合结构，层数不高，通常在6层以下，跨度不大，室内空间也就较小，墙面上开窗也受到限制；框架结构，层数可达40层以上，立面开窗比较自由，可以造成高大的体型和明朗简洁的外观；悬索、网架、薄壳等新的屋盖结构形式可以造成巨大的室内空间以及新颖大方、轻巧明快的立面形式等。结构形式还与建筑物的平面布局和室内空间布局发生密切关系。根据建筑物使用功能对平面开间、进深、层高和跨度的要求，应该采用相应的结构形式来满足，以达到经济、合理的效果。因此，结构设计与建筑设计是设计一栋建筑物不可分割的两个部分，但结构的经济、合理性与建筑的功能要求往往会有各种矛盾。如结构形式与音响处理、采光的矛盾，与建筑空间利用的矛盾以及结构形式的具体布置与建筑平面及空间布局的矛盾等，这是普遍的现象。在发生矛盾的情况下，建筑设计和结构设计人员应从全局出发，相互配合，协商解决，不应强调局部，偏废其他。根据不同类型建筑

的功能要求及标准，建筑与结构二者之间可以略有侧重，如一般性公共建筑，在满足建筑功能要求的前提下，应多考虑结构方案的经济性、合理性；在某些大型性、特殊性的公共建筑中，在保证结构坚固可靠的前提下，应多照顾建筑的使用功能及建筑造型上的某些特殊要求等。

随着社会的发展，人们对建筑的使用功能提出更高的要求，如对大跨度、高层建筑的要求日益迫切，促使人们去探索满足这一要求的更经济、更合理的结构形式。如近年出现了网架、悬索、薄壳、折板及各种空间结构，以及高层抗剪墙、高层框架等新的结构形式，这些形式在不断实践中逐步得到发展，正日益完善起来。在探索新结构形式的同时，人们还不断革新原有的一些传统结构形式。这些新结构形式给建筑设计人员为满足日益增长的社会活动对建筑功能提出了更高要求，创造更多新的平面空间组合方式以及简洁大方、新颖美观的建筑形式开辟了广阔天地。可以预料，随着人们对建筑功能不断提出新的要求以及各种新建筑材料的应用，结构形式的发展前途将是十分广阔的。

15.1.2　结构形式及其对建筑设计的影响

结构形式可以分为一般混合结构、多层及高层框架结构、剪力墙结构，以及网架、悬索、

薄壳、折板等大跨度的空间结构。下面分别简要介绍如下：

1）混合结构

建筑物的主要承重结构（墙、柱、楼盖、屋盖）分别用不同的建筑材料构成，称为混合结构。最普通的是墙面为普通砖或砌块，柱和楼盖采用钢筋混凝土，屋盖采用钢筋混凝土平屋顶或屋架及檩条、挂瓦板、瓦屋面构成的斜屋面等。由于这种结构可以采用廉价的地方材料，降低建筑造价，所以应用面广、量大。一般大量性公共建筑如学校、办公楼、商店、食堂、中小型影剧院都可以采用混合结构。混合结构的层数一般多是 1~6 层，个别的可达 10 层左右。

混合结构根据受力方式可以分为：

（1）横墙承重

房屋的自重大，横向刚度较好，立面处理比较灵活，横墙的间距受到楼板跨度的限制，适宜于有大量相同开间的房间排列的旅馆、医院、办公楼等建筑（图 15-1）。

（2）纵墙承重

房间的布置较自由，楼板规格少，横向刚度和抗震性较差，立面开窗受限制，适宜于要求房间有较大开间的学校、办公楼等建筑（图 15-2）。

（3）纵横墙承重

房屋纵横向刚度较好，纵横墙材料强度能充分利用，但平面布置不够灵活（图 15-3）。

（4）半框架承重

平面布置灵活、结构自重较轻，但需采取措施保证房屋的纵横向刚度，如采用刚性墙（图 15-4）。近年来建造比较多的底层商店—旅馆（或商店—住宅），由于商店功能要求底层有较大的空间，一般底层多采用半框架承重形式，柱距可以采用单开间或双开间，双开间的空间比较开敞，但梁的断面相应大一些。楼层以上仍采用横墙承重形式，横隔墙就搁置在底层大梁上，这种情况可以考虑墙梁共同作用，因此横墙上开洞将受到限制。

（5）单层大跨度

一般采用钢筋混凝土屋架，各种组合屋架，砖柱承重，如食堂、中小型剧院采用的结构形式（图 15-5），一般屋架的跨度见附录 15-1。

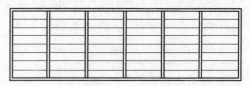

图 15-1　横墙承重

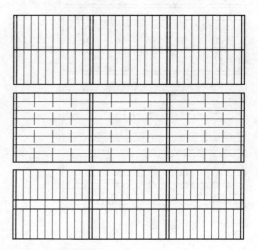

图 15-2　纵墙承重

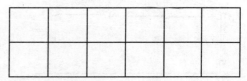

图 15-3　纵横墙承重

2）多层及高层框架结构

多层及高层建筑是我国城市建设的主体，框架结构则是多层和高层建筑中最常用的一种结构形式。它是用梁柱受力体系承受以垂直荷载为主的外荷载的结构体系（图15-6）。它的平面布局灵活性很大，在南方炎热地区，可以底层全部架空，使建筑物与庭园绿化有机结合。这种结构方式的自重轻，抗地震较好，但受风力（水平荷载）的作用后，结构受弯变形较大，侧向刚度较差，因此层数受限制。国外有一种看法，认为框架结构适用于15层以下办公楼或20层以下旅馆。采用框架结构形式的多层及高层的公共建筑主要是宾馆类建筑物及办公楼等行政类建筑物。

框架结构的柱网布置有以下方式：

（1）双开间柱网，承重梁纵向布置

这种布置方式平面上柱子少，房间大小可以灵活布置，但柱距不能太大，所以开间受到限制，由于横向无承重梁，走道横梁小，有利于布置管道。立面上窗户的高度受到承重梁的限制（图15-7）。

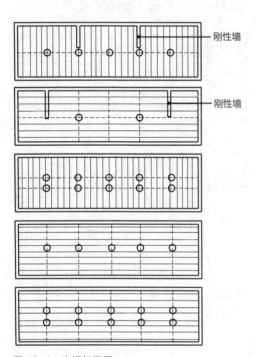

图 15-4 半框架承重

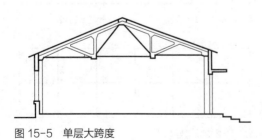

图 15-5 单层大跨度

图 15-6 框架结构

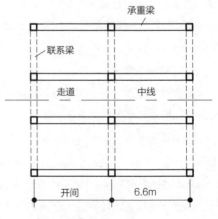

图 15-7 双开间柱网纵向承重梁

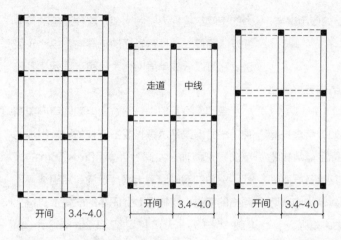

图 15-8　单开间柱网　横向承重梁

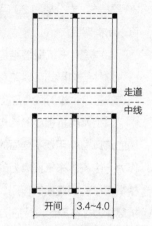

图 15-9　纵横向承重梁（单位：m）

（2）单开间柱网，承重梁横向布置

这种方式立面上窗子高度比较自由，走道有承重梁横贯，拟设吊顶。纵向柱子可以四排或三排，三排柱子时大梁的高度将增加，还需采取措施保证走道纵向内墙的稳定性（图 15-8）。

（3）承重梁纵横向布置

这种布置，全部梁底可处在同一高度，走道上无大梁通过（图 15-9）。对于建筑中要求有较大空间的房间可设在底层并与框架脱开，或设在顶层，可以不受柱网的限制。

3）高层抗剪墙结构

即主要结构由纵横向抗风的剪力墙结构形式。剪力墙既承受垂直荷载又承受水平风力，它对高层建筑侧向的稳定作用较大。在某些建筑中，还利用电梯井、楼梯间或中心服务竖井作抗剪构件，提高房屋抗剪能力，增加房屋的刚性。

抗剪墙一般采用钢筋混凝土灌筑，间距约在 4.8~8m 之间。这种结构形式对建筑来说好处是没有柱子，但对平面布置的限制较大，一

般适用于上、下层分隔墙比较固定的建筑，如旅馆、办公楼等（图 15-10）。对于其中功能要求大空间的餐厅、宴会厅等就不宜设在建筑物内，最好是拉出高层另建。如广州宾馆及白云宾馆都是这样处理的。抗剪墙结构的有利层数，一般认为 10 层以下并不经济，旅馆约为

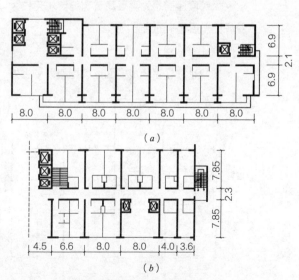

图 15-10　多层抗剪墙结构（单位：m）
（a）广州宾馆抗剪墙；（b）广州白云宾馆抗剪墙

30 层左右，办公楼约 20 层左右，如使用得当，可以比框架经济。

4）框架＋抗剪墙结构

这种结构形式可以兼有框架结构与抗剪墙结构的特点，如上海大名饭店（图 15-11）。

以上两类抗剪墙的结构形式如仅考虑抗剪墙的抗风力作用是不全面的，实际上建筑物是作为一个整体来抵抗风力的，尤其是各层刚性楼板可以起到腹板的作用，所以建筑物的实际抗风能力往往要比设计的抗风能力来得强。

高层建筑物由于水平荷载（风力）较大，必须考虑不规则平面及不对称结构布置在风力作用下的扭转作用。因此建筑平面力求简单、结构布置力求对称，通常呈矩形或对称的多边形。上海大名饭店，由于朝向与立面要求的矛盾，平面呈 L 形，在风力及地震力作用下将产生扭转（图 15-12）。

5）大跨度屋盖结构

大跨度屋盖是为满足建筑功能要求无柱大空间而发展起来的新结构形式。

（1）空间网架

由复杂的杆系组成多面连续桁架以承受外力的空间结构称为空间网架。这种屋盖的整体性好、刚度大，具有较好的抗震性，也比较经济。它可以分成单层网格系统和双层网格系统两种。

单层网格系统中有联方网架和圆穹网架两种。联方网架是由等长或不等长的网片组成的单曲拱形屋顶，如同济大学 40m×56m 的饭厅，由预制钢筋混凝土网片现浇节点组成菱形网格的筒拱，支撑在 8m 间距的三角形支座上（图 15-13）。天津体育馆，52m×68m，由角钢网片组成菱形网格的筒拱。这种联方网架适宜于矩形平面。圆穹网架是由直线或弯曲的构件组成网格的圆穹顶，适宜于圆形及多角形平面。如北京天文馆是由角钢网片组成六角形网格的圆球顶（图 15-14）。这种屋盖结构形式的空间体积很大，对设备和音响处理都不利，只适宜于功能要求中部空间隆起或有特殊造型要求的公共建筑，如天文馆等。

双层网格系统主要是平板双层网架，它由上、下弦杆及腹杆组成。杆件通常用钢管或角钢制作。根据杆件组成的不同，可以有不同形式，常见的是双向平板网架、三向平板网架（图

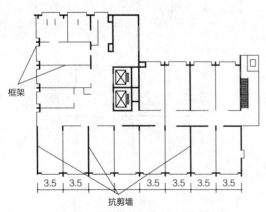

图 15-11　框架＋抗剪墙结构（上海大名饭店）

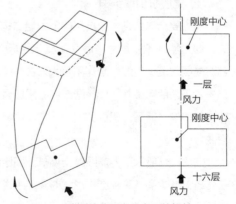

图 15-12　不对称体型在风力下的扭转

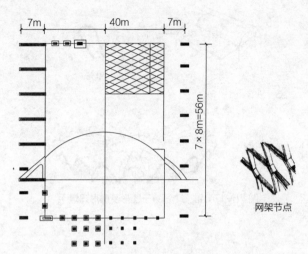

图 15-13 装配整体式钢筋混凝土联方网架（上海同济大学饭厅）

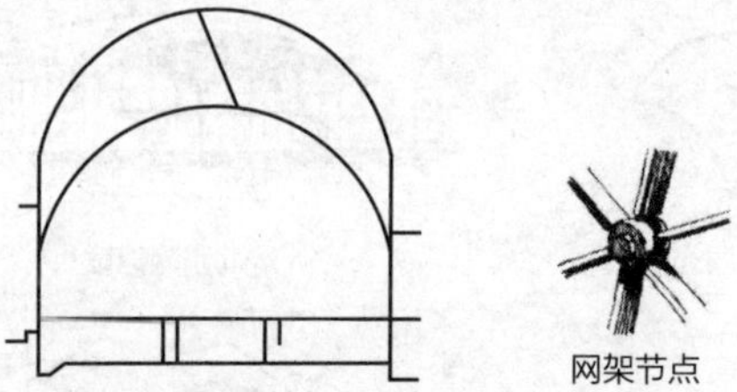

网架节点

图 15-14 六角形钢圆穹网架（北京天文馆）

网架节点

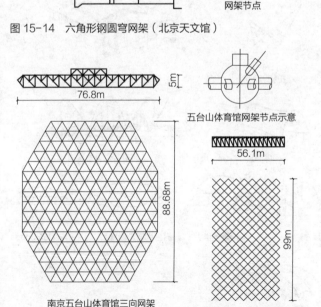

五台山体育馆网架节点示意

南京五台山体育馆三向网架
（钢管制作）

首都体育馆双向网架（角铁制作）

图 15-15 双向、三向平板型网架

15-15）。整个网架通过边缘节点支撑在钢筋混凝土柱子上。这种平板网架可以有较大的跨度，如上海体育馆的圆形平面网架直径达 110m。当跨度小于 40m 时，这种结构形式就不够经济。近年来，我国新建的一些大型体育馆采用平板网架较多，因为它的施工较悬索、薄壳等方便，用钢量少，而且整体刚度好，但杆件的连接点构造比较复杂，技术要求较高。

（2）薄壳

薄壳是一种几何曲面的薄壁空间结构。一般壳体的厚度为 5~10cm。它利用不同的几何曲率使薄壳内力主要化为轴向应力，挠曲减至最少，所以断面薄、自重轻，材料发挥了最大效能。它的最大缺点是要耗费大量模板，施工复杂、工期长，虽也可以分块预制，但要求精度高，跨度小时可以采用土模整体预制，然后顶升的办法。

薄壳有多种形式，可以适应不同形式的平面。

● 单曲面壳：壳体在一个方向呈曲面，常见的是长筒壳、短筒壳及锥壳。筒壳可以有多种组合方式（图 15-16）。锥壳的横断面是变化的，适宜于圆形和扇形平面的建筑（图 15-17）。

● 双曲面壳：壳体在两个方向都是曲面，常见的有双曲扁壳、抛物面壳、扭壳和球壳（图 15-18）。双曲面壳的施工比单曲面壳复杂，但空间受力较好，外观新颖轻巧，可以组成各种形式的屋顶。

但是这类薄壳屋面都是由曲面构成，这给空间的音响处理带来很大困难。由于壳面很薄，处理隔热保温也比较复杂。如北京网球馆，北

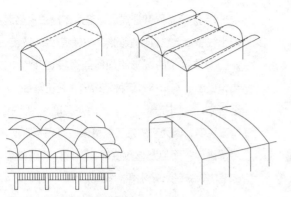
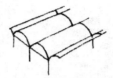

锥壳

图 15-16　筒壳及其组合方式　　　　图 15-17　锥壳（适宜于圆形及扇形建筑）

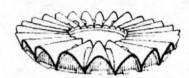

京火车站采用的是双曲扁壳，无锡体育馆和徐州体育馆是双曲拱壳，都存在这些问题。加上施工方面的缺点，使它的应用不及其他结构形式来得广泛。

（3）悬索

悬索屋顶由张拉的索网及承受压力的支撑构件组成。索网采用抗拉强度高的钢索，承受压力的支撑构件采用抗压强度高的钢筋混凝土组成，充分发挥材料的效能。悬索又可分为单向索网和双向索网。单向索网适宜于矩形、方形平面的大跨度结构。双向索网的形式很多，常见的是马鞍形和圆形（图 15-19）。双向索网的抗风能力较强，技术经济指标以圆形双向索网较高，如北京工人体育馆的屋盖就采用圆形双层索网。

悬索结构对建筑来说，好处是结构易于造型，可以适应任何形状的建筑平面，平面处理比较自由，中间下垂的屋顶形式给空间的音响、采光及空调设计提供了良好的体形。施工也简单，不需要模板，但屋面的刚度较差，受动荷载及不对称荷载的作用于后会产生大的变形，

双曲扁壳

北京网球馆

扭壳

扭壳组合体屋顶

抛物面壳

抛物面壳组合屋顶

球壳　　圈梁承受推力　　看台构架承受推力　　斜向柱承受推力

双曲拱壳

图 15-18　双曲面壳

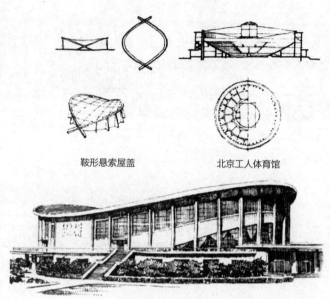

鞍形悬索屋盖　　　　　北京工人体育馆

鞍形悬索屋盖（浙江人民体育馆）

图15-19　双曲面壳

或因风力和地震产生共振现象，使整体结构破坏。所以悬索屋面的稳定问题，尚需进一步研究解决。

15.1.3　结构形式选择原则

结构形式的选择应考虑下面几点：

1）满足建筑功能的要求

这是选择结构形式的基本前提。功能是建筑物的主要目的，结构形式和建筑的平面空间设计都是达到满足使用功能这个目的的手段和方法。具体说，就是结构形式应满足使用功能对建筑空间大小、层数高低的要求。一般大量性公共建筑如学校、办公楼、医院的使用功能要求建筑物的层数不高、空间不大、荷重较轻，通常采用混合结构就可以满足这些要求。中、小型影剧院、会堂等要求比较高大的空间，采用单层大跨度的混合结构也可以满足要求。某些大型的旅馆、医院、办公楼、宾馆要求有较高的层数，由于层数的增加，建筑所受风力（水平荷载）也就愈大，这是一般只考虑承受垂直荷载的混合结构所不能适应的，就必须采用高层框架及抗剪墙的结构形式。大型的影剧院和会堂、体育馆等要求空间跨度很大，一般单层大跨度的混合结构有时就较难满足这样的要求，就需要采用网架、悬索、薄壳和大跨度屋盖。

在选择结构形式满足建筑功能要求的同时，也要注意空间利用合理性。并非所有能满足功能要求的结构形式都是可取的。例如设有跳水台的游泳馆要求10m跳水台，上部净空不小于5m，这个高度要求仅限于跳水台部位，在跳水台两侧高度就可以降低。因此从空间利用角度出发，选择拱形屋顶（如联方网架、双曲拱壳）或悬索屋顶就比采用平板网架等平屋面合理。如湖南省游泳馆就采用了钢丝网水泥折板拱结构（图15-20）。空间利用合理，也有利于减少设备的冷热负荷，不过拱形结构对音响处理是不利的。

2）技术的经济与合理

任何结构形式本身都有一个合理性、经济性问题。如薄壳结构的受力情况是合理的，材料的利用效能高，自重轻，也是经济的，但这种合理性和经济性只有在结构形式得到合理运用时才能体现。因为每种结构形式本身都有一个适用的范围，并不是到处可以搬用的。如抗剪墙的技术经济指标比框架要经济，但在10层以下建筑中运用抗剪墙结构，也就不一定经济。

同时还必须根据当时当地材料供应以及施工条件、技术水平的具体情况对结构形式作出

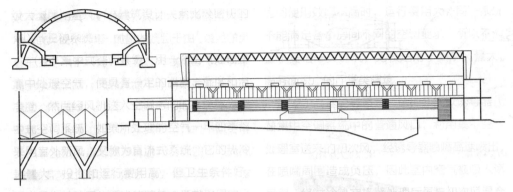

图 15-20　湖南省游泳馆（钢丝网折板拱）

合理的选择才能体现其经济性。在缺少木材的地区，混合结构采用钢筋混凝土平屋顶就比采用木屋架来得合理、经济，相反在木材供应丰富的地区，采用木屋架就比钢筋混凝土平屋顶合理、经济。

3）考虑建筑造型的要求

结构形式与建筑造型的关系是密切的，如框架结构的建筑造型就比混合结构自由灵活得多。一般大量性公共建筑的造型要求不高，选择结构形式多从功能要求以及结构本身的经济性、合理性考虑。大型公共建筑的造型要求比较高，结构应当采取相应措施，给建筑提供方便。

大跨度屋盖结构如网架、悬索、薄壳等对建筑造型的影响很大。这些新结构形式的外观通常具有简洁大方，轻快明朗的风格，适宜于内容比较活泼的公共建筑类型，不适宜于庄严、肃穆的政治性、纪念性建筑。但是，建筑造型属于上层建筑范畴，是意识形态的东西，任何形式所显示的风格不是一成不变的，而且人们的审美观是随着社会的发展而变化的。所以，在建筑造型上没有固定的模式。但它的存在是

需要的，在选择结构形式时，考虑某些大型性特殊性公共建筑的造型要求也是必须的。

15.2　建筑设备与建筑设计

15.2.1　暖通、空调与建筑设计的关系

我国北方地区大量公共建筑都需要采暖；南方地区一般不考虑采暖，但标准较高的宾馆、写字楼以及聚集人流较多的厅堂类建筑也要求采暖和空气调节。这些暖通、空调都需要一套相应的设备，包括锅炉房、冷冻机房、空气调节机房以及风道、管道、地沟散热器、送风口、回风口等，它们都占有一定建筑空间，因此与建筑设计、结构设计都有密切关系。

（1）建筑平面布局要考虑设备的位置，如采暖用的锅炉房、水泵房，空调用的空气调节机房、冷冻机房等。在高层建筑中，由于用水设备的水压力限制，除底层及顶层外，有时还需在中间层布置设备层。

（2）建筑空间布局中要预留各种风道、管道、地沟的位置。集中式空调系统由于风道大，与建筑空间布局的矛盾较多。结构上也要考虑

各种设备管道穿通墙面、楼板对结构安全度的影响。

（3）空调房间内各种散热器、设备机组以及送风口、回风口的布置需要考虑使用效果以及与建筑细部处理的密切结合。

（4）建筑和结构要采取措施降低各种设备机械用房及风管所产生的噪声对建筑使用的影响。

所以，建筑设备的设计与建筑及结构设计密切配合进行，否则将会影响建筑的平面和空间处理，影响建筑功能或者导致设备不能正常运转使用。

15.2.2　采暖与空气调节的方式及其选择

1）采暖

采暖系统一般可分为热水采暖系统和蒸汽采暖系统两种。热水采暖系统是利用锅炉

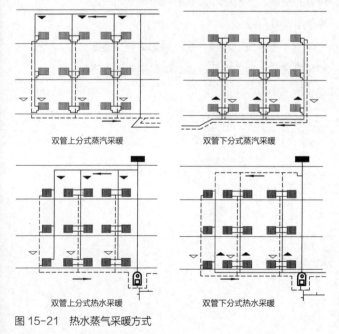

双管上分式蒸汽采暖　　双管下分式蒸汽采暖

双管上分式热水采暖　　双管下分式热水采暖

图 15-21　热水蒸气采暖方式

加热后的热水经供水管送到采暖房间的散热器，散热器以对流及辐射传热的方式加热房间的空气，放热后的回水从回水管经水泵加压送回锅炉房加热重新使用。由于供水管、回水管的布置不同，可以分为双管上分式、双管下分式以及单管顺序式等不同的方式。蒸汽采暖系统，热媒不是热水而是蒸汽，它利用蒸汽本身的压力把蒸汽送到采暖房间，与热水采暖不同之处是蒸汽放热后回锅炉房的是凝结水（图 15-21）。

热水采暖的热水温度一般不太高，因此散热器的表面温度也不高，发散的热量也不舒适。由于热水的热惰性大，冷却较慢，适宜于人们长时间生活和居住的建筑如宾馆、办公楼及医院病房楼等。蒸汽采暖的散热器表面温度较高，所以散热器的数量可以减少，蒸汽采暖加热得快，冷却得也快，适宜于热损失较大、要求短时间采暖的建筑，如影剧院、会堂及讲演厅等。

近年，我国采暖技术也在不断发展，新的采暖方式正在逐步推广应用，如蒸汽喷射热水采暖，适宜于多种用途的建筑（如医院），可以一个热源多种用途，节约用电。这种采暖方式还保持了热水采暖的优点，在北方应用较多。华东地区还做了地板辐射采暖、带型辐射板采暖、高温水采暖等试验，热风器采暖已有定型烧油热风器产品，体积小、重量轻、效率高，不需要锅炉和外管线，可供高级民用建筑及厅堂类建筑之用。

2）空气调节

它是能够调节室内空气的温度、湿度、风速、洁净度以保证室内有良好空气环境的通风系统。应用于一般标准较高的厅堂类建筑与高

级大型民用建筑。与建筑设计关系比较密切的有以下三种系统：

（1）集中式空调系统：用一个空气处理室集中处理空气，使具有一定的温度、湿度和洁净度，然后经风机送入空调房间的系统称为集中式空调系统。如果所处理的空气一年四季都采用室外新风，又称为直流式系统，它的热冷耗量大，投资和运行费用高，但卫生条件好，适宜于有特殊卫生要求的建筑。通常采用的系统都是利用一部分回风重新处理使用的一次回风及二次回风系统，它可以降低热冷耗量，节约运行费用（图15-22）。

集中式空调系统的空调机房集中、设备固定、管理方便、服务面积大、使用寿命长，运行费用低，只要采取有效的消声隔震措施，风道的噪声较低。它的缺点是空调机房面积大、风道粗，要占较大的建筑空间，往往会影响到建筑的层高。尤其是在高层建筑中，面积和层高都很紧凑，风道与建筑抢空间、争墙面的矛盾较突出。这种系统的施工安装现场工作量大，管道保温投资大，风量不易分配调整，当空调

房间使用效率不高时，运行费用大，同一系统不能满足各个房间不同的空调要求，所以不适宜于宾馆一类建筑，比较适用于要求风量大，服务面积广的厅堂类建筑。

（2）高速诱导系统：这种系统以诱导器代替集中空调系统中的普通风口，利用集中空气处理室送来的初次风，经诱导器喷嘴高速喷出，在喷嘴周围造成负压，因此室内空气被吸入诱导器，经过冷热交换器处理后再与初次风混合送入空调房间（图15-23）。

由于室内回风就地处理，房间之间彼此无污染，卫生条件好。送风量可以比集中式空调少2~3倍，风道断面可以小得多，省去了回风道。但是，由于风速高、噪声也高，要采取消声措施。由于本身不宜装置滤尘器，所以不适用于室内较清洁的房间，每台诱导器的作用深度有限，一般不大于6m，所以不适于大空间建筑的空调。一般标准较高的民用建筑如宾馆等采用较多。

（3）盘管风机系统：是一种把冷热交换器和风机装在一起的空调设备。风机主要引入室

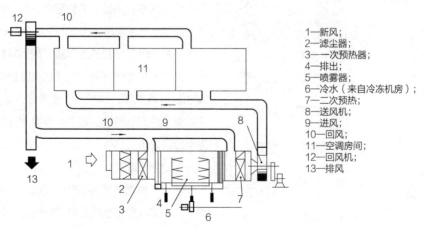

1—新风；
2—滤尘器；
3—一次预热器；
4—排出；
5—喷雾器；
6—冷水（来自冷冻机房）；
7—二次预热；
8—送风机；
9—进风；
10—回风；
11—空调房间；
12—回风机；
13—排风

图15-22　集中式二次回风空调系统

内空气（回风），同时也吸入部分新风。新风来源或从集中的空气处理室送来，或直接从墙外吸入新鲜空气。冷热交换器的冷、热媒分别采用冷冻水或热水。所以必须有集中的冷冻机房和锅炉房。这种空调系统灵活性大，各房间可以自行调节室温，不用时也可关掉风机，特别适用于宾馆一类建筑。新风道的风量仅是卫生标准所需要的空气量，比集中式系统所送风量少得多，所以风道截面可做得很小。当直接从墙外吸入新风时，可以省去风道，但立面不易处理，而且容易把室外的灰沙带入，所以进风口要作吸尘处理。这种方法还在在新风量受室外自然环境影响，不易稳定，冬季加湿问题不易解决等问题。但是它比较经济实用，存在问题是可以设法解决的。

盘管风机的具体方式有立式和卧式两种。通常立式明装在房间窗台下，卧式暗装在房间靠近走廊的吊顶内（图15-24）。

（4）地道降温方法：近年随着防空地道及地下建筑物的日益增多，群众的实践中创造了利用地道降温的新方法。它不是一种空气调节，仅仅是作为夏季降温。但在送风降温的效果方面却与空调设备基本相同。实践证明这是一种简单、经济、实用的降温措施。许多地方都已把它应用于中、小型影剧院、会堂的夏季降温，并取得显著效果，也积累了许多经验。根据各地的实践经验，采用地道风降温时需要考虑以下条件：

● 要有必要的地道长度，长度不足，会降低冷却效果；

● 地道壁及周围土壤不能受到污染；

● 有严格防潮要求的地道不能利用来冷却空气，因为冷却过程中，壁面会出现结露现象；

● 适用于间歇运行但经常使用的建筑。如果夏季只偶尔使用时，可能会有霉味，通风效果不好；

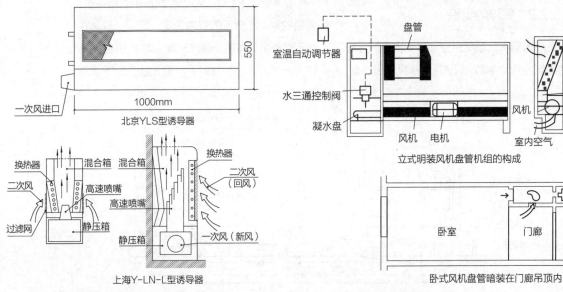

图 15-23　高速诱导器原理及结构简图

图 15-24　风机盘管的构成与装置

● 适用于降温要求不高，对空气湿度无严格要求的建筑。由于地道壁温较高，地道风冷却降温不可能很低，所以送风温度较高。同时地道送风的湿度无法按要求进行调节，所以只适宜于降温要求不高，对空气湿度无严格要求的建筑，如影剧院、会堂、办公楼、商店等。一般影剧院夏季降温能维持在27~29℃就可基本满足要求，采用地道风降温是适宜的。

根据某礼堂实践，当地下通道断面为1.2m×1.8m，长度不小于200m，风量在20000m³/小时左右，可使送风温度保持在24℃左右。

地道风降温系统是一般直流式（无回风管路）系统，必须注意进风口与排风口的布置，使排风通畅，维持合理气流组织。如果排风口设置不当，会引起排风不畅，造成室内正压，或个别排风口风速过高，使室内气流紊乱，区域温差过大，影响总的降温效果。图15-25是山东剧院地道风降温的风道布置示意。

15.2.3　气流的组织

气流组织就是研究空调房间内送风与排风的组织方式。合理组织送风与排风的目的是：

● 有效、合理地把经过处理的空气送到人们居住逗留的地带。

● 使整个工作地带保持适宜、均匀、稳定的湿度和温度，气流速度和空气的洁净度。

● 排出含有热量、湿量以及污浊物质的空气。

对于大型厅堂采用集中式空调系统的气流组织方式主要有两种：

（1）上送下回：送风口设在天花板上或侧墙的上部，回风口平均分布在观众座位下面，舞台下部或侧墙下部，有时在天花板上也设置一些排风口。从送风口向下送入的空气在大厅上部和室内空气混合后，送入观众逗留地带，除一部分从天花上部排出以外，大部分从回风口排走（图15-26）。送风口一般采取既能使气流扩散，又能增加混合效能的散流器，散流器的布置应与建筑处理有机结合。图15-27是几种散流器的形式。

这种方式的气流从上向下流动、路线短、容易控制。从气流的效果来看，观众一般都喜欢迎面吹来的微风，最忌从背后吹来的脑后风。这种方式当顶棚较高时，气流是从上而下流过

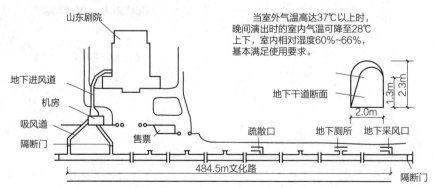

图15-25　山东剧院地道风降温总图示意

观众。当顶棚较低时，即使采用了散流器，还会有部分气流从脑后、侧面流过观众，效果较差。由于气流路线短，与室内空气混合时间短，温度、湿度都不易均匀。这种方式的送风温差较小，所以送风量大，但是便于分区控制与调节。因为风口设在顶棚上，风道要通到顶棚上面，所以风道较长。

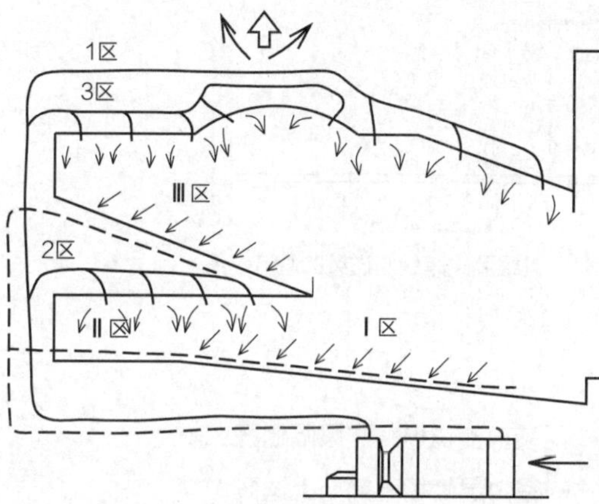

（2）喷口送风（又称集中送风）：这是一种比较新的布置方式，一般在观众厅后墙开设高速送风口，喷出的射流沿顶棚向前流动，在接近舞台时折回形成回流。观众全部处于回流区（图 15-28a）。上海体育馆的喷口送风，在进行篮、排球及体操比赛时，采用长程喷口送风，在进行乒乓、羽毛球比赛时，采用短程喷口结合顶部静压箱送风（图 15-28b）。

这种方式的气流路线比较复杂，技术要求较高。观众处于回流区，气流迎面吹向观众，效果较好。由于气流路线长，气流的横向速度场、湿度场都比较均匀。它的送风温差比上送下回的要大，因此送风量小，但分区控制与调节的技术较复杂。风道不必通到顶棚上部，长度比上送下回的短，不占顶棚上部空间，特别

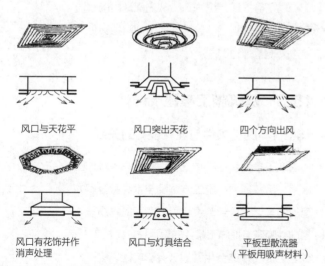

图 15-26 上送下回气流组织

图 15-27 几种散流器的形式

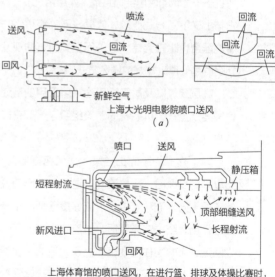

上海大光明电影院喷口送风
（a）

上海体育馆的喷口送风，在进行篮、排球及体操比赛时，采用长程喷口关风，在进行乒乓、羽毛球比赛时，采用短程喷口结合顶部静压箱送风。
（b）

图 15-28 喷口送风气流组织
（a）上海大光明电影院；（b）上海体育馆

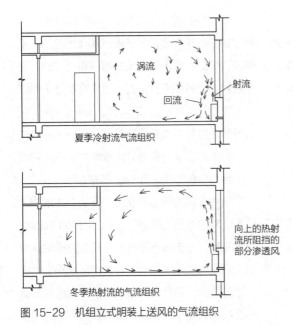

夏季冷射流气流组织

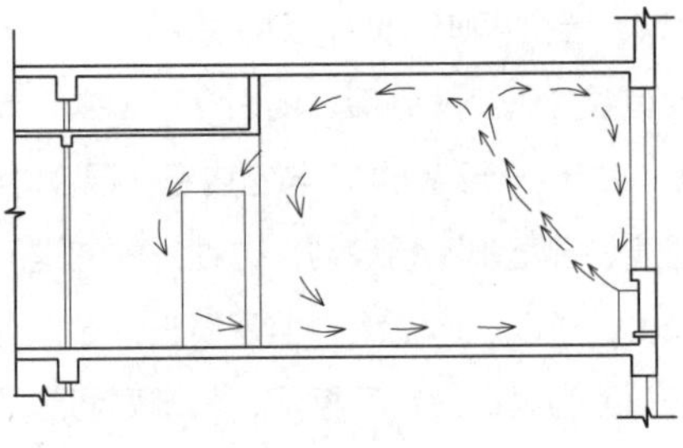

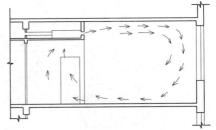

图 15-30　机组立式明装前侧送风的气流组织

冬季热射流的气流组织

图 15-29　机组立式明装上送风的气流组织

图 15-31　机组卧式暗装侧送风的气流组织

适宜于一些新的屋盖结构方式（如悬索、薄壳）。它与上送下回方式比较，效果好而又经济，与建筑配合也比较容易，对于厅堂类建筑的观众厅空调是一种比较好的送风方式。

高层建筑以及高级民用建筑所采用的高速诱导器及盘管风机系统的气流组织，一般有以下方式：

（1）立式明装向上送风：送风格栅向上。当夏季送冷风时，冷射流向上送出，沿窗口及外玻璃窗向上流动，由于射流速度逐渐减小及重力作用，至一定高度后，射流就折回向下形成回流，人的居住活动区均处于涡流之中，温度场比较均匀，风速接近静止，没有吹风感，比较舒适。当冬季送热风时，热射流沿窗向上，经顶棚形成回流，可以阻挡一部分窗外渗透风（图 15-29）。

（2）立式明装前侧送风：送风隔栅开在前侧。这种方式的室内温度场不如向上送风均匀（图 15-30）。

（3）卧式暗装侧送风：从侧面送出的气流沿顶棚至外墙折回。这种方式不能阻挡窗外的渗透风（图 15-31）。

15.3　建筑施工与建筑设计

15.3.1　施工条件与建筑设计的关系

施工条件包括机械设备、材料来源和加工水平、吊装能力、施工方法及技术经验等多方面的因素。它是建筑设计得以实现的物质技术基础。脱离当地施工条件的设计往往无法实现，或者会提高建造费用，或者会影响建筑物的施工质量。

根据勤俭建国的方针，建筑设计应该优先考虑采用廉价的地方材料，以节约钢材、水泥和木材，降低造价、加快施工进度，同时对形成建筑的地方风格有好处。对于某些高档材料如大理石、硬木、有色金属等应根据建筑物的性质与标准，谨慎选用。在运用这些材料时，应掌握重点使用的原则，不可滥用。

建筑设计和结构形式的选择应考虑施工单位的起重设备和吊装能力。由于吊装能力的限制，往往使屋架或其他建筑构件的采用受到重量及高度的限制，影响建筑物的跨度、层高与层数。

各种不同的施工方法由于方法本身的局限，都对建筑物的平面布局及立面造型有一定的要求，从而影响到建筑设计。施工技术经验往往影响某些新的结构形式的选用。缺乏施工经验，是影响结构形式选择的因素之一，当积累了经验后，又能促使某些结构形式的推广和应用。应该提倡与鼓励采用符合建筑功能要求的新的结构形式、新的施工技术，从实践中不断取得经验，促进施工技术的发展。

15.3.2 施工方法对建筑设计的影响

施工方法有现浇施工、滑模施工、大模块施工、预制装配式施工和升板法施工等，它们对建筑设计都有一定的要求，需要建筑设计在不影响功能和结构坚固的前提下给予配合。

（1）现浇施工：所有钢筋混凝土结构都可以采用现浇施工方法。它的优点是结构的整体性好。它对建筑设计的限制较少，平面及立面处理比较灵活，也便于设备管道的布置与安装。但是要耗费大量木模，施工期长，又费劳

力，不符合建筑工业化的发展方向。近年来，新的施工方法不断涌现，这种施工方法正逐步被其他方法所代替。但是它较经济，仍然被广泛应用。

（2）滑模施工：它是现浇钢筋混凝土工程的一种工业化施工方法。它利用一套提升设备，使模板随着灌注混凝土不断向上滑升，逐步完成整个工程的钢筋混凝土灌筑工作。这种施工方法能完成具有垂直面的构件如梁、柱、墙等的施工，也可以完成楼板、阳台、挑檐等水平构件的施工。这种施工方法对于多层及高层钢筋混凝土结构的建筑是适宜的，层数愈高，其经济性愈显著。它可以节约大量模板和脚手架，缩短工期、降低施工费用、有利于安全施工。按这种方法施工的结构，整体性不如现浇，但比预制装配式的要好，建筑的垂直偏差可以控制在 1/1000 以内。由于这种施工方法的模板是连续滑升的，要求建筑的平面方整、简单、结构平面布置尽可能对称，以免施工荷载不匀造成结构倾斜。要求上、下层结构构件断面的变化尽量少，各层梁底标高尽量相同，各种设备管线力求集中布置，减少预埋件数量，以免造成施工复杂化，致使相应降低这种施工方法的经济效果。这些要求对建筑设计都是有一定限制的。

一般楼板的施工是预制，或者是降模灌筑。降模灌筑是利用升模的操作平台作为降模时的楼板底模，自上而下，降一层灌筑一层楼板。当层数较高时，这种自上而下的灌筑楼板会影响结构的稳定性。升模、降模可以同时进行，更加快了施工速度。

（3）大模板施工：这是现浇混凝土结构与

预制相结合的快速施工方法。一般是内外墙采用大模板现浇，楼板采用预制。由于内外墙都是现浇的混凝土墙体、建筑物的整体刚度和抗震性好。墙体薄，可以提高建筑的有效使用面积。墙面平整，简化了装修工序，施工速度快。模板工具化，可以重复使用，节省了大量木材。还可以利用各种废料作轻质混凝土隔墙、减轻建筑物自重。缺点是一次耗钢量和投资都较大。这种施工方法的设备简单，技术经济指标较好，很有发展前途。它要求建筑平面开间、进深以及层高尽量规格化、定型化，以减少大模板的规格。所以适宜于宾馆、办公楼一类有相同开间和进深的公共建筑，特别适用于建造大量的、标准的板墙建筑。建筑的立面可以根据情况，设置阳台、窗套，或改进外墙面的划分与色彩，以求变化。

由于外墙一般有窗与门，在大模板内要固定窗模、门模，比较麻烦，有的地方采用现浇与预制结合的施工方法，即内墙采用大模板施工，外墙采用预制的带装饰的大板，这样可以兼有现浇与预制施工方法的优点，结构整体性好，施工速度又快，而且减少了大量外装修作业，提高了立面装饰的质量。

（4）预制装配式施工：为了节约木材，加快施工进度，节约劳力，一般多层框架可以采用预制装配式的施工方法。这种施工方法对建筑设计的要求是柱网、开间、层高及平面尺寸应尽量规格化，以减少预制构件的类型。对平面布局有一定限制。结构的整体性比现浇的差，梁、柱、板节点的构造比较复杂，耗钢量大，同时需要有大型的起重提升设备。

（5）升板法施工：升板法施工是先安装建筑物的柱子，其次灌浇混凝土地平，并以地面为台座，就地依此浇筑各层数板和屋面板，然后利用柱子作为提升骨架，依次将各层楼板和屋面板提升到设计位置，并加以固定。现场预制楼板一般分三种方式，一种是平板式，构造简单，施工方便，能节约建筑净空，但竖向刚度差，抗弯能力弱，一般在垂直荷载较轻，柱网尺寸较小（6m左右）时采用；第二种是格梁式，材料消耗少，但施工复杂，只宜于用柱网尺寸较大，集中负载较大，有大开孔的结构；第三种是密肋式，它兼有以上二者的优点，为了省模板，肋间可填以轻质材料，既作模板又能使底部成为平板形式。这种施工方法，柱网布置灵活，省模板，施工安全，所占施工场地较小。由于提升楼板的原因，每层楼板的厚度较大，设计荷载也大，除了像图书馆书库等少数建筑外，一般公共建筑采用升板法施工并不经济，应用不如滑模广泛。

第16章

绿色建筑设计
Green Building Design

20 世纪 60 年代，人类的环境意识开始觉醒，有识之士开始揭示 200 余年来，推行的工业文明所导致的严重的环境污染及能源的危机，特别是 20 世纪 70 年代，爆发了世界石油危机，从而导致能源危机，影响人类社会的发展。为了应对危机的挑战，人们提出了节约能源的要求，探索开发新的能源，因而"节能建筑""太阳能建筑"应运而生；应对环境污染，人们又相应提出了"绿色建筑""生态建筑"和"低碳建筑"等新的建筑名目。1972 年，联合国在瑞典斯德哥尔摩召开第一次人类环境会议，发表了《人类环境宣言》，提出"只有一个地球"，呼吁各国政府和人民为维护和改善全球环境而努力。这次会议可谓是"绿色"国际会议的起点，开始了工业时代的"黑色文明"走向信息时代的"绿色文明"的起点。人们在反思工业文明基础上提出了"可持续发展"的战略，"绿色建筑"就是为实现可持续发展而提倡的建筑。

16.1　绿色建筑规划设计目标

绿色建筑规划设计就是要为实现可持续发展的目标而规划设计。为此，绿色建筑规划设计应该具有以下的特征。

16.1.1　绿色建筑生态性的特征

建筑都是人造物。作为绿色建筑规划设计就要自觉地把它视作一个有机的生命体，将建筑作为一个生态系统。建筑的规划、设计、建造、使用及维修等要参照生态学原理，采用适当的科学技术手段，通过合理组织、规划、设计建筑的内外空间，充分挖掘、认知地域、场地的相关各类物质因素和非物质因素，探索适宜于当地自然生态环境和地域人文环境的建筑空间形态，使其与环境之间成为一个有机结合体，从而营建一个高效、低耗、无废、无污、无害的生态平衡的建筑空间环境，使这个营造的人造环境与自然环境有机融合。

绿色建筑生态性特征，意味着人造建筑应回归自然，使人造环境与自然环境和谐共生，天人合一；意味着建筑的营建和运营都要有利于自然环境的保护和自然资源的节约利用，有利于维持和提升生态系统的持续生长。

因此，绿色建筑设计，必须根据当地的地理、气候、资源及生态环境等条件，充分利用当地的自然资源优势，避开不利因素，进行合理的规划设计，有机地整合人造的建筑系统和自然生态系统，而不能使人造的建筑系统完全脱离自然系统，更不应使人造建筑子系统危害原有的自然生态系统。虽然，地球生物圈这一庞大的生态系统有一定的包容能力，能适当化解和补偿人类行为对自然造成的一些不良影响，但是，过度的、超量的负面影响，是对环境不友好的表现，它可能直接导致自然生态环境的恶化或破坏。

16.1.2 绿色建筑全局性、整体性的特征

可持续发展思想是基于"只有一个地球"的客观现实，从整体、全局观而提出来的。因此，在地球上所有的人造环境的营建都必须具有全局性和整体性特征，建筑也不例外。绿色建筑不仅要具有生态特征，而且也要有全局性和整体性的特征，这就意味着绿色建筑的建设不仅要使其人造建筑系统与生态环境系统相融合，而且还要考虑建筑系统全寿命周期中各个环节与生态系统之间的相互作用。在设计、建设、运营、使用及维修过程中，它不产生或尽量减少产生对环境有负面影响的废气等有害之物，同时还要考虑地球上自然资源和能源的持续供应。

此外，绿色建筑全局性和整体性的特征，也意味着我们在进行建筑策划和设计过程中，不能只在技术层面上做文章，还要从整体利益出发，把环境、社会和经济层面上的问题统一考虑；也不能只就建筑论建筑，必须同时考虑场地所处的城市层面的问题。建筑设计若不重视城市设计，就不能真正了解规划设计的对象与城市的关系，因此也就难以对城市起到积极的作用，有时甚至带来负面的影响。

16.1.3 绿色建筑开放性特征

任何有机的生命体，在其面临环境变化时，都保持着开放性的特征。这种特征是一切有机体适应环境变化，保持可持续的生机和活力的保障。绿色建筑作为一个有机生命体，作为生物圈中一个次级系统，也必然要具有这种开放性的特征，以保证建筑环境能不断适应外界环境的变化，确保它能与时俱进，能长效可持续的使用。

绿色建筑的开放性意味着建设活动不是一种终结的活动，而是一种适应不断变化，处于动态的活动。因此，建筑设计不是终极性的设计，建筑物不是终极性的产品，而是一个适应使用过程变化的设计。它必须能适应不同时期、不同使用者、不同个性化要求而能不断地再设计、再建造、再使用，如此循环，以保障建筑的可持续性的终结目标。开放建筑就是适应这种可持续性的一种新型建筑，以不变应万变。

16.1.4 绿色建筑地域性的特征

建筑总是建造在一个特定的场地，是个"不动产"，是永远与它所处的具体场地环境在一起。这就决定了它的地域性，是特定地域的产物，反过来，它也成为构成该地域文化的一个重要组成部分。

俗话说，"一方水土一方人"，建筑也应是这样，"一方水土一方房"，所以它具有地域性。人的生存生长是依赖于他所生活的地域大地。以乡土资源为生活资料，以适合于当地的地理环境，气候条件及物质条件来选择他们的生活方式，形成了当地的乡土文化、风俗、价值观和审美观。建筑的生成也是扎根于当地的自然环境和社会环境中，依赖于当地的材料（木、石、土、竹）等，按照当地人的风俗和需要建造起来，造就了各地区不同的聚落形态，就像不同地区的人群，具有不同的形象和气质。绿色建

筑就是要扎根于当地地域环境。不同气候条件的地区，不同历史文化背景的地区，建筑形态应是迥然相异的。绿色建筑不应该是千篇一律，不应是一个"模子"倒出来的。它的空间形态应该是反映当地生态环境与人文环境特征的产物，是理性逻辑的结果。

16.2 绿色建筑设计价值观

人类经过从 20 世纪 60 年代至世纪末的半个世纪的深刻反思，为适应可持续发展目标探索出一个新的建筑方向——绿色建筑方向，其设计观念、价值取向、设计原则和方法与以往建筑的常规设计是不一样的。首先表现在价值观的差异。

20 世纪 50 年代开始，我国就制定并实行了"适用、经济、在可能条件下注意美观"的建筑方针，适用、经济、美观成为评鉴建筑的价值观。半个多世纪过去了，时代发生了巨大的变化，可持续发展思想成为全球共识的发展战略。人们的观念也随之发生了很大的变化：就建筑而言，我们有以美学为基础的古典主义建筑观；之后，又有以功能、技术为基础的现代主义的建筑观；今天人们又提出了以自然生态环境为基础的新世纪可持续发展的建筑观，也可称绿色建筑观。衡量建筑的价值不仅要符合"适用、经济、美观"，而且要评判它对生态环境的影响，即要确立建筑设计的"生态价值观"，要把生态价值观作为建筑规划设计首要遵循的原则，甚至可以实行"一票否决制"。因此，今天的建筑方针就是"适用、经济、绿色、美观"八字方针。

现代国际上很多国家都制定了绿色建筑评价标准，把环境生态要素作为设计过程中不可或缺的重要组成部分，这是设计史上重要的、意义深远的进步标志。1990 年英国发布了绿色建筑评估体系（BREE-AM 体系）；美国绿色建筑评估委员会制定了《能源与环境设计建筑评级体系（LEED）》；2003 年日本推出了建筑物综合环境性能评价体系"CASBEE 体系"；法国绿色建筑评估体系（HQE）；德国制定了生态建筑导则（LNB）；我国作为一个负责任的大国，2019 年也制定了《绿色建筑评价标准》GB/T 50378—2019，它包括：节地与室外环境、节能与能源利用、节水与水资源利用、节材与材料资源利用、室内环境与运营管理及全生命周期综合性能等六类指标组成，并确定三星认证。因此，绿色建筑设计也要对照绿色建筑评价标准进行规划与设计。

16.3 绿色建筑设计

为了达到可持续发展的设计目标，适应现代社会生产方式和生活方式的转变，绿色建筑设计需要遵循以下原则：

16.3.1 人性化原则

21 世纪是更重视以人为本的时代，把重视人、理解人、尊重人、爱护人，提升和发展人的精神贯注于各类建筑设计中，以为人创造方便、舒适、健康、美丽的生活空间环境。

16.3.2 自然化原则

绿色建筑设计要遵循老子所说："人法地，地法天，天法道，道法自然"，"道法自然"就是适应自然，顺应自然，结合自然进行设计，最终使人造的建筑环境融于自然，走上"天人合一"之道。

古罗马《建筑十书》的作者维特鲁威曾提出："对自然的模仿和研究应为建筑师最重要的追求……，自然法则可导致建筑专业基本的美感。"这一条值得我们思考，我们应该向自然学习，从自然中寻求启示。美国现代主义建筑大师赖特也说"有机建筑就是自然的建筑"，"房屋应当像植物一样，是地面上一个基本的和谐因素，从属于自然环境，从地里长出来，迎着太阳"。

自然化原则包括多方面含义：一是要尊重自然，要轻轻地碰地球，尽可能少地破坏自然环境；二是要顺应自然，结合自然，利用自然进行设计，因地制宜，扬长避短，利用自然环境中的有利条件，避免不利因素，尽量减少人力、物力和能耗；顺应地形地貌及地质进行设计，以节约能耗，节省材料。

自然化原则也意味着建筑设计要尽量根据特定地域的地理条件及气候特征，适应气候设计，创建最佳的自然采光和自然通风的空间环境。

16.3.3 地域性原则

建筑地域性原则应是建筑设计普遍的原则，绿色建筑设计一定要坚持地域性的原则，因为建筑本来就是建于一个具体地区、地段的产物，它的建设都会受到当地地理、气候、地形、地貌、自然条件及自然资源的影响，也受到当地社会经济文化等发展状况的影响。

地域性原则就要求建筑设计要针对当地的气候、场地的地形、地貌等自然条件进行设计，尽可能采用当地的地方材料和技术，并吸纳当地的文化要素和建筑文化因子来设计。这样的

建筑能与当地的自然、经济与社会环境相适应，它是社会适应性、人文适应性和自然适应性的统一。坚持地域性设计原则，是符合可持续发展内涵要求的。

16.3.4 开放性原则

建筑具有长期使用的周期，在此期间，随着社会发展的变化，固定的空间形态和固定的使用方式，就使建筑难以适应与时俱进变化的要求，特别是个性化、多样化的需求，这就要求改变以往静态的、终极性的建筑设计模式，以开放化的理念来设计建筑，将建筑设计为一个弹性的空间系统，使它具有一定的适应性和灵活性，使用者可以依据不同的时间不同使用要求，在保持建筑结构体系不变的前提下，可以对它进行空间组织再设计，灵活的调整使用空间，满足活动历时可变性和实现多样化的要求。

采用开放建筑设计理念，创作以不变应万变的可长效使用的建筑空间形态，即有弹性的空间形态。这样建筑就为可持续使用提供了保障，有利于延长建筑的使用周期，使建筑在既定的环境中有机的变化和生长。

16.3.5 集约化原则

每个建筑的建设都要消耗大量的物资资源和能源，建成后使用时也是如此，因此建筑的设计就要积极倡导集约化原则，具体说就是贯彻"3R"的原则，即：减量化原则（Reduce）、再利用原则（Reuse）和再循环原则（Recycle）。

减量化原则就是要尽可能减少资源和能源投入，以取得既定的建设要求，达到节约、高效的目标。建筑行业是人类对自然资源使用最

多的行业之一，世界上建筑业要消耗全球 40%
左右的物资资源，消耗全球近 50% 左右的能量。
因此，每一项建筑工程都应做到节约、高效，
首先要节约土地，提高土地的有效使用率，采
取紧凑的建筑布局，不要追求大广场、大马路；
其次是要节约能源，多多采用被动式设计，尽
量采用自然采光和自然通风，合理选用建筑朝
向，促进建筑系统低能耗运营；积极推广应用
可再生能源，如太阳能、风能、地热和生物能
等；引入新型材料，节能设备（节能照明灯具、
变频空调等）和智能控制系统；尽量选用当地
天然的或可再生的建筑材料，如木、竹、石材
等；此外，就是要节材，节约物资材料。同时，
要注意节水，必须将节水工作作为设计的一个
目标，认真设计。它包括雨水的蓄积与利用，
回水利用，减少热水系统的无效冷水的浪费，
选择材料生产时耗水少的建筑材料，尽量采用
干作业施工，种植耗水少的树木和草皮等。

16.3.6 无害化原则

无害化原则在建筑建设中特别重要。因为
它直接关系着人的健康生活。无害化原则就意
味着建筑建设活动不应对地球生态环境造成危
害，不应对周边环境造成危害，不应对人的身
体健康造成危害。

为此，设计时就要慎重选择建筑材料。自
然材料一般不会对人的健康产生不良影响，可
以就地取材使用。人造材料如化工建材有的在
施工和使用过程中会挥发出有害气体和物质，
污染空气，影响人的健康，如 PVC 制品中散
热出二辛酯或二丁酯增塑剂，人造板和胶粘剂
发出甲醛、含铀的花岗石、辉绿岩会散发出氡

气，矿棉纤维板和水泥石棉板分别会散发矿棉
纤维和石棉纤维等，这些材料都不宜选用。

建筑无害化的关键在于创建健康无害的室
内外空间环境。空间环境无害关键是空气质量，
空气质量不佳主要原因是一氧化碳（CO）、二
氧化碳（CO_2）和甲醛（HCHO）等成分在空
气中含量过高。此外，除了注意选材以外，室
内空气流通不畅也是一个原因。因此，做好室
内自然通风或机械通风就特别重要。

16.4 绿色建筑设计策略

绿色建筑设计不仅仅是设计和布置几幢建
筑物，而应把它看作为一个社会、经济与生态
环境复合系统的设计。因此，提出下列设计策
略，以适应可持续的绿色建筑的设计目标。

16.4.1 生态环境分析策略

设计时首先必须确立环境意识，对该地域
该场地的气候条件，场地周边环境生态系统进
行调研，在充分认知的基础上，进行综合分析，
充分利用自然条件的有利因素，避开不利因素，
因地制宜确立设计思路，进行规划与设计。

首先要保护自然，保护自然的有利要素，
如水系、植被、树木、景观亭，尽量少破坏地形、
地貌；在保护的前提下，充分利用自然的有利
生态要素，如阳光、自然气流、水系及现有的
景观等，如图 16-1，为印度结合本国气候条
件，设计的"管式住宅"，创造了较好的住宅内
自然通风条件。此外，就是要结合自然进行设
计，如结合基地的自然地形、地貌及地质情况
进行设计；也可以模仿自然进行设计，即设计

成仿生建筑，如树形结构，蜂巢式建筑都属于此例。

对于自然环境和自然资源不利的因素，就采用"防御自然"的方法，如遮阳体系，隔热体系以及近代的"双墙结构""两层皮"的建筑。如图 16-2 及图 16-3 就是避免不利西晒和保温热的一种设计策略。

16.4.2 地域分析设计策略

"地域"是一个内涵丰富的概念。影响建筑设计最基本的地域因素有两个方面，即地域的自然方面因素和地域的社会方面因素，自然方面因素，已如上述，社会方面因素包括该地域的社会、经济、文化、历史及技术等因素。

地域文化是一定区域内人类社会活动所创造的物质财富和精神财富的总和，它包括有

图 16-1 印度管式住宅剖面

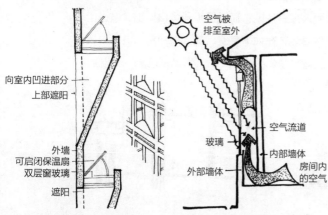

向室内凹进部分
上部遮阳

外墙
可启闭保温扇
双层窗玻璃
遮阳

图 16-2 西窗采光构造设计

空气被
排至室外

空气流道
玻璃
内部墙体
外部墙体
房间内
的空气

图 16-3 双墙结构示意图

本地的风情习俗、宗教、信仰，民族个性及审美爱好等，并且与地理环境、气候条件等自然生态要素有着内在联系，它们反映在建筑的形态上有着自己的特色。建筑设计与地域文化结合在于发挥地域文化特征性要素，将其化为建筑空间的组织原则及独特的表现形式，使建筑在演进过程中保持地域文化上的特征和连续性，实现建筑与环境在社会文化层次上的和谐统一。

地域文化也包括地域技术因素。地域技术是在特定的地域气候和地区的自然环境中经过历代人的探索和反复实践而逐渐形成的适应当地自然环境并融于当地自然的建筑营造方法，同时也是不断吸取外来文化的。因此，在新的建筑建设中可以借鉴和应用当地的建筑技术，这样，新建筑建造就与当地社会发展状况和生产力水平相适应。

安徽省池州学院教学区就采用皖南传统"书院式"的院落空间形态，整个校园设计就采用安徽"村落式"布局，建筑造型采用徽派建筑形式，使之具有"新而徽"的地域特色，都是基于地域分析策略而进行设计的（图 16-4）。

16.4.3 能源分析设计策略

在绿色建筑设计时，如何充分节省能源，如何利用可再生能源是设计者必须要思考的一个重要问题，因为它不仅关系到能源的消耗，而且也直接影响总体的建筑空间布局及建筑单体设计。

首先在设计时，要充分利用太阳（辐射）能。太阳能在建筑中的应用主要包括采光、采暖、降温、干燥以及提供生产生活热水等。太阳能

图 16-4 安徽池州学院
（a）校园教学区主景；（b）"书院式"院落布局

的利用主要是通过对建筑朝向和周围环境的合理布置及建筑单体的设计，以及合理的选用建筑材料和构造方式，使建筑物在冬季能获取、保持、贮存、分布太阳热能，从而解决建筑采暖问题；同时在夏天又能遮蔽太阳辐射。散逸室内热量，从而使它达到建筑降温的目的。

采用能源分析设计策略就要求设计者在设计前期场地规划阶段，要了解当地的气候、地质、土壤及水温等情况，在规划中要因地制宜设计好道路的走向、建筑物的体形、建筑布局、建筑朝向及植被的配置等，以争取最佳的"阳光效益"。一般规划应以较多的东西向道路作为交通道路，以获得较多的南北向的建筑布局，使整体能源使用量降低，使人生活更舒适。

能源分析设计策略不是简单地选用一些节能设备，而是要通过建筑布局、空间组织、构造设计及建筑材料的选用而达到的。利用可再生的太阳能，不仅可用于采暖，而且通过合理的设计达到建筑物降温除热的要求，这就是设计组织好自然通风和采用植被的手段除去室内的热量。也可在建筑内设计一个中庭或拔风烟囱，利用中庭或拔风烟囱热空气上升的拔风效应，使室内的空间获得较好的自然通风。如我们在一个生态住宅小区中设计的住宅就是采用了地下室烟道通风系统，利用地下室较恒定的空气温度，夏季低于室外温度，冬天高于室外温度的特性，在多层住宅楼每个单位设置竖向烟道，通过屋顶通风口的拔风机将地下室空气引入每户住宅，通过屋顶通风口排出，增进自然通风，在地下室空气进入每户前，进行空气过滤与净化（图 16-5、图 16-6）。

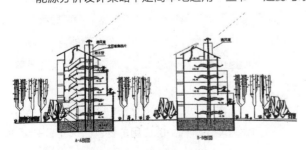

图 16-5 地下室烟道自然通风系统示意图

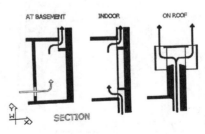

图 16-6 设置竖向通风井墙系统示意图

附录 13-1

剧院、电影院、礼堂等场所每 100 人所需最小疏散净宽度（m/ 百人）

观众厅座位数			≤ 2500	≤ 1200
耐水等级			一、二级	三级
疏散部位	门和走道	平坡地面	0.65	0.85
		阶梯地面	0.75	1.00
	楼梯		0.75	1.00

注：本表引自《建筑设计防火规范》GB 50016—2014（2018 版）P81 表 5.5.20-1。

附录 13-2

体育馆每 100 人所需最小疏散净宽度（m/ 百人）

观众厅座位数（座）			3000~5000	5001~10000	10001~20000
疏散部位	门和走道	平坡地面	0.43	0.37	0.32
		阶梯地面	0.50	0.43	0.37
	楼梯		0.50	0.43	0.37

注：本表引自《建筑设计防火规范》GB 50016—2014（2018 版）P82 表 5.520-2。

附录 13-3

剧院观众厅过道宽度

过道宽度（m）		
过道位置	短排法	长排法
中间纵横过道 Ⅰ	≤ 1.00	≤ 1.00
边墙纵横过道 Ⅱ	≤ 0.80	≤ 1.20
前面横向过道 Ⅲ	≤ 1.50	≤ 1.50
中间横向过道 Ⅳ	≤ 1.00	≤ 1.00
后墙横向过道 Ⅴ	≤ 0.90	≤ 0.90

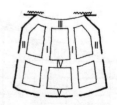

注：本表数据引自《剧场建筑设计规范》JGJ—2000。

附录 13-4

体育场地看台视点位置

项目	视点平面位置	视点距地面高度（m）	视线升高差 c 值（m/ 每排）	视线质量等级
篮球场	边线及端线	0	0.12	I
		0	0.06	II
		0.60	0.06	III
手球场	边线及端线	0	0.06	I
		0.60	0.06	II
		1.20	0.06	III
游泳池	最外泳道外侧边线	水面	0.12	I
		水面	0.06	II
跳水池	最外侧台板垂线与水面交叉点	水面	0.12	I
		水面	0.06	II
足球场	边线边端（重点为角球点和球门处）	0	0.12	I
		0	0.06	II
田径场	两直道外侧边线与终点线的交点	0	0.12	I
		0	0.06	II
		0.60	0.06	III

注：本表引自：《体育建筑设计规范》JGJ 31—2003 J265—2003，P15~16 表 4.3.10。

附录 13-5

观众厅地面升起曲线的绘制（视点定在舞台面上）

I 图解法：

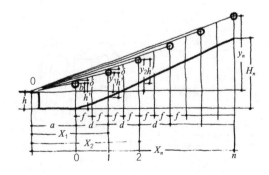

h' ——人眼距地面高度

b ——第一排观众眼睛和舞台面高差

h ——舞台面高度

a ——第一排观众距设计视点的距离

f ——排距

δ ——观众视线高出前面某排（根据升起段长度）观众眼睛的高度（cm）

d ——所求各点间距，即升起段长度

x_n ——任一所求点距设计视点的水平距离

y_n ——该排观众眼睛和舞台面的高差

H_n ——该排观众厅地面升起高度（与第一排座位的高差）

Ⅱ相似三角形数解法：（符号意义同上）

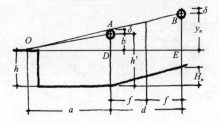

$\triangle OAD \sim \triangle OBE$

$OD : OE = AD : BE$

$a : X_1 = (b+\delta) : y_1$

$X_1 : X_2 = (y_1+\delta) : y_2$

$X_2 : X_3 = (y_2+\delta) : y_3$

$y_1 = (b+\delta)\dfrac{x_1}{d}$

$y_2 = (y_1+\delta)\dfrac{x_2}{x_1}$

$y_3 = (y_2+\delta)\dfrac{x_3}{x_2}$

$y_n = (y_{n-1}+\delta)\dfrac{x_n}{x_{n-1}}$

$h_n = y_n + h - h' = y_n - b$

Ⅲ分阶递加法

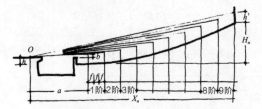

将观众席每若干排（例如三排）分为一阶，在一阶之中各排座位升高相同，但每阶递增。如第一阶每排升高 3cm，三排共 9cm，第二阶每排升高 4cm，三排共 12cm，依此类推。北京人民剧场按此法 27 排地面总升高 189cm。

Ⅳ折线法

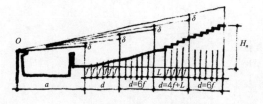

把观众厅地面分成几段，每段可为 4 排、6 排等。用图解法或相似三角形数解法，求出每段最后一排的升起高度，以直线连接所求的各点，即得地面升起折线。

分段时，前部要短些，如每 2-4 排一段，后部可长些，如每 4-6 排一段，这样可使视觉质量较好。

注：L——横过道宽度

Ⅴ 1/4 圆弧法

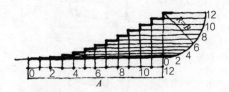

先根据经验或建筑高度上的可能，决定最后排总升高 B，以 B 为半径画 1/4 圆，在圆弧上分成与地面升起段相同的等分，由分点引水平线，与所求各点上的垂直线相交，即为各点标高。

Ⅵ抛物线法

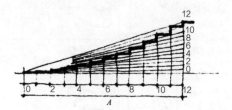

直接将最后排地面总升高分成与地面升起段相同的等分，连各分点与第一排地面起点，分别与所求各点处垂直相交，即得。

此二法求出的曲线与地面升起标准、起始距离等因素无关，不能判断实际视线效果，且前后排升起值不均，前排视觉质量较差。

附录 13-6

影剧院观众厅长宽高举例

名称	平面简图	剖面简图	座位数		座位排数		池座总升高	观众厅尺寸（M）		
			池座	楼座	池座	楼座		长	宽	高
北京首都剧院			889	338	22	8		（26）	24	12.5
北京天桥剧院			858	706	21	10		（26.5）	24.5	13.5
武汉歌剧院			945	651	22	14	2.15m	34（27）	27.5	13.5
乌鲁木齐人民剧场			886	290	26	6		30	24	11.5
上海徐汇剧场			1013	223	22	7	1.75	29.4（26）	25	9
广州友谊剧院			988	621	24	14	2.04	33（27.5）	27.5	11
南宁邕江剧院			1720		20	15	2.0	35（28）	28	11.95
长沙青少年宫剧场			1012		28		3.60	28	21	8
常州金星剧院			871	389	24	10	1.65	24	20	
武昌黄鹤楼剧院			1218		26		5.80	25	28	9.30
上海中兴剧院			868	529	27	17	160	28.7（25.2）	20	11
南京人民剧院			754	566	21	15	1.50	29.1（22.6）	25.5	11
上海美琪电影院			1632					44	23	15
北京新街口电影院			800					26.7	20	7.2
南京曙光宽银幕电影院			1500					（25）	30	11
重庆山城宽银幕电影院			1500					37	30	11

备注：（ ）内为池座长度

附录 13-7

观众厅混响时间设置

使用条件	混响时间（s）
歌舞	1.3~1.6
话剧	（2000~10000m²）1.1~1.4
戏曲	
多用途，会议	

注：本表引自《剧场建筑设计规范》JGJ 57—2000，P31 表 9.3.1.1。

附录 15-1 各类屋架的形式及跨度

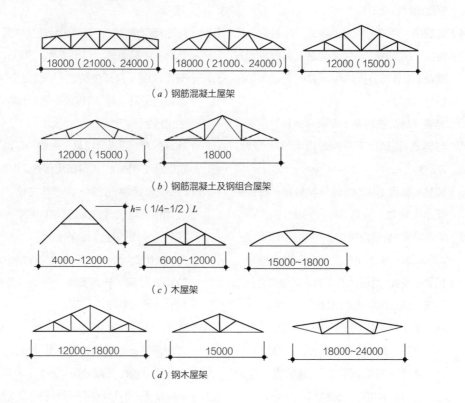

（a）钢筋混凝土屋架

（b）钢筋混凝土及钢组合屋架

（c）木屋架

（d）钢木屋架

参考文献

[1] 华德·葛罗培著.整体建筑总论[M].汉宝德，王锦堂译.台北：台隆书店，1984.

[2] 刘育东著.建筑的涵意[M].台北：胡氏图书出版社，1997.

[3] 佐口七郎编著.设计概论[M].台北：艺风堂出版社，1991.

[4] 伯纳德·卢本，克里斯多夫·葛拉福，妮可拉·柯尼格，马克·蓝普，彼德·狄齐威著.设计与分析[M].天津：天津大学出版社，2003.

[5] 赫曼·赫茨伯格著.建筑学教程2：空间与建筑师[M].天津：天津大学出版社，2003.

[6] 赫曼·赫茨伯格著.建筑学教程：设计原理[M].台北：圣文书局，1996.

[7] 陈志华著.外国建筑史（19世纪末叶以前）[M].北京：中国建筑工业出版社，2004.

[8] 杨豪中编著.后现代主义的建筑与文化[M].西安：陕西科学技术出版社，1994.

[9] 陈平著.外国建筑史：从远古至19世纪[M].南京：东南大学出版社，2006.

[10] L·本奈沃格著.西方现代建筑史[M].天津：天津科学技术出版社，1996.

[11] 严坤编著.普利策建筑奖获得者专辑[M]（1979~2004）.北京：中国电力出版社，2005.

[12] 覃力著.日本高层建筑的发展趋向[M].天津：天津大学出版社，2008.

[13] 姜佐盛.高层建筑设计[M].西安冶金建筑学院建筑系，1993.

[14] 理查·萨克森著.中庭建筑——开发与设计[M].北京：中国建筑工业出版社，1992.

[15] 安迪·普雷斯曼著.建筑设计便携手册[M].北京：中国建筑工业出版社，2003.

[16] 布正伟著.自在生成论——走出风格与流派的困惑[M].哈尔滨：黑龙江科学技术出版社，1999.

[17] 林其标著.亚热带建筑：气候·环境·建筑[M].广州：广东科技出版社，1997.

[18] （法）单黛娜，（中）栗德祥主编.法国当代百名建筑师作品选[M].北京：中国建筑工业出版社，1999.

[19] Richard C.Levene，Fernando Marquez Cecilia主编.安藤忠雄1983~1989[M].台北：圣文书局，1996.

[20] 大卫·吉森编.Big & Green——迈向二十一世纪的永续建筑[M].台北：木马文化事业股份有限公司，2005.

[21] 吴焕加著.20世纪西方建筑史[M].郑州：河南科学技术出版社，1998.

[22] 中国科学院自然科学史研究所主编.中国古代建筑技术史[M].北京：科学出版社，2000.

[23] 华东建筑设计研究院有限公司编. 华东建筑设计研究院有限公司作品选 [DZ11]. 北京: 中国建筑工业出版社, 2003.

[24] 江苏省建设厅、江苏省体育局、江苏省土木建筑学会主编. 中国江苏体育建筑 [DZ11]. 北京: 中国建筑工业出版社, 2007.

[25] 侯继尧, 王军著. 中国窑洞 [M]. 郑州: 河南科学技术出版社, 1999.

[26] 路秉杰编著. 天安门 [M]. 上海: 同济大学出版社, 1999.

[27] (美) 肯尼思·弗兰姆普敦著. 建构文化研究——论 19 世纪和 20 世纪建筑中的建造诗学 [M]. 北京: 中国建筑工业出版社, 2007.

[28] 刘永德, (日) 三村翰弘, (日) 川西利昌, (日) 宇杉和夫著. 建筑外环境设计 [M]. 北京: 中国建筑工业出版社, 1996.

[29] 周若祁, 张光主编. 韩城村寨与党家村民居 [M]. 西安: 陕西科学技术出版社, 1999.

[30] 美国高层建筑和城市环境协会编著. 高层建筑设计 [M]. 北京: 中国建筑工业出版社, 1997.

[31] 张楠著. 当代建筑创作手法解析: 多元 + 聚合 [M]. 北京: 中国建筑工业出版社, 2003.

[32] 梅季魁著. 现代体育馆建筑设计 [M]. 哈尔滨: 黑龙江科学技术出版社, 1999.

[33] (美) 伊凡·扎可涅克, (美) 马修·史密斯, (美) 朵洛丽斯·莱斯编著. 世界最高建筑 100 例 [DZ11]. 北京: 中国建筑工业出版社, 1999.

[34] 项秉仁. 赖特 [M]. 北京: 中国建筑工业出版社, 2004.

[35] 鲍家声编著. 现代图书馆建筑设计 [M]. 北京: 中国建筑工业出版社, 2002.

[36] 张关林, 石礼文主编. 金茂大厦: 决策·设计·施工 [M]. 北京: 中国建筑工业出版社, 2000.

[37] 吴景祥主编. 高层建筑设计 [M]. 北京: 中国建筑工业出版社, 1987.

[38] 陈一峰, 陈纲, 卢峰编译. 世界高层建筑 [M]. 北京: 中国计划出版社, 2000.

[39] 浙江大学建筑工程学院、浙江大学建筑设计研究院编著. 空间结构 [M]. 北京: 中国计划出版社, 2003.

[40] (日) 高木干朗著. 宾馆·旅馆 [M]. 北京: 中国建筑工业出版社, 2002.

[41] 岭南建筑丛书编辑委员会编. 莫伯治集 [M]. 广州: 华南理工大学出版社, 1994.

[42] 唐玉恩, 张皆正主编. 旅馆建筑设计 [M]. 北京: 中国建筑工业出版社, 1997.

[43] 张兴国, 谢吾同编. 重庆建筑大学建筑城规学院 45 周年院庆学术丛书 1952~1997: 教师建筑与规划设计作品集 [DZ11]. 北京: 中国建筑工业出版社, 1997.

[44] 戴志中, 蒋珂, 卢昕编著. 光与建筑 [M]. 济南: 山东科学技术出版社, 2004.

[45] 刘启波, 周若祁著. 绿色住区综合评价方法与设计准则 [M]. 北京: 中国建筑工业出版社, 2006.

[46] 顾馥保主编. 中国现代建筑 100 年 [M]. 北京: 中国计划出版社, 1999.

[47] 张宗尧, 赵秀兰主编. 托幼、中小学校建筑设计手册 [M]. 北京: 中国建筑工业

出版社，2000.

[48] 朱德本编著. 公共建筑设计图集 [DZ11].
北京：中国建筑工业出版社，1999.

[49]《建筑设计资料集》编委会. 建筑设计资
料集（第二版）[M]. 北京：中国建筑工
业出版社，1994.

[50] 贝思出版有限公司编. 图书馆及科研中
心 [DZ11]. 南昌：江西科学技术出版社，
2001.

[51]（英）彼得·柯林斯著. 建筑理论译丛：现
代建筑设计思想的演变 1750~1950[M].
英若聪译. 北京：中国建筑工业出版社，
1987.

[52]（意）布鲁诺·赛维著. 王虹，席云平译.
建筑师丛书：现代建筑语言 [M]. 北京：
中国建筑工业出版社，1986.

[53]（英）罗杰·斯克鲁登著. 建筑理论译丛：
建筑美学 [M]. 北京：中国建筑工业出版
社，1992.

[54] 张伶伶著. 建筑设计指导丛书：场地设计
[M]. 北京：中国建筑工业出版社，1999.

[55]（日）渊上正幸编著. 覃力，黄衍顺译.
世界建筑师的思想与作品 [M]. 北京：中
国建筑工业出版社，2000.

[56] 曾坚著. 当代世界先锋建筑的设计观念：
变异　软化　背景　启迪 [M]. 天津：天
津大学出版社，1995.

[57] 卢济威著. 建筑创作中的立意与构思 [M].
北京：中国建筑工业出版社，2002.

[58]（美）罗杰·Ⅱ·克拉克，迈克尔·波斯著.
世界建筑大师名作图析 [M]. 北京：中国
建筑工业出版社，1997.

[59]（美）阿摩斯·拉普卜特著. 文化特性与

建筑设计 [M]. 北京：中国建筑工业出版
社，2004.

[60] 吕爱民著. 应变建筑——大陆性气候的生态
策略 [M]. 上海：同济大学出版社，2003.

[61] 周浩明，张晓东编著. 生态建筑——面
向未来的建筑 [M]. 南京：东南大学出版
社，2002.

[62] 王天锡编著. 贝聿铭 [M]. 北京：中国建
筑工业出版社，1990.

[63] Mario Campi. Skyscrapers：
An Architectural Type of Modern
Urbanism[M]. Birkhauser. 2000.

[64] Van Nostrand Reinhold. Company.
John carmody Earth Sheltered
Housing Design[M]. 1985.

[65] Architecture：Form · Space &
Order[M].Van Nostrand Reinhold.
Frank Ching. 2007.

[66] Arian Mostaedi Preschool & Kin-
dergarten Architecture[M]. Page One
Publishing Private Limited. 2006.

[67] Richard Meier; Kenneth Frampton;
Joseph Rykwert. Ricard Meier Archi-
tect [M]. 1999. St.Martin's Press. 1999.

[68] Manfredo Tafuri. History of Italian
Architecture，1944~1985[M]. MIT
Press. 1991.

[69] 时代建筑 [J]，1999（1）.

[70] 世界建筑 [J]，1999（7）.

[71] 中外建筑 [J]，2008（2）.

[72] 建筑学报 [J]，2007（10）、2008（5）.

[73] 建筑师（中国台湾）[J]，2002（5）、
（7）、（9）.